普通高等教育电气信息类规划教材

TMS320C54x DSP 应用技术教程

叶 青　黄 明　宋 鹏　编著

机 械 工 业 出 版 社

本书以美国TI公司的TMS320C54x系列DSP（数字信号处理器）为描述对象，从初学者的角度入手，对DSP系统所涉及的硬件和软件技术进行了系统的介绍。全书共分8章，第1、2章针对初学者对DSP及利用DSP进行系统设计所需的基本知识进行了概述；第3～5章详细介绍了TMS320C54x DSP的硬件结构、指令系统及其软件开发与设计方法；第6、7章以DSP集成开发环境CCS的新版本v3.3为例详细介绍了CCS的使用方法，并以TMS320C54x DSP最小系统为平台详细讲解了多个应用实例；第8章从硬件构成原理和应用编程两个方面对DSP外设进行了详细的描述。

本书内容新颖全面、通俗易懂、实用性强，可作为高等院校电子信息、通信、自动化、电气及相关专业高年级本科生和研究生的教材和参考用书，也可以作为从事DSP处理器开发的科研及工程技术人员的参考用书。

图书在版编目（CIP）数据

TMS320C54x DSP应用技术教程 / 叶青，黄明，宋鹏编著. —北京：机械工业出版社，2011.8（2025.2重印）
普通高等教育电气信息类规划教材
ISBN 978-7-111-35536-6

Ⅰ.①T… Ⅱ.①叶…②黄…③宋… Ⅲ.①数字信号处理—微处理器—高等学校—教材 Ⅳ.①TP332

中国版本图书馆CIP数据核字（2011）第156793号

机械工业出版社（北京市百万庄大街22号 邮政编码100037）
策划编辑：时 静
责任编辑：时 静 韩 静
责任印制：邓 博
北京盛通数码印刷有限公司印刷
2025年2月第1版·第10次印刷
184mm×260mm·21印张·519千字
标准书号：ISBN 978-7-111-35536-6
定价：59.00元

电话服务
客服电话：010-88361066
010-88379833
010-68326294

网络服务
机 工 官 网：www.cmpbook.com
机 工 官 博：weibo.com/cmp1952
金 书 网：www.golden-book.com
机工教育服务网：www.cmpedu.com

前　言

数字信号处理是一门涉及许多学科而又广泛应用于许多领域的新兴学科。随着信息技术的发展，数字信号处理作为数字化最重要的技术之一正以前所未有的速度向前发展。数字信号处理器（DSP）是专为实时数字信号处理而设计的一种可编程嵌入式微处理器，其自20世纪70年代末80年代初问世以来，已经经历了40年的飞速发展，并且已在信号处理、通信、自动控制、航空航天、军事、仪器仪表、语音合成、图形图像、医疗工程和家用电器等众多高科技领域和日常生活中得到了越来越广泛的应用。事实上，它已经来到了我们每一个人的身边。在21世纪的今天，社会进入了数字化的时代，DSP应用技术的飞速发展极大地提高了人们对数字世界的把握能力。毫不夸张地说，DSP应用技术是这个时代的核心技术之一，而DSP正是这场数字化革命的核心。

由于DSP应用技术的内容涉及的理论与技术非常广泛，实践性又很强，DSP应用技术已成为电子信息、通信、自动化、电器类专门人才应具备的一项重要的专业技能。由于当前对DSP技术的迫切需求，从事DSP开发与应用的广大工程技术人员正在大幅度的增加，各高校也先后在高年级本科生和研究生教学中开设了“DSP应用技术”课程。为了适应DSP应用技术的发展，满足教学和产业市场的需要，让更多的本科生、研究生和工程技术人员能尽快入门并掌握DSP应用技术，我们编写了本书。

本书是作者根据“DSP应用技术”课程的特点，结合多年来讲授“DSP应用技术”课程的教学经验及科研体会，在作者原有教学讲稿和实验讲义的基础上编写而成的。本书以美国TI公司推出的性价比高、结构典型、应用广泛的TMS320C54x系列DSP为描述对象，从初学者的角度入手，用通俗易懂的语言引导读者由浅入深、循序渐进地进学习DSP应用技术所涉及的软硬件知识。掌握了TMS320C54x DSP应用技术，就不难举一反三、触类旁通地掌握其他DSP处理器了，并可以不断扩大应用的深度和广度。

全书共分8章。第1章介绍DSP的特点、分类、应用、国内外发展现状及发展趋势。第2章从DSP系统设计和实现的最基本要求入手，介绍DSP系统的基本构成、设计开发过程及开发工具。第3章介绍TMS320C54x的内部硬件资源，包括总线结构、CPU、存储器、片内外设、中断和流水线等。第4章介绍TMS320C54x的寻址方式、指令表示方法和指令系统，并采用大量图示来描述指令执行前后数据的变化情况，给读者更直观的印象。第5章介绍TMS320C54x应用软件开发的整体流程及一些关键步骤，包括在开发过程中，对源代码的汇编、链接的控制方法；开发用的汇编语言、嵌入式C编程以及C与汇编混合编程的基础知识等。第6章介绍当前较常用的DSP集成开发环境新版本CCS v3.3的安装与设置、应用界面及使用方法。第7章以TMS320C54x DSP最小系统硬件设计为开端，以熟悉DSP应用技术的软硬件设计为目的，介绍典型DSP应用系统的设计和实现方法。第8章介绍TMS320C54x系列DSP片内外设中的定时器、主机接口HPI、串行口的使用及外部I/O扩展的方法。本书各章最后都配有小结，帮助读者加深对各知识点的理解，并配有配套习题，给读者以更多的启发和思考。同时本书有配套电子课件和源程序供广大读者参考。

本书由叶青、黄明、宋鹏共同编写。其中第1章由宋鹏编写；第2、3、4、6章由叶青编写；第5、7、8章由黄明编写。全书由宋鹏审稿、叶青统稿。

作者在编写本书的过程中，得到了王振红老师的大力支持和帮助，并对本书内容提出了许多宝贵的意见，特此深表感谢。同时感谢北方工业大学信息工程学院及电子信息工程系的领导和老师的热情帮助和鼓励，在此表示衷心的感谢。感谢机械工业出版社的领导和编辑对本书提出的宝贵意见和大力支持。在本书的编写过程中，参考了大量的文献及相关资料，在此对本书所参考的文献的作者表示由衷的感谢。

由于作者水平有限，编写时间仓促，书中难免存在错误和不妥之处，恳请广大读者批评指正。

作　者

目　录

第1章　绪　论

数字信号处理（Digital Signal Processing，DSP），也就是对信号的数字处理，它是从20世纪 60 年代发展起来的一门涉及许多学科而又广泛应用于许多领域的新兴学科。在过去的很长一段时间内，由于受计算机集成电路技术和数字化器件发展水平的限制，数字信号处理理论的实时应用都很难实现。直到20世纪80年代初，随着计算机、信息技术和大规模集成电路（LSI）以及微电子技术的飞速发展，世界上第一片单片可编程数字信号处理器（Digital Signal Processor，DSP）的诞生为数字信号处理理论的实际应用开辟了一条广阔的通道。数字信号处理器的诞生与发展，不但使各种数字信号处理理论和方法得以在大量实际应用中实时实现，同时推动了数字信号处理新的理论和应用领域的发展。在数字信号处理器诞生近 30 年的时间里，数字信号处理技术已经形成一门独立的学科系统并且日趋完善和成熟，它在理论和实现技术两个方面都获得了高速的发展。数字信号处理技术已经被广泛应用于通信、自动控制、航空航天、军事、仪器仪表、语音合成、图像处理、医疗工程和家用电器等各个领域。事实上，它已经改变了人们的生活。在 21 世纪的今天，社会进入了数字化的时代，数字信号处理技术的飞速发展极大地提高了人们对数字世界的把握能力。可以毫不夸张地说，数字信号处理技术是这个时代的核心技术之一，而数字信号处理器正是实现这场数字化革命的核心。本章主要介绍数字信号处理的基本概念、特点和实现方法以及数字信号处理器的定义、特点、分类、应用领域、国内外发展现状及发展趋势。

1.1　数字信号处理概述

数字信号处理是利用计算机或专用处理设备，以数字的形式对信号进行采集、变换、滤波、估值、增强、压缩、识别等处理，以便提取有用的信息并进行有效的传输与应用。数字信号处理是围绕着数字信号处理的理论、实现和应用等几个方面发展起来的。数字信号处理在理论上的发展推动了数字信号处理应用的发展；反过来，数字信号处理越来越广泛的应用需求又促进了数字信号处理理论的不断提高。

数字信号处理以众多学科的理论为基础，它所涉及的范围极其广泛。例如，数学领域中的微积分、概率统计、随机过程、数值分析等都是数字信号处理的基本工具；数字信号处理与网络理论、信号与系统、控制论、通信理论、故障诊断等也密切相关；一些新兴的学科，如人工智能、模式识别、神经网络等，都是与数字信号处理密不可分的。因此可以说，数字信号处理把许多经典的理论体系作为自己的理论基础，同时又使自己成为一系列新兴学科的理论基础。

1.1.1　数字信号处理的概念及其发展

DSP 既是 Digital Signal Processing（数字信号处理）的缩写，也是 Digital Signal Processor（数字信号处理器）的缩写，二者英文缩写相同，但含义不同。前者指数字信号处理的理论和方法，后者则指用于数字信号处理的可编程微处理器，简称数字信号处理器。数字信号处理器不仅具有可编程性，而且其数字运算的速度远远超过通用微处理器，是一种适合于数字信号处理的高性能微处理器。数字信号处理器已成为数字信号处理技术和实际应用之间的桥梁，并进一步促进了数字信号处理技术的发展，也极大地拓展了数字信号处理技术的应用领域。本书中 DSP 这一英文缩写主要用来指数字信号处理器。本书所说的 DSP 技术，则是指使用通用 DSP 或基于 DSP 核的专用器件来实现数字信号处理的方法和技术，从而完成有关的任务。

自从 20 世纪 70 年代微处理器诞生以来，一直沿着 3 个方向发展。它们分别是：

1）通用 CPU：微型计算机中央处理器（如使用最多的奔腾等）。

2）微控制器（MCU）：单片微型计算机（如 MCS-51、MCS-96、MSP430 系列等）。

3）DSP：可编程的数字信号处理器。

这 3 类微处理器虽然在技术上不断地相互借鉴和交融，但它们又有各自的特点和应用领域。

随着信息数字化进程的急速发展以及信号实时处理需求的日益提高，DSP 技术的地位突显出来。数字化的基础技术就是数字信号处理，而数字信号处理的任务，特别是实时处理（Real-Time Processing）的任务，主要是由通用的或专用的 DSP 来完成的。由于 DSP 实现技术在数字运算处理速度上具有不可比拟的优势，因此，即使在整个半导体产品发展趋缓的情况下，DSP 还在以较快的速度增长。

DSP 技术的发展是数字信号处理理论研究与应用需求相互作用的结果。

一方面是数字信号处理的理论和方法近年来得到了迅速发展。在数字信号处理的算法研究方面，主要研究如何以最小的运算量和存储器的使用量来完成指定的任务。目前各种数字信号处理快速算法，语音与图像的压缩编码、识别与鉴别，信号的调制与解调，加密和解密，信道的辨识与均衡，智能天线、频谱分析、多媒体和流媒体等算法都成为研究的热点，并取得了长足的进步，为各种实时处理的应用提供了算法基础。

另一方面是 DSP 性能的提高。为了满足应用市场的需求，随着微电子科学与技术的进步，DSP 的性能也在迅速的提高。目前，DSP 的时钟频率已达到 1GHz 以上；处理速度达到每秒近百亿次 32bit 浮点运算；数据吞吐率达到每秒数 GB；所采用的工艺水平已经达到 45nm，采用当前最先进的 28nm 生产工艺的 DSP 预计在 2011 年的下半年也将会投产。DSP 在性能大幅度提高的同时，其体积、功耗和成本却在大幅度地下降，以满足低成本便携式电池供电应用系统的要求。

DSP 技术的发展在上述两方面是互相促进的，理论和算法的研究推动了应用，而应用的需求又促进了理论的发展。

1.1.2 数字信号处理的特点

与模拟信号处理相比，数字信号处理具有如下一些明显的优点。

1．精度高

模拟系统的精度由元器件决定，模拟元器件的精度很难达到 10^{-3} 以上。而数字系统的精度与 A/D 转换器的位数、计算机字长有关，只要 14 位字长就可达到 10^{-4} 的精度。当前的数字信号处理器和数字器件可以实现 32 位以上的字长，可达到 10^{-10} 以上的精度。因此在高精度系统中，有时只能采用数字系统。

2．可靠性高

模拟电路中的电阻、电容、电感和运算放大器等元器件的特性，都会随着环境的改变而改变，也会随着时间的改变而改变。也就是说，当时间和环境的温度、湿度、振动等条件改变时，模拟系统的性能就会发生改变，甚至可能是大的改变。与此相比，数字器件是逻辑器件，数字信号是由 0 和 1 构成的二进制数表示的，一定范围内的干扰不会引起数字值的变化。因此数字系统的抗干扰性强、可靠性高，利于数据永久稳定地保存。

3．灵活性强

在模拟系统中，当需要改变系统的功能时，必须重新进行系统的设计与调试，而且调试工作的难度大，非常费时费力。而对于数字信号处理系统，当需要改变系统的功能时，硬件上只需侧重更改 A/D 采样精度、速率，其余工作可由软件编程实现，设计灵活性非常大。例如，数字滤波器可以通过重新编程来完成低通、高通、带通和带阻等不同的滤波任务，不需要改变硬件；而模拟滤波器则必须改变其设计并重新调试，才能达到目的。

4．易于大规模集成

数字部件由于高度的规范性，对电路参数要求不严，因此便于大规模集成和生产。随着微电子科学与技术的发展，集成电路已经不再是数字电路的专利。近年来，出现了大量的模拟集成电路和模拟/数字混合集成电路。但从选择的种类、集成度、功能与性能、性能价格比等方面而言，它们还是不能与超大规模数字集成电路相比。DSP 就是基于超大规模数字集成电路技术和计算机技术而发展起来的，其体积小、功能强、功耗小、使用灵活方便、性能价格比高，一经问世就得到了迅速的发展和广泛的应用。

5．可获得高性能指标

数字系统可获得高性能指标。例如，在数字的谱分析中，已能做到 10^{-3}Hz 的谱分析。而模拟频谱仪在频率低端只能分析到 10Hz 以上的频率，且难以做到高分辨率（即足够窄的带宽）。又如，有限长冲激响应数字滤波器可实现准确的线性相位特性，而这在模拟系统中是很难达到的。

数字信号处理的最大特点是大量复杂的处理都可以用软件来实现，并且这样的软件既可以在计算机上运行，也可以在数字信号处理器上运行。因此，数字信号处理系统功能大幅度增强，体积缩小，可靠性、稳定性提高，调试和改变系统功能方便。这也是为什么移动电话等通信电子产品的功能越来越丰富、性能越来越高，而体积却越来越小的原因。

数字信号处理与模拟信号处理相比尽管具有以上诸多优点，但从根本上说，数字信号处理也有其局限性，模拟信号处理仍然不可缺少，不可能被数字信号处理完全代替。现实世界的信号绝大多数是模拟信号，如声音、图像、温度、压力、速度、加速度等，要将这些信号用数字信号处理系统处理，必须首先用模拟系统和模拟/数字混合系统加以处理。射频信号的处理也要由模拟系统来完成。模拟信号处理系统除了系统引入的某些延时外，从理论上说其处理是实时的，而数字信号处理本质上是通过计算来实现的，尽管以 DSP 为代表的数字信号处理系统的处理速度在很快地提高，但总会在很多的情况下不能达到实时的要求。因此模拟处理系统也是必不可少的。

1.1.3 数字信号处理的实现方法

数字信号处理的实现方法可以分为三类：软件实现法、硬件实现法和软硬件结合实现法。具体实现方式一般有以下几种：

1．在通用的计算机上用软件实现

一般采用 C 语言、MATLAB 语言等通过编程实现信号处理，这种方法的优点是实现方便，缺点是速度慢，不便于实时完成，主要用于数字信号处理算法的模拟与仿真。

2．在通用计算机系统中加上专用的加速处理器实现

这种方法专用性强，实现比较复杂，应用受到很大的限制，也不便于系统的独立运行。

3．用通用的单片机（如 MCS-51、MCS-96、MSP430 系列等）实现

这种方法只适用于实现简单的数字信号处理算法，可用于一些不太复杂的 DSP 应用领域，如数字控制等。

4．用通用可编程 DSP 实现

与单片机相比，通用 DSP 具有更加适合于数字信号处理的软件和硬件资源，它是以高速计算为目标而设计的，如采用改进的哈佛结构、内部有硬件乘法器、采用流水线操作、具有良好的并行性，并具有专门适于数字信号处理的指令，可用于复杂的数字信号处理算法。DSP 的优点是灵活性大、速度快、实时性好，可用于复杂的数字信号处理算法。通用 DSP 是目前用得最多的数字信号处理应用器件，在实时数字信号处理领域中处于主导地位。

5．用专用 DSP 实现

一些特殊的场合所要求的信号处理速度极高，用通用 DSP 很难实现，则可采用专用 DSP 实现，如专用于快速傅里叶变换（FFT）、数字滤波、卷积、相关等算法的 DSP。专用 DSP 将相应的信号处理算法在处理器内部用硬件实现，无需进行编程。这种方法处理速度极高、专用性强，仅适用于特定的算法，其应用受到比较大的限制。

6．用 FPGA 等可编程逻辑阵列器件来实现

和使用专用 DSP 一样，这种方法也是利用硬件完成数字信号处理运算，其特点是速度快，但对于复杂算法实现设计难度高，只适用于实现高速数据的预处理系统（例如雷达信号的预处理器等应用），不适合复杂处理过程应用（例如通信协议处理、信号复杂的编解码处理等）。

7．用专用集成电路 ASIC 实现

将特定的信号处理算法由一个集成电路来实现，例如快速傅里叶变换专用集成电路芯片。这种方法的优点是处理速度快，系统规模化成本低，缺点是功能有限、系统灵活性差、开发成本高。目前，采用专用集成电路的数字系统只适用于处理任务不很复杂而要求大批量生产的情况。

8．片上系统 SoC

SoC（System on Chip）是数字化应用产品市场和微电子技术迅速发展的产物，是新一代基于 DSP 的产品的主要发展方向之一。直接面向特定应用对象的 SoC 是将系统集成在一个芯片上。通常，为满足系统的性能要求和提高效率，会将 DSP 和 MCU 的多处理器处理平台集成在一起。它支持语音、音频、图像和视频信号处理应用的各种性能。如 DSP+ARM 的双核 SoC 器件。以 TI 公司为例，为了开辟手机芯片市场，TI 公司专门成立了平行于DSP 组的无线芯片组，下设 OMAP 分部，专门为手机开发处理器，如面向第 3 代无线通信终端的双核 SoC 器件 OMAP1510。其他 SoC 器件还有如面向数码相机的 DM270，如面向专用音频设备的 DA610，面向媒体处理的 DM642 等。

在上述几种实现方法中，由于通用 DSP 软硬件资源丰富，开发也比较方便，才使数字信号处理的应用打开了新的局面。在具体选择数字信号处理的实现方法时，应根据实际应用系统的特色和需要，选择合适的数字信号处理框架和技术。

本书主要讨论数字信号处理的软硬件实现方法，即利用通用 DSP，通过配置硬件和进行软件编程，实现所要求的数字信号处理任务。

1.2 数字信号处理器

1.2.1 数字信号处理器的定义

数字信号处理器是一种特别适合于进行数字信号处理运算的微处理器，其主要应用是实时快速地实现各种数字信号处理算法。可以毫不夸张地说，DSP 自 20 世纪 80 年代初诞生以来，对通信、计算机、控制等各个领域的技术发展起到了十分重要的推动作用。

根据数字信号处理的要求，DSP 一般具有如下优点：

1）在一个指令周期内一般至少可完成一次乘法和一次加法。

2）程序空间和数据空间分开，可以同时访问指令和数据。

3）片内具有快速 RAM，通常可通过独立的数据总线在两块中同时访问。

4）具有低开销或无开销循环及跳转的硬件支持。

5）快速的中断处理和硬件 I/O 支持。

6）具有在单周期内操作的多个硬件地址产生器。

7）可以并行执行多个操作。

8）支持流水线操作，使取指、译码和执行等操作可以并行执行。

1.2.2 DSP 的特点

DSP 是专门设计用来进行高速数字信号处理的微处理器。与通用的 CPU 和微控制器（MCU）相比，DSP 在结构上采用了许多专门的技术和措施，来提高处理速度。尽管不同的厂商所采用的技术和措施不尽相同，但往往有许多共同的特点。以下介绍的就是它们的共同点。

1．哈佛结构和改进的哈佛结构

DSP 普遍采用数据总线和程序总线分离的哈佛结构或改进的哈佛结构，比通用微处理器的冯·诺依曼结构有更快的指令执行速度。

（1）冯·诺依曼结构（Von Neumann Architecture）

以奔腾为代表的通用微处理器，其程序代码和数据共用一个公共的存储空间和单一的地址和数据总线，取指令和取操作数都是通过一条总线分时进行的，这样的结构称为冯·诺依曼结构，如图 1-1a 所示。当进行高速运算时，取指令和取操作数是分时操作的，这样很容易造成数据传输通道的瓶颈现象，其工作速度较慢。

（2）哈佛结构（Harvard Architecture）和改进的哈佛结构（Modified Harvard Architecture）

DSP 将程序代码和数据的存储空间分开，各空间有自己独立的地址总线和数据总线，可独立编址和独立访问，可对程序和数据进行独立传输，这就是所谓的哈佛结构，如图 1-1b 所示。采用哈佛结构可同时取指令和取操作数，并行地进行指令和数据的处理，从而可以大大地提高运算的速度，非常适合于实时的数字信号处理。为了进一步提高信号处理效率，人们在哈佛结构的基础上又加以改进，使得程序代码和数据存储空间之间也可以进行数据的传送，称为改进的哈佛结构，如图 1-1c 所示。例如，在做数字滤波处理时，将滤波器的参数存放在程序代码空间里，而将待处理的样本存放在数据空间里，这样，处理器就可以同时提取滤波器参数和待处理的样本，进行乘和累加运算。

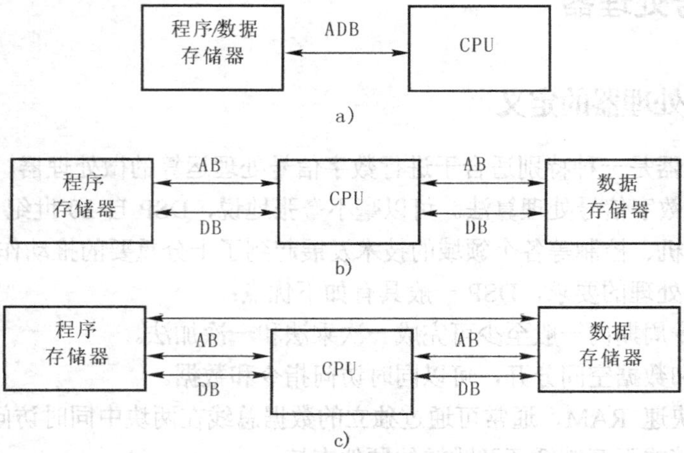

图 1-1　微处理器的结构

a) 冯·诺依曼结构　b) 哈佛结构　c) 改进的哈佛结构

2．多总线结构

许多 DSP 内部都采用多总线结构，这样保证在一个机器周期内可以多次访问程序空间和数据空间，大大提高了 DSP 的运行速度。例如 TMS320C54x DSP 系列内部有 P、C、D、E 4 条总线，每条总线中都有地址总线和数据总线，这样在一个机器周期内可以完成如下操作：

1）从程序存储器中取一条指令。

2）从数据存储器中读两个操作数。

3）向数据存储器写一个操作数。

因此，对于 DSP 来说，内部总线是十分重要的资源，总线越多，可以完成的功能就越复杂。

3．流水线技术（pipeline）

计算机在执行一条指令时，总要经过取指、译码、取数、执行运算等步骤，需要若干个指令周期才能完成。流水线技术是将各指令的各个步骤重叠起来执行，而不是一条指令执行完成之后，才开始执行下一条指令，即第一条指令取指后，在译码时，第二条指令就取指；第一条指令取数时，第二条指令译码，而第三条指令就开始取指，……，依次类推，如图 1-2 所示。使用流水线技术后，尽管每一条指令的执行仍然要经过这些步骤，需要同样的指令周期数，但从总体统计平均上来看，其中的每一条指令的执行就都是在一个指令周期内完成的。DSP 所采用的将程序存储空间和数据存储空间的地址与数据总线分开的哈佛结构，为采用流水线技术提供了很大的方便。

利用这种流水线结构，加上执行重复操作，就能保证数字信号处理中用的最多的乘法累加运算

$$y=\sum_{i=1}^{n}a_i x_i$$

可以在单个指令周期内完成。

	N	$N+1$	$N+2$	$N+3$			
第一条指令	取指	译码	取数	执行			
第二条指令		取指	译码	取数	执行		
第三条指令			取指	译码	取数	执行	
第四条指令				取指	译码	取数	执行

图 1-2　流水线技术示意图

4. 多处理单元

DSP 内部一般都包括多个处理单元，如算术逻辑运算单元（ALU）、辅助寄存器运算单元（ARAU）、累加器（ACC）及硬件乘法器（MUL）等。它们可以在一个指令周期内同时进行运算。例如，在执行一次乘法和累加运算的同时，辅助寄存器运算单元已经完成了下一个地址的寻址工作，为下一次乘法和累加运算做好了准备。因此，DSP 在进行连续的乘加运算时，每一次乘加运算都是单周期的。DSP 的这种多处理单元结构，特别适用于大量乘加操作的矩阵运算、滤波、FFT、Viterbi 译码等。许多 DSP 的处理单元结构还可以将一些特殊的算法，如 FFT 的位倒序寻址和取模运算等，在处理器内部用硬件实现，从而提高运行速度。

5. 特殊的 DSP 指令

在 DSP 的指令系统中，设计了一些完成特殊功能的指令，以便更好地满足数字信号处理的需要。例如，TMS320C54x DSP 系列中的 FIRS 和 LMS 指令，专门用于完成系数对称的 FIR 滤波器和 LMS 算法。

为了实现 FFT、卷积等运算，当前的 DSP 大多在指令系统中设置了“循环寻址”（Circular addressing）及“位倒序寻址”（Bit-reversed）指令和其他特殊指令，使得在进行这些运算时，其寻址、排序及计算速度大大地提高。

6. 指令周期短

早期的 DSP 指令周期约 400ns，采用 4μm NMOS 制造工艺，其运算速度为 5MIPS（Millions of Instructions Per Second）。随着集成电路工艺的发展，DSP 广泛地采用亚微米 CMOS 制造工艺，其运算速度越来越快。例如，TMS320C54x 运算速度可达 100MIPS，即 100 百万条/秒；TMS320C6203 时钟频率可达 300MHz，运行速度可达 2400MIPS；TMS320C6416 时钟频率超过 1GHz，运行速度可达 8000MIPS；而 DaVinci 系列中的 TMS320DM6446 更是接近 5000MMACS。

7. 运算精度高

早期的 DSP 字长为 8 位，后来逐步提高到 16 位、24 位、32 位。为了防止溢出，累加器长达 40 位。此外，浮点 DSP 则提供了更大的数据表达的动态范围，提高了运算精度。

8. 硬件配置强

新一代 DSP 的接口功能越来越强，片上外设丰富，如串行口、主机接口（HPI）、DMA 控制器、软件可编程等待状态发生产生器、锁相环时钟产生器以及实现片内仿真的符合

IEEE 1149.1 标准的测试访问口，更易于完成系统设计。许多 DSP 都可以工作在省电模式，使得系统功耗降低。

DSP 是一种特殊的微处理器，不仅具有可编程性，而且在数据的运算处理能力上远远超过通用微处理器，其特殊的内部结构、强大的信息处理能力及较高的运行速度，是 DSP 最重要的特点。

DSP 是高性能系统的核心。它接收模拟信号（如光和声），将它们转换成为数字信号，实时地对大量数据进行数字信号处理。这种实时处理使 DSP 在声音处理、图像处理等不允许时间延迟的领域的应用十分理想，成为全球 70%数字电话的“心脏”，同时 DSP 在网络领域也有广泛的应用。DSP 的上述特点，使其在各个领域得到越来越广泛的应用。

1.2.3 DSP 的分类

为了适应数字信号处理各种各样的实际应用，DSP 厂商生产出多种类型和档次的 DSP。在众多的 DSP 中，可以按照下列几种方式进行分类。

1. 按数据格式分类

在用 DSP 进行数字信号处理时，首先遇到的问题是数据的表示方法。根据 DSP 工作时的数据格式划分，可以将 DSP 分为定点 DSP 和浮点 DSP。

定点 DSP 以定点数据格式工作，即数据格式用整数和小数来表示。目前，除了少数 DSP 采用 20 位、24 位或 32 位的格式外，大多数定点 DSP 采用 16 位的数据格式。由于其功耗小和价格低廉，实际应用的 DSP 大多数是定点处理器。例如 TI 公司的 TMS320C24x、TMS320C54x/C55x 及 TMS320C62x/C64x 系列，ADI 公司的 ADSP21xx 系列，AT&T 公司的 DSP16/16A，Motorola 公司的 MC56000 等都属于定点 DSP。

浮点 DSP 以浮点数据格式工作，即数据格式用指数和尾数的形式表示，其动态范围比用小数形式表示的定点格式要大得多。因此，定点 DSP 中经常要考虑的溢出问题，在浮点 DSP 中基本上可以不用考虑。为了保证底数的精度，浮点 DSP 的数据格式基本上都做成 32 位，其数据总线、寄存器、存储器等的宽度也相应为 32 位。浮点 DSP 具有比定点 DSP 更快的速度，尤其是做浮点运算。在实时性要求很高的场合，往往考虑用浮点 DSP。但是浮点 DSP 硬件结构相对复杂，功耗较大，且比定点 DSP 价格高。通常浮点 DSP 用在对数据动态范围和精度要求较高的系统中。例如 TI 公司的 TMS320C3x 及 TMS320C67x，ADI 公司的 ADSP21xxx 系列，AT&T 公司的 DSP32/32C，Motorola 公司的 MC96002 等都属于浮点 DSP。

不同浮点 DSP 所采用的浮点格式不完全一样，有的 DSP 采用自定义的浮点格式，如 TMS320C3x，而有的 DSP 则采用 IEEE 的标准浮点格式，如 Motorola 公司的 MC96002、FUJITSU 公司的 MB86232 和 ZORAN 公司的 ZR35325 等。

2. 按用途分类

按照 DSP 的用途划分，可以将 DSP 分为通用型 DSP 和专用型 DSP。

通用型 DSP 一般指可以用指令编程的 DSP，适合于普通的 DSP 应用，具有可编程性和强大的处理能力，可完成复杂的数字信号处理算法。例如 TI 公司的一系列 DSP 属于通用型 DSP。

专用型 DSP 是为特定的 DSP 运算而设计的，通常只针对某一种应用，相应的算法由内部硬件电路实现，适合于数字滤波、FFT、卷积和相关算法等特殊的运算，只能通过加载数据、控制参数或在引脚上加控制信号的方法使其具有有限的可编程能力，使用灵活性差，主要用于要求信号处理速度极快的特殊场合。例如 Motorola 公司的 DSP56200，ZORAN 公司的 ZR34881，INMOS 公司的 IMSA100 等就属于专用型 DSP。

3．按基础特性分类

根据 DSP 的工作时钟和指令类型划分，可以将 DSP 分为静态 DSP 和一致性 DSP。

如果在某时钟频率范围内的任何时钟频率上，DSP 都能正常工作，除计算速度有变化外，没有性能的下降，这类 DSP 一般称为静态 DSP。例如日本 OKI 电气公司的 DSP、TI 公司的 TMS320 系列 DSP 都属于静态 DSP。

如果有两种或两种以上的 DSP，它们的指令集和相应的机器代码及引脚结构相互兼容，则这类 DSP 被称为一致性的 DSP。例如，TI 公司的 TMS320C54x 系列就属于一致性 DSP。

4．按生产厂家的产品系列分类

按照不同生产厂家的产品系列划分，可以将 DSP 分为 TI 公司的 TMS320 系列、ADI 公司的 ADSP21 系列、AT&T 公司的 DSP16/32 系列，Motorola 公司的 MC5600/MC9600 系列、NEC 公司的 μPD77 系列等。各个产品系列下又分为多个子系列。

1.2.4 DSP 的应用

DSP 在诞生后的 30 年的时间里，得到了飞速的发展，一方面得益于集成电路技术的发展，另一方面也得益于巨大的应用市场。早期的 DSP 主要应用于军事等高尖端领域，后来，DSP 被成功地应用于专业数字通信领域，如数字调制解调器、多媒体网关、智能电话等，大大推动了数字网络化的发展。不仅如此，DSP 在工业控制、汽车电子等测控领域也得到了广泛应用。目前，DSP 已经成为数字音频和视频、宽带接入和新一代无线通信等创新应用的核心平台，在信息产业及其他领域中发挥着越来越大的作用。随着 DSP 性能价格比的日益提高，其在许多领域得到越来越广泛的应用，DSP 正在改变着人们生活的各个方面。表 1-1 列出了 DSP 的一些典型应用领域。

表 1-1　DSP 的典型应用

应用领域	用　途
信号处理	数字滤波、自适应滤波、快速傅里叶变换、相关运算、谱分析、卷积、希尔伯特变化、频谱分析、模式匹配、波形产生、加窗等
通信	调制解调器、自适应均衡器、代码转换器、蜂窝电话、数字用户交换机、基站、数据加密、数据压缩、回波抵消、多路复用、传真、个人通信系统、个人数字助手、扬声器电话、电视会议、分组交换开关、移动通信、扩频通信、纠错编码、可视电话等
自动控制	引擎控制、发动机控制、声音控制、自动驾驶、机器人控制、软盘/光盘伺服控制、神经网络控制等
语音	扬声器检验、语音编码、语音合成、语音识别、语音增强、文本转语音、说话人辨认、说话人确认、语音邮件、语音存储等
图形/图像处理	二维和三维图形处理、图像压缩与传输、图像增强、三维旋转、动画/数字地图、同态处理、模式识别、机器人视觉、工作站等
军事	保密通信、雷达处理、声纳处理、导航、导弹制导、射频调制解调、全球定位等
仪器仪表	频谱分析、函数发生、数据采集、锁相环、暂态分析、石油/地质勘探、地震信号处理等
医疗	医疗诊断设备、助听器、超声设备、胎儿监护、病人监护、康复应用、心电图、脑电图、核磁共振等
消费电子	数字收音机、数字电视、家庭影院、DVD、玩具与游戏、电动工具、雷达检测器、固态应答机、数字电话/电视、数码相机/摄像机、网络相机、数字助听器、机顶盒等

（续）

应用领域	用　途
汽车电子	自适应驾驶控制、防滑自动器、蜂窝电话、数字收音机、发动机控制、导航及全球定位、振动分析、声控、防撞雷达、语音命令等
工业生产	数字化控制、在线监控、机器人技术、安全通道、自动检测、电梯控制、智能传感控制、磁悬浮控制器

随着超大规模集成电路的快速发展，以及基于信号理论的各门学科的迅速发展，DSP 将会在更多的领域内得到更为广泛的应用。

1.2.5　DSP 的发展现状和趋势

1．DSP 的发展现状

1978 年 AMI 公司发布的 S2811 当属世界上第一个单片 DSP，1979 年美国 Intel 公司发布的商用可编程器件 2920 是 DSP 的一个主要里程碑。这两种 DSP 内部都还没有现代 DSP 所必须具有的单周期乘法器。1980 年，日本 NEC 公司推出的 μPD7720 是第一个具有乘法器的商用 DSP。在这之后，美国和日本的许多厂商都投入了 DSP 的研制和开发工作。

1982 年，美国德州仪器公司（Texas Instruments，TI）推出了 TMS320 系列 DSP 中的第一代产品 TMS32010 及其系列产品 TMS32011、TMS320C10/C14/C15/C16/C17 等。之后 TI 公司相继推出了第二代产品 TMS32020、TMS320C25/C26/C28，第三代产品 TMS320C30/C31/C32，第四代产品 TMS320C40/C44，第五代产品 TMS320C5x/C54x，第二代产品的改进型 TMS320C2xx，集多片 DSP 于一体的高性能 DSP TMS320C8x 以及目前运行速度最快的第六代产品 TMS320C62x/C64x/C67x 等。如今，TI 公司的 DSP 系列产品在世界市场上占最大份额。

与此同时，国际上的其他 DSP 厂商也竞相研制、推出 DSP 产品。1982 年，日本的日立公司第一个采用 CMOS 工艺，推出了浮点 DSP。1983 年，日本富士公司推出的 MB8764，其指令周期为 120ns，且具有双内部总线，从而使处理吞吐量发生了一个大的飞跃。1982 年，日本东芝公司推出浮点 DSP。1984 年，美国 AT&T 公司推出高性能浮点 DSP DSP32。

与其他公司相比，美国 Motorola 公司在推出 DSP 方面相对较晚一些。1986 年，该公司推出了定点处理器 MC56001。1990 年，推出了与 IEEE 浮点格式兼容的浮点 DSP MC96002。在国际 DSP 市场上也占有较大份额的美国模拟器件公司（Analog Devices Inc，简称 ADI），也相继推出了一系列具有自己特点的 DSP，其定点 DSP 有 ADSP2101/2103/2105、ADSP2111/2115、ADSP2161/2162/2164 以及 ADSP2171/2181 等，浮点 DSP 有 ADSP 21000/21020、ADSP21060/21062 等。

自 1980 年以来，DSP 得到了突飞猛进的发展，主要表现在以下几个方面：

（1）制造工艺

从制造工艺来看，早期的 DSP 采用 IC 工艺线宽为 4μm 的 N 沟道 MOS（NMOS）工艺。而现在的 DSP 则普遍采用亚微米、深亚微米或超深亚微米 CMOS 工艺，IC 工艺线宽达到 45nm，集成度大大提高。DSP 外部引脚数量从原来的 40 个左右增加到 200 个以上，需要设计的外围电路越来越少，成本、体积和功耗不断下降。例如，可以很方便地扩展更大的外部存储空间以及进行处理器之间的通信等。

（2）存储器容量

早期的DSP，其片内程序存储器和数据存储器只有几百个单元，有的片内还没有ROM。而现在的 DSP，其片内的程序和数据存储器容量可达到几十至几百千字，对片外程序存储器和数据存储器的寻址能力也大大增强，可分别达到16M×48位和4G×40位以上。

（3）内部结构

目前，DSP 内部均采用多总线、多处理单元和多级流水线结构，加上完善的接口功能，使 DSP 的系统功能、数据处理能力以及与外部设备的通信功能都有了很大的提高。例如，TMS320C6201 CPU 中包含 8 个并行的处理单元（包括 6 个 32 位 ALU 和 2 个 16 位乘法器）、片内 1M 位的 SRAM、32 位外部总线（4G×8 位的寻址空间）、32 个 32 位运算寄存器、2 个定时器、4 个外部中断、2 个串行口、一个 16 位主机接口、4 个 DMA 通道，其流水线分为取指、解码和执行三个阶段，共计 11 级。另外，它还是一种主频为 200MHz 的定点 DSP，一个时钟周期可以执行 8 条指令，每秒最多可进行 16 亿次的定点运算。

（4）运算速度

经过 30 年的发展，DSP 的指令周期从早期的 400ns 缩短到 10ns 以下，相应的速度从2.5MIPS 提高到 8000MIPS 以上。例如，TI 公司的 TMS320C6201 执行一次 1024 点复数 FFT 运算的时间只有 66μs；针对基站应用的 TMS320C6454 主频达到 1GHz，处理能力超过 8000MIPS。

（5）运算精度和动态范围

由于输入信号动态范围和迭代运算可能产生误差积累问题，因此对单片 DSP 的精度提出了较高的要求。DSP 的字长从 8 位增加到 16 位、24 位、32 位，累加器的长度也增加到 40 位，从而提高了运算精度。同时采用超长字指令字（VLIW）结构和高性能的浮点 DSP 的出现，扩大了数据处理的动态范围。

（6）功耗

在许多便携式产品的应用中，DSP 的功耗成了主要考虑的问题。目前，DSP 内核可在 3.3V、2.5V、1.8V、1.5V、1.2V、1.0V 等低电压下工作，许多 DSP 还可以工作在省电模式下，使系统的功耗大大降低，同时也更适用于个人通信机、便携式计算机和便携式仪器仪表。

（7）高度集成化

目前集滤波、A/D、D/A、ROM、RAM 和 DSP 内核于一体的模拟混合式 DSP 已有较大的发展和应用。

（8）开发工具

20 世纪 90 年代以后推出的 DSP 都有较为完善的软件和硬件开发工具，例如软件模拟器 Simulator、在线硬件仿真器 Emulator、C 编译器和集成开发环境 CCS 等，给开发应用带来了很大方便。值得一提的是，CCS（Code Composer Studio）开发工具是 TI 公司针对自己的 DSP 产品开发的集成开发环境。CCS 的功能十分强大，它集成了代码的编辑、编译、链接和调试等诸多功能，而且支持 C/C++和汇编的混合编程，其开放式的结构允许外扩用户自身的模块。它的出现大大简化了 DSP 的开发工作。

2. 国内 DSP 的发展现状

目前，我国的 DSP 产品主要来自海外。TI 公司的第一代产品 TMS32010 在 1983 年最先进入中国市场，以后 TI 公司通过提供 DSP 培训课程，使该公司 DSP 产品的市场份额不断扩大。现在 TI 公司的 DSP 产品约占国内市场的 90%，其余的市场份额由 Lucent、ADI、Motorola、ZSP 和 NEC 等公司所占有。

目前全球有数百家直接依靠 TI 公司的 DSP 而成立的公司，称为 TI 的第三方（third party）。他们有的做 DSP 开发工具，有的从事 DSP 硬件平台开发，也有的从事 DSP 应用软件开发。这些公司基本上是 20 世纪 80 年代末、90 年代初才创建的，经过 20 余年，现在已发展到相当规模。我国也有 TI 的第三方公司，如北京闻亭泰科技术发展有限公司、北京合众达电子技术有限责任公司、北京瑞泰创新科技有限责任公司等。

相对国外 DSP 应用开发的情况，我国还存在着较大的差距。近年来，在国内一些专业 DSP 用户的推动下，DSP 的应用在我国日渐普及。除此之外，国内许多高校相继建立了 DSP 实验室，培训了大批有关 DSP 应用方面的人才，这对 DSP 在我国的发展也起到了关键的作用。

进入 21 世纪以后，中国新兴的数字消费类电子产品进入增长期，市场呈现高增长态势，普及率大幅度提高，从而带动了 DSP 市场的高速发展。此外，计算机、通信和消费类电子产品的数字化融合也为 DSP 提供了进一步的发展机会。中国 DSP 市场的主要应用集中在移动电话领域，随着中国数字消费类产品需求的大幅增长，以及 DSP 对数字信号高速运算与同步处理能力的提高，DSP 的应用领域将逐渐从移动电话领域扩展到新型数字消费类领域。DSP 处理器在数字消费类产品中主要用于图像压缩与传输等图像信号的处理，语音的编码、合成、识别和高保真等语音信号的处理以及通信信号的调制解调、加密、多路复用、扩频、纠错编码等处理。

对于 DSP 的发展，我国与国外相比，不论在硬件方面还是在软件方面都存在着很大的差距，还有很长的一段路要走。但 DSP 毕竟是一个新兴产业，我们对 DSP 的应用前景充满希望和信心，也盼望有更多的高校、科研机构和开发公司开展 DSP 的应用研究，为推动 DSP 技术的发展、振兴我国的电子工业做出贡献。

3. DSP 的发展趋势

目前，DSP 技术已经日趋成熟，并获得了越来越广泛的应用。社会进入了数字化的时代，DSP 在这场数字化革命中扮演着重要角色，它为新体制、新原理和新算法提供了最佳的实现条件。随着通信技术、计算机技术以及超大规模集成电路工艺的不断进步，DSP 今后必将会有更进一步的发展，其发展趋势可用“多快好省”四个字来概括。

1）“多”。所谓 DSP“多”的发展趋势可从广度和深度两个角度来看。从广度上来讲是指 DSP 的型号将越来越多。如各 DSP 厂商正竞相研制适应各种需求的 DSP 产品。从深度上来讲是多 CPU 的融合，一种是多 DSP 的融合，另一种是 DSP 的核和其他事务型处理的核的融合，如 DSP 和 ARM 核的融合。

与一般 CPU 一样，DSP 也在向双核、多核演变，尤其是向高速度、高密度数据处理应用方向发展。例如，TI 公司新推出的 TMS320C6678，就是采用 8 个 1.25GHz DSP 内核构建而成，并在单个器件上完美集成了 320 GMACS 与 160 GFLOPS 定点及浮点性能，从而使用户不仅能整合多个 DSP，以缩小板级空间并降低成本，同时还能减少整体的功耗要求。预计未来 25 年内，DSP 内部可能集成上百个处理器。

对于那些不属于高密度的应用，片上系统（System on Chip，SoC）将是一个发展方向。所谓 SoC 技术，是一种高度集成化、固件化的系统集成技术。使用 SoC 技术设计系统的核心思想，就是要把整个应用电子系统全部集成在一个芯片中。在使用 SoC 技术设计的应用系统中，除了那些无法集成的外部电路或机械部分以外，其他所有的系统电路全部集成在一起。DaVinci 系列就是一个 SoC 的典型例子，它采用了 DSP（TMS320C64x）和 ARM（ARM9）双核架构，以及视频前端、视频加速器和很强继承性的软件，专门针对数字视频应用而设计。

2）“快”。所谓 DSP“快”的发展趋势是指处理器运算的速度越来越快，指令速度越来越快，频率越来越高，功能越来越强。目前一般的 DSP 运算速度为 100～700 MIPS，但仍不够快。随着电子设备的日趋智能化，DSP 必须追求更高更快的运算速度，才能跟上电子设备的更新步伐。DSP 运算速度的提高，主要依靠新工艺改进 DSP 结构。目前，TI 的 TM320 C6455 的处理速度已高达 9600 MIPS。当前 DSP 大都采用 0.18μm～45nm CMOS 工艺，按照 CMOS 的发展趋势，DSP 的运算速度还会有更大的提高。

3）“好”。所谓 DSP“好”的发展趋势主要是指性能价格比的提高及开发工具的完善。性能优，价格低，永远都是 DSP 追求的目标。在这个目标的驱动下，每隔 10 年 DSP 的性能、规模、工艺、价格等就会发生一个跃迁。DSP 的发展同样遵循着摩尔定律，伴随着集成度的不断提高，是 DSP 性能的提升和价格的下降。“好”的发展趋势还包括提供更加完善的开发环境，特别是开发更高效率的、优化的 C 编译器和代数式指令系统，缩短开发周期等。DSP 的未来一定是提供高附加值，就是为厂家做特色或创新产品提供一个平台，例如 CDMA、可视电话、会议电话等都需要有多功能、多制式软件的支持。

4）“省”。所谓 DSP“省”的发展趋势主要是指 DSP 向着低功耗低电压的方向发展。进一步降低功耗，开发低电压 DSP 内核（例如 TMS320VC5402 为 1.8V 内核供电），使其更适用于个人通信、便携式计算机和便携式仪器仪表。

正是由于 DSP 多快好省的发展，DSP 的应用范围越来越广。DSP 已经渗透到航空航天、雷达、声纳、图像、医疗设备、消费电子等众多领域，并且仍将进一步扩大应用的范围。DSP 技术将会使人类世界变得前所未有的安全、智能化和网络化。TI 公司高级副总裁 Mike Hames 在开发商大会上描绘一系列多核应用新机遇时说：“人的衣服可以给人发出健康警报，自动交通工具可以彼此通信提醒是否会延期出发，安全系统可以识别朋友和敌人并采取相应对策，而便携式媒体设备则可以让用户远程访问属于自己的任何电子设备和数据。”

总之，DSP 将来的发展趋势是速度越来越快、精度越来越高、功能越来越强、功耗越来越低，并且将会渗透到我们每个人的生活当中。

1.3 本章小结

本章对数字信号处理和数字信号处理器的基本知识进行了阐述，首先对数字信号处理进行概述，简要介绍数字信号处理的基本概念、特点和实现方法，然后详细介绍数字信号处理器的定义、特点和分类，并对数字信号处理器的主要应用领域、国内外发展现状及发展趋势进行论述。通过本章的学习，要求读者了解 DSP 技术的内涵，掌握数字信号处理器的结构特点、分类及其应用。

下面对本章的各个知识点进行简要概述：

1）DSP 既是 Digital Signal Processing（数字信号处理）的缩写，也是 Digital Signal Processor（数字信号处理器）的缩写。前者指数字信号处理的理论和方法，后者则指用于数字信号处理的可编程微处理器，简称数字信号处理器。DSP 技术则是指使用通用 DSP 或基于 DSP 核的专用器件，来实现数字信号处理的方法和技术，完成有关的任务。

2）与模拟信号处理相比，数字信号处理具有如下一些明显的优点：精度高、可靠性高、灵活性强、易于大规模集成、可获得高性能指标。但是，模拟信号处理也有其不可替代性。

3）数字信号处理的实现方法包括：在通用的计算机上用软件实现、在通用计算机系统中加上专用的加速处理器实现、用通用的单片机实现、用通用可编程 DSP 实现、用专用 DSP 实现、用 FPGA 等可编程逻辑阵列器件来实现、用专用集成电路 ASIC 实现、片上系统 SoC 等多种方法。本书主要讨论利用通用数字信号处理器实现所要求的数字信号处理任务。

4）数字信号处理器是一种特别适合于进行数字信号处理运算的微处理器，其主要应用是实时快速地实现各种数字信号处理算法。DSP 的特点：哈佛结构和改进的哈佛结构、多总线结构、流水线技术、多处理单元、具有特殊的 DSP 指令、指令周期短、运算精度高、硬件配置强。

5）按数据格式，DSP 分为定点 DSP 和浮点 DSP。按 DSP 的用途，分为通用型 DSP 和专用型 DSP。按基础特性，分为静态 DSP 和一致性 DSP。按生产厂家的产品系列，分为 TI 公司的 TMS320 系列、ADI 公司的 ADSP21 系列、AT&T 公司的 DSP16/32 系列、Motorola 公司的 MC5600/MC9600 系列、NEC 公司的 μPD77 系列等，TI 公司 TMS320 系列常用的 DSP 主要为 TMS320C2000 系列、TMS320C5000 系列、TMS320C6000 系列。

6）DSP 的应用已经深入到社会各个领域。DSP 在信号处理、通信、自动控制、语音、图形/图像处理、军事、仪器仪表、医疗、消费电子、汽车电子、工业生产等各个领域得到了广泛的应用。

7）DSP 得到了突飞猛进的发展，主要表现在以下几个方面：制造工艺、存储器容量、内部结构、运算速度、运算精度和动态范围、功耗、高度集成化、开发工具。DSP 今后必将会有更进一步的发展，其发展趋势可用“多快好省”四个字来概括。

通过本章的学习，使读者对数字信号处理的基础知识、数字信号处理器的基础特性、分类、应用领域等有一定的了解，为后续各章内容的学习奠定一定的基础。

1.4 习题

1．简述 Digital Signal Processing 和 Digital Signal Processor 之间的区别与联系。

2．什么是 DSP 技术？

3．为什么要采用数字信号处理？数字信号处理和模拟信号处理相比的优越性何在？

4．为什么说尽管数字信号处理有很突出的优点，仍然不能完全取代模拟信号处理？

5．数字信号处理的实现方法主要有哪些？

6．DSP 的结构特点有哪些？

7．什么是哈佛结构和冯·诺依曼结构？它们有什么区别？

8．改进型的哈佛总线结构有什么改进之处？

9．什么是流水线操作？在 DSP 中为什么要采用流水线技术？

10．DSP 可以按几种方式进行分类？

11．什么是定点 DSP 和浮点 DSP？

12．DSP 的典型应用领域有哪些？

13．简述 DSP 的发展历程。

14．DSP 突飞猛进的发展主要表现在哪几个方面？

15．DSP 的发展趋势主要体现在哪些方面？

16．结合你的专业方向，试举出一个 DSP 具体应用的例子，并说明为什么要采用 DSP。

第 2 章　DSP 系统设计概述

数字信号处理器（DSP）作为一种为进行高速数字信号处理而专门设计的微处理器，与通用的 CPU 和微控制器（MCU）相比，DSP 为提高数据运算速度，在结构上采用了许多的专门技术和措施。基于 DSP 的应用系统设计，在设计思路和资源组织上，也与通用的 CPU 和 MCU 有所不同。本章从 DSP 系统设计的基础知识入手，介绍 DSP 系统的基本构成、DSP 系统的设计开发过程、DSP 的选择、DSP 应用系统的开发工具，并给出了典型的 DSP 应用系统示例。从系统的角度回答了“为什么采用 DSP”、“如何应用 DSP 进行开发和设计的工作”以及“要想应用 DSP 进行设计应该选用哪种 DSP 并需要具备哪些知识和条件”等一系列基本问题。使读者在学习具体内容前，对 DSP 应用技术先有一个全面、概括的认识。

2.1　DSP 系统的基本构成

DSP 与通用 CPU 和微控制器（MCU）相比，从系统管理的角度看，通用 CPU 具有强大的优势；从系统简单、易于开发的角度看，MCU 提供了相应用户电路，具有良好的实用性；但如果需要实现复杂数学计算，或需要进行高速数字运算的数字信号处理系统（例如语音识别、图像实时处理和多媒体处理等），则需要使用 DSP 来完成。这是由于 DSP 在结构上采用了许多专门技术和措施来提高数据运算处理速度，使其能实时快速地实现各种数字运算。

在进行 DSP 系统设计前，需要了解 DSP 系统的基本构成。典型的 DSP 系统基本结构框图如图 2-1 所示。同一般的微处理器应用系统类似，DSP 应用系统除了 DSP 之外，还必须有能够与其他系统和器件连接的接口。从结构框图可以看出，典型的 DSP 系统包括数字信号处理器、存储器、A/D 和 D/A 转换器、模拟控制和处理电路、各种控制口与通信口，同时还需要电源管理以及为并行处理或协处理提供的同步电路等。DSP 系统的输入信号可以有各种各样的形式。例如，它可以是送话器输出的语音信号或是电话线输出的已调数据信号，也可以是视频图像信号，还可以是传感器（如温度传感器）的输出信号等。

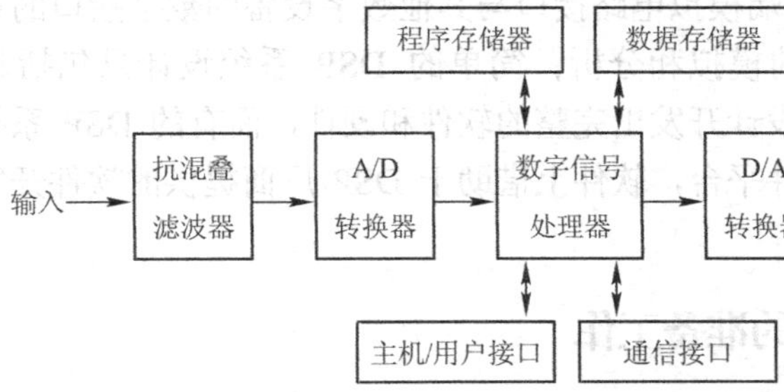

图 2-1　典型的 DSP 系统基本结构框图

一般情况下，DSP 系统先将输入信号进行带限滤波和采样，然后经 A/D 转换器将信号转换成数字信号。根据奈奎斯特采样定理，对低通模拟信号，为保证信息不丢失，采样频率必须至少是输入带限信号最高频率的两倍，图 2-1 中抗混叠滤波器的作用，就是将输入的模拟信号中高于折叠频率（其值等于采样频率的一半）的分量滤除，以防止信号频谱的混叠。DSP 的输入是 A/D 转换后得到的时间离散的数字信号，根据系统要求，DSP 对输入的数字信号按照特定的算法进行处理，这是 DSP 系统的关键。最后，经过处理后的数字信号再经 D/A 转换器转换为模拟信号，之后再进行平滑滤波就可得到连续的模拟信号。

除了处理从外部信号源输入的信号外，DSP 还需要处理从主机或用户控制接口输入的事件。主机接口是一个并行接口，可以用来与一个主处理器或一个主器件进行连接，完成 DSP 和主机之间的信号交换。用户控制接口完成 DSP 与用户需求之间的交换，例如，可能有时用户要求重新计算一个滤波器响应或者要改变信号的电平数，则可以通过用户控制接口输入事件。主机和用户事件一般不与采样值的到达同步，但 DSP 必须要在处理这些外部事件的同时保持整体同步。DSP 还提供了多种形式的串行通信接口，这些通信接口能够方便地与一些串行设备进行通信。

需要说明的是，上面给出的只是一个典型的 DSP 系统，实际的 DSP 系统并不一定包括图 2-1 中的所有部件。例如，有的系统只需要输出数字信号，不需要 D/A 转换器；有的系统输入信号本身就已经是数字信号，也就不需要抗混叠滤波器和 A/D 转换器了；对于纯数字系统，则只需要 DSP 这一核心部件即可。

DSP 系统以数字信号处理为基础，具有数字处理的全部优点。

2.2 DSP 系统的设计开发过程

DSP 系统的设计开发过程可以分为系统需求分析、算法模拟、DSP 选型、软硬件设计、系统集成和测试 5 个阶段。其中，软硬件设计包括软件设计和硬件设计。硬件设计又称为目标板设计，该设计需要在全面考虑应用的需求分析、成本、体积、功耗核算等方面的基础上完成。软件设计主要是指用 DSP 的汇编语言或者通用的高级语言（如 C 语言）编写实现具体数字信号处理功能的程序。这两部分的设计并非完全独立，而是需要协调综合考虑。

由于 DSP 系统具有精度高、稳定性好、接口方便、可重复性好、集成度高及编程方便等优点，使它得到了越来越广泛的应用，但同时又给 DSP 系统的设计开发提出了更高的要求。各个 DSP 系统的设计流程和设计内容根据具体要求会有很大的不同。例如复杂的 DSP 系统的设计，硬件上可能包括前端模拟电路接口与其他数字设备的数字接口的设计，软件上则可能需要在设计前进行算法的模拟和分析；简单的 DSP 系统设计只包括数字电路的设计。有的 DSP 系统要求设计者设计开发出完整的软件和硬件，而有的 DSP 系统设计硬件上借助于 DSP 厂商提供的通用硬件平台，软件上借助于 DSP 厂商提供的软件开发环境，只需编写一些简单的应用程序即可。

2.2.1 DSP 系统设计开发前的准备工作

DSP 系统的设计开发不但要求开发人员具有一定的软、硬件知识，而且需要一定的软件环境和硬件设施的支持。在 DSP 系统设计开始阶段，可能会由于设计者对 DSP 不熟悉而遇到不少问题，但只要经过不断学习和实践，就能设计出高性能的 DSP 系统。下面对 DSP 设计开发应具备的条件进行阐述，并对初学者如何着手 DSP 系统开发进行阐述，以帮助初学者尽快入门。

1．DSP 系统设计开发应具备的条件

（1）设计者知识储备

DSP 应用于数字信号的实时处理，要求设计者应当具备必需的数字信号处理知识，了解各种常用的数字信号处理算法，并且能够对数字信号处理算法的结果进行评估和比较。

DSP 型号众多，产品更新很快，DSP 厂商每年都会推出几款新的 DSP，而一些老型号也逐步停产，因此设计者一方面要从整体上了解各个厂商各个系列的 DSP 的特点，另一方面还要及时跟踪和掌握 DSP 发展的新技术，并对主流 DSP 的应用有比较深入的了解。这样，在具体开发一个系统时，设计者才能根据系统的特点，选择合适的 DSP 及其外围设备。另外，在 DSP 厂商的网站上，可以浏览其新产品的介绍，还能下载到一些免费的算法软件包及系统级别的解决方案，供设计者参考。

DSP 系统不仅仅由一片 DSP 构成，还包括周围的 A/D 转换器、D/A 转换器、Flash 存储器和 RAM 等芯片，有的系统还会用到 FPGA（现场可编程逻辑门阵列），因此设计者对于这些外围电路芯片也应深入了解。如果 DSP 和这些芯片在读写速度或者电气特性上出现不匹配的情况，将会影响到整个系统的性能。

对于高速的数字、模拟电路设计，设计者应具备相应的知识和经验。在设计中，应采取一定的抗干扰措施。

（2）软件环境和硬件设备支持

DSP 系统设计开发的软件环境应该包括针对特定 DSP 的编译器（Compiler）、汇编器（Assembler）、链接器（Linker）、软件模拟器（Simulator）、在线仿真软件（Emulator）、固化代码生成程序、库管理程序等可执行文件，还应包括基本的算法或函数库、C 语言库、C 头文件等。大部分 DSP 设计厂商在推出处理器的同时，都会提供集成化的开发环境，将上述程序集成在一个窗口环境下，如 TI 公司的 CCS，ADI 公司的 Visual DSP ++等。

硬件设备包括 DSP 仿真器、示波器和逻辑分析仪。其中，最主要的就是 DSP 仿真器，各 DSP 厂家为不同的 DSP 准备了不同的仿真器。TI 公司目前提供的仿真器可以兼容 TI 出品的大部分型号的 DSP。通过仿真器，设计者可以对电路板上的 DSP 进行程序加载、单步/全速调试、查看等操作。示波器主要用于观察 DSP 电路板的各路引脚状态，在软、硬件调试中用于确定电路板的运行状况。逻辑分析仪主要用于测试 DSP 和外围电路的时序逻辑。

具备了上述条件，就可以动手设计 DSP 系统了。但是一个实际的 DSP 系统的调试总要经过多次反复，需要设计者和调试者有足够的耐心，设计者必须不断地纠正开发、测试中出现的错误，这样才能取得真正的进步。

2．初学者如何着手 DSP 系统开发

进行 DSP 系统的设计开发对于初学者来说无疑是一个具有挑战性的问题。但是另一方面，现有的很多工具都是可以利用的，包括算法仿真开发工具、DSP 硬件开发平台和软件开发工具，它们可以帮助初学者尽可能快地以最小的代价实现特定的设计。

当初学者确定用 DSP 进行系统设计时，需要准备的最基本的设备包括一台装有 Windows 操作系统的 PC、一套 DSP 开发板、一个硬件仿真器以及基本的软件开发工具。

DSP 开发板是一个软硬件系统，其中包括由厂家提供的一块包含 DSP、存储器、常用接口电路的通用电路板以及相应软件。DSP 开发板通过计算机的控制端口来控制 DSP 的运行，并且提供了简单的 DSK（DSP Starter Kit）入门套件和较为复杂的 EVM（Evaluation Module）评估模块等，有助于初学者熟悉和使用 DSP，也可以作为程序的初步运行对象，方便调试。

基本的软件开发工具由 DSP 厂家提供，TI 公司的 CCS 集成开发环境采用 Windows 风格界面，集源程序编译、汇编、链接、软件模拟、在线仿真和调试以及实时跟踪等功能于一体，使程序的编写、汇编、软件模拟和在线仿真及调试等开发工作在统一的环境中进行，给开发工作带来了极大的方便。

DSP 系统设计中，初学者有了这些最基本设备的支持，硬件上借助 DSP 厂商提供的 DSP 开发板，软件上借助 DSP 厂商提供的基本软件开发工具，只需编写一些简单的应用程序即可完成 DSP 系统的设计。

2.2.2 DSP 系统的设计开发流程

DSP 系统的设计开发过程可以用图 2-2 所示的流程图来表示，该流程图将设计过程大致分为如下几个阶段。

1. 定义系统技术性能指标

在进行 DSP 系统设计之前，首先要根据 DSP 系统的需求，明确设计任务，定义系统的技术性能指标。这些技术性能指标，包括系统的采样频率和实时处理性能、存储器容量、系统的精度、应用环境、体积、重量、功耗、可靠性、可维护性以及成本等要求，它们通常可用数据流程图、数学运算序列、正式的符号或自然语言来描述。

在需求分析文档中，应当将系统要求的功能准确、清楚地描述出来。描述的方式可以是人工语言，也可以是系统框图或者算法描述。DSP 系统的需求分析中要考虑以下几个重要指标：

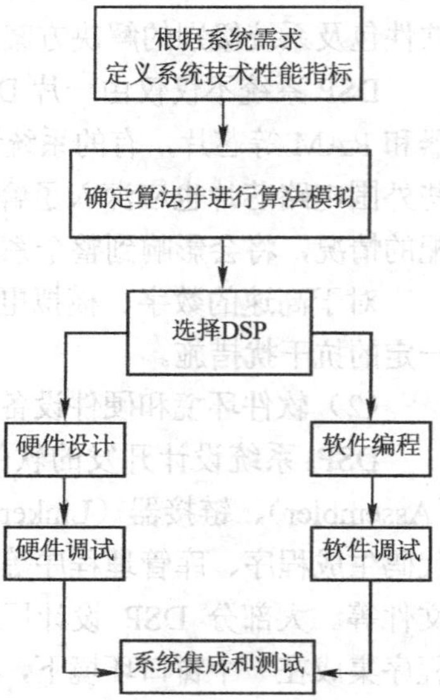

图 2-2　DSP 系统设计开发流程图

1）实时性。系统是用来进行实时信号的处理还是非实时信号的处理，对系统的要求是完全不同的。

2）稳定性。DSP 系统与其他硬件系统一样，是应用于特定环境中的，在选择 DSP 以及外围芯片的时候要考虑到系统的应用场合。

3）算法的复杂度。算法的复杂度越高，系统的处理性能往往越好，但却对系统处理数据的速度提出了更高的要求。

4）数据量的大小。由数据量及程序的长短决定是否需要扩展片外 RAM 以及扩展容量。

5）成本要求。在军事等高尖端领域中，为了提高性能、增加可靠性并留有一定的发展空间，往往尽量采用高性能的 DSP，甚至可以不计成本。而在工业和消费领域中，为了保证产品在市场上的竞争力，往往要选择性能价格比高的产品。

6）系统类型。系统可以分为数据处理型和控制型，它们对于 DSP 以及输入/输出端口的要求是不同的。

7）DSP 系统处理的模拟带宽。根据这个带宽，选择合适的 A/D 采样率，并由该采样率完成该系统最复杂算法所需的时间及实时程度来判断系统是否合格。

8）精度要求。由系统所要求的精度决定是 16 位还是 32 位，是定点运算还是浮点运算。

9）开发便利性。为了方便开发仿真，最好选用带 JTAG（Joint Test Action Group，联合测试工作组）硬件仿真接口的 DSP，既方便开发，又便于以后生产中的测试。

结合 DSP 系统设计，主要的几个系统技术性能指标包括：

1）由信号的频率决定的系统采样频率。

2）由采样频率完成最复杂的算法所需最大时间及系统对实时程度的要求判断是否完成工作。

3）由系统要求的精度决定是 16 位还是 32 位，是定点运算还是浮点运算。

4）由数据量及程序的长短决定片内 RAM 的容量，以及是否需要扩展片外 RAM 及片外 RAM 的容量。

5）根据系统是用于计算还是用于控制，决定对输入/输出端口的要求。在一些特殊的控制场合，还有一些专门的处理器可供选用。如电机控制领域应采用 TMS320C2xx 系列，因为该系列处理器上集成了 2 路 A/D 输入、6 路 PWM 输出及强大的人机接口。

2. 确定算法并进行算法模拟

一般来说，为了实现系统的最终目标，需要对输入的信号进行适当的处理，而不同的处理方法会导致不同的系统性能，因此要得到最佳的 DSP 系统性能必须先确定最佳的处理方法。因此确定算法并进行算法模拟阶段成为 DSP 实际系统设计中重要的一步，这决定了系统性能指标能否实现，系统以何种算法和结构应对需求。实现过程是，首先应对一个实时数字信号处理的任务选择一种方案和多种算法，用算法仿真开发工具（如 MATLAB）进行算法模拟来验证算法能否满足系统的性能指标，然后从多种信号处理算法中找出最佳算法。算法模拟所用的输入数据可以是实际采集信号，它们通常以计算机文件的形式存储为数据文件，也可以是假设的数据，只要能够达到验证算法可行性的目的即可。

在算法模拟阶段，借助于现代化的仿真开发工具，设计者在设计的初期不必考虑设计的硬件和软件元素，而只研究算法问题，这样做的好处是可避免可能产生的错误。因为这种算法设计的方法使得设计者能够快速实施不同方案来得到一个有效算法以及优化的参数，而不需要先写繁琐的 DSP 目标代码或直接对硬件进行处理。目前可供使用的仿真开发工具很多，这类软件包括 MATLAB、System View、Simulink、Hypersignal 等。这些软件非常好用，它们提供了大量的可视化算法库，设计者将一些代表算法操作的函数块放入系统的框图中，再通过连线将框图连接起来。这种框图设计的方法可以很方便地搭建一个系统，同时工具箱还提供了系统仿真、滤波器设计和代码生成等工具，对所搭建的系统进行设计、仿真。所有这些软件包都可以为 DSP 所用，并且框图直接生成 C 或汇编代码，随后这些框图能够被调入到目标 DSP 的应用开发环境中。

现代信号处理理论发展水平很快，提供了各种性能很好的算法，而具体实现时，这些算法对实际处理设备的要求是不同的。有些算法所要求的运算量、数据存储量及处理设备的计算精度都很高，甚至超出了目前硬件设计所能达到的水平，或者从成本上讲是令人难以承受的。因此算法的选择还应注重其性能价格比，尽量以较低的成本得到性能满足要求的实际系统。

3．选择 DSP

DSP 是处理系统的核心，在设计 DSP 应用系统时，选择 DSP 是非常重要的一个环节。只有选定了 DSP 才能进一步设计其外围电路及系统的其他电路。DSP 的选择应根据实际应用系统的需要而确定，也就是说，应该从应用场合和设计目标的具体要求出发来选择 DSP。选择 DSP 时主要考虑的因素有运算速度、运算精度、片内存储器资源、片外存储器和 I/O 空间容量、片内外围设备、开发调试工具、电源与功耗、价格及售后技术服务等（详见 2.3.2 节）。

每种 DSP 都有它所特别适合的领域，例如，TMS320C54x 系列就特别适合应用于通信领域，其良好的性能价格比和硬件结构对 Vertbi 译码、FFT 等算法的支持，都保证了通信信号处理算法的实现效率。

4．设计 DSP 应用系统（软硬件设计）

当 DSP 型号选定后，就可以对 DSP 系统进行设计了。系统设计分硬件设计和软件设计两个方面同时进行。

硬件设计部分需要确定系统的硬件实现方案、完成器件的选型、完成原理图设计（包括外围电路以及电源电路等）和印制电路板布线等，最后进行焊接调试。

软件设计部分主要是根据系统的要求和所选的 DSP 编写相应的 DSP 程序并进行调试，这些程序可以采用汇编语言，也可以用高级语言（如 C 语言）编程。由于现在的高级语言编译器的效率还比不上手工编写汇编语言的效率，因此在实际应用系统中常常采用两种语言（高级语言和汇编语言）混合编程方法，即在算法运算量大的地方，采用汇编语言，用手工编写的方法编写，而在运算量不大的地方则采用高级语言。采用两种语言混合编程的方法，既可缩短软件开发的周期，提高程序的可读性和可移植性，又能满足系统实时运算的要求。

软件设计部分编写的 DSP 程序是要放在 DSP 片内或片外存储器中进行的。在程序工作时，DSP 会执行与 DSP 外围设备传递数据或互相控制的指令，因此 DSP 的软件与硬件设计调试是密切相关的。

（1）硬件设计

硬件设计涉及较多的电路设计技术。由 DSP 构成的电路一般包括以下类型的器件：EPROM/FLASH、RAM、A/D 转换器、D/A 转换器、同步/异步串口、电源模块、电平转换器、FPGA、接口电路、仿真器接口、时钟等。典型的 DSP 系统硬件设计流程图如图 2-3 所示，硬件设计的过程可分为以下 5 个阶段：

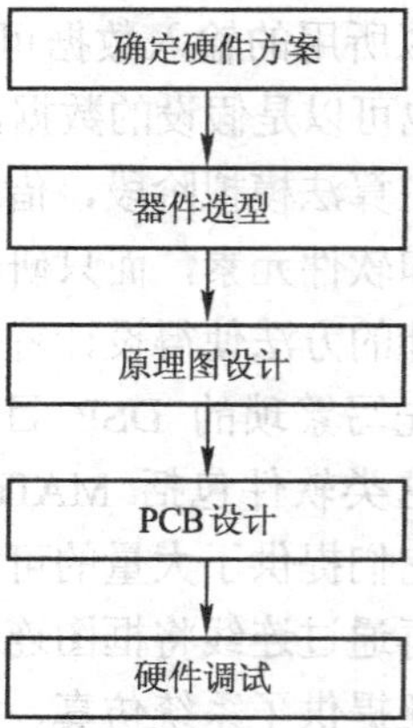

图 2-3　DSP 系统硬件设计流程图

1）确定硬件方案。在考虑系统性能指标、工期、成本、算法需求、体积和功耗核算等因素的基础上，选择系统的最优硬件实现方案。

2）器件选型。一个 DSP 硬件系统除了 DSP 外，还包括 A/D 转换器、D/A 转换器、存储器、电源、逻辑控制、通信、人机接口、总线等基本部件。DSP 的选型已经在上一阶段完成，下面简单介绍 DSP 外围部件的选取原则。

A/D 转换器：根据采样频率、精度以及是否要求片上自带采样、多路选择器、基准电源等因素来选择。

D/A 转换器：根据信号频率、精度以及是否要求自带基准电源、多路选择器、输出运算放大器等因素来选择。

存储器：常用的存储器有 RAM、EPROM、EEPROM 和 FLASH 等。在 TMS320C6000 系列中还有 SDRAM、SBSRAM。可以根据工作频率、存储容量位长（8/16/32 位）、接口方式（串行/并行）、工作电压（5/3V）等来选择。

逻辑控制：系统的逻辑控制通常是用可编程逻辑器件来实现的。先确定是采用 CPLD 还是 FPGA；再根据自己的特长和公司芯片的特点决定采用哪家公司的哪一系列的产品；最后根据 DSP 的频率决定逻辑控制器件的频率，并以此来确定使用的器件。

通信器件：通常 DSP 系统都要求有通信接口。先根据系统对通信速率的要求来选择通信方式，再根据通信方式来选择通信器件。一般串行口只能达到 19kbit/s，而并行口可达到 1Mbit/s 以上，若要求过高可考虑通过总线进行通信。

人机接口：常用的人机接口主要有键盘和显示器等。可以通过与其他单片机的通信构成；也可在 DSP 的基础上直接构成。

总线：常用总线有 PCI、ISA 以及现场总线（包括 CAN、3xbus 等）。根据使用的场合、数据传输要求、总线的宽度、传输速率和同步方式等来选择。

电源：主要根据电压的高低和电流的大小来选择。既要满足电压的匹配，又要满足电流容量的要求。

上述部件的选择可能会相互影响，同时在选型时必须考虑供货能力、性能价格比、技术支持、使用经验等因素。

3）原理图设计。硬件设计阶段原理图设计是关键。在原理图设计阶段必须清楚地了解器件的特性、使用方法和系统的开发，必要时可对单元电路进行功能仿真。原理图设计成功与否，是系统能否正常工作的重要因素。原理图设计包括：

系统结构设计：可分为单 DSP 结构和多 DSP 结构、并行结构和串行结构、全 DSP 结构和 DSP/MCU 混合结构等。

模拟数字混合电路的设计：主要用来实现 DSP 与模拟混合产品的无缝连接。包括信号调理、A/D 和 D/A 转换电路、数据缓存等。

存储器的设计：是利用 DSP 的扩展接口进行数据存储器、程序存储器和 I/O 空间的配置。在设计时要考虑存储器映射地址、存储器容量和存储器速度等。

此外还包括通信接口、电源和时钟电路以及控制电路等的设计。

4）PCB 设计。PCB 的设计要求设计者既要熟悉系统的工作原理，还要清楚布线工艺和系统结构设计。

5）硬件调试。硬件调试可在硬件仿真器上进行，如果没有仿真器，且系统不复杂，则可借助一般的工具进行调试。

（2）软件设计

DSP 系统软件设计的过程可分 5 个阶段，具体流程可参考第 5 章的图 5-1。

1）使用汇编语言、C 语言或者两种编程语言混合编写程序，并把它们分别转换成 DSP 的汇编语言，然后用汇编语言汇编器生成目标文件。

2）将目标文件用链接器进行链接，得到可执行文件。

3）对可执行文件进行软件调试。检查运行结果是否正确。如果正确，进入下一步；如果不正确，则返回第一步。软件调试借助 DSP 开发工具，如软件模拟器（Simulator）、DSP 开发系统或硬件仿真器等。

4）进行代码转换，将代码写入 EPROM，并脱离仿真器运行程序，检查结果是否正确。

调试时，可先使用 PC 上的软件模拟器调试和验证程序及算法的功能。这时，DSP 不能从外部得到实际数据。通常的做法是：用户自编 PC 程序，产生一个模拟数据文件，放在 DSP 某块存储器中，再将 DSP 对这块数据的处理结果显示在 PC 上或输出到一个文件中，将其与期望的结果进行对比。模拟器可以观察到 DSP 内部所有控制/状态寄存器和片内/片外存储器内容，也可以对这些内容进行修改，既可以单步运行每条指令，也可以设置断点，分段检查程序，同时可以统计出各段程序的执行时间。然后，通过 PC 以及 DSP 的硬件仿真器和连接电缆对实际的 DSP 硬件电路板进行在线仿真。这一步也可以理解成是一个软硬件协调的过程。硬件仿真器的软件界面及调试方法与软件模拟器一样，但由于它是直接对 DSP 电路的调试，因此 DSP 的运行效果更加真实，也能得到 DSP 和外围设备数据交换的真实效果。使用硬件仿真器时，同样可以单步调试或让 DSP 全速运行。最后，可以采用将实时结果与模拟结果进行比较的方法，如果实时程序和模拟程序的输入相同，则两者的输出应该一致。应用系统的其他软件可根据实际情况进行调试。如果调试结果合格，软件调试完毕；如果不合格，返回第一步。

以上的软硬件的设计和调试是同步进行的，这是为了及时发现问题，进行软硬件协调。因此，在开发过程中，通过调试发现问题，修改软硬件设计方案也是常有的事。

在软硬件调试阶段，设计者会发现对 DSP 的调试更多地依赖于仿真器，而示波器或逻辑分析仪等测量仪器主要用于外围器件的信号测量等。对于基于 DSP 和存储器的电路板来说，这些测量仪器的用途相对小得多。当然，电路的工作频率很高时，借助于高速测量仪器会发现电路的某些设计缺陷，如信号不稳定、毛刺等。

5. 系统集成和测试

软硬件设计、调试完成之后，进行系统集成。所谓系统集成是利用 DSP 厂家提供的软件将软件程序生出固定的格式，写入到 DSP 板上的 EPROM 或者 FLASH 存储器中，代码固化后，DSP 系统就可以脱离仿真器独立运行了。

DSP 系统在可以独立运行之后，还应该继续进行一系列的系统性能测试，评估系统的性能指标是否达到设计要求。在系统测试的过程中，要反复检查系统的实时性、精度和稳定性，如果达不到设计要求，就需要通过修改软件（甚至调整硬件）予以解决。例如，DSP 系统的开发，特别是软件开发是一个需要反复进行的过程，虽然通过算法模拟基本上可以知道实时系统的性能，但实际上模拟环境不可能做到与实时系统环境完全一致，而且将模拟算法移植到实时系统时必须考虑算法是否能够实时运行的问题。如果算法运算量太大不能在硬件上实时运行，则必须重新修改或简化算法。

2.3 DSP 的选择

在设计开发 DSP 应用系统时，选择 DSP 是非常重要的一个环节。只有选定了 DSP，才能进一步设计其外围电路及系统的其他电路。早期由于 DSP 种类很少，几乎没有可以选择的余地，只能根据一种或几种 DSP 来设计应用系统。随着 DSP 技术的高速发展，如今在 DSP 的选择上已有很大的空间。总的来说，现在完全可以根据实际应用系统的需要来选择

DSP，以达到系统的最优化设计。不同的 DSP 应用系统由于应用场合、应用目的等不同，在 DSP 的选择上也是不同的。选择 DSP 应首先确定选择哪家公司的产品，然后根据实际系统要求依据选择 DSP 需考虑的各个因素确定最终应选用的处理器型号。

2.3.1 主要的 DSP

在系统设计开发中如果已经决定选用 DSP，但不确定选用哪款 DSP 最适合应用时，那么首先就要先了解 DSP 的各系列产品。

当前通用 DSP 的代表性产品包括 TI 公司的 TMS320 系列、ADI 公司的 ADSP21xx 系列、Motorola 公司的 DSP56xx 系列和 DSP96xx 系列、AT&T 公司的 DSP16/16A 和 DSP32/32C 等单片器件，其中以美国德州仪器（TI）公司的产品所占市场份额最大。同时 TI 公司针对 DSP 产品开发和外设设计提供了全方位的技术支持，产品升级也很方便，能够实现各种各样的设计方案。本节仅对 TI 公司的 DSP 系列进行介绍。

TI 公司为各种应用开发提供了多种数字信号处理（DSP）平台，其中包括 TMS320 C2000 系列、TMS320C5000 系列、TMS320C6000 系列、DaVinci 数字媒体处理器和 OMAP 应用处理器。

1．TMS320C2000 系列

TMS320C2000 系列 DSP 又称为数字信号控制器（Digital Signal Controller，DSC），它为数字控制系统提供了 DSP 性能与 MCU 外设集成度的优化组合。TMS320C2000 系列作为一种低价格、高性能的 DSP，适用于控制领域，如工业自动化、汽车电子、电动机控制、家用电器和消费电子等领域。该系列 DSP 目前主要由 TMS320C24x 和 TMS320C28x 组成，所有 TMS320C2000 平台控制器均实现了全面的软件兼容性。

（1）TMS320C24x

TMS320C24x 为 16 位的定点 DSP，工作速率高达 40MIPS，片内集成有 16～64KB 的 FLASH 存储器，500ns 的闪烁式高速的 10 位 A/D 转换器，另外还有 8 个或 16 个复用输入通道。有些新的处理器还有自动排序的能力，按顺序做 16 个变化，有一个独立的采样/保持（S/H）预定标器，通过支持不同的输入阻抗给用户带来极大的灵活性。TMS320C24x 具有事件管理器，提供脉冲宽度调制（PWM），其 I/O 特性可以驱动各种电动机及看门狗定时器、SPI、SCI、CAN 等。特别值得注意的是，片上 FLASH 存储器的引入，使其能够快速设计原型机及升级，不使用片外的 EPROM，提高速度又降低成本。这类处理器一般用于家用电器、工业自动化、电源转换、检查、办公室设备、传感系统、电力交换系统、变频设备和空调设备。该类处理器的代表器件是 TMS320LF2407。

（2）TMS320C28x

TMS320C28x 是目前为止用于数字控制领域性能最好的 DSP。这类处理器具有 32 位的 DSP 核，其中定点 DSP 采用 32 位的定点 DSP 核，最高速度可达 400MIPS。浮点 DSP 采用 30 位的浮点 DSP 核，最高速度可达 300MFLOPS。具有增强的电动机控制外设，高性能的模/数转换能力和改进的通信接口，具有 8G 字节的线性地址空间，采样低电压供电（3.3V 外设/1.8V 核），与 TMS320C24x 源代码兼容。

TMS320C28x 处理器种类众多，包括 TMS320F280x、TMS320F281x、TMS320F282x、

TMS320F283x、TMS320F2802x/F2803x/F2806x Piccolo 等多个子系列。它们的代表器件分别是 TMS320F2809、TMS320F2812、TMS320F28232、TMS320F2832、TMS320F28069PZ。同时该类处理器的新品仍正在陆续开发之中。其中 TMS320F282x 和 TMS320F283x 是业界最先推出的浮点型数字信号处理控制器，用以实现高速下的高精度控制应用。

TMS320C28x 是在浮点与定点之间唯一实现全面软件兼容的处理器，所有 TMS320 C28x 控制器均符合 AECQ-100 标准，适应于高标准的汽车应用领域，广泛应用于太阳能、风能、燃料电池等绿色电源，家用电器、工业驱动、医疗设备等数字电动机控制，电信、无线基站、UPS 等数字电源，以及电动助力转向系统、驾驶辅助雷达、刮水器等汽车领域。

2. TMS320C5000 系列

TMS320C5000 系列 DSP 是为实现低功耗、高性能而专门设计的定点 DSP。该系列针对消费类数字产品、通信电子、便携式等产品进行了优化，能够充分满足无线和有线通信系统以及数字音乐播放器、3G 移动电话、GPS 接收器、便携式医疗设备、VoIP 和便携式设备等新兴应用，涵盖了从低档到中高档的应用领域。该系列使用最广泛的是 TMS320C54x 和 TMS320C55x 两大类。这两类处理器软件完全兼容。

（1）TMS320C54x

TMS320C54x 是世界上最受欢迎的 DSP 之一。这类处理器是 16 位定点 DSP，适应远程通信等实时嵌入式应用的需要，具有高度的操作灵活性和运行速度，其结构采用改进的哈佛结构，具有专用逻辑硬件 CPU、片内存储器、片内外设以及一个效率很高的指令集。该类处理器的代表器件是 TMS320VC5402、TMS320VC5416、TMS320VC5441。

本书将以 TMS320C54x 为例介绍 DSP 应用技术，详细内容见后续章节。

（2）TMS320C55x

TMS320C55x 是目前功耗最低的一种 DSP，它以 TMS320C54x 为基础构建，但在 TMS320C54x 的基础上又有了较大的提高，具备了低功耗、低造价和高性能的特点。

TMS320C55x 的核具有双 MAC 以及相应的并行指令，还增加了累加器、ALU 和数据寄存器，其指令集是 TMS320C54x 指令集的超集，以便和扩展了的总线结构和新增加的硬件执行单元相适应。与 TMS320C54x 一样，TMS320C55x 保持了代码密度高的优势，以便降低系统成本，其指令长度从 8～48 位可变，由此可控制代码的大小，比 TMS320C54x 降低了 40%。减小代码的长度，也就意味着降低对存储器的要求，从而降低系统的成本。与 TMS320C54x 相比，其综合性能提高了 5 倍，而功耗仅为 TMS320C54x 的 1/6。

TMS320C55x 广泛应用于 2G、2.5G、3G 手机和基站、数字音频播放器、数码相机、电子书籍、语音识别、GPS 接收器、指纹/模式识别、无线调制解调器、耳机、生物辨识等应用领域。该类处理器的代表器件是 TMS320VC5510、TMS320VC5509、TMS320VC5502。

3. TMS320C6000 系列

TMS320C6000 系列 DSP 是 TI 公司推出的高性能 DSP。采用 TI 的专利技术 VeloiTI 和新的超长指令字结构，使该系列 DSP 的性能达到很高的水平。该系列主要面向图像、视频、网络和无线宽带通信等需要大规模数据处理的应用领域，例如，视频会议系统、高清晰数字电视、无线局域网、安防视频监控和核磁共振（MRI）等。TMS320C6000 系列主要包括 TMS320C62x、TMS320C64x、TMS320C67x 三大类。

（1）TMS320C62x

TMS320C62x 是 32 位定点 DSP，该处理器的内部结构与以前的 DSP 不同，内部集成了多个功能单元，可同时执行 8 条指令，其主要特点有：

1）运行速度快。指令周期为 3.3～6.7ns，运算能力为 1200～2400MIPS。

2）内部结构不同于一般 DSP。内部同时集成了 2 个乘法器和 6 个算术运算单元，且它们之间是高度正交的，使得在一个指令周期内最多能支持 8 条 32 位的指令。

3）指令集不同。为充分发挥其内部集成的各执行单元的独立运行能力，TI 公司使用了 VelociTI 超长指令字（VLIW）结构。它在一条指令中组合了几个执行单元，结合其独特的内部结构，可在一个时钟周期内并行执行几个指令。

4）大容量的片内存储器和大范围的寻址能力。片内集成了 64～384K 字程序存储器和 64～512K 字数据存储器，并拥有 32 位的外部存储器界面。

5）智能外设。内部集成了 4 个 DMA 接口，2～3 个多通道缓存串口，2 个 32 位计时器。

6）低成本。在一个无线基站的应用中，每片 TMS320C62x 能同时完成 30 路的语音编解码，每路成本为 3 美元，而以前的 DSP 系列最大只能完成 5 路，每路的成本为 7 美元。

这类处理器适合于无线基站、无线 PDA、组合 Modem、GPS 导航等需要大运算能力的应用场合。该类处理器的代表器件是 TMS320C6211、TMS320C6201。

（2）TMS320C67x

TMS320C67x 是 TI 公司继定点 TMS320C62x 系列后开发的一种新型浮点 DSP 处理器，这类处理器的内部结构在 TMS320C62x 的基础上加以改进，内部同样集成了多个功能单元，可同时执行 8 条指令，其主要特点有：

1）运行速度快。指令周期为 2.86～6.7ns，运算能力为 1200～2100MFLOPS。

2）硬件支持 IEEE 格式的 32 位单精度与 64 位双精度浮点操作。

3）集成了 32×32 位的乘法器，其结果可为 32 位或 64 位。

4）TMS320C67x 指令集在 TMS320C62x 指令集的基础上增加了浮点执行能力，可以看做是 TMS320C62x 指令集的超集。TMS320C62x 指令集在 TMS320C67x 上运行时无须任何改变。

这类处理器适用于对运算能力和存储量有高要求的应用场合，如专用音响、乐器、广播音响与商用音频应用，并可应用于工业生物、控制与医疗等方面。该类处理器的代表器件是 TMS320C6711、TMS320C6713、TMS320C6727。

（3）TMS320C64x

TMS320C64x 是 TMS320C6000 系列 DSP 中最新的 32 位高性能定点处理器，其软件与 TMS320C62x 完全兼容。TMS320C64x 采用 VelociTI1.2 结构的 DSP 核，增强的并行机制可以在单个周期内完成 4 个 16×16 位或 8 个 8×8 位的乘累加操作。采用两级缓冲存储器（Cache）机制，第一级中程序和数据各有 16KB，而第二级中程序和数据共用 128KB。增强的 32 通道 DMA 控制器具有高效的数据传输引擎，可以提供超过 2GB/s 的持续带宽。与 TMS320C62x 相比，TMS320C64x 的总性能提高了 10 倍。

这类处理器是目前计算高密度型视频/图像应用领域的理想选择。它代表了 DSP 领域的最高性能水平，到目前为止已经形成了相当丰富的产品线，并在 TMS320C64x 的基础上派生出了针对无线音/视频应用和 3G 通信的 DaVinci 系列。该类处理器的代表器件是 TMS320

C6416、TMS320C6424、TMS320C6455（1.2GHz）。

4. DaVinci 系列

TI 公司于 2005 年末首次推出了新一代高性能 DSP TMS320DM6443、TMS320 DM6446，并命名为达·芬奇（DaVinci）数字媒体处理器。该系列的处理器一般采用 TMS320C64x DSP+ARM9 的结构设计方案，并在此基础上增加了视频处理子系统（Video Processing Sub-System，VPSS）和视频图像协处理器（Video Image Co-Processor，VICP）以及配套的 RTOS 和音/视频编解码等软件，极大地增强了处理器的处理性能和开发便利性。DaVinci 系列主要针对高清晰度视频处理应用，为设备制造商提供集成的处理器、软件和工具来简化设计流程、加速创新的数字视频应用。低端一些的可应用在车用视觉系统（车道偏离、避免碰撞）以及机器视觉系统、机器人技术、网络摄像机、数码相机等应用领域，而高端的处理器则主要应用在多格式视频安全设备、视频电话、高清数字电视广播通信系统等应用领域。目前，DaVinci 系列处理器根据不同的应用目的而推出 3 个子系列。

1）TMS320C64x/TMS320C643x DSP+VICP：4000～7200MMACS，代表器件是 TMS320 DM647、TMS320DM648、TMS320DM6435、TMS320DM6437。

2）TMS320C644x/TMS320C646x DSP+ARM9+VICP：4700MMACS（DSP）+300MHz（AR M9），代表器件是 TMS320DM6441、TMS320DM6446、TMS320DM6467。

3）ARM9+VICP：270MHz，代表器件是 TMS320DM335、TMS320DM355。

DaVinci 系列处理器的 3 个子系列针对不同的应用目标和成本要求。TMS320C64x/TMS320C643x DSP+VICP 子系列没有采用 ARM 核，能以较低的成本实现音/视频的各种编解码处理；TMS320C644x/TMS320C646x DSP+ARM9+VICP 子系列是实现高清晰音/视频编解码的最佳选择；而 ARM9+VICP 没有采用通用的 DSP 核，其借助 VICP 实现 MPEG4 和 JPEG 等低成本处理。

DaVinci 处理器的主要特点是：

1）整体性能高。采用 SoC 技术，将高性能 TMS320C64x DSP 与高端 ARM 内核相结合，前者提供强大的音/视频数字信号处理能力，后者提供丰富的外设接口，使得芯片的整体处理性能高效和完备。

2）音/视频信号处理速度快。由于采用高性能的 TMS320C64x DSP 和 VPSS、VICP 硬件子系统相结合，图像和视频的缩放、图形字符叠加以及 H.264、MPEG4、H.263、WMV9、VC1、MPEG2、JPEG、AAC、WMA9、WMA8、G.711、G.728、G.723.1、G.729 等各种音/视频信号编解码速度很快。

3）片上外设丰富。除了音/视频 I/O 接口外，还具有 10/100 以太网媒体接入控制器（MAC）、UART、I^2C、SPI、GPIO、McBSP 和 PWM 等，使得处理器的外部通信控制能力得到了有力保障。

4）丰富的开发工具与环境。DaVinci 系列处理器的应用软件开发环境有 Linux、WinCE 操作系统、CCS3.2 集成开发环境，而开发工具有 XDS560 仿真器、DVEVM 以及音/视频处理 API 等。这些开发环境和工具使得应用系统的开发变得相当容易。

DaVinci 系列处理器代表着 TI 公司的最新技术，推出的时间并不长，但已经有了针对不同性能和成本要求的 3 大子系列产品。随着 3G 移动通信时代的到来、高清晰数字广播电视的推广以及各类音/视频手持消费电子产品的不断推出，该系列的产品将会得到更多的应用并逐渐体现出其价值。

5．OMAP 系列

TI 公司的 OMAP 系列平台提供了各种高性能应用处理器，被称为开放式媒体应用平台，通过 ARM 处理器（适用于协调命令与控制）与 DSP（适合计算密集型信号处理任务）相结合，对具体应用中的实时密集型计算处理及控制功能进行分配，把不同的任务交给适合的处理器来处理，以发挥整个 OMAP 系列处理器的最佳性能。OMAP 系列处理器的推出主要针对数字媒体、生物特征识别、定位服务、增强型游戏及远程通信等商业及工业应用领域，并已经在 2.5G/3G 手持无线通信终端及 PDA 市场上表现出强劲的发展势头。OMAP 系列处理器大体可以分为以下 3 个子系列。

1）TMS320C55x DSP+ARM9：400MIPS（DSP）+150MHz（ARM9），代表器件是 OMAP5910、OMAP5912、OMAP1610、OMAP1612。

2）TMS320C55x DSP+ARM11：440MIPS（DSP）+330MHz（ARM11），代表器件是 OMAP 2420。

3）ARM+协处理器：200～600MHz（ARM9、ARM11、ARM Cortex），GPRS/ISP /IVA/ PowerVR，代表器件是 OMAP750、OMAP2430、OMAP2431、OMAP3503。

尽管 TI 公司曾经设计过 TMS320VC5470、TMS320VC5471 这类 DSP+ARM 结构双核处理器芯片，但真正意义上的 DSP+ARM 双核 OMAP 处理器是在 2002 年推出的 OMAP5910，当然，TI 公司的 OMAP 系列处理器中有些是纯粹基于 ARM 核的，一般会带有一个用于图像和视频编解码或者 GPRS/GSM 的协处理器。例如，2008 年发布的 OMAP35x 系列处理器是基于 ARM CortexA8 的，其带有一个 2D/3D 图形加速协处理器。

OMAP 系列处理器的主要特点是：

1）处理效率高。采用 DSP+ARM 双核结构或者带有图像视频协处理器的 RISC 结构，大量的复杂数据运算处理和通信、控制处理得到合理的分配，使整个处理器的处理效率和性能得到了极大提升。

2）有效的开发环境。支持 Microsoft Windows CE、Linux、Wind River VxWorks 等领先的操作系统及 TI 公司的 DSP/BIOS 实时可扩展内核。通过优化的处理器间通信机制，使用熟悉的工具、标准应用编程接口（API）以及无缝的 DSP 接口，设计者可以更快速地向市场推出创新型产品。内置式处理器间的通信机制消除了开发商单独对 DSP 及 RISC 进行编程的必要，极大地缩短了编程时间，同时显著降低了编程的复杂性。

3）丰富的外设。配备有多种极佳外设的片上系统功能，包括 192 KB RAM、USB 1.1 主机与客户机、MMC/SD 卡接口、多通道缓冲串行端口、实时时钟、GPIO 与 UART、LCD 接口、SPI 等。

OMAP 系列处理器的发展起步虽然较晚，但作为 2.5G/3G 时代无线多媒体移动终端的主流处理器芯片，其正在快速发展。目前的 OMAP 系列处理器品种较多，如 OMAP35x 子系列，其中包含的 4 个处理器均以 ARM CortexA8 为核心，其中的两个处理器 OMAP 3525、OMAP3530 还具有 TMS320C64x DSP 核，而另外两个 OMAP3503、OMAP3515 则没有。

表 2-1 列出了 TI 公司主推的以上 5 大系列 DSP 产品的主要应用领域。

表 2-1　TI 公司主推的 DSP 系列产品的主要应用领域

DSP 平台 / 应用领域	TMS320C2000 系列	TMS320C5000 系列	TMS320C6000 系列	DaVinci 系列	OMAP 系列
音频		√	√	√	√
汽车	√			√	√
通信	√	√	√	√	√
工业	√			√	√
医疗	√	√	√	√	√
安全监控				√	
视频				√	√
无线		√	√	√	√
主要特性	高性能与高集成度可实现更环保的工业应用	低功耗与高性能结合	高性能	完整的定制型视频解决方案	低功耗与高性能

2.3.2　选择 DSP 考虑的因素

对不同的应用场合，DSP 的选取也是不一样的。一般来说，选择 DSP 时应考虑以下因素。

1. DSP 的运算速度

运算速度是 DSP 的一个最重要的性能指标，也是选择 DSP 时所需要考虑的一个主要因素。设计者先由输入信号的频率范围确定系统的最高采样频率，再根据算法的运算量和实时处理限定的完成时间确定 DSP 运算速度的下限。DSP 的运算速度可以用以下几种性能指标来衡量：

1）指令周期：即执行一条指令所需的时间，通常以纳秒（ns）为单位。例如 TMS320VC5402-100 在主频为 100MHz 时的指令周期为 10ns。

2）MAC 时间（Multiply-Accumulates Per Second）：即一次乘法加上一次加法（乘累加）的时间。大部分 DSP 可在一个指令周期内完成一次乘法和加法操作，例如 TMS320VC5402-100 的 MAC 时间就是 10ns。

3）FFT 执行时间：即运行一个 N 点 FFT 程序所需的时间。由于 FFT 运算涉及的运算在数字信号处理中很有代表性，因此 FFT 运算时间常作为衡量 DSP 运算能力的一个指标。

4）MIPS（Millions of Instructions Per Second）：即每秒执行百万条指令。一般 DSP 为 20～100MIPS，例如 TMS320VC5402-100 的处理能力为 100 MIPS。必须指出的是，这是定点 DSP 运算速度的衡量指标，应注意的是，厂家提供的该指标一般是峰值指标，因此系统设计时应留有一定的裕量。

5）MOPS（Millions of Operations Per Second）：即每秒执行百万次操作。操作包括 CPU 操作、地址计算、数据访问及 I/O 操作等。MOPS 可以对 DSP 的性能进行综合描述。例如 TMS320C40 的运算能力为 275 MOPS。

6）MFLOPS（Millions Floating Point Operations Per Second）：即每秒执行百万次浮点操作。浮点操作包括浮点乘法、加法、减法、浮点数据的存储等操作。MFLOPS 是衡量浮点 DSP 的重要指标。例如 TMS320C31 在主频为 40MHz 时的处理能力为 40 MFLOPS。应注意的是，厂家提供的该指标一般是峰值指标，因此系统设计时应留有一定的裕量。

7）MBPS（Million Bit Per Second）：即每秒传输百万比特，它是对总线和I/O口数据吞吐率的度量，也就是某个总线或 I/O 的带宽。MBPS 用于衡量 DSP 的数据传输能力。例如TMS320C6000的总线时钟为200MHz时，其总线数据吞吐率为800MBPS。

2．DSP的运算准确度

DSP的运算准确度取决于DSP的字长。一般情况下，浮点DSP的运算准确度要高于定点DSP的运算准确度。定点DSP的字长通常为16位。但有少数定点DSP的字长为20位、24位或32位，例如Motorola公司的定点DSP处理器MC56001字长为24位。浮点DSP的字长一般为32位。累加器一般都为32位或40位。选择DSP时可由系统所需要的准确度确定是采用定点运算还是浮点运算。

定点 DSP 成本低、功耗小，但运算准确度稍低，主要用于计算复杂度不高的控制、通信、语音/图像、消费电子产品等领域。但是在编程时要关注信号的动态范围，在代码中增加限制信号动态范围的定标运算。虽然可以通过改进算法来提高运算准确度，但是这样做会增加程序的复杂度和运算量。浮点 DSP 的成本和功耗都比定点DSP高，但是由于采用了浮点数据格式，因而运算准确度和动态范围都远高于定点 DSP，浮点 DSP 适用于运算复杂度高、准确度要求高的应用场合。即使是一般的应用，在对浮点 DSP 进行编程时，也不需要考虑数据溢出和准确度不够的问题，因而编程要比定点DSP方便、容易。

3．DSP的硬件资源

不同的DSP所提供的硬件资源是不相同的，如片内RAM、ROM的数量，外部可扩展的程序和数据空间，总线接口，I/O 接口等。即使是在同一系列（如 TI 公司的TMS320C54x 系列）中，不同的DSP也具有不同的内部硬件资源，以适应不同的需要。选择 DSP 时应根据系统的实际需要考虑其硬件资源，例如，可根据系统数据量的大小确定所使用的片内 RAM 及需要扩展的 RAM 的大小；根据系统是作计算用还是作控制用来确定I/O端口的需求。

4．DSP的开发工具

在 DSP 系统的开发过程中，开发工具是必不可少的。如果没有开发工具的支持，要想开发一个复杂的DSP系统几乎是不可能的。如果有功能强大的开发工具的支持（如可支持C语言开发），则程序开发的时间就会大大缩短。所以，在选择 DSP 时必须注意开发工具对处理器的支持情况，包括软件和硬件的开发工具等。现在的 DSP 都提供了较完善的软硬件开发工具。软件开发工具主要包括C编译器、汇编器、链接器、代码库、软件模拟器和在线仿真软件等，在确定 DSP 算法后，编写的程序代码通过软件模拟器进行仿真运行来确定必要的性能指标。硬件开发工具包括在线硬件仿真器和系统开发板。在线硬件仿真器通常是JTAG 周边扫描接口板，可以对设计的硬件进行在线调试。硬件系统完成之前，在不同功能的开发板上实时运行设计的 DSP 软件，可以提高开发效率。甚至在有些数量小的产品中，直接将开发板当作最终产品。

5．DSP的功耗

一般来说，手持式设备、便携式设备和户外应用设备等对功耗有特殊要求，因此功耗也是选择 DSP 时应该主要考虑的一个问题。在要求低功耗的应用场合下，选择 DSP 时应考虑供电电压的大小和对电源的管理功能。由于越来越多的 DSP 被用于电池供电的低功耗产品中，致使许多 DSP 厂商都降低了 DSP 的供电电压，加强了电源管理功能。目前，有多种低电压供电的 DSP 可供选择，这些 DSP 的供电电压通常有 3.3V、2.5V、1.8V、0.9V 等，在同样的时钟频率下，它们的功耗将远远低于 5V 供电电压的 DSP。加强了电源管理功能后，除了某些必需的部分之外，可以断开 DSP 其他部分的时钟，使 DSP 处于休眠模式，从而降低功耗。

6. DSP 的价格及售后技术服务

DSP 的价格也是选择 DSP 所需考虑的一个重要因素。如果采用价格昂贵的 DSP，即使性能再高，其应用范围也会受到一定的限制，尤其是需要大规模推广应用的民用产品。但低价位的 DSP 又可能存在功能较少、片内存储器少、性能差一些的问题，这就会给编程带来一定的困难。因此需要根据实际系统的应用情况，确定一个价格适中的 DSP。当然，由于 DSP 发展迅速，DSP 的价格往往下降较快，因此在开发阶段选用某种价格稍贵的 DSP，等到系统开发完毕，其价格可能已经下降一半甚至更多。另外，还要充分考虑厂家提供的售后服务等因素，良好的售后技术支持也是开发过程中的重要资源。

7. DSP 的支持多处理器功能

近来各类软件在无线电产品及雷达的应用中，都需要能处理高数据率、大运算量的应用系统。单一的处理器系统已难以承担这类复杂任务，因此需要采用多个处理器并行工作。在这种情况下，各处理器之间连接和通信功能是必须要作为主要因素予以考虑的。近年来，新推出的 DSP 系列都提高了这方面的性能，注意增加专门的接口或 DMA 通道来支持多处理器的 DSP 运行。

8. DSP 应用系统的运算量

DSP 应用系统的运算量是确定选用处理能力为多大的 DSP 的基础。运算量小则可以选用处理能力不是很强的 DSP，从而可以降低系统成本。相反，运算量大的 DSP 系统则必须选用处理能力强的 DSP，如果单个 DSP 的处理能力达不到系统要求，则必须用多个 DSP 进行并行处理。如何确定 DSP 系统的运算量以选择合适的 DSP，主要考虑以下两种情况。

（1）按样点处理

所谓按样点处理，就是 DSP 算法对每一个输入样点循环一次。数字滤波就是这种情况，在数字滤波器中，通常需要对每一个输入样点计算一次。例如，一个采用 LMS 算法的 256 抽头的自适应 FIR 滤波器，假定每个抽头的计算需要 3 个 MAC 周期，则 256 个抽头的计算需要 256×3=768 个 MAC 周期。如果采样频率为 8kHz，即样点之间的间隔为 125μs，DSP 的 MAC 周期为 200ns，则 768 个 MAC 周期需要 768×200ns=153.6μs 的时间，由于计算 1 个样点所需的时间 153.6μs 大于样点之间的间隔 125μs，显然无法实时处理，需要选用速度更高的 DSP。若选用 DSP 的 MAC 周期为 100ns，则 768 个 MAC 周期需要 768×100ns=76.8μs 的时间。由于计算 1 个样点所需的时间 76.8μs 小于样点之间的间隔 125μs，可实现实时处理。

（2）按帧处理

有些数字信号处理算法不是每个输入样点循环一次，而是每隔一定的时间间隔（通常称为帧）循环一次。例如，中低速语音编码算法通常以 10ms 或 20ms 为一帧，每隔 10ms 或 20ms 语音编码算法循环一次。所以，选择 DSP 时应该比较一帧内 DSP 的处理能力和 DSP 算法的运算量。

假设 DSP 的指令周期为 p(ns)，一帧的时间为 $\Delta\tau$(ns)，则该 DSP 在一帧内所能提供的最大运算量为$\Delta\tau/p$ 条指令。例如，TMS320VC5402-100 的指令周期为 10ns，设帧长为 20ms，则一帧内 TMS320VC5402-100 所能提供的最大运算量为 20ms/10ns＝200 万条指令。因此，理论上只要语音编码算法的运算量不超过 200 万条指令，就可以在 TMS320VC5402-100 上实时运行。当然，在实际系统中，需要留有一定的裕量，以确保程序运行的可靠性。

9. 其他因素

除了上述因素外，选择 DSP 还应考虑到封装的形式、质量标准、供货情况、生命周期等。有的 DSP 可能有 DIP、PGA、PLCC、LQFP、BGA 等多种封装形式。有些 DSP 系统可能最终要求的是工业级或军用级标准，在选择时就需要注意到所选的处理器是否有工业级或军用级的同类产品。如果所设计的 DSP 系统不仅仅是一个实验系统，而是需要批量生产并可能有几年甚至十几年的生命周期，那么需要考虑所选的 DSP 供货情况如何，是否也有同样甚至更长的生命周期等。

在实际的 DSP 系统设计中，选择 DSP 时不可一味地追求某些高指标，要根据应用需要和性能价格比合理地选用 DSP。

2.4 DSP 系统的开发工具

在 DSP 应用系统的设计开发中，软件和硬件的设计开发以及系统集成日益受到人们的关注。如何提高开发速度、降低开发难度成为所有开发者共同关心的问题。对于 DSP 工程师来说，除了必须了解和熟悉 DSP 本身的结构和技术指标外，大量的时间和精力要花费在熟悉和掌握其开发工具和环境上。通常情况下开发一个嵌入式系统，80%的复杂程度取决于软件。所以，设计人员在为实时系统选择 DSP 时，都极为看重先进的、易于使用的开发环境与工具。开发工具的好坏对代码的长度、代码的执行速度起着关键的作用，开发工具的功能是否齐全，使用是否方便，在很大程度上将影响 DSP 系统的开发周期以及产品上市时间。

在 DSP 系统设计中，可以大致将开发工具分为两大类，即软件开发工具和硬件开发工具。软件开发工具包括 C 编译器、汇编器、链接器、调试器、代码库、软件模拟器、在线仿真软件以及实时操作系统等；硬件开发工具包括 DSP 开发板和硬件仿真器等。

由于不同厂商、不同系列的 DSP 都有自己的开发工具，因此开发工具的选择也是重要的一环。因此，各 DSP 生产厂商以及许多第三方公司做了极大的努力，为 DSP 系统集成和软、硬件的开发提供了大量有用的工具，使其成为 DSP 发展过程中最为活跃的领域之一，并随着 DSP 技术本身的发展而不断地发展与完善。

TI 公司为其 DSP 产品提供了较为完备的软、硬件开发工具，并有大量第三方的工具支持其产品，因此 TI 公司的 DSP 产品占据了一半的 DSP 市场。

TI 公司的 DSP 软件可以使用汇编语言、C 语言或两种编程语言混合的方式编写源程序，通过编译、链接工具产生 DSP 的执行代码。在调试阶段，可以利用软件模拟器（Simulator）在计算机上仿真运行；也可以利用硬件仿真器（XDS510 或 XDS560 等）将代码下载到 DSP 中，并通过计算机监控、调试运行该程序。当调试完成后，可以将该程序代码固化到 EPROM 中，以便 DSP 目标系统脱离计算机单独运行。

下面对 TI 公司的软、硬件开发工具进行简单介绍。

2.4.1 软件开发工具

CCS（Code Composer Studio）是 TI 公司为 TMS320 系列 DSP 软件开发推出的一个完整的 DSP 集成开发环境，是目前使用最为广泛的 DSP 开发软件之一。它最早由 GO DSP 公司为 TI 公司的 VC6000 系列开发，后来 TI 公司收购 GO DSP，并将 CCS 扩展到其他系列。现在所有的 TI 公司的 DSP 都可利用该软件工具进行开发。

CCS 内部集成了以下软件工具：

1）DSP 代码生成工具（包括 DSP 的 C 编译器、汇编优化器、汇编器和链接器等）。

2）CCS 集成开发工具（编辑、链接和调试 DSP 目标程序）。

3）实时分析插件 DSP/BIOS 和实时数据交换模块 RTDX 等（必须有硬件开发板）。

CCS 是一个可视化的集成开发工具，包括了编辑、编译、汇编、链接、软件模拟、在线仿真和调试及实时跟踪等几乎所有需要的软件工具。集成的源代码编辑环境，使程序的修改更为方便；集成的代码生成工具，使设计者不必在 DOS 窗口输入大量的命令及参数；集成的调试工具，使调试程序一目了然，大量的观察窗口使程序调试得心应手。这些特性极大地方便了 DSP 程序的设计和开发。此外，CCS 加速和增强了实时、嵌入信号处理的过程开发，它提供配置、构造、调试、跟踪和分析程序的工具，在基本代码生成工具的基础上增加了调试和实时分析的功能。设计者可在不中断程序运行的情况下检查算法的正确性，实现对硬件的实时跟踪调试，从而大大缩短了程序的开发时间。

下面对 CCS 中集成的几种主要的软件工具进行说明。

1．C 编译器（C Compiler）

汇编语言程序具有执行速度快的优点，但用汇编语言编写程序是比较费时费力的，且可移植性很差。因此一般 DSP 厂家都提供了高级语言（一般是 C 语言）编程的设计方法。C 编译器将 DSP 库函数、头文件及 C 语言源程序自动的编译成汇编语言源程序。C 编译器通常符合 ANSI C 标准，可以对编写的程序进行不同等级的优化，以产生高效的汇编代码。它还具有对存储器的配置、分配及部分链接功能，并具有灵活的汇编语言接口等多种功能。

但是，C 编译器编译出的汇编程序比手工汇编程序长得多，其效率一般只有 20%～40%。为了克服 C 编译器低效率的问题，在提供标准 C 库函数的同时，开发系统也提供了许多针对 DSP 运算的高效库函数，如 FFT、FIR、IIR、相关、矩阵运算等，它们都是手工汇编的，带有高级语言调用和返回接口。

通常情况下，为了实现高效编程，在系统软件设计开发中，最常见的设计方法是主程序用 C 语言编写，而关键的运算处理程序用汇编程序编写，采用这种混合编程技术可以极大地提高编程效率。

2．汇编器（Assembler）和链接器（Linker）

汇编器和链接器用于把汇编代码转换为可以在目标 DSP 上运行的可执行目标代码。它们支持宏汇编和目标库，产生的目标代码可重新定位，在程序地址空间中的具体地址不变。其中汇编器用于把汇编语言源文件转变为基于公用目标文件格式的机器语言目标文件。链接器用于将主程序、库函数和子程序等，由汇编器产生的目标文件链接在一起，产生一个可执行的模块，形成 DSP 目标代码。在链接过程中，链接器完成目标代码的定位、解决符号的外部引用等。

3．软件模拟器（Simulator）

软件模拟器是一种模拟 DSP 的各种功能并在非实时条件下进行软件调试的调试工具，它不需要硬件支持，只需在计算机上运行。软件模拟器模拟 DSP 的 I/O 口时采用与文件关联的方法来实现，因而调试中所需的 I/O 值可从文件中读取，输出的 I/O 值也可存储在文件中。将程序代码加载到软件模拟器后，在一个窗口工作环境中可以模拟 DSP 的运行程序，同时对程序进行单步执行、设置断点、对寄存器/存储器进行观察、修改、统计某段程序的执行时间等。程序执行一旦终止，还可对内部寄存器、程序和数据存储器做检查和修改，也可显示跟踪寄存器。整个模拟的记录可以做成一个文件，下次再做模拟的时候，运行该文件就可以恢复同样的机器状态。通常情况下程序编写完后都会在软件模拟器上进行调试，以初步确定程序的可运行性。

软件模拟器的主要功能有以下几点：

1）在计算机上执行用户的 DSP 程序。

2）可修改和查看寄存器、程序和数据存储器，任何时候都可进行存储器的修改，也可在程序装入前进行存储器初始化。

3）可模拟外设、高速缓存（Cache）及流水线、定时功能。

4）可计算指令周期数。

5）可进行编程的断点设置，可在取指令、读写存储器及错误条件满足时设置断点。

6）可进行累加器、程序计数器、辅助寄存器的跟踪。

7）指令的单步执行。

8）用户设定的中断产生间隔。

9）在遇到非法操作码和无效数据访问时提示错误信息。

10）从文件中执行命令。

早期的软件模拟器与其他开发工具（如编译器、汇编器、链接器等）是分离的，使用起来不太方便。现在，软件模拟器作为 CCS 的一个标准插件已经被广泛应用于 DSP 的开发中。但是，软件模拟器的主要欠缺是对外部接口的仿真不够完善。

2.4.2 硬件开发工具

DSP 的硬件开发工具主要包括 DSP 开发系统板和硬件仿真器等。由于 DSP 处理系统越来越复杂，对设计者来说难度也越来越大，因此有的厂家已制定出一定标准，依据标准来设计生产电路板级 DSP 处理模块，同时为这种标准模块提供丰富的软件开发系统和算法库。其中典型的如 TMS320C4x 和 SDSP2106x，它们可以通过通信口和全局总线插座将若干个模块安装在母板上，方便地组成多处理器系统。这种模块化设计降低了硬件设计难度，减少了硬件设计时间，有利于更高效地开发 DSP 系统。

现在很多的 DSP 厂商都可以提供现成的 DSP 开发系统板。系统设计中在硬件没有开发完成之前就可用开发板和硬件仿真器来实现软件实时运行调试，这样可以提高最终产品的可制造性。对于一些小批量生产的系统有时甚至可以将开发板作为最终产品的电路板。

除 DSP 开发系统板和硬件仿真器这些硬件开发工具外，TI 公司或 TI 第三方还提供了 DSK 初学者入门套件（DSP Starter Kit）、EVM 软件评估模块（Evaluation Module）、DSP 开发系统平台等一系列系统调试工具，可用于代替或协助目标系统进行软件评价和开发。

1．硬件仿真器

硬件仿真器可以仿真程序在实际硬件环境下的功能，支持实时基于JTAG扫描的仿真，并为完整系列的TI DSP提供产品支持。通过JTAG接口，硬件仿真器将DSP硬件目标系统和装有仿真软件/仿真卡的PC接口板连接起来，用PC平台对实际硬件目标系统进行调试。

当前主要使用传统的电路仿真器和先进的JTAG边界扫描仿真器两种类型的仿真器。利用传统的电路仿真器进行硬件仿真时，仿真器的电缆插头必须插入到硬件电路中DSP的相应位置，也就是说，仿真电缆的插头引脚必须与DSP的引脚一一对应。而JTAG边界扫描仿真器不采用插入仿真的方法，而是通过DSP上提供的几个仿真引脚实现仿真功能。这种方法是TI公司为解决高速DSP的仿真而开发的。由于DSP具有高度并行的结构、快速的指令周期和高密度的封装等特点，采用传统的电路仿真方法很难实现可靠的仿真。JTAG边界扫描仿真可消除传统的电路仿真存在的仿真电缆过长会引起信号失真、仿真插头的可靠性差等问题。DSP通过内部移位寄存器扫描链实现扫描仿真。采用JTAG边界扫描仿真，即使DSP已经焊在电路板上，也可进行仿真调试。

TI公司提供的XDS510/XDS560硬件仿真器是功能强大的JTAG边界扫描仿真器，用于系统级的集成和调试。通过XDS510/XDS560可以访问DSP器件的内部寄存器，从而实现对DSP状态的监控。集成开发环境CCS是XDS510/XDS560仿真器的一个比较好的软件开发工具，它为用户提供了TI公司的所有实时仿真控制和可视化功能。

当前国内主要的仿真器品牌有闻亭、合众达（SEED）等。这些仿真器支持不同的主机I/O接口，包括USB、以太网、PCI、并行口、PCMCIA和ISA总线，仿真器与DSP接口使用标准JTAG（IEEE 1149.1）。

2．入门套件（DSK）

DSK入门套件是TI公司的低成本代码开发工具，其特点是功能全、价格低、代码编译速度快、使用简单。DSK包括一个基于TMS320 DSP的电路板、相应的代码产生工具和调试器。DSK上配备了各种外设（A/D转换器和D/A转换器、外部程序存储器/数据存储器等）和开放的板上接口，包括无线接口和LAN接口。对于初学者来说，将买来的DSK套件通过USB口或并行口连接到计算机上，通过CCS很容易用DSK来编写和运行实时源代码，或者利用DSK提供的外设进行DSP实验，也可以用来调试用户自己的应用程序。DSK的特点决定了它非常适合于初次接触DSP的人员熟悉和掌握DSP，以及在系统设计阶段评估DSP的性能。

3．评估模块（EVM）

EVM板是一种低成本的开发板，EVM板配置了目标处理器、板上存储器、外设等一定数量的硬件资源，可以进行DSP处理器评价、性能评估和有效的系统调试，它适于在系统原理样机没有设计出来时进行软件开发和调试。用户可从TI公司和TI第三方获得各种DSP开发电路板和开发套件，其中包括开发电路板、评估模块和硬件/软件捆绑包。

4. DSP开发系统平台

在DSP开发系统平台上，用户可以将面向特定应用的软件和硬件组合在一个简单易用的开发环境中，而把注意力集中在系统的特色开发上，这样做的好处是降低了设计复杂性。这种开发平台适用于多种不同的应用，包括视频、影像、语音/音频以及其他基于DSP的系统。

通过集成开发环境CCS，使程序的编写、汇编、链接以及程序的软件模拟、在线硬件仿真和调试等开发工作在统一的集成环境中进行，给开发工作带来了极大的方便。

在 DSP 应用系统开发过程中，需要开发工具支持的情况见表 2-2。

表 2-2　DSP 应用系统开发工具支持

开发步骤	开发内容	开发工具支持	
		硬件支持	软件支持
1	算法模拟	计算机	MATLAB 语言、C 语言等
2	DSP 软件编程	计算机	编辑器（如 Edit 等）
3	DSP 软件调试	计算机、DSP 仿真器等	DSP 代码生成工具（包括 C 编译器、汇编器、链接器等）、DSP 软件模拟器 Simulator、CCS 等
4	DSP 硬件设计	计算机	电路设计软件（如 Protel 99 SE 等）、其他相关软件（如 EDA 软件等）
5	DSP 硬件调试	计算机、DSP 仿真器、示波器、信号发生器、逻辑分析仪等	相关支持软件
6	系统集成	计算机、DSP 仿真器、编程器、信号发生器、逻辑分析仪等	相关支持软件

2.4.3　不同系列 DSP 的开发工具

TI 公司为不同系列 DSP 提供了不同的开发工具。下面只介绍适用于 TMS320C5000 DSP 的开发工具。其他系列的 DSP 开发工具可查询 TI 公司网站。表 2-3 列出了 2011 年 2 月 TI 公司公布的 TMS320C54x 与 TMS320C55x 系列 DSP 可用的软硬件开发工具。其中开发工具的价格仅供参考。

表 2-3　TMS320C54x 与 TMS320C55x DSP 系列开发工具

开 发 工 具		型　号	参考价格/美元
TMS320-C5000 入门套件（DSK）	TMS320C5416 DSP 入门套件（DSK）	TMDSDSK5416 (U.S. part number)	$ 395
	TMS320VC5509 DSP 入门套件（DSK）	TMDSDSK5509 (U.S. part number)	$495
	TMS320VC5510 DSP 入门套件（DSK）	TMDSDSK5510 (U.S. part number)	$395.01
评估模块（EVM）	TMS320C5515 DSP 评估模块（EVM）	TMDXEVM5515	$395
	用于 C5515 ECG 医疗开发套件的心电图 (ECG) 模拟前端模块	TMDXMDKEK1258	$449
	用于 C5505 PO 或 SpO2 医疗开发套件的脉搏血氧仪（PO 或 SpO2）模拟前端模块	TMDXMDKPO8328	$395
	用于 C5515 DS 医疗开发套件的数码听诊器（DS）模拟前端模块	TMDXMDKDS3254	$375
仿真器	XDS510 USB Plus JTAG 仿真器	TMDSEMU510U	$1595
	XDS560 PCI JTAG 仿真器	TMDSEMU510U	$2995.15
	XDS560 USB JTAG 仿真器	TMDSEMU560U	$2999.15
	XDS560v2 System Trace 仿真器	TMDSEMU560V2STM-UE	$1495.00
	XDS560 Trace 仿真器	TMDSEMU560T	$9995.50
	所有 C5000 DSP 平台可用的仿真器/分析仪	www. ti. com/c5000toolssftwr	
软件工具	Code Composer Studio (CCS) 集成开发环境 v3.3	TMDSCCSALL-1	$3595
	Code Composer Studio (CCS) 集成开发环境 v3.1	TMDSSUBALL	$600.02

（续）

开 发 工 具		型　　号	参考价格/美元
软件工具	C54x DSP 库	SPRC099	免费
	C55x DSP 库	SPRC100	免费
	C55x DSP 图像库	SPRC101	免费
	C54x DSP 芯片支持库	SPRC132	免费
	C55x DSP 芯片支持库	SPRC133	免费
	C5000 DSP 软件供应商列表	www.ti.com/c5000sftwrprov	
	C5000 DSP 开发工具供应商列表	www.ti.com/c5000devtoolprov	

2.5 典型的 DSP 应用系统

当前，DSP 系统的应用已经遍布语音处理、图形与图像处理、自动控制、通信、医疗工程、军事等多个领域。下面给出在语音处理领域、控制领域和移动通信领域的 3 个典型的 DSP 应用系统示例。

2.5.1 语音编解码应用系统

语音处理是 DSP 使用较为广泛和成熟的应用之一。语音处理包括语音编码、语音合成、语音识别、语音增强等。

MP3 播放机就是一个典型的语音编解码应用系统。基于 DSP 的典型 MP3 播放机系统结构如图 2-4 所示。该系统框架包含了用于对 MP3、WMA 或 AAC 等格式数据文件进行编解码的 DSP 处理器、实现模拟音频信号和数字音频信号之间转换的 A/D 和 D/A 转换器、用于处理系统级控制和用户界面功能的逻辑控制器以及电源电路。

其中的 DSP 可选择 TI 公司的 TMS320C54x 系列，如 TMS320VC5407-120，一般不需要特别高端的处理器。音频编解码器可选择 TLV320AIC23 系列芯片实现，而电源部分的转换则可选择 TPS62020 或 TPS62220 实现。

2.5.2 电机控制应用系统

DSP 一个重要的应用是控制，包括工业自动化、汽车电子、电机控制、家用电器等。图 2-5 所示为一个典型的低电压直流电动机 DSP 控制系统结构。其中微控制器（数字信号控制器）采用 TI 公司的 TMS320C2000 系列 DSP，如低成本的 F28016 或者浮点 TMS320 F28335 都是可行的选择。这些 DSP 有足够的性能完成一些先进的算法，例如电机的矢量控制。PWM 控制可选择 DRV10x 系列的芯片实现，A/D 和 D/A 转换可选择 ADS78x 系列和 DAC77x、DAC88x 系列的芯片来实现多通道模/数转换。

2.5.3 移动通信应用系统

DSP 的一个最重要的应用是通信，包括调制解调器、可视电话和移动通信等。随着 3G 网络服务的推出，基于 DSP 的移动通信体系呈现出更大的优势和发展前景。图 2-6 所示为一种基本的移动电话系统结构。

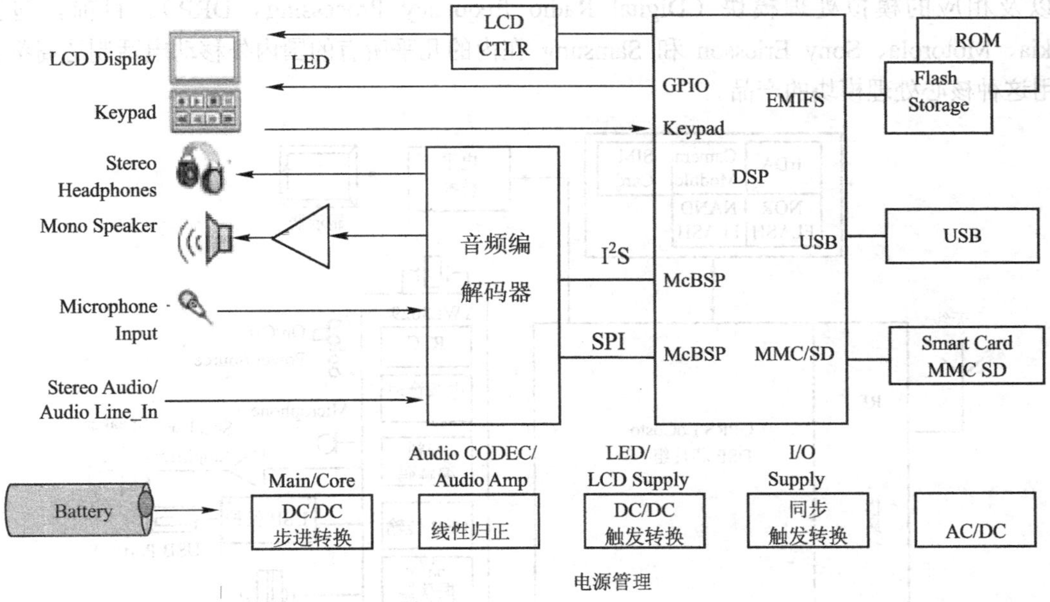

图 2-4　MP3 播放机系统结构

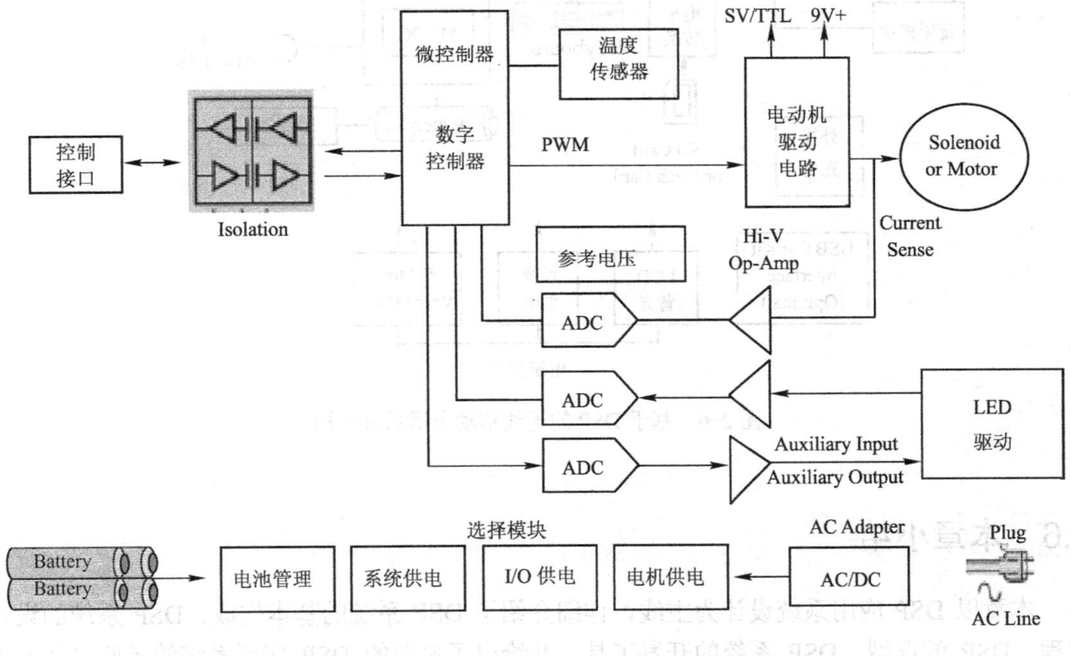

图 2-5　低电压直流电动机 DSP 控制系统结构

核心处理模块 LoCosto 可选择基于 TI 公司的 TCS2000 芯片组或者 OMAP 平台，它们无论哪一种方式，一般都采用双处理器模式构成。不同的是 TCS2000 芯片组由 TMS320C54x 和 ARM7 配合构成，而 OMAP 平台由 TMS320C55x 与 ARM9 配合构成。这个核心模块完成基本的 GSM/GPRS 数据处理，包括对 MP3、AAC、MIDI 等各类音频信号的处理，对

MPEG4、H.263 标准 QCIFF 视频图像的处理以及 WAP 网络处理功能的支持，另外还包括射频以及相应的模拟处理模块（Digital Radio frequency Processing，DRP）。目前，包括 Nokia、Motorola、Sony Ericsson 和 Samsung 在内的几乎所有的国内外移动电话制造商都有使用这种核心处理模块的产品。

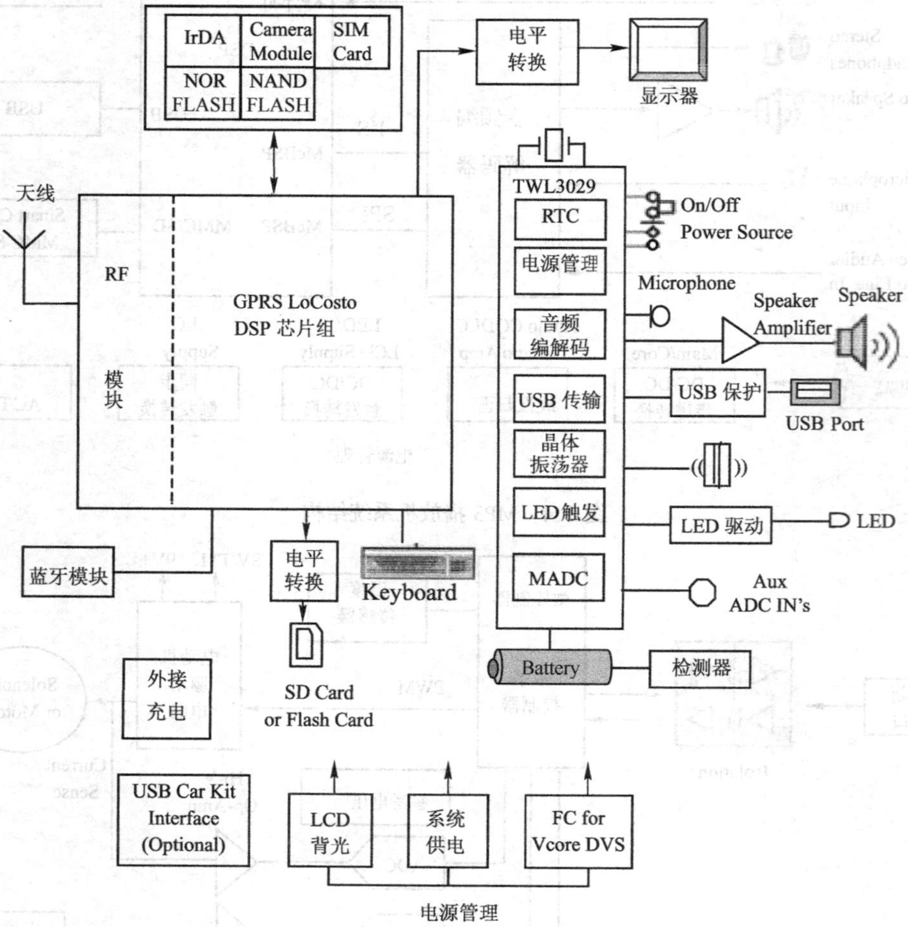

图 2-6　基于 DSP 的无线移动电话系统结构

2.6　本章小结

本章以 DSP 应用系统设计为主线，详细介绍了 DSP 系统的基本构成、DSP 系统的设计过程、DSP 的选型、DSP 系统的开发工具，并给出了典型的 DSP 应用系统的示例。通过本章的学习，要求读者了解 DSP 系统组成和系统设计中所用到的开发工具，掌握 DSP 应用系统的设计过程和处理器的选型原则。

下面对本章的各个知识点进行简要概述：

1）DSP 系统由数字信号处理器（DSP）、存储器、A/D 和 D/A 转换器、模拟控制和处理电路、各种控制口与通信口组成，同时还需要电源管理以及为并行处理或协处理提供的同步电路等。

2）DSP 系统的设计开发过程包括定义系统性能指标、确定算法并进行算法模拟、选择 DSP、设计 DSP 应用系统（软硬件设计）、系统集成和测试 5 个阶段。

3）TI 公司主推的 5 大系列 DSP 包括：TMS320C2000、TMS320C5000、TMS320 C6000、DaVinci 和 OMAP。

4）选择 DSP 时应考虑的因素有：运算速度、运算准确度、硬件资源、开发工具、功耗、价格、售后技术服务、支持多处理器功能、系统的运算量及其他因素。

5）DSP 系统的开发工具中软件开发工具包括 C 编译器、汇编器、链接器、调试器、代码库、软件仿真器以及实时操作系统等；硬件开发工具包括 DSP 开发板和硬件仿真器等。CCS 是一个完整的 DSP 集成开发环境。

通过学习和掌握 DSP 系统设计的基础知识，使读者在学习具体内容之前，对 DSP 应用技术先有一个全面、概括的认识。由于 DSP 产品种类繁多，但同时由于各种 DSP 的结构和设计方法基本类似，所以在一本书中没必要介绍到所有的 DSP 处理器。在开始学习 DSP 应用技术时，可以将 DSP 中的一类作为重点来学习，在本书的以下章节，将以 TMS320C54x 为重点展开全面介绍，引导读者逐步掌握 DSP 应用技术的基础知识。

2.7 习题

1．DSP 与通用的 CPU 和微控制器（MCU）相比有什么特点？

2．简述 DSP 系统的基本构成。

3．如何着手 DSP 系统设计开发？需要做哪些准备工作？

4．简述 DSP 系统的一般设计过程。

5．TI 公司的 DSP 主要有哪几大类？

6．简述 TI 公司 TMS320C2000、TMS320C5000 和 TMS320C6000 系列 DSP 的特点及主要用途。

7．简述 DaVinci 系列处理器和 OMAP 系列处理器的主要特点。

8．简述 TMS320C54x 系列处理器与 TMS320C55x 系列处理器在性能上的区别。

9．在设计 DSP 系统时，如何选择 DSP？

10．定点 DSP 和浮点 DSP 各有什么优缺点？分别在什么场合适用？

11．衡量 DSP 性能的技术指标是什么？

12．TMS320VC5416-160 工作在 160MHz 时的指令周期是多少纳秒？它的运算速度是多少 MIPS？当工作在 100MHz 时，其指令周期和运算速度又是多少？

13．一个 DSP 系统的采样频率是 10Hz，采用的 DSP 的指令周期是 10ns。如果某 DSP 算法是按样点处理的，问算法实时运行的条件是什么？如果 DSP 算法是按帧处理的，且帧长是 10ns，则在一帧时间内最多可运行多少个指令周期？

14．设计开发 DSP 应用系统，一般需要哪些软、硬件开发工具？

15．指出 DSP 系统的几种应用场合。

第3章 TMS320C54x的硬件结构

TMS320C54x（简称C54x）系列DSP是TI公司推出的低功耗、高性能的16位定点数字信号处理器，具有很好的操作灵活性和很高的运行速度。由于TMS320C54x使用CPU的并行运行特性、特殊硬件逻辑、特定的指令系统和多总线技术等来提高运算速度，并使用高级的IC硬件设计技术来提高处理器工作速度及降低功耗，因此具有功耗小、高度并行等优点，可以满足众多领域实时处理的要求。本章详细介绍TMS320C54x的硬件结构，主要包括总线结构、中央处理单元、存储器、片内外设、复位电路、中断和流水线、引脚功能。

3.1 TMS320C54x的内部结构和主要特性

TMS320C54x是TI公司于1996年推出的新一代定点数字信号处理器。它作为TI公司为实现低功耗、高速实时信号处理而专门设计的16位定点DSP，成为当前TMS320C5000系列DSP中具有广泛应用的最为成熟的处理器。

TMS320C54x采用改进的哈佛结构，片内共有8条总线（1条程序总线、3条数据总线、4条地址总线）、具有专用硬件逻辑的CPU、片内存储器、片内外围设备等硬件，加上高度专业化的指令系统集，使得TMS320C54x具有功耗小、高度并行等优点。TMS320C54x具有很高的性能价格比，可以满足众多领域的实时处理要求。

TMS320C54x系列DSP自诞生以来也在不断地发展，从最初的C541、C542一直到C549，又从使用较多的VC5401、VC5402一直到VC5409、VC5410、VC5416，以及4个CPU内核的VC5441等，TI公司先后推出了许多高性能、低功耗的新产品，这些产品在网络电话和通信领域获得了众多应用。这也是TMS320C54x系列DSP在问世十多年来经久不衰的一个重要原因。

TMS320C54x系列DSP具有以下优势：

1）由1条程序总线、3条数据总线和4条地址总线而建立的改进哈佛结构，提高了系统的多功能性和操作的灵活性。

2）具有高度并行性和专用硬件逻辑的CPU设计，提高了处理器的性能。

3）具有完善的寻址方式和高度专业化指令系统，更适应于快速算法的实现和高级语言编程的优化。

4）模块化结构设计，使派生器件得到了更快的发展。

5）采用先进的IC制造工艺，降低了处理器的功耗，提高了处理器的性能。

6）采用先进的静态设计技术，进一步降低了功耗，使处理器具有更强的应用能力。

3.1.1 TMS320C54x的内部结构

TI公司推出的同一代TMS320系列DSP产品的CPU结构是相同的，只是在片内存储器和片内外围设备的配置上不一定相同。TMS320C54x 系列 DSP 产品虽然很多，但其体系结构基本上是相同的，特别是 DSP 内部 CPU 结构是完全相同的，不同的 DSP 只是在时钟频率、工作电压、片内存储器容量大小、外围设备和接口电路的设计上会有所不同。图 3-1 给出了 TMS320C54x DSP 的内部组成框图，图 3-2 给出了 TMS320C54x DSP 的内部硬件结构图。

TMS320C54x 内部结构基本上可以分为 3 大部分：

1）CPU：包括算术逻辑运算单元、乘法器、累加器、移位寄存器、各种专用用途的寄存器、地址生成器及内部总线。

2）片内存储器系统：包括片内的程序 ROM、片内单访问的数据 RAM 和双访问的数据 RAM、外部存储器接口。

3）片内外设与专用硬件电路：包括片内定时器、各种类型的串口、主机接口、片内锁相环（PLL）时钟发生器及各种控制电路。

此外，在 DSP 中还包含有仿真功能及其 IEEE 1149.1 标准接口（JTAG），用于处理器开发应用时的仿真。

TMS320C54x 采用改进的哈佛结构和 8 条总线结构，使 DSP 的性能大大提高。其独立的程序和数据总线，允许同时访问程序存储器和数据存储器，实现高度并行操作。例如，可以在一条指令中同时执行 2 次读操作和 1 次写操作。此外，可以在数据总线和程序总线之间相互传送数据，从而使 DSP 具有在单个周期内执行算术运算、逻辑运算、移位操作、乘法累加运算以及访问程序和数据存储器的强大功能。

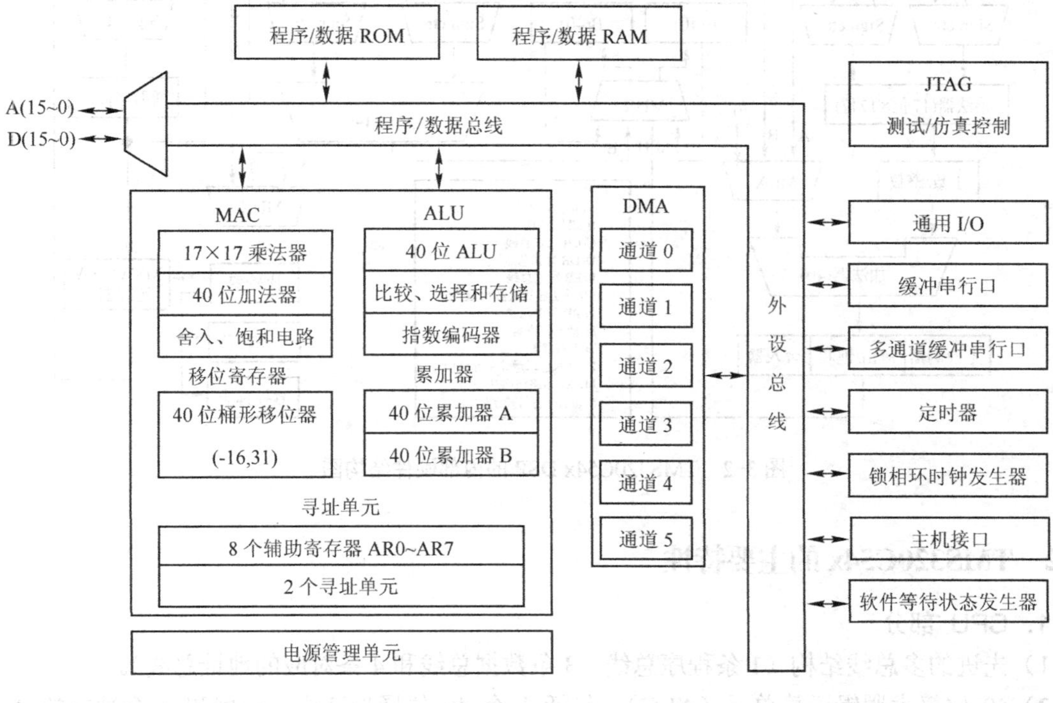

图 3-1　TMS320C54x DSP 的内部组成框图

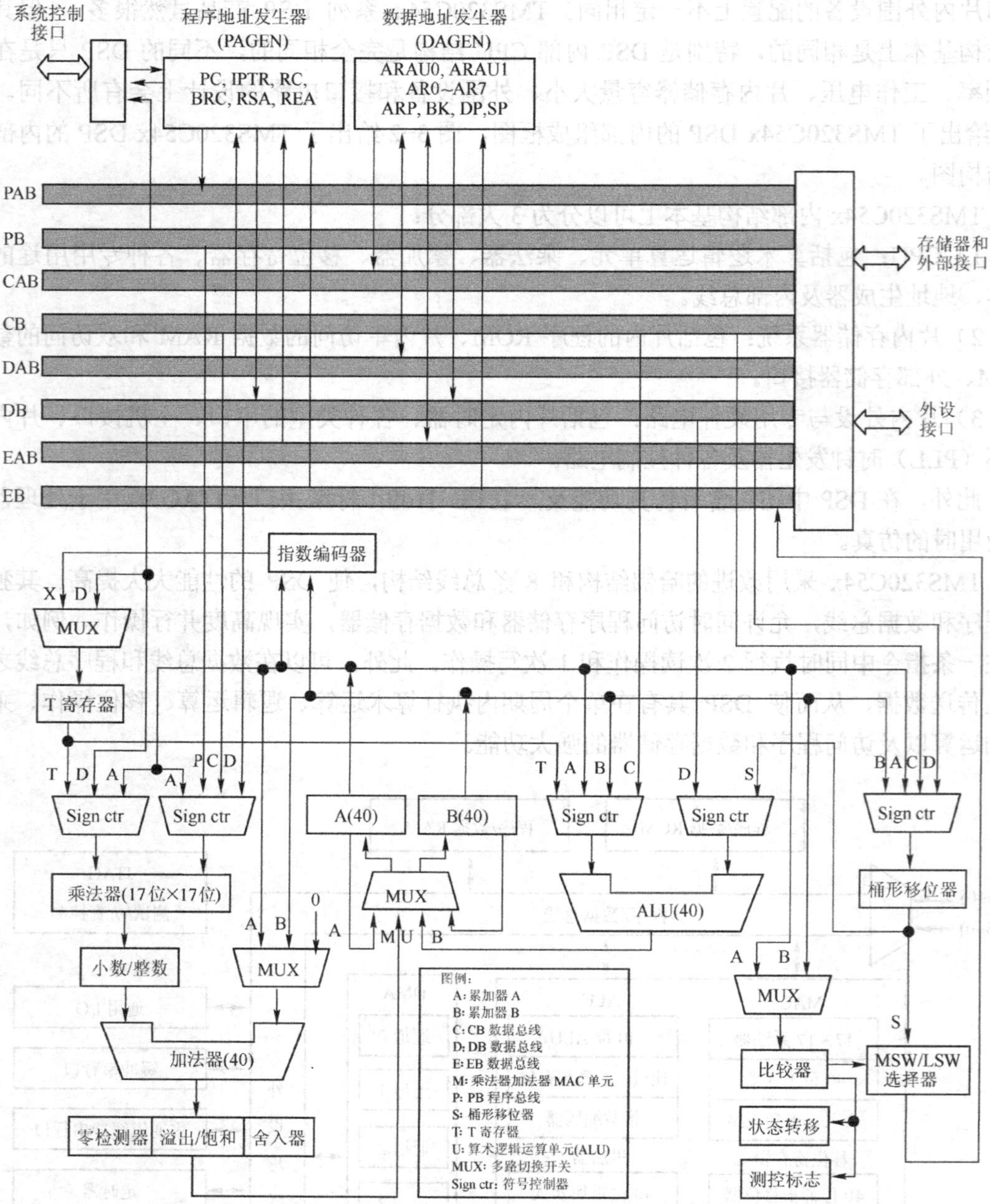

图 3-2 TMS320C54x DSP 的内部硬件结构图

3.1.2 TMS320C54x 的主要特性

1. CPU 部分

1）先进的多总线结构（1 条程序总线、3 条数据总线和 4 条对应的地址总线）。

2）40 位算术逻辑运算单元（ALU），包括 1 个 40 位桶形移位寄存器和 2 个独立的 40 位累加器。

3）17 位×17 位并行乘法器与 40 位专用加法器相连，用于非流水线式单周期乘法/累加

（MAC）运算。

4）比较、选择、存储单元（CSSU），用于加法、比较、选择运算。

5）指数编码器，是一个支持单周期指令 EXP 的专用硬件，可以在单个周期内计算 40 位累加器中数值的指数。

6）双地址生成器，包括 8 个辅助寄存器和 2 个辅助寄存器算术运算单元（ARAU）。

2．存储器

1）16 位 192K 字的可寻址存储空间（64K 字的程序存储空间、64K 字的数据存储空间和 64K 字的 I/O 空间），此外，C549、VC5402、VC5409、VC5410 和 VC5416 等带有扩展程序存储器，程序存储空间最大可扩展至 8M 字。

2）片内 ROM，可配置为程序存储器和数据存储器。

3）片内 RAM 有两种类型，即片内双访问 RAM（DARAM）和片内单访问 RAM（SARAM）。

TMS320C54x 都包含有片内 DARAM。TMS320C54x 片内的 DARAM 分成若干块，由于在每个机器周期内，允许对同一 DARAM 块访问 2 次，因此 CPU 可以在一个机器周期内对同一 DARAM 块读出 1 次和写入 1 次。一般情况下，DARAM 总是映射到数据存储器空间，主要用于存放数据。但是，它也可以映射到程序存储器空间，用来存放程序代码。部分 TMS320C54x 包含片内 SARAM，如 C549、VC5402、VC5409、VC5410 和 VC5416 等。

3．片内外设

1）软件可编程等待状态发生器。

2）可编程分区切换逻辑电路。

3）带有内部振荡器或用外部时钟源的片内锁相环时钟发生器。

4）支持全双工操作的串行口，可进行 8 位或 16 位串行通信。

5）片内的串行口根据型号不同可分为 4 种：单通道同步串行口（SP）、带缓冲器单通道同步串行口（BSP）、并行带缓冲器多通道同步串行口（McBSP）、时分多通道带缓冲器串行口（TMD）。处理器不同串行口配置也不尽相同。

6）可与主机直接连接的 8 位或 16 位并行主机接口（HPI）。

7）16 位可编程定时器。

8）6 通道直接存储器访问（DMA）控制器。

9）外部总线关断控制，以断开外部的数据总线、地址总线和控制信号。

10）数据总线具有总线保持特性。

4．指令系统

1）单指令重复和块指令重复操作指令。

2）用于程序和数据管理的块存储器传送指令。

3）32 位长操作数指令。

4）同时读入 2 个或 3 个操作数的指令。

5）可以并行存储和并行加载的算术指令。

6）条件存储指令。

7）从中断快速返回指令。

5. 电源

1）具有多种节电模式，可用 IDLE1、IDLE2 和 IDLE3 指令来控制处理器功耗，使 CPU 工作在省电方式。

2）可控制关断时钟输出信号 CLKOUT。

6. 片内仿真接口

具有符合 IEEE 1149.1 标准的片内仿真接口（JTAG），可与主机相连，用于系统处理器的开发与应用。

7. 速度

单周期定点指令的执行时间为 25/20/12.5/10/8.3/7.5/6.25ns，相应的 CPU 运行速度为 40/50/80 /100/120/133/160MIPS。

TMS320C54x 各种型号的 DSP 器件都具有相同的 CPU 结构和指令系统，但每一种器件其片内存储器的配置和片内外设则不尽相同。为了便于读者查阅，表 3-1 列出了当前较常用的全部 TMS320C54x 系列产品的主要性能。

表 3-1 TMS320C54x 系列产品的主要性能

DSP 型号	CPU	片内存储器		片内外设				指令周期/ns	MIPS	内核电压/V	I/O 电压/V	封装（引脚，封装方式）
		RAM（16 位）/K 字	ROM（16 位）/K 字	串行口	主机接口	定时器	DMA 通道数					
TMS320VC 549-100	1	32	16	BSP	8 位	1	6 通道	10	100	2.5	3.3	144BGA /144LQFP
TMS320VC 549-120	1	32	16	BSP	8 位	1	6 通道	8.3	120	2.5	3.3	144BGA /144LQFP
TMS320VC 5401-50	1	8	4	2 个 McBSP	8 位	2	6 通道	20	50	1.8	3.3	144BGA /144LQFP
TMS320UC 5402-80	1	16	4	2 个 McBSP	8 位	2	6 通道	12.5	80	1.8	1.8~3.6	144BGA /144LQFP
TMS320VC 5402-100	1	16	4	2 个 McBSP	8 位	2	6 通道	10	100	1.8	3.3	144BGA /144LQFP
TMS320VC 5402A-160	1	16	16	3 个 McBSP	8/16 位	2	6 通道	6.25	160	1.6	3.3	144BGA /144LQFP
TMS320VC 5404-120	1	16	64	3 个 McBSP	8/16 位	2	6 通道	8.3	120	1.5	3.3	144BGA /144LQFP
TMS320VC 5407-120	1	40	128	3 个 McBSP	8/16 位	2	6 通道	8.3	120	1.5	3.3	144BGA /144LQFP
TMS320UC 5409-80	1	32	16	3 个 McBSP	8/16 位	1	6 通道	12.5	80	1.8	1.8~3.6	144BGA /144LQFP
TMS320VC 5409-80	1	32	16	3 个 McBSP	8/16 位	1	6 通道	12.5	80	1.8	3.3	144BGA /144LQFP
TMS320VC 5409-100	1	32	16	3 个 McBSP	8/16 位	1	6 通道	10	100	1.8	3.3	144BGA /144LQFP

（续）

DSP 型号	CPU	片内存储器		片内外设				指令周期/ns	MIPS	内核电压/V	I/O 电压/V	封装（引脚，封装方式）
		RAM（16 位）/K 字	ROM（16 位）/K 字	串行口	主机接口	定时器	DMA 通道数					
TMS320VC 5409A-120	1	32	16	3 个 McBSP	8/16 位	1	6 通道	8.3	120	1.5	3.3	144BGA /144LQFP
TMS320VC 5409A-160	1	32	16	3 个 McBSP	8/16 位	1	6 通道	6.25	160	1.6	3.3	144BGA /144LQFP
TMS320VC 5410-100	1	64	16	3 个 McBSP	8 位	1	6 通道	10	100	2.5	3.3	176BGA/ 144LQFP
TMS320VC 5410A-120	1	64	16	3 个 McBSP	8/16 位	1	6 通道	8.3	120	1.5	3.3	144BGA /144LQFP
TMS320VC 5410A-160	1	64	16	3 个 McBSP	8/16 位	1	6 通道	6.25	160	1.6	3.3	144BGA /144LQFP
TMS320VC 5416-120	1	128	16	3 个 McBSP	8/16 位	1	6 通道	8.3	120	1.5	3.3	144BGA /144LQFP
TMS320VC 5416-160	1	128	16	3 个 McBSP	8/16 位	1	6 通道	6.25	160	1.6	3.3	144BGA /144LQFP
TMS320VC 5441-532	4	640	—	12 个 McBSP	16 位	4	6 通道	7.5	532	1.6	3.3	169BGA /176LQFP

3.2 总线结构

TMS320C54x 的结构是以 8 条 16 位总线为核心的，即 1 条程序总线（PB）、3 条数据总线（CB、DB 和 EB）和 4 条地址总线（PAB、CAB、DAB 和 EAB），这些总线形成了支持高速指令执行的硬件基础。8 条 16 位总线的功能如下：

（1）1 条程序总线（PB）

程序总线（PB）传送由程序存储器取出的指令操作代码和立即操作数。

PB 既可以将程序空间的操作数据（如系数表）送至数据空间的目标地址中，以执行数据移动，也可以将程序空间的操作数据传送到乘法器和加法器中，以便执行乘法/累加操作。此种功能，连同双操作数的特性，支持在一个周期内执行 3 操作数指令（如 FIRS 指令）。

（2）3 条数据总线（CB、DB 和 EB）

3 条数据总线（CB、DB 和 EB）将内部各单元（如 CPU、数据地址生成电路、程序地址生成电路、片内外围设备以及数据存储器）连接在一起。其中，CB 和 DB 用来传送从数据存储器读出的数据；EB 用来传送写入存储器的数据。

（3）4 条地址总线（PAB、CAB、DAB 和 EAB）

4 条地址总线（PAB、CAB、DAB 和 EAB）用于传送执行指令所需要的地址。

TMS320C54x 可以利用两个辅助寄存器算术运算单元（ARAU0 和 ARAU1），在每个周期产生两个数据存储器的地址。

TMS320C54x 还有一条访问片内外设的片内双向总线。这条双向总线通过 CPU 接口内的总线交换器与 DB 和 EB 相连。利用这条双向总线的访问过程需要两个或更多个周期来读/写，具体时间取决于外围电路的结构。由此可见，DSP 处理系统中应当尽量避免器件内外大量数据交换，以保证系统高速特性。

表 3-2 列出了各种读/写方式用到的总线。

表 3-2　各种读/写方式用到的总线

读/写方式	地 址 总 线				程 序 总 线	数 据 总 线		
	PAB	CAB	DAB	EAB	PB	CB	DB	EB
程序读	√				√			
程序写	√							√
单数据读			√				√	
双数据读		√	√			√	√	
32 位长数据读		√(hw)	√(lw)			√(hw)	√(lw)	
单数据写				√				√
数据读/数据写			√	√			√	√
双数据读/系数读	√	√	√		√	√	√	
外设读			√				√	
外设写				√				√

注：hw 为 32 位数据的高 16 位；lw 为 32 位数据的低 16 位。

综上所述，可将 TMS320C54x 总线结构的特点概括为以下 4 点：

1）8 条 16 位总线，并行工作能在一个机器周期内完成 3 次读操作和 1 次写操作。

2）支持数据在程序空间和数据空间传送。

3）支持片内外设、片外外设的双向通信。

4）支持功能很强的算术逻辑与位操作运算。

3.3　中央处理单元

中央处理单元（CPU）是 DSP 的核心部件，它的性能直接关系到 DSP 器件的性能。对所有的 TMS320C54x 器件而言，CPU 是相同的，其结构如图 3-2 的下半部分所示。TMS320C54x 的并行结构设计特点，使其能在一条指令周期内，高速地完成多项算术运算。CPU 的基本组成如下：

- 40 位算术逻辑运算单元（ALU）。
- 2 个 40 位累加器。
- 1 个 40 位桶形移位寄存器。
- 乘法器/加法器单元（MAC）。
- 比较、选择和存储单元（CSSU）。
- 指数编码器。
- CPU 状态和控制寄存器。

● 两个地址发生器。

本节主要介绍 TMS320C54x CPU 各组成部分的原理和特点，并讨论 CPU 的状态和控制寄存器。

3.3.1 算术逻辑运算单元

算术逻辑运算单元（ALU）可以实现加/减法运算、逻辑运算等大部分算术和逻辑功能，且大多数的算术逻辑运算指令都是单周期指令。除存储操作指令（ADDM、ANDM、ORM 和 XORM）外，ALU 的运算结果通常都被传送到目的累加器（累加器 A 和 B）。40 位 ALU 功能框图如图 3-3 所示。

1. ALU 的输入和输出

如图 3-3 所示，ALU 有 X 和 Y 两个输入端，其中，ALU 的 X 输入端有以下两种数据来源，即：

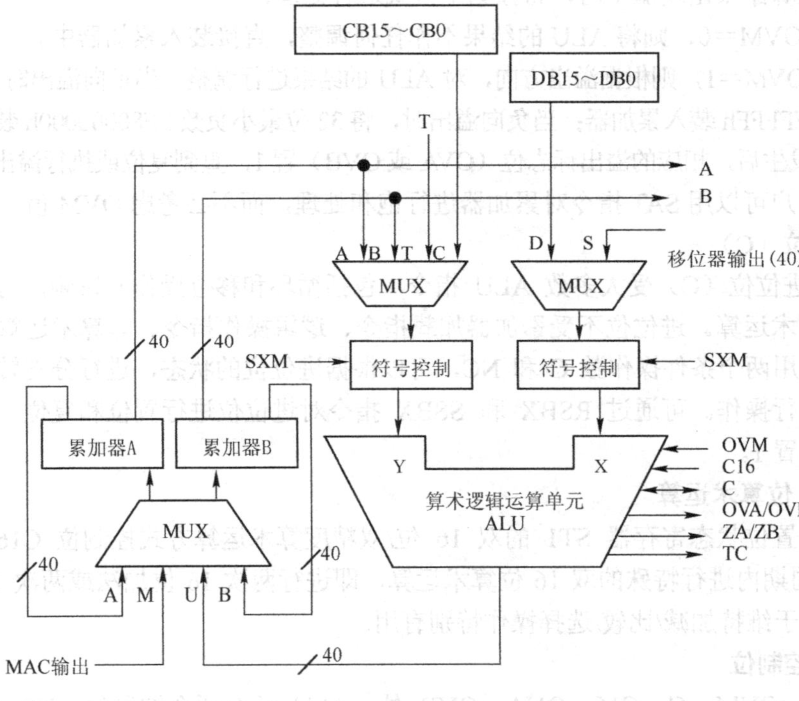

图 3-3 40 位 ALU 功能框图

1）来自移位寄存器的输出（32 位或 16 位数据存储器操作数及累加器中的数值，经移位寄存器移位后输出）。

2）来自数据总线 DB 的数据存储器操作数。

ALU 的 Y 输入端有以下 4 种数据来源，即：

1）来自累加器 A 中的数据。

2）来自累加器 B 中的数据。

3）来自数据总线 CB 的数据存储器操作数。

4）来自暂存器 T 的值。

当一个16位数据存储器操作数通过数据总线DB或CB加到40位ALU的输入端时，40位ALU将按如下两种方式之一对操作数进行预处理：

1）若数据存储器的16位操作数在低16位时，则当状态寄存器ST1中的符号扩展方式控制位SXM=0时，高24位（39～16位）用0填充；当SXM=1时，高24位（39～16位）进行符号位扩展。

2）若数据存储器的16位操作数在高16位时，则当SXM=0时，39～32位和15～0位用0填充；当SXM=1时，39～32位进行符号位扩展，15～0位置0。

ALU的输出为40位，被送往累加器A或B。

2. 溢出处理

ALU的饱和逻辑通过将结果保持为一个最大值（或最小值）来防止溢出。这个特性对降低运算误差很有用。当状态寄存器ST1的溢出方式控制位OVM=1时，ALU的饱和逻辑功能就被使能。

当一个运算结果出现溢出时，将按如下方式进行处理：

1）如果OVM=0，则将ALU的结果不作任何调整，直接装入累加器中。

2）如果OVM=1，则根据溢出方向，对ALU的结果进行调整。当正向溢出时，将32位最大正数007FFFFFFFh装入累加器；当负向溢出时，将32位最小负数FF80000000h装入累加器。

3）溢出发生后，相应的溢出标志位（OVA或OVB）置1，直到复位或执行溢出条件指令。

注意：用户可以用SAT指令对累加器进行饱和处理，而不必考虑OVM值。

3. 进位位（C）

ALU的进位位（C）受大多数ALU指令（包括循环和移位操作）影响，可以用来支持扩展精度的算术运算。进位位不受累加器加载指令、逻辑操作指令、非算术运算和控制类指令的影响，利用两个条件操作数C和NC，可以根据进位位的状态，进行分支转移、调用、返回和条件执行操作。可通过RSBX和SSBX指令对进位位进行置位和复位。在硬件复位时，进位位被置1。

4. 双16位算术运算

用户只要置位状态寄存器ST1的双16位/双精度算术运算方式控制位C16，就可以让ALU在单个周期内进行特殊的双16位算术运算，即进行两次16位加法或两次16位减法运算。该模式对于维持加减/比较/选择操作特别有用。

5. 其他控制位

除SXM、OVM、C、C16、OVA、OVB外，ALU还有两个控制位。TC为测试/控制标志，位于ST0的12位；ZA/ZB是累加器结果为0标志位。

【例3-1】 设(AR2)=0060h，(AR3)=0070h，数据存储器(0060h)=A678h，(0070h)=7234h，分析指令“ADD *AR2,*AR3,A”的执行情况：

（1）在执行指令时ALU中输入端X和Y的情况。

（2）各控制位的变化对执行结果的影响。

（3）指令执行后的结果及标志位的状态。

```
ADD *AR2, *AR3, A        ;将AR2和AR3各自指向的数据存储器单元内容左移16位后相
                          加，结果放到累加器A中，执行情况见表3-3
```

表 3-3　ALU 的加法操作举例

		SXM=0（无符号数相加）	SXM=1（有符号数相加）
ALU 的 X 输入端（经过 DB 取自 0060h）		00 A678 0000h	FF A678 0000h
ALU 的 Y 输入端（经过 CB 取自 0070h）		00 7234 0000h	00 7234 0000h
指令执行后的结果 A	OVM=0	01 18AC 0000h	00 18AC 0000h
	OVM=1	00 7FFF FFFFh	00 18AC 0000h
指令执行后的标志位状态	C	1（有进位）	1（有进位）
	OVA	1（有溢出）	0（无溢出）

3.3.2　累加器

TMS320C54x CPU 内有两个 40 位的累加器 A 和 B，它们用于存储 ALU 或乘法器/加法器单元输出的数据，也能输出数据到 ALU 或乘法器/加法器中。

1．累加器结构

累加器 A 和 B 都可分为 3 部分，分别为保护位 39～32（AG 或 BG）、高位字 31～16（AH 或 BH）和低位字 15～0（AL 或 BL），如图 3-4 所示。

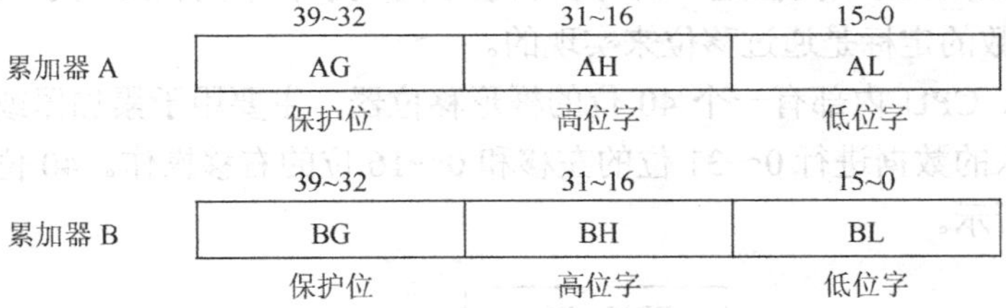

图 3-4　累加器 A 和 B

其中，保护位作为计算时的高位余量位，用于防止在迭代运算（如自相关）中产生溢出，在进行有符号运算时为扩展符号位。AG、BG、AH、BH、AL、BL 都是存储器映射寄存器，可以使用寄存器寻址的方式对其进行操作。在保存和恢复文本时，可以用 PSHM 或 POPM 指令将它们压入堆栈或者弹出堆栈。累加器 A 和 B 之间的唯一区别是累加器 A 的 32～16 位可以作为乘法器的一个输入，而累加器 B 不能。

2．带移位的累加器存储操作

利用 STH、STL、STLM 和 SACCD 指令或并行存储指令，可将累加器的内容存入数据存储器中。在存储过程中，有时需要对累加器的内容进行移位操作。

要将累加器的 16 个最高有效位移位并存入存储器，可以使用 STH、SACCD 和并行存储指令。进行右移操作时，AG 和 BG 中的各数据位分别移入 AH 和 BH 中；进行左移操作时，AL 和 BL 中的各数据分别移入 AH 和 BH 中，而 AL 和 BL 的低位填 0。

要将累加器的 16 个最低有效位移位并存入存储器，可以使用 STL 指令。进行右移操作时，AH 和 BH 中的各数据位分别移入 AL 和 BL 中；进行左移操作时，AL 和 BL 中填 0。由于移位操作是在移位寄存器中进行的，累加器的内容保持不变。

【例 3-2】 累加器 A=FF 0123 4567h，执行带移位的 STH 和 STL 指令后，求暂存器 T 和 A 的内容。

STH A, 8, T　　; A 的内容左移 8 位后，AH 存入 T，T=2345h，A=FF 0123 4567h
STH A, -8, T　　; A 的内容右移 8 位后，AH 存入 T，T=FF01h，A=FF 0123 4567h
STL A, 8, T　　; A 的内容左移 8 位后，AL 存入 T，T=6700h，A=FF 0123 4567h
STL A, -8, T　　; A 的内容右移 8 位后，AL 存入 T，T=2345h，A=FF 0123 4567h

TMS320C54x 有一些专用的并行操作指令，有了它们，累加器可以实现一些特殊的运算。其中包括利用 FIRS 指令实现对称有限冲激响应（FIR）滤波器算法；利用 LMS 指令实现自适应滤波器算法；利用 SQDST 指令计算欧几里德距离以及其他的并行操作指令。该功能的好处是用一条指令就可以完成原本需要几条指令才能完成的操作，大大提高了执行复杂算法的速度。

3.3.3　桶形移位器

在定点 DSP 中，采用定点数进行数值运算，其操作数一般采用整型数来表示。TMS320C54X 是一款 16 位定点 DSP，对于 DSP 而言，参与数值运算的数就是 16 位的整型数。但在许多情况下，数值运算过程中的数不一定都是整数。那么，如何让定点 DSP 处理小数呢？这其中的关键就是由程序员来确定一个数的小数点处于 16 位中的哪一位，通过设定小数点在 16 位数中的不同位置，就可以表示不同大小和不同精度的小数，这就是数的定标。在 DSP 中，数的定标是通过移位来实现的。

TMS320C54x CPU 内部有一个 40 位的桶形移位器，主要用于累加器或数据区操作数的定标。它能对输入的数据进行 0～31 位的左移和 0～16 位的右移操作。40 位桶形移位器的功能框图如图 3-5 所示。

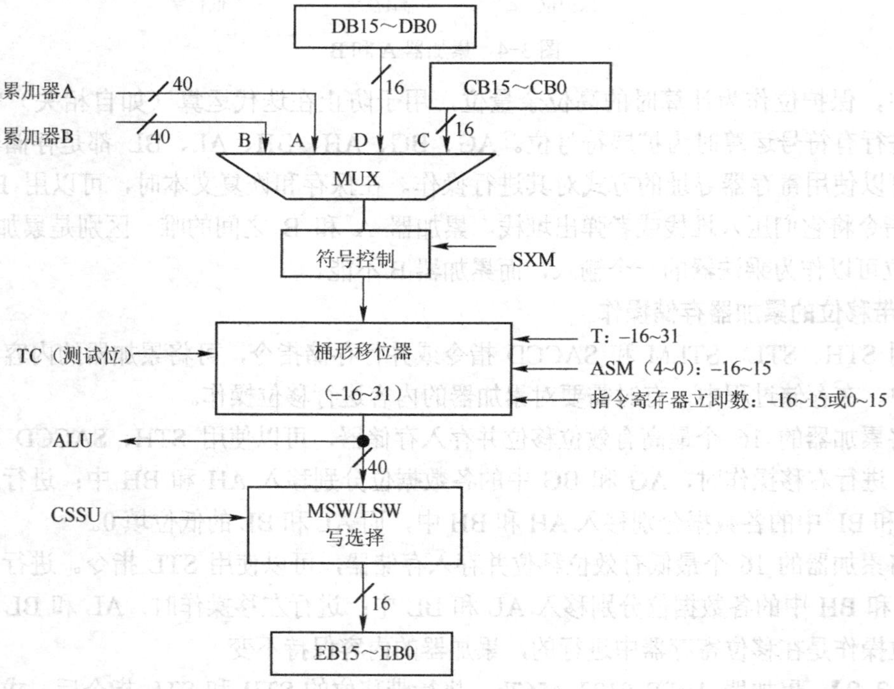

图 3-5　40 位桶形移位器的功能框图

1．桶形移位器的输入和输出

桶形移位器的输入端连接到：

1）DB，取得16位输入数据。

2）DB和CB，取得32位输入数据。

3）40位累加器A或B。

具体选择以上哪个数据作为桶形移位器的输入由多路选择器MUX来控制，MUX的作用就是用来选择输入数据。

桶形移位器的输出端连接到：

1）ALU的一个输入端。

2）经过MSW/LSW（最高有效字/最低有效字）写选择单元至EB总线。

2．桶形移位器的功能

桶形移位器可以对如下操作进行数据定标：

1）在进行ALU运算之前，对一个输入的数据存储器操作数或累加器的值进行预定标。

2）对累加器的值进行一个算术或逻辑移位。

3）对累加器的值进行归一化处理。

4）在累加器的值存入数据存储器之前，对累加器进行定标。

3．桶形移位器可进行的操作

（1）控制操作数的符号位扩展

状态寄存器ST1中的符号扩展方式控制位SXM控制数据操作数进行带符号位/不带符号位扩展。若操作数为有符号数，则当SXM=1时，完成符号位扩展；当SXM=0时，禁止符号位扩展。若操作数为无符号数，则不考虑SXM位，不执行符号位的扩展。例如有些指令（如LDU、ADDS和SUBS指令），操作数为无符号数，则不进行符号位扩展。

（2）控制操作数的移位

桶形移位器的移位操作支持CPU完成数据的定标、位提取、扩展算术和溢出保护等操作。指令中的移位数就是移位的位数，根据指令中的移位数控制操作数进行移位操作。移位数都用二进制补码表示，正值表示左移，负值表示右移。移位数可以用以下方式来定义：

1）一个立即数，取值范围为–16～15。

2）状态寄存器ST1的累加器移位方式位ASM，共5位，取值范围为–16～15。

3）暂存器T中的最低6位的数值，取值范围为–16～31。

（3）控制操作数完成带测试位的移位

根据ROLTC指令，控制操作数完成带测试位的循环左移。

（4）完成MSW/LSW的写选择

MSW/LSW单元根据CSSU信号，选择移位后的信号锁存，并输出至EB总线。

【例3-3】 对累加器A执行不同的移位操作。

```
ADD   A,-4，B        ;累加器A的值右移4位后加到累加器B中
ADD   A, ASM，B      ;累加器A的值按ASM指定的移位数移位后加到累加器B中
NORM  A              ;按暂存器T中的数值对累加器A进行归一化
```

最后一条指令对累加器中的数进行归一化是很有用的。桶形移位寄存器和指数编码器可以将累加器中的数值在一个周期内进行归一化处理。假设 40 位累加器 A 中的定点数为 FF FFFF F001h，可先用“EXP A”指令，求得它的指数为 13h，存放在 T 寄存器中；然后再执行“NORM A”指令，就可以在单个周期内将原来的定点数分成尾数 FF 8008 0000h 和指数 13h 两个部分。

3.3.4 乘法器/加法器单元

乘法器/加法器（MAC）单元包括一个乘法器和一个专用加法器。乘法器/加法器单元具有强大的乘/累加运算功能，可以在一个流水线周期内完成 1 次乘法运算和 1 次加法运算。在数字信号处理的典型算法诸如数字滤波（FIR 和 IIR 滤波）、卷积、FFT 以及自相关等运算中，使用乘/累加运算指令可以大大提高系统的运算速度。

TMS320C54x CPU 中的 MAC 单元有一个 17 位×17 位的硬件乘法器，并且附带了一个 40 位的专用加法器，其功能框图如图 3-6 所示。其中硬件乘法器用来完成乘法运算，专用加法器用来完成累加、取整、饱和等操作。

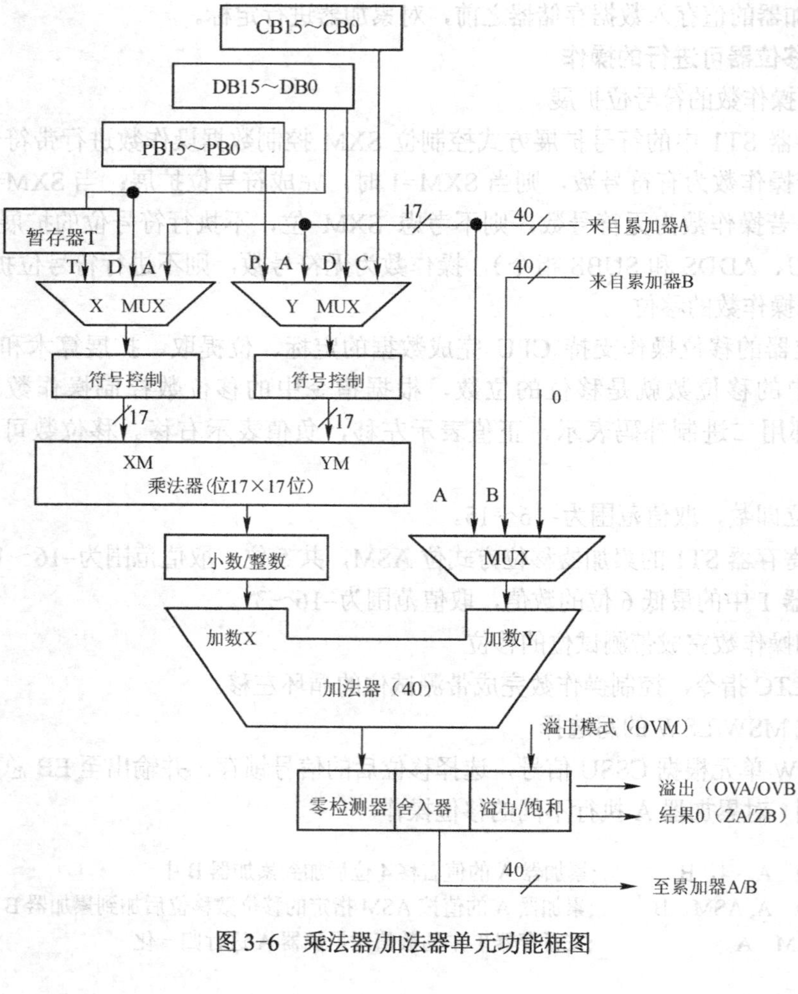

图 3-6 乘法器/加法器单元功能框图

1．乘法器

（1）乘法器的输入

乘法器有两个输入端，分别为 XM 和 YM。

从 XM 端输入乘法器的数据来源有以下几种情况：

1）来自数据总线 DB 的数据存储器操作数。

2）来自暂存器 T 的操作数。

3）来自累加器 A 的第 32~16 位操作数。

从 YM 端输入乘法器的数据来源有以下几种情况：

1）来自数据总线 DB 的数据存储器操作数。

2）来自数据总线 CB 的数据存储器操作数。

3）来自程序总线 PB 的程序存储器操作数。

4）来自累加器 A 的第 32~16 位操作数。

（2）乘法器的输出

乘法器的输出经小数控制电路接至加法器的 XA 输入端。

（3）乘法器的操作

MAC 单元的乘法器能进行有符号数、无符号数以及有符号数与无符号数的乘法运算。根据操作数的不同情况需作以下 3 种处理：

1）如果是两个有符号数相乘，则在进行乘法运算之前，先对两个 16 位操作数进行符号位扩展，在最高位前添加 1 个符号位，其值由乘数的最高位决定（正数为 0，负数为 1），扩展为 17 位有符号数后再相乘。

2）如果是两个无符号数相乘，则在两个 16 位操作数的最高位前面添加“0”，扩展为 17 位操作数后再相乘。

3）如果是有符号数与无符号数相乘，则有符号数在最高位前添加 1 个符号位，其值由最高位决定，而无符号数在最高位前面添加“0”，然后两个操作数相乘。

由于乘法器在进行两个 16 位二进制补码相乘时会产生两个符号位，为提高运算精度，在状态寄存器 ST1 中设置小数方式控制位 FRCT。当 FRCT=1 时，乘法器结果自动左移一位，消去多余的符号位，相应的定标值加 1。

2．专用加法器

在 MAC 单元中，专用加法器用来完成乘积项的累加运算。专用加法器包括加法器、零检测器、舍入器（二进制补码）及溢出/饱和逻辑电路。

（1）加法器的输入

加法器有两个输入端，分别为 XA 和 YA。其中 XA 端输入为来自乘法器的输出，YA 端输入为来自累加器 A 或 B 的操作数。

（2）加法器的输出

加法器输出经零检测器、舍入器和溢出/饱和逻辑电路后，将产生的状态标志送入状态寄存器，并将运算结果送入累加器 A 或 B。

1）舍入处理。有些乘法指令，如 MAC、MAS 等指令，如果带扩展名 R，就对结果进行四舍五入处理，即将 2^{15}（8000h）加至结果，并将目的累加器的低 16 位清 0。当执行 LMS 指令时，为了修正系数的量化误差，也要进行舍入处理。参见例 3-4。

2）溢出/饱和处理。当 OVM=1，并且 FRCT=1 时，PMST 寄存器中的乘法饱和方式位 SMUL 决定是否在累加（MAC 和 MAS 操作）前对乘法的结果进行饱和处理。

当乘法饱和方式位 SMUL1=1 时，执行后续的加（MAC）或减（MAS）前，在小数模式下，8000h×8000h 被饱和处理为 7FFFFFFFh。当乘法饱和方式位 SMUL1=0 时，仅仅 MAC 和 MAS 的最终结果被饱和处理，而乘法得到的结果不会被饱和处理。

【例 3-4】 MAC 指令和 MAC[R]指令的执行情况分析。

```
MAC[R] *AR3,A          ;将 AR3 指向的存储单元内容与暂存器 T 的值相乘后与累加器 A 的值
                        相加后送入 A 中，执行结果如图 3-7 所示
```

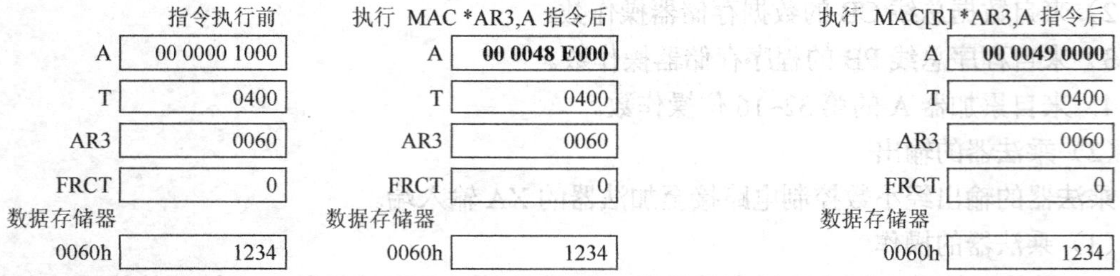

图 3-7 指令 MAC[R] *AR3, A 的执行情况

3.3.5 比较、选择和存储单元

在数据通信、模式识别等领域，往往要用到 Viterbi（维特比）算法。TMS320C54x 中的比较、选择和存储单元（CSSU）就是专门为 Viterbi 算法设计进行加法/比较/选择（ACS）运算的硬件单元，其功能框图如图 3-8 所示。CSSU 由多路选择器 MUX、比较器 COMP、状态转移寄存器 TRN 和测试位 TC 组成，它与 ALU 相配合实现快速 ACS 运算。

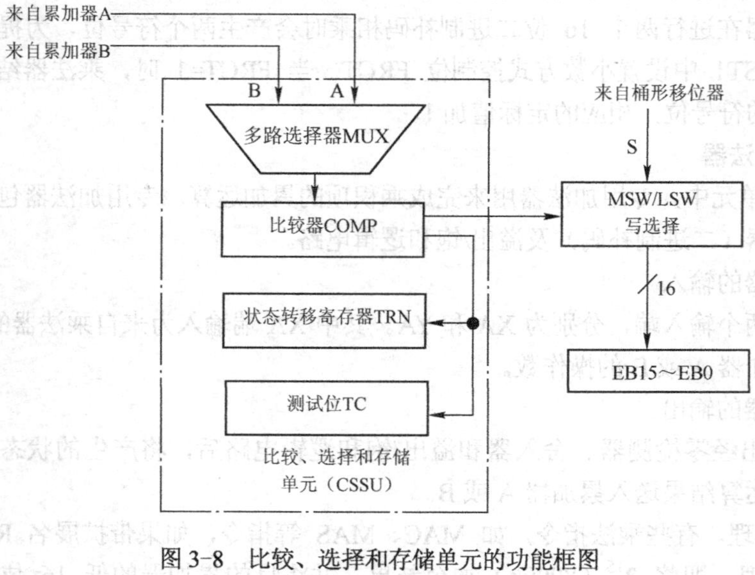

图 3-8 比较、选择和存储单元的功能框图

CSSU 主要完成累加器的高位字和低位字之间的最大值比较，即选择累加器中较大的

字，并存储在数据存储器中，不改变状态寄存器 ST0 中的测试/控制标志位 TC 和传送寄存器（TRN）的值。CSSU 的工作过程如下：首先比较电路 COMP 将累加器 A 或 B 的高位字与低位字进行比较，并将比较结果分别送入 TRN 的第 0 位和 TC 中，将比较结果记录下来以便程序调试，然后将比较结果输出至写选择 MSW/LSW 选择累加器中较大的 16 位数据，并将其通过总线 EB 存入指定的数据存储单元中。

CSSU 支持均衡器和信道译码器所用的各种 Viterbi 算法。图 3-9 给出了一种 Viterbi 算法的示意图。

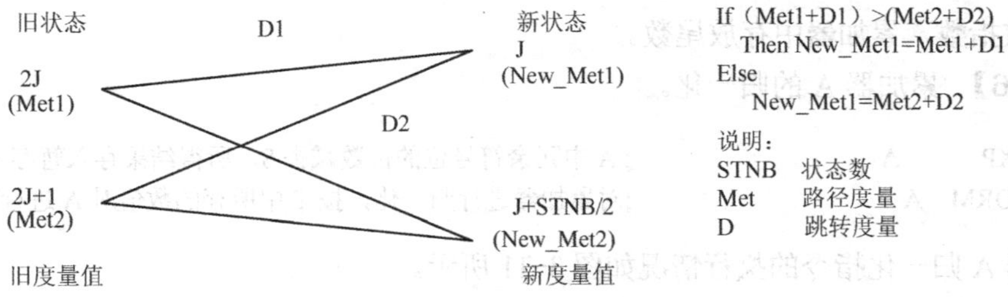

图 3-9 Viterbi 算法

图 3-9 中所示的 Viterbi 算法包括加法、比较和选择 3 部分操作。其中加法运算是由 ALU 完成的。将状态寄存器 ST1 中的 C16 位置 1，ALU 就被配置成双 16 位工作方式。这样，就可以在一个机器周期内执行两次加法运算，其结果（Met1+D1 和 Met2+D2）都是 16 位数，分别存放在累加器的高 16 位和低 16 位中。然后 CCSU 通过 CMPS 指令完成比较、选择操作，也就是对累加器的高 16 位和低 16 位进行比较，并选择出较大的一个数存放到指令所指定的存储单元中。例 3-5 说明了由 CMPS 指令执行的比较和选择操作。

【例 3-5】 CMPS 指令的操作。

```
CMPS    A, *AR1    ;功能：对累加器 A 的高 16 位字（AH）和低 16 位字（AL）进行比较，
                    如果 AH>AL，则 AH→*AR1，TRN 左移 1 位，0→TRN(0)，0→TC；
                    如果 AH<AL，则 AL→*AR1，TRN 左移 1 位，1→TRN(0)，1→TC。
```

由此可见，在 CMPS 指令执行的过程中，状态转移寄存器 TRN 将自动地记录比较的结果，这在 Viterbi 算法中是有用的。

3.3.6 指数编码器

指数编码器是一个用于支持指数运算指令的专用硬件，可以在单周期内执行 EXP 指令，求出累加器中数的指数值。它主要用于完成定点数转换为浮点数的归一化和标准化处理，该硬件为定点 DSP 进行浮点操作提供了方便。

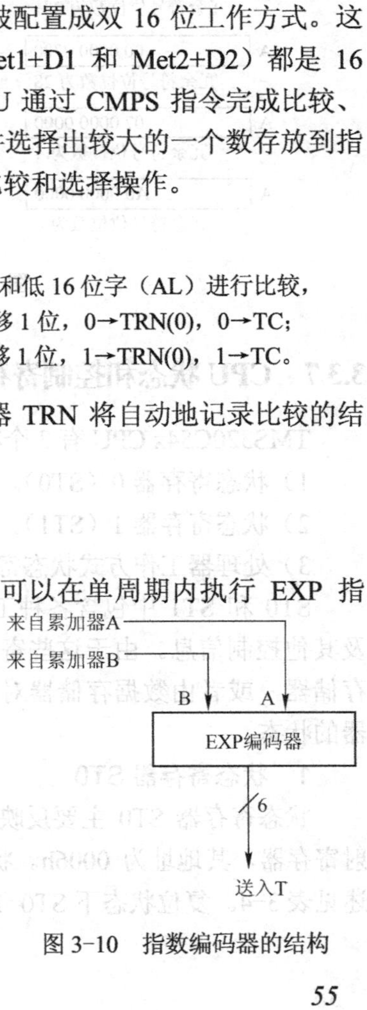

图 3-10 指数编码器的结构

指数编码器的结构如图 3-10 所示。在这个硬件平台上使用 EXP 指令可对累加器 A 或 B 中的数进行指数提取，并将提取出的指数值以二进制补码的形式（−8～31）存储在暂存器 T 中。累加器的指数值等于累加器中冗余符号位的位数减 8，也就是为消除多余符号位而将累加器中的数值左移的

位数。当累加器中的值超过 32 位时，指数为负值。

有了指数编码器，就可以用 EXP 和 NORM 指令对累加器的内容进行归一化。NORM 指令支持单周期内对累加器中的值进行移位的操作，移位数由暂存器 T 的值决定。如果暂存器 T 的值为负，则对累加器的内容进行右移，这样可以对累加器中超过 32 位的任意值进行归一化处理。

EXP 和 NORM 指令利用指数编码器对累加器中的定点数进行归一化处理后，完成了规格化定点数操作，即完成了定点数和浮点数之间的转换，转换后的规格化定点数格式中暂存器 T 中存放指数，累加器中存放尾数。

【例 3-6】 累加器 A 的归一化。

```
EXP     A          ;A 中冗余符号位的位数减去 8，所得结果存入暂存器 T 中
NORM    A          ;对累加器进行归一化，按 T 中所存的数值对 A 进行移位
```

累加器 A 归一化指令的执行情况如图 3-11 所示。

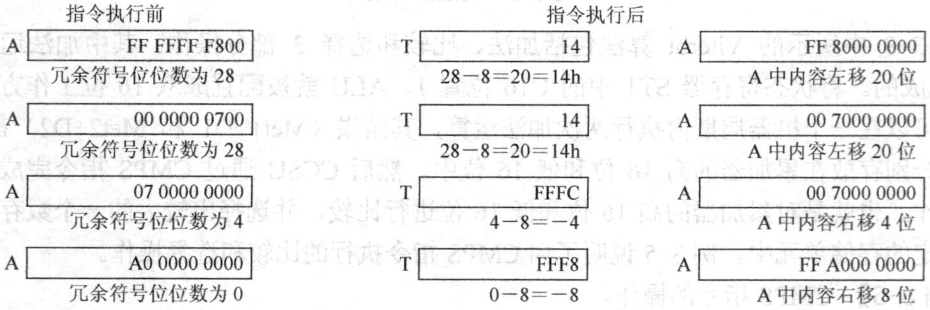

图 3-11 累加器 A 归一化指令的执行情况

3.3.7 CPU 状态和控制寄存器

TMS320C54x CPU 有 3 个状态和控制寄存器：

1）状态寄存器 0（ST0）。

2）状态寄存器 1（ST1）。

3）处理器工作方式状态寄存器（PMST）。

ST0 和 ST1 中包含各种工作条件和工作方式的状态；PMST 中包含存储器的设置状态及其他控制信息。由于这些寄存器都是存储器映射寄存器，所以都可以快速地存放到数据存储器，或者由数据存储器对它们加载，或者用于程序或者中断服务程序保存和恢复处理器的状态。

1. 状态寄存器 ST0

状态寄存器 ST0 主要反映寻址要求和计算的中间运行状态，它是一个 16 位的存储器映射寄存器，其地址为 0006h。状态寄存器 ST0 各位的定义如图 3-12 所示，其各位的功能描述见表 3-4。复位状态下 ST0=1800h。

15~13	12	11	10	9	8~0
ARP	TC	C	OVA	OVB	DP

图 3-12　状态寄存器 ST0 各位的定义

表 3-4　状态寄存器 ST0 各位的功能

位	名称	复位值	功　能
15~13	ARP	0	辅助寄存器指针。这 3 位字段是在间接寻址单操作数时，用来选择辅助寄存器的。当 DSP 处在标准方式时（状态寄存器 ST1 的 CMPT=0），ARP 必定置为 0
12	TC	1	测试/控制标志位。TC 保存 ALU 测试位操作的结果。TC 受 BIT、BITF、BITT、CMPM、CMPR 以及 SFTC 等指令影响。可以由 TC 的状态（0 或 1）决定条件分支转移指令、子程序调用以及返回指令是否执行；如果下列条件成立，则 TC=1 ● 由 BIT 或 BITT 指令所测试的位等于 1 ● 当执行 CMPM、CMPR 或 CMPS 比较指令时，比较一个数据存储单元中的值与一个立即操作数、AR0 与另一个辅助寄存器，或者一个累加器的高字与低字的条件成立 ● 用 SFTC 指令测试某个累加器的第 31 位和第 30 位彼此是否相同
11	C	1	进位位。如果执行加法产生进位，则置 1；如果执行减法产生借位，则清 0。否则，加法后它被复位，减法后被置位，带 16 位移位的加法或减法除外。在后一种情况下，加法只能对进位位置位，减法对其复位，它们都不能影响进位位。所谓进位和借位都只是 ALU 上的运算结果，且定义在第 32 位的位置上。移位和循环指令（ROR、ROL、SFTA 和 SFTL）以及 MIN、MAX、ABS 和 NEG 指令也影响进位位
10	OVA	0	累加器 A 的溢出标志位。当 ALU 或者乘法器后面的加法器发生溢出且运算结果在累加器 A 中时，OVA 位置 1。一旦发生溢出，OVA 一直保持置位状态，直到复位或者利用 AOV 和 ANOV 条件执行 BC[D]、CC[D]、RC[D]、XC 指令为止。RSBX 指令也能清 OVA 位
9	OVB	0	累加器 B 的溢出标志位。当 ALU 或者乘法器后面的加法器发生溢出且运算结果在累加器 B 中时，OVB 置 1。一旦发生溢出，OVB 一直保持置位状态，直到复位或者利用 BOV 和 BNOV 条件执行 BC[D]、CC[D]、RC[D]、XC 指令为止。RSBX 指令也能清 OVB 位
8~0	DP	0	数据存储器页指针。这 9 位字段与指令字中的低 7 位结合在一起，形成一个 16 位直接寻址存储器的地址，对数据存储器的一个操作数寻址。如果 ST1 中的编辑方式位 CPL=0，上述操作就可执行。DP 字段可用 LD 指令加载一个短立即数或者从数据存储器对它加载

2. 状态寄存器 ST1

状态寄存器 ST1 主要反映寻址要求，计算的初始状态设置，I/O 及中断控制，它也是一个 16 位的存储器映射寄存器，其地址为 0007h。状态寄存器 ST1 各位的定义如图 3-13 所示，其各位的功能描述见表 3-5。复位状态下 ST1=2900h。

15	14	13	12	11	10	9	8	7	6	5	4~0
BRAF	CPL	XF	HM	INTM	0	OVM	SXM	C16	FRCT	CMPT	ASM

图 3-13　状态寄存器 ST1 各位的定义

表 3-5　状态寄存器 ST1 各位的功能

位	名称	复位值	功　能
15	BRAF	0	块重复操作标志位。BRAF 指示当前是否在执行块重复操作 BRAF=0　表示当前不在进行块重复操作。当块重复计数器（BRC）减到低于 0 时，BRAF 被清 0 BRAF=1　表示当前正在进行块重复操作。当执行 RPTB 指令时，BRAF 被自动置 1
14	CPL	0	直接寻址编辑方式位。CPL 指示直接寻址时采用何种指针 CPL=0　选用数据页指针（DP）的直接寻址方式 CPL=1　选用堆栈指针（SP）的直接寻址方式
13	XF	1	XF 引脚状态位。XF 表示外部标志（XF）引脚的状态。XF 引脚是一个通用输出引脚。用 RSBX 或 SSBX 指令，可对 XF 复位或置位
12	HM	0	保持方式位。当处理器响应 $\overline{HOLD}$ 信号时，HM 指示处理器是否继续执行内部操作 HM=0　处理器从内部程序存储器取指，继续执行内部操作，而将外部接口置成高阻状态 HM=1　处理器暂停内部操作
11	INTM	1	中断方式位。INTM 从整体上屏蔽或开放中断 INTM=0　开放全部可屏蔽中断 INTM=1　关闭所有可屏蔽中断 SSBX 指令可以置 INTM 为 1，RSBX 指令可以将 INTM 清 0。当复位或者执行可屏蔽中断（INTR 指令或外部中断）时，INTM 置 1。当执行一条 RETE 或 RETF 指令(从中断返回)时，INTM 清 0。INTM 不影响不可屏蔽的中断（$\overline{RS}$ 和 $\overline{NMI}$）。INTM 位不能用存储器写操作来设置
10		0	此位总是读为 0
9	OVM	0	溢出方式控制位。OVM 确定发生溢出时以什么样的数加载目的累加器 OVM=0　ALU 或乘法器后面的加法器中的溢出结果值，像正常情况一样加到目的累加器 OVM=1　当发生溢出时，目的累加器置成正的最大值（00 7FFFFFFFh）或负的最大值（FF 80000000h） OVM 可分别由 SSBX 和 RSBX 指令置位和复位
8	SXM	1	符号扩展方式控制位。SXM 确定符号位是否扩展 SXM=0　禁止符号位扩展 SXM=1　数据进入 ALU 之前进行符号位扩展 SXM 不影响某些指令的定义：ADDS、LDU 和 SUBS 指令不管 SXM 是什么值，都禁止符号位扩展。SXM 可分别由 SSBX 和 RSBX 指令置位和复位
7	C16	0	双 16 位/双精度算术运算方式控制位。C16 决定 ALU 的算术运算方式： C16＝0　ALU 工作在双精度算术运算方式 C16＝1　ALU 工作在双 16 位算术运算方式
6	FRCT	0	小数方式位。当 FRCT=1 时，乘法器输出左移 1 位，以消去多余的符号位

（续）

位	名称	复位值	功　能
5	CMPT	0	修正方式位，CMPT 决定 ARP 是否可以修正 CMPT=0　在间接寻址单个数据存储器操作数时，不能修正 ARP。当 DSP 工作在这种方式时，ARP 必须置 0 CMPT=1　在间接寻址单个数据存储器操作数时，可修正 ARP，当指令正在选择辅助寄存器 0（AR0）时除外
4~0	ASM	0	累加器移位方式位。5 位字段的 ASM 规定一个从－16~15 的移位值（2 的补码值）。凡带并行存储的指令以及 STH、STL、ADD、SUB、LD 指令都能利用这种移位功能；可以从数据存储器或者用 LD 指令（短立即数）对 ASM 加载

需要说明的是，状态寄存器 ST0 和 ST1 中的每一位都可以使用 SSBX 和 RSBX 指令进行置位（设置为 1）或清 0（设置为 0）。例如，可以使用语句"SSBX 1，SXM"对符号扩展方式控制位进行置位，或者使用语句"RSBX 1，SXM"对符号扩展方式控制位进行复位。ARP、DP 和 ASM 字段可以使用 LD 指令带一个短立即操作数来加载。ASM 和 DP 还可以使用 LD 指令用数据存储器的值来加载。

3．处理器工作方式状态寄存器（PMST）

处理器工作方式状态寄存器（PMST）主要设定并控制处理器的工作方式，反映处理器工作状态。PMST 是一个 16 位的存储器映射寄存器，其地址为 001Dh。PMST 中的数据决定了 TMS320C54x DSP 的存储器配置情况，PMST 寄存器通过存储器寻址的寄存器指令装载，如 STM 指令。处理器工作方式状态寄存器 PMST 各位的定义如图 3-14 所示，其各位的功能描述见表 3-6。

15~7	6	5	4	3	2	1	0
IPTR	MP/$\overline{\text{MC}}$	OVLY	AVIS	DROM	CLKOFF	SMUL	SST

图 3-14　处理器工作方式状态寄存器 PMST 各位的定义

表 3-6　处理器工作方式状态寄存器 PMST 各位的功能

位	名称	复位值	功　能
15~7	IPTR	1FFh	中断向量指针。9 位字段的 IPTR 指示中断向量所驻留的 128 字程序存储器的位置。在自举一加载操作情况下，用户可以将中断向量重新映射到 RAM。复位时，这 9 位全都置 1；复位向量总是驻留在程序存储器空间的地址 FF80h。RESET 指令不影响这个字段
6	MP/$\overline{\text{MC}}$	MP/$\overline{\text{MC}}$ 引脚状态	微处理器/微计算机工作方式位 MP/$\overline{\text{MC}}$ =0　允许使能并寻址片内 ROM MP/$\overline{\text{MC}}$ =1　不能利用片内 ROM 复位时，采样 MP/$\overline{\text{MC}}$ 引脚上的逻辑电平，并且将 MP/$\overline{\text{MC}}$ 位置成此值。直到下一次复位，不再对 MP/$\overline{\text{MC}}$ 引脚采样。RESET 指令不影响此位。MP/$\overline{\text{MC}}$ 位也可以用软件的办法置位或复位
5	OVLY	0	片内 RAM 占位位。OVLY 可以允许片内双访问数据 RAM 块映射到程序空间。OVLY 位的值为 OVLY=0　只能在数据空间而不能在程序空间寻址片内 RAM OVLY=1　片内 RAM 可以映射到程序空间和数据空间，但是数据页 0（0h~7Fh）不能映射到程序空间

（续）

位	名称	复位值	功　　能
4	AVIS	0	地址可见位。AVIS 允许/禁止在地址引脚上看到内部程序空间的地址线 AVIS=0　外部地址线不能随内部程序地址一起变化。控制线和数据线不受影响，地址总线受总线上的最后一个地址驱动 AVIS=1　让内部程序存储空间地址线出现在 TMS320C54x 的引脚上，从而可以跟踪内部程序地址。而且，当中断向量驻留在片内存储器时，可以连同 $\overline{IACK}$ 一起对中断向量译码
3	DROM	0	数据 ROM 位。DROM 可以让片内 ROM 映射到数据空间。DROM 位的值为 DROM=0　片内 ROM 不能映射到数据空间 DROM=1　片内 ROM 的一部分映射到数据空间
2	CLKOFF	0	CLKOUT 时钟输出关断位。当 CLKOFF=1 时，CLKOUT 的输出被禁止，且保持为高电平
1	SMUL	N/A	乘法饱和方式位。当 SMUL=1 时，在用 MAC 或 MAS 指令进行累加以前，对乘法结果作饱和处理。仅当 OVM=1 和 FRCT=1 时，SMUL 位才起作用
0	SST	N/A	存储饱和位。当 SST =1 时，对存储前的累加器值进行饱和处理。饱和操作是在移位操作执行完之后进行的。 执行下列指令时可以进行存储前的饱和处理： STH、STL、STLM、DST、ST ‖ ADD、 ST ‖ LT、ST ‖ MACR[R]、ST ‖ MAS[R]、ST ‖ MPY 以及 ST ‖ SUB 存储前的饱和和处理按以下步骤进行： ① 根据指令要求对累加器的 40 位数据进行移位（左移或右移） ② 将 40 位数据饱和处理成 32 位数；饱和操作与 SXM 位有关（饱和处理时，总是假设数为正数） 如果 SXM=0，生成以下 32 位数： ● 如果数值大于 7FFF FFFFh，则生成 7FFF FFFFh 如果 SXM=1，生成以下 32 位数： ● 如果数值大于 7FFF FFFFh，则生成 7FFF FFFFh ● 如果数值小于 8000 0000h，则生成 8000 0000h ③ 按指令要求存放数据 ④ 在整个操作期间，累加器中的内容保持不变

3.3.8 地址发生器

TMS320C54x 中有两个地址发生器：程序地址发生器（PAGEN）和数据地址发生器（DAGEN），用来对程序存储器和数据存储器进行寻址，产生所需的地址信息。

1. 程序地址发生器

程序地址发生器（PAGEN）负责产生合适的地址给程序存储器。所生成的地址用来访问指令、系数表、16 位立即数或其他存储在程序存储器中的信息。程序地址发生器（PAGEN）的组成如图 3-15 所示。

PAGEN 包括以下 5 个寄存器

① 程序计数器（PC）。

② 重复计数器（RC）。

③ 块重复计数器（BRC）。

④ 块重复起始地址寄存器（RSA）。

⑤ 块重复结束地址寄存器（REA）。

在 PAGEN 中，PC 是一个关键部件，它是包含内部或外部程序存储器地址的 16 位寄存器。程序计数器产生需要取指的下一条指令所在的存储器地址。通过 PAB 可以寻址到存储在程序存储器中的任

图 3-15　程序地址发生器（PAGEN）的组成

何一个指令，并且将读取的指令加载到指令寄存器IR中，然后PC就准备开始下一个指令读取周期。

PC有多种加载的方法，表3-7列出了对应于不同的执行代码时PC应装入的值。

表3-7 向PC中加载地址的操作

操　作	加载到PC的地址
复位	将FF80h装入PC
顺序执行指令	将PC+1装入 PC
分支转移	将紧跟在分支转移指令后面的16位立即数装入PC
使用累加器分支转移	将累加器A或B的低16位装入PC
块重复循环	假如BRAF=1（块重复有效），当PC+1等于块重复结束地址（REA）+1时，将块重复起始地址（RSA）装入PC
子程序调用	将PC+2压入堆栈，然后将紧跟在调用指令后面的16位立即数装入PC。返回指令将堆栈栈顶的值弹出并装入PC，然后返回调用代码段
使用累加器的子程序调用	将PC+1压入堆栈，然后将累加器A或B的低16位装入PC。返回指令将堆栈栈顶的值弹出并装入PC，然后返回调用代码段
硬件中断或软件中断	将PC压入堆栈，然后将相应的中断向量地址装入PC。中断返回时，将堆栈栈顶的值弹出并装入PC，然后返回被中断的代码段

程序地址发生器具有简单的数学运算能力，一般PAGEN在连续取指时PC自动加1并指向下一条指令，但在跳转、调用、返回、中断或循环等程序地址出现不连续的情况下，对应不同指令PAGEN将相应的目标地址装入PC，然后加载到程序地址总线PAB上进行寻址。对应调用和中断，当前的PC存放在堆栈中。当调用函数或中断服务程序结束后，用返回指令从堆栈中恢复PC的值。另外，对于某些超过64K字程序空间的DSP，如C549、VC5402、VC5410，还有一个附加的扩展程序计数器（XPC），XPC存放扩展程序存储器信息，可以用以寻址扩展的程序存储空间。

有多种方法可以对XPC和PC进行联合加载，表3-8列出了向XPC中加载地址的操作。

表3-8 向XPC中加载地址的操作

操　作	加载到XPC的地址
复位	将FF80h装入PC，将0h装入XPC
顺序执行指令	将PC+1装入 PC，XPC不会自动增加
远程分支转移	将紧跟在分支转移指令后面的立即数的15~0位装入PC，将该立即数的23~16位装入XPC
使用累加器的远程分支转移	将累加器A或B的15~0位装入PC，将A或B的23~16位装入XPC
远程子程序调用	将PC+2的值和XPC的值压入堆栈，然后将紧跟在调用指令后面的立即数的15~0位和23~16位分别装入PC和XPC
使用累加器的远程子程序调用	将PC+1的值和XPC的值压入堆栈，然后将累加器A或B的15~0位和23~16位分别装入PC和XPC
远程返回	返回指令将堆栈栈顶的值弹出并装入XPC，将下一个值弹出并装入PC，然后返回调用代码段

程序地址发生器还提供了实现指令重复的一些硬件，用于实现单条指令的重复和指令

块的重复。由于硬件循环，不要开销，处理器就能高效自动地重复执行单条或一段指令。许多 DSP 算法需要高速重复执行一系列的 MAC 指令，如滤波器、FFT 等，所以零开销的循环是非常有用的。重复操作寄存器包含 RC、BRC、RSA 和 REA。RC 是一个循环计数器，它只能由重复指令（RPT 和 RPTZ）加载。但 BRC、RSA 和 REA 是 16 位存储器映射寄存器，其地址分别为 1Ah、1Bh 和 1Ch。BRC 是块重复计数器，每段代码执行后计数器减小。RSA 存放循环起始地址，REA 存放循环结束地址，用来确定要重复的一段代码的开始和结束。

2. 数据地址发生器

数据地址发生器（DAGEN）负责产生合适的地址给数据存储器，支持 7 种基本的数据寻址模式。它包括 8 个辅助寄存器（AR0～AR7）、2 个辅助寄存器算术逻辑单元（ARAU0 和 ARAU1）、数据存储器页指针 DP、堆栈指针寄存器 SP、循环缓冲区大小寄存器 BK 和用于选择辅助寄存器 AR0～AR7 的 ARP。与 8 个辅助寄存器配套的是 2 个辅助寄存器算术逻辑单元，它们可以完成 16 位无符号数的算术运算。

3.4 存储器

TMS320C54x 的总存储空间为 192K 字，分为 3 个可选择的存储空间：64K 字的程序存储空间、64K 字的数据存储空间和 64K 字的 I/O 空间。

通常，TMS320C54x 片内都有只读存储器（ROM）和随机存储器（RAM）。片内 ROM 主要存放固化程序和系数表，一般被映射到程序存储器空间，有时部分也可被映射到数据存储器空间。各类 DSP 器件的片内 ROM 容量不同，对于含少量 ROM（2K 字）的器件，其 ROM 含一个引导装入程序，用于将程序快速引导入片内或片外的快速 RAM 中；对于含大量 ROM 的器件，部分 ROM 可被同时映射为数据和程序，较大的 ROM 属于通用的 ROM，只需给出以目标文件格式编入 ROM 的代码和数据，然后利用 TI 公司提供的合适的处理来固化 ROM 程序。片内 RAM 可分为以下 3 种类型：双访问 RAM（DARAM，是指在一个机器周期里可以被访问两次的存储器）、单访问 RAM（SARAM，是指在一个机器周期里只可被访问一次的存储器）和双向共享 RAM。片内 DARAM 分为若干块，每一个块可以在一个机器周期内读两次或读一次写一次，这样的好处是可以在一个机器周期内从一个 DARAM 块中读取两个操作数并将数据写入另一个 DARAM 中。SARAM 也分为若干块，在一个机器周期内只能读一次或写一次。片内 RAM 一般被映射到数据存储器空间，主要用于存放数据。但是，它也可以映射到程序存储器空间，用来存放程序代码。值得一提的是，在带有多 CPU 核的 DSP 中还包含了双向共享 RAM，允许两个 CPU 核同时访问程序空间。在每一个机器周期期间，每一个 CPU 可以对双向共享 RAM 块中任意一个单元进行零等待状态的单次访问。另外，TMS320C54x 可屏蔽的存储器保护选项用来保护片内存储器中的内容。当指定该选项后，所有外部产生的指令都不能访问片内存储器空间，但不是所有的 TMS320C54x DSP 都提供存储器保护这个特性，有一些器件只提供部分保护。表 3-9 列出了 TMS320C54x 系列部分 DSP 片内存储器组成。

表 3-9　TMS320C54x 系列部分 DSP 片内存储器组成

存储器类型	C541	VC549	VC5401	VC5402	VC5409	VC5404	VC5407	VC5410	VC5416	VC5441
ROM 程序 ROM 程序/数据 ROM	(28K 字) 20K 字 8K 字	(16K 字) — 16K 字	(4K 字) — 4K 字	(4K 字) — 4K 字	(16K 字) 16K 字 —	(64K 字) 64K 字 —	(128K 字) 112K 字 16K 字	(16K 字) 16K 字 —	(16K 字) 16K 字 —	—
RAM DARAM SARAM 双向共享 RAM	(5K 字) 5K 字 — —	(32K 字) 8K 字 24K 字 —	(8K 字) 8K 字 — —	(16K 字) 16K 字 — —	(32K 字) 32K 字 — —	(16K 字) 16K 字 — —	(40K 字) 40K 字 — —	(64K 字) 8K 字 56K 字 —	(128K 字) 64K 字 64K 字 —	(640) 128K 字 256K 字 256K 字
存储器保护	√	√	√	√	√	√	√	√	√	

TMS320C54x 片内还有 26~27 个映射到数据存储空间的 CPU 寄存器以及一批映射到数据存储空间的外围电路寄存器。这些寄存器位于 0 数据页，访问非常方便。存储器映射的方法为用于上下文转换的存取以及累加器与其他寄存器间的信息传送提供了方便。

TMS320C54x 结构上的并行性以及片内 RAM 的双访问能力，使它能够在任何一个给定的机器周期内执行 4 次存储器操作：1 次取指、2 次读操作数和 1 次写操作数。

与片外存储器相比，片内存储器具有不需要插入等待状态、成本低和功耗小的优点。当然，片外存储器具有较大的扩展寻址能力，这是片内存储器无法比拟的。

3.4.1　存储器空间分配

TMS320C54x 的存储器空间可以分为 3 个可单独选择的空间：程序、数据和 I/O 空间。在任何一个存储空间内，RAM、ROM、EPROM、EEPROM、存储器映射外围设备都可以驻留在片内或片外。这 3 个空间的总地址范围为 192K 字（有的器件外部程序存储空间可扩展至 8M 字）。

程序存储器空间存放要执行的指令和执行中所用的系数表。数据存储器空间存放执行指令所要用的数据。I/O 存储器空间可与存储器映射外围设备相接口，也可以作为附加的数据存储空间使用。

按 DSP 种类的不同，TMS320C54x 的片内存储器的形式有 ROM、DARAM、SARAM 和双向寻址 RAM。ROM 一般构成程序存储空间，也可以部分地设置为数据存储空间。RAM 总是安排到数据存储空间，但也可以设置成程序存储空间。

TMS320C54x 通过 3 个 CPU 状态位影响存储器的配置，可以很方便地“使能”或者“禁止”片内存储器在程序和数据空间中的映射，这 3 个状态位是处理器工作方式状态寄存器（PMST）中的位：MP/$\overline{MC}$、OVLY 和 DROM。具体影响如下：

（1）MP/$\overline{MC}$ 位（微处理器/微计算机工作方式位，决定程序存储空间是否使用片内 ROM）

若 MP/$\overline{MC}$=0，称微计算机模式，片内 ROM 映射到程序存储空间；

若 MP/$\overline{MC}$=1，称微处理器模式，片内 ROM 不映射到程序存储空间。

（2）OVLY 位（片内 RAM 占位位，决定是否让片内 RAM 映射到程序存储器空间）

若 OVLY=1，则片内 RAM 映射到程序和数据存储空间；

若 OVLY=0，则片内 RAM 只映射到数据存储空间。

（3）DROM 位（数据 ROM 位，决定是否让部分片内 ROM 映射到数据存储器空间）

若 DROM=1，则部分片内 ROM 映射到数据存储空间；

若 DROM=0，则片内 ROM 不映射到数据存储空间。

DROM 位的用法与 MP/$\overline{MC}$ 位的用法无关。

不同的 TMS320C54x 的数据和程序存储空间分配并不完全相同。图 3-16 和图 3-17 分别给出了 TMS320VC5402 和 TMS320VC5416 的存储器空间分配图，图中说明了存储器空间分配与 MP/$\overline{MC}$、OVLY 和 DROM 这 3 个状态位的关系。从图中可以看出，在任何一个存储空间内，RAM、ROM 都可以驻留在片内或者片外，但需要通过对 3 个状态位的设置来配置。

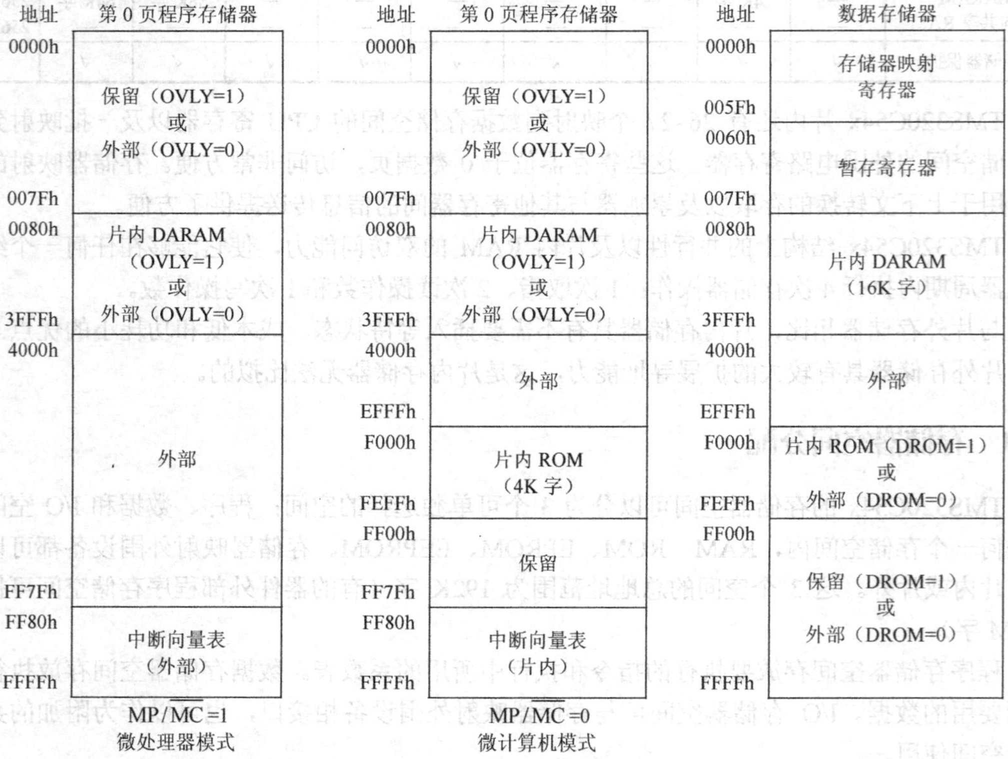

图 3-16　TMS320VC5402 存储器空间分配图

下面举例介绍 TMS320C54x 的扩展程序存储器空间。图 3-18 和图 3-19 给出了 TMS320VC5402 和 TMS320VC5416 的扩展程序存储器图，它们都采用分页扩展的方法，分别使其程序空间扩展到 1M 字和 8M 字。为此，它们分别有 20 根和 23 根地址线，增加了一个额外的存储器映射寄存器——扩展程序存储器页寄存器（XPC），以及 6 条寻址扩展程序空间的指令。TMS320VC5402 和 TMS320VC5416 中的扩展程序空间分别为 16 页和 128 页，每页 64K 字存储空间。

由图 3-18 和图 3-19 可以看出，当 OVLY=1 时，片内 RAM 安排到程序空间时，每页程序存储器分为两部分：一部分是公共的 16K 字（TMS320VC5402）或 32 字（TMS320VC5416），另一部分是各自独立的 48K 字（TMS320VC5402）和 32K 字（TMS320VC5416）。公共存储区为所有页共享，而每页独立的存储区只能按指定的页号寻址。

如果片内 ROM 被寻址（MP/$\overline{MC}$ =0），它只能在 0 页，不能映射到程序存储器的其他页。

扩展程序存储器的页号由 XPC 寄存器设定。XPC 映射到数据存储单元 001Eh。在硬件复位时，XPC 初始化为 0。

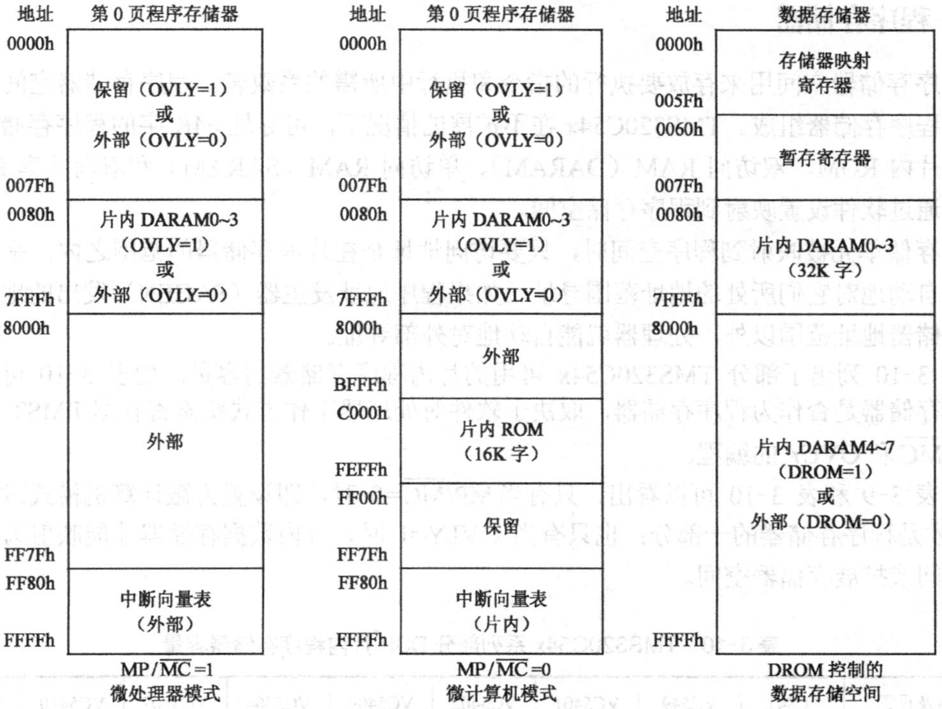

图 3-17　TMS320VC5416 存储器空间分配图

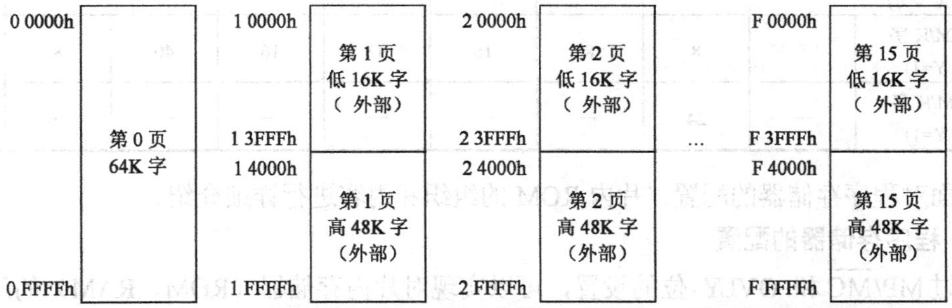

注：当 OVLY=0 时，片内 RAM 不映射到程序空间，程序空间第 1~15 页的低 16K 字都是通过外部配置实现的；当 OVLY=1 时，片内 RAM 映射到所有程序空间页的低 16K 字。

图 3-18　TMS320VC5402 扩展程序存储器图

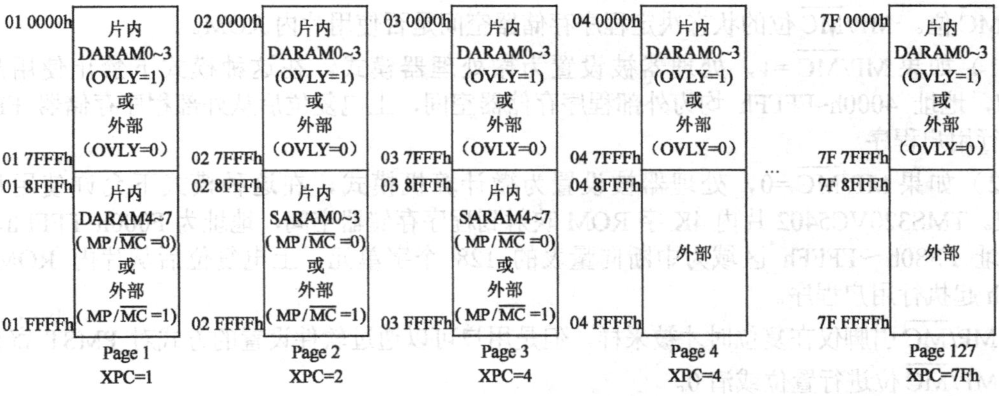

图 3-19　TMS320VC5416 扩展程序存储器图

3.4.2 程序存储器

程序存储器空间用来存放要执行的指令和执行中所需的系数表。程序存储器空间由片内和片外程序存储器组成。TMS320C54x 在不扩展的情况下，可寻址 64K 字的程序存储空间。它们的片内 ROM、双访问 RAM（DARAM）、单访问 RAM（SARAM）和双向共享 RAM，都可以通过软件设置映射到程序存储空间。

当存储单元被映射到程序空间时，只要访问地址是在片内存储器的范围之内，那么处理器就能自动地对它们所处的地址范围寻址。如果程序地址发生器（PAGEN）发出的地址处在片内存储器地址范围以外，处理器就能自动地对外部寻址。

表 3-10 列出了部分 TMS320C54x 可用的片内程序存储器的容量。由表 3-10 可见，这些片内存储器是否作为程序存储器，取决于软件对处理器工作方式状态寄存器 PMST 的状态位 MP/$\overline{\text{MC}}$ 和 OVLY 的编程。

由表 3-9 和表 3-10 可以看出，只有当 MP/$\overline{\text{MC}}$=0 时，即设置为微计算机模式时，片内 ROM 才是程序存储器的一部分；也只有当 OVLY=1 时，片内数据存储器才能映射为程序存储器空间或扩展存储器空间。

表 3-10 TMS320C54x 系列部分 DSP 片内程序存储器容量

存储器及设置	C541	VC549	VC5401	VC5402	VC5409	VC5404	VC5407	VC5410	VC5416
ROM/K 字 (MP/$\overline{\text{MC}}$ =0)	28	16	4	4	16	64	128	16	16
DARAM/K 字 (OVLY=1)	5	8	8	16	32	16	40	8	64
SARAM/K 字 (OVLY=1)	—	24	—	—	—	—	—	56	64

下面对程序存储器的配置、片内 ROM 的组织和内容进行详细介绍。

1. 程序存储器的配置

通过 MP/$\overline{\text{MC}}$ 和 OVLY 位的设置，可以实现对片内存储器（ROM、RAM）的配置，即哪些片内存储器属于程序存储器空间。下面以 TMS320VC5402 为例，分析程序存储器的配置，TMS320VC5402 的存储器空间分配图如图 3-16 所示。

当处理器复位时，MP/$\overline{\text{MC}}$ 引脚上的逻辑电平被采样并传送到 PMST 寄存器中的 MP/$\overline{\text{MC}}$ 位。MP/$\overline{\text{MC}}$ 位的状态决定程序存储器空间是否使用片内 ROM。

1）如果 MP/$\overline{\text{MC}}$ =1，处理器被设置为微处理器模式，在这种模式下禁止使用片内 ROM，地址 4000h~FFFFh 均为外部程序存储器空间，上电复位后从外部程序存储器 FF80h 起执行用户程序。

2）如果 MP/$\overline{\text{MC}}$ =0，处理器被设置为微计算机模式，在这种模式下允许使用片内 ROM。TMS320VC5402 片内 4K 字 ROM 映射到程序存储器空间，地址为 F000h~FFFFh，其中地址 FF80h～FFFFh 区域为中断向量表的 128 个字单元，上电复位后从片内 ROM 的 FF80h 起执行用户程序。

MP/$\overline{\text{MC}}$ 引脚仅在复位时才被采样，但是用户可以通过软件设置的方式对 PMST 寄存器中的 MP/$\overline{\text{MC}}$ 位进行置位或清 0。

复位时，如果片内 RAM（包括 DARAM 和 SARAM）没有映射到程序存储器空间，可以通过对寄存器 PMST 的 OVLY 位进行设置来配置它们。OVLY 位的状态决定程序存储器空间是否使用片内 RAM。

1）如果 OVLY=0，程序存储空间不使用内部 RAM。0000h~3FFFh 全部定义为外部程序存储器空间，此时片内 RAM 只作数据存储器。

2）如果 OVLY=1，程序存储空间使用片内 RAM。片内 RAM 同时被映射到程序存储器空间和数据存储器空间。0000h~007Fh 被保留，程序无法占用；片内 16K 字 DARAM 被同时映射到程序存储器空间和数据存储器空间的 0080h~3FFFh，这样设置的优点是程序可以在内部的 RAM 全速运行。

当处理器复位时，复位和中断向量都映射到程序存储器空间的 FF80h。复位后，这些向量可以被重新映射到程序存储器空间中任何一个 128 字页的开头。这就很容易将中断向量表从引导 ROM 中移出来，然后再根据存储器图安排。

2. 片内 ROM 的组织和内容

为了提高处理器的性能，片内 ROM 被进一步细分为若干块，并以块的形式来组织。这样就可以在片内 ROM 的一个块内读取一条指令的同时，又在其他块中读取数据。

对不同的 TMS320C54x 器件，ROM 可按 2K 字、4K 字或 8K 字大小划分成块。对于 ROM 容量为 2K 字的器件来说，一般 ROM 块为 2K 字；对于 ROM 容量为 4K 字和 28K 字的器件来说，一般 ROM 块为 4K 字；对于 ROM 容量为 16K 字和 28K 字的器件来说，一般 ROM 块为 8K 字。

TMS320C54x 的片内 ROM 容量有大有小，容量大的片内 ROM 可以把用户的程序代码编写进去。需要注意的是，片内高 2K 字（F800h~FFFFh）ROM 中的内容是由 TI 公司定义的，用户不能改变，但可以使用。根据不同的器件，这 2K 字程序存储器空间可能包括以下一项或多项内容：

1）引导程序。从串行口、外部存储器、I/O 口或者主机接口进行引导。

2）256 字μ律扩展表。

3）256 字 A 律扩展表。

4）256 字正弦函数值查找表。

5）中断向量表。

TMS320VC5402 片内有 4K 字的片内 ROM。当 MP/$\overline{MC}$=0，4K 字的 ROM 被映射到程序存储器空间的地址范围为 F000h~FFFFh，用户可以将应用程序或者引导程序安排在这个存储器空间。其中 F000h~F7FFh 为用户专用程序，由 TI 公司固化；F800h~FFFFh 由 TI 公司定义。表 3-11 列出了 TMS320VC5402 片内 ROM 中的内容安排和地址范围。

表 3-11　TMS320VC5402 片内 ROM 中的内容安排和地址范围

程序存储器地址范围	存储器内容
F000h~F7FFh	保留
F800h~FBFFh	引导程序（自举加载程序）
FC00h~FCFFh	256 字 μ 律扩展表
FD00h~FDFFh	256 字 A 律扩展表

（续）

程序存储器地址范围	存储器内容
FE00h~FEFFh	256 字正弦函数值查找表
FF00h~FF7Fh	机内自检程序
FF80h~FFFFh	中断向量表

当电源接通后，或者在硬件复位期间，$MP/\overline{MC}$ 引脚处在低电平时，DSP 就从程序存储器的 FF80h 处开始执行程序。通常，在 FF80h 处安放一条分支转移指令，以便让程序计数器（PC）跳转到引导程序的起始地址，执行引导程序。引导程序将会按照不同的系统要求，提供不同的方法加载程序代码，即把外部的用户程序代码自动地传送到所要求的程序空间位置上。

3.4.3 数据存储器

数据存储器空间用来存放执行指令所要用的数据，包括需要处理的数据或数据处理的中间结果。数据存储器空间由片内和片外数据存储器组成。TMS320C54x 的数据存储器的容量最多可达 64K 字。除了片内 SARAM 和 DARAM 外，TMS320C54x 还可以通过软件设置将片内 ROM 映射为数据存储器空间。

表 3-12 列出了 TMS320C54x 系列部分 DSP 片内数据存储器的容量。由表 3-12 可见，片内 ROM 是否作为数据存储器取决于软件对处理器工作方式状态寄存器 PMST 的状态位 DROM 的编程。

表 3-12 TMS320C54x 系列部分 DSP 片内数据存储器的容量

存储器及设置	C541	VC549	VC5401	VC5402	VC5409	VC5404	VC5407	VC5410	VC5416	VC5441
DARAM/K 字	5	8	8	16	32	16	40	8	64	128
SARAM/K 字	—	24	—	—	—	—	—	56	64	256
程序/数据 ROM/K 字 (DROM=1)	8	16	4	4	—	—	16	—	—	

由表 3-9 和表 3-12 可以看出，只有当 DROM=1 时，部分片内 ROM 才能映射到数据存储器空间。

当 CPU 的数据地址发生器（DAGEN）发出的地址处在片内存储器的范围内时，就对片内的 RAM 或数据 ROM（当 ROM 配置为数据存储器时）寻址。当数据地址发生器（DAGEN）发出的地址不在片内存储器的范围内时，处理器就会自动地对外部数据存储器寻址。

下面对数据存储器的配置、片内 RAM 的组织、存储器映射寄存器等内容进行详细介绍。

1．数据存储器的配置

除了片内 DARAM 和 SARAM 可以被映射到数据存储器空间外，对于某些 TMS320C54x，用户可以通过设置 PMST 寄存器的 DROM 位，将部分片内 ROM 映射到数据存储空间。这一部分片内 ROM 既可以映射到数据存储空间（DROM=1），也可以映射到程序存储空间（$MP/\overline{MC}$=0）。这种情况下，就可以用指令将片内 ROM 作为数据存储器中的数据 ROM 来读取。复位时，处理器将 DROM 位清 0。

下面以 TMS320VC5402 为例，分析数据存储器的配置。TMS320VC5402 片内有 16K 字的 DARAM 和 4K 字的 ROM，其存储器空间分配图如图 3-16 所示。DROM 位的状态决定是否让部分片内 ROM 映射到数据存储器空间。当 DROM＝0 时，片内 ROM 不映射到数据存储空间，64K 字的数据存储空间中 0000h~3FFFh 为内部 DARAM，剩余的数据存储器空间 4000h~FFFFh 为外部数据存储器；当 DROM=1 时，部分片内 ROM 映射到数据存储空间，0000h~3FFFh 为内部 DARAM，4000h~EFFFh 为外部数据存储器，F000h~FEFFh 为片内 ROM；FF00h~FFFFh 空间保留。其中 16K 字的内部 DARAM 被分为 3 个部分：0000h~005Fh 为存储器映射寄存器，0060h~007Fh 为暂存器（即 SPRAM 便签式存储器），0080h~3FFFh 为内部 DARAM。

对数据 ROM 的单操作数寻址，包括 32 位长字操作数寻址，单个周期就可完成。而在双操作数寻址时，如果操作数驻留在同一块内，则要两个周期；若操作数驻留在不同块内，则只需一个周期就可以了。

2. 片内 RAM 的组织

为了提高处理器的性能，片内 RAM 也被进一步细分成若干块。分块以后，用户可以在同一个周期内从同一块 DARAM 中取出两个操作数，并将数据写入到另一块 DARAM 中。

在所有 TMS320C54x 器件中，片内 DARAM 的前 1K 字的内容包括存储器映射 CPU 寄存器（0000h～001Fh）和外设寄存器（0020h～005Fh）、32 字暂存器 SPRAM（0060h～007Fh）以及 896 字 DARAM（0080h～03FFh）。为了便于 CPU 的并行操作，提高处理器的高速处理能力，896 字的 DARAM（0080h～03FFh）按每 80h（128）个存储单元为一个块，将 DARAM 分成 7 个数据块。

图 3-20 为 TMS320C54x 中 DARAM 前 1K 字数据存储器的配置图。

对不同的 TMS320C54x 器件，RAM 可按 1K 字、2K 字或 8K 字大小划分成块，一般 RAM 块的容量为 1K 字。对于 RAM 容量为 6K 字和 10K 字的器件来说，一般 RAM 块为 2K 字；对于 RAM 容量为 16K 字的器件来说，一般 RAM 块为 8K 字；其他器件的 RAM 具有各种 RAM 块大小的组合。

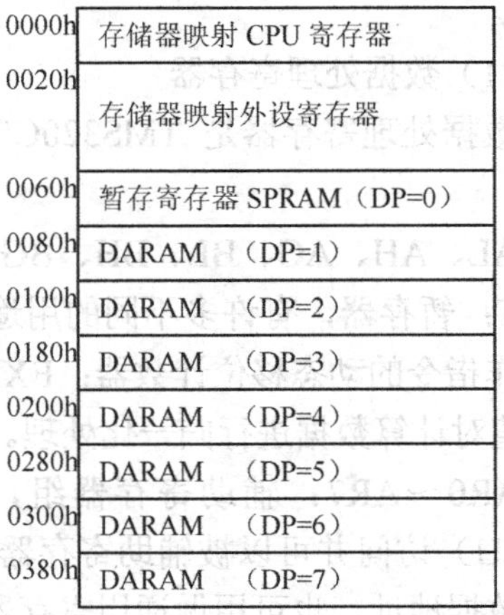

图 3-20 TMS320C54x 中 DARAM 前 1K 字数据存储器的配置图

3. 存储器映射寄存器

TMS320C54x 的数据存储空间中，前 80h 个单元（数据页 0）包含了存储器映射 CPU 寄存器，存储器映射外设寄存器和暂存器。这些寄存器全部映射到数据存储空间，称为存储器映射寄存器 MMR。

存储器映射 CPU 寄存器（0000h~001Fh）主要用于程序的运算处理以及寻址方式的选择和设定；存储器映射外设寄存器（0020h~005Fh）用于对外围电路的控制和存放数据；暂存器 SPRAM（0060h~007Fh）用来暂存变量。

表 3-13 列出了 TMS320C54x 的存储器映射 CPU 寄存器的地址和名称。

表 3-13　TMS320C54x 的存储器映射 CPU 寄存器的地址和名称

地址	CPU 寄存器符号	CPU 寄存器名称	地址	CPU 寄存器符号	CPU 寄存器名称
0h	IMR	中断屏蔽寄存器	12h	AR2	辅助寄存器 2
1h	IFR	中断标志寄存器	13h	AR3	辅助寄存器 3
2~5h	—	保留（用于测试）	14h	AR4	辅助寄存器 4
6h	ST0	状态寄存器 0	15h	AR5	辅助寄存器 5
7h	ST1	状态寄存器 1	16h	AR6	辅助寄存器 6
8h	AL	累加器 A 低位（15~0 b）	17h	AR7	辅助寄存器 7
9h	AH	累加器 A 高位（31~16 b）	18h	SP	堆栈指针寄存器
Ah	AG	累加器 A 保护位（39~32 b）	19h	BK	循环缓冲区大小寄存器
Bh	BL	累加器 B 低位（15~0 b）	1Ah	BRC	块循环寄存器
Ch	BH	累加器 B 高位（31~16 b）	1Bh	RSA	块循环起始地址
Dh	BG	累加器 B 保护位（39~32 b）	1Ch	REA	块循环结束地址
Eh	T	暂存寄存器	1Dh	PMST	处理器工作方式控制寄存器
Fh	TRN	状态转移寄存器	1Eh	XPC	程序计数器扩展寄存器
10h	AR0	辅助寄存器 0	1E~Fh	—	保留
11h	AR1	辅助寄存器 1			

存储器映射 CPU 寄存器主要由数据处理寄存器和中断操作寄存器组两大类寄存器组成。

（1）数据处理寄存器

数据处理寄存器是 TMS320C54x 系列 DSP 的片内寄存器中用于数据处理的寄存器。其中：

AL、AH、AG、BL、BH、BG：组成 40 位累加器 A、B，功能是完成累加操作。

T：暂存器，有许多不同的用途，可以用来保留乘法或乘/加指令的一个被乘数；用做移位操作指令的动态移位计数器；EXP 指令还把计算的指数值存入 T，再用 NORM 指令利用 T 的值对计算数据进行归一化处理。

AR0～AR7：辅助寄存器组，这 8 个 16 位的辅助寄存器可由中心算术逻辑单元（CALU）访问并可以被辅助寄存器算术单元（ARAU）修改。它们最主要的功能是产生 16 位的数据地址，也可用做通用寄存器和计数器。

BK：循环缓冲区长度寄存器，其中保存的数据定义了一个循环缓冲区的大小，用于 ARAU 的循环寻址功能。

BRC、RSA、REA：块重复寄存器组，用于块重复操作，其中，BRC 用于保存数据块长度；RSA 用于保存数据块首地址；REA 用于保存数据块的末地址。

TRN：状态转移寄存器，这是一个 16 位的寄存器，为得到新的度量值存放中间结果，以完成 Viterbi 算法。CMPS（比较、选择和存储）指令，在累加器高位字和低位字进行比较的基础上，修改 TRN 的内容。

（2）中断操作寄存器

中断功能是所有以 CPU 为核心的器件必须具有的能力，目的是提供系统对突发事件的处理能力；TMS320C54x 器件中提供了三个与中断处理有关的寄存器：

IMR：中断屏蔽寄存器，记录各中断是否被屏蔽。

IFR：中断标志寄存器，记录当前正在发生的中断。

SP：堆栈指针寄存器，存放堆栈栈顶的存储器地址。

寻址存储器映射 CPU 寄存器，不需要插入等待周期。用户在软件或硬件仿真时，可以通过查看相应的数据存储单元的内容，了解这些寄存器的状态。

存储器映射外设寄存器映射的外围电路，将因各个 TMS320C54x 器件外围设备电路结构的不同而有所差异。表 3-14 列出了 TMS320VC5402 存储器映射外设寄存器的地址和名称。

表 3-14　TMS320VC5402 存储器映射外设寄存器的地址和名称

地址	寄存器符号	寄存器名称	地址	寄存器符号	寄存器名称
20h	DRR20	McBSP0 数据接收寄存器 2	39h	SPSD0	McBSP0 子库数据寄存器
21h	DRR10	McBSP0 数据接收寄存器 1	3Ah~3Bh	—	保留
22h	DXR20	McBSP0 数据发送寄存器 2	3Ch	GPIOCR	通用 I/O 引脚控制寄存器
23h	DXR10	McBSP0 数据发送寄存器 1	3Dh	GPIOSR	通用 I/O 引脚状态寄存器
24h	TIM	定时器 0 寄存器	3Eh~3Fh	—	保留
25h	PRD	定时器 0 周期计数器	0h	DRR21	McBSPl 数据接收寄存器 2
26h	TCR	定时器 0 控制寄存器	1h	DRR11	McBSPl 数据接收寄存器 1
27h	—	保留	2h	DXR21	McBSPl 数据发送寄存器 2
28h	SWWSR	软件等待状态寄存器	3h	DXR11	McBSPl 数据发送寄存器 1
29h	BSCR	块切换控制寄存器	44h~47h	—	保留
2Ah	—	保留	8h	SPSA1	McBSPl 子库地址寄存器
2Bh	SWCR	软件等待状态控制寄存器	9h	SPSD1	McBSPl 子库数据寄存器
2Ch	HPIC	主机接口控制寄存器	4Ah~53h	—	保留
2Dh~2Fh	—	保留	4h	DMPREC	DMA 通道优先权和使能控制寄存器
30h	TIM1	定时器 1 寄存器	55h	DMSA	DMA 子库地址寄存器
31h	PRD1	定时器 1 周期寄存器	56h	DMSDI	带自动增量的 DMA 子库数据寄存器
32h	TCR1	定时器 1 控制寄存器	57h	DMSDN	不带自动增量的 DMA 子库数据寄存器
33h~37h	—	保留	58h	CLKMD	时钟方式寄存器
38h	SPSA0	McBSP0 子库地址寄存器	59h~5Fh	—	保留

TMS320C54x 存储器映射外设寄存器主要由定时器寄存器和通信接口寄存器组成。这些寄存器的具体功能将在第 8 章介绍。寻址存储器映射外设寄存器需要两个机器周期。同样，

用户在软件或硬件仿真时，可以通过查看相应的数据存储单元的内容，随时了解这些寄存器的状态。

3.4.4 I/O 存储器

TMS320C54x 系列 DSP 除了提供程序和数据存储器空间外，还提供 I/O 存储器空间，利用 I/O 空间可以扩展外部存储器。I/O 存储器空间有 64K 字寻址范围（0000h~FFFFh）且只存在于片外。I/O 存储器空间可与存储器映射外围设备相接口，也可以作为附加的数据存储空间使用。有两条指令 PORTR 和 PORTW，可以对 I/O 存储器空间访问，访问时，读写时序与程序存储器空间和数据存储器空间有很大不同。访问 I/O 是对 I/O 映射的外部器件进行访问，而不是访问存储器。

所有 TMS320C54x 只有两个通用 I/O，即 $\overline{\text{BIO}}$ 和 XF。为了访问更多的通用 I/O，可以对主机通信并行接口 HPI 和同步串行接口进行配置，以用做通用 I/O。另外还可以扩展外部 I/O，外部 I/O 必须使用缓冲或锁存电路，配合外部 I/O 读写控制构成外部 I/O 的控制电路。在对 I/O 空间访问时，除了使用数据总线和地址总线外，还要用到 $\overline{\text{IOTRB}}$、$\overline{\text{IS}}$ 和 R/$\overline{\text{W}}$ 控制线，$\overline{\text{IOTRB}}$ 和 $\overline{\text{IS}}$ 用于选通 I/O 空间，R/$\overline{\text{W}}$ 用于控制访问方向。

【例 3-7】 I/O 端口读写指令示例。

（1）I/O 端口读指令：

PORTA　PA , Smem　　;把地址为 PA 的 I/O 端口中的数读入数据存储器 Smem 单元中，指令执行时，使 $\overline{\text{IOTRB}}$、$\overline{\text{IS}}$ 和 R / $\overline{\text{W}}$ 有效

（2）I/O 端口写指令：

PORTW　Smem, PA　　;把数据存储器单元 Smem 中的数送入到地址为 PA 的 I/O 端口，指令执行时，使 $\overline{\text{IOTRB}}$、$\overline{\text{IS}}$ 和 R / $\overline{\text{W}}$ 有效

需要注意的是，I/O 存储器空间全部分布在 DSP 外部，一般把 I/O 空间分配给各个外设端口。

3.5 片内外设

TMS320C54x DSP 的片内外设是集成在 DSP 内部的外部设备。TMS320C54x 系列不同 DSP 有着不同的片内外设，但所有的 TMS320C54x 都有通用 I/O 端口、一个定时器、一个时钟发生器、一个软件可编程等待状态发生器和一个可编程块切换逻辑。不同的 DSP 有着不同类型的串行口、主机接口（HPI）、DMA 控制器等。

TMS320C54x 的片内外设有一组控制寄存器和数据寄存器，它们与 CPU 寄存器一样，也映射到数据存储器 0 页（20h～5Fh），表 3-14 以 TMS320VC5402 为例给出了存储器映射外设寄存器的地址和名称。片内外设的工作受这些存储器映射外设寄存器控制，它们也可以用来传送数据。需要注意的是，所有寻址存储器映射外设寄存器均需两个机器周期。

本节对 TMS320C54x 的片内外设进行介绍，有关定时器、主机接口、串行口及外部 I/O

扩展方法的详细介绍请参阅第 8 章。

3.5.1 通用 I/O 引脚

TMS320C54x 通过两个专用的可用软件控制的引脚提供通用的 I/O 功能。这两个专用的引脚分别是跳转控制输入引脚 $\overline{\text{BIO}}$ 和外部标志输出引脚 XF。

1. 跳转控制输入引脚 $\overline{\text{BIO}}$

跳转控制输入引脚 $\overline{\text{BIO}}$ 可以用来监视外部接口器件的状态。特别是在不允许打断的、时间要求严格的程序中，$\overline{\text{BIO}}$ 可用于替代中断，即程序可以根据 $\overline{\text{BIO}}$ 引脚的状态（即外围设备的状态）决定跳转的去向。在使用 $\overline{\text{BIO}}$ 的指令中，条件执行指令（XC）在流水线的译码段检测 $\overline{\text{BIO}}$ 的状态，其他的条件指令（如跳转、调用或返回）都是在流水线的读取段检测 $\overline{\text{BIO}}$ 的状态。

【例 3-8】 $\overline{\text{BIO}}$ 控制示例。

```
XC 2, BIO    ;该指令通过查询外部引脚BIO的状态来控制程序的走向。当满足条件BIO=0时，
             则执行后面的一条双字或两条单字指令，否则，执行两条NOP指令
```

2. 外部标志输出引脚 XF

外部标志输出引脚 XF 是一个软件控制的输出引脚，可以用来给外部器件发送信号。通过对状态寄存器 ST1 中的第 13 位 XF 字段置位或清 0，使 XF 引脚输出高电平或低电平。对状态寄存器中各位进行置位（SSBX）和复位（RSBX）的指令可以分别对 XF 进行置位和清 0。

【例 3-9】 XF 控制示例。

```
SSBX   XF      ;置位 XF 引脚
RSBX   XF      ;复位 XF 引脚
```

例 3-9 中的两条指令分别将 XF 引脚置 1 和复位，亦即 CPU 向外部发出 1 和 0 信号，进而控制外部设备工作。在 DSP 复位时，XF 也可被置为高电平。

3.5.2 时钟发生器

时钟发生器用来为 TMS320C54x 提供时钟信号，它由内部振荡器和锁相环（PLL）电路组成。时钟发生器工作时需要一个参考时钟输入，它可以由以下两种方式提供：

1）内部晶体振荡器。将一个晶体跨接在 TMS320C54x 的 X1 和 X2/CLKIN 引脚两端，同时 CLKMD 引脚必须设置启动内部振荡器模式。

2）外部参考时钟源。直接将外部时钟接入 X2/CLKIN 引脚，X1 引脚悬空。

TMS320C54x 内部的锁相环（PLL）电路具有频率放大和信号提纯的功能。利用 PLL 可以锁定时钟发生器的振荡频率，为系统提供高稳定的时钟信号，对外部时钟可以进行倍频，使外部时钟的周期低于 CPU 机器周期，以降低因高速开关时钟引起的高频噪声。

目前，TMS320C54x 有两种不同类型的 PLL，即硬件配置的 PLL 和软件可编程 PLL，下面分别讨论。

1. 硬件配置的 PLL

所谓硬件配置的 PLL，就是通过设定 TMS320C54x 的 3 个时钟模式引脚 CLKMD1、CLKMD2、CLKMD3 的状态，选定时钟方式，即选择片内振动时钟与外部参考时钟的倍频。具体的配置方式见表 3-15。

表 3-15 时钟方式的配置

引脚状态			时钟方式①	
CLKMD1	CLKMD2	CLKMD3	选择方案 1	选择方案 2
0	0	0	用外部时钟源，PLL×3	用外部时钟源，PLL×5
1	1	0	用外部时钟源，PLL×2	用外部时钟源，PLL×4
1	0	0	用内部振荡器，PLL×3	用内部振荡器，PLL×5
0	1	0	用外部时钟源，PLL×1.5	用外部时钟源，PLL×4.5
0	0	1	用外部时钟源，频率除以 2	用外部时钟源，频率除以 2
1	1	1	用内部振荡器，频率除以 2	用内部振荡器，频率除以 2
1	0	1	用外部时钟源，PLL×1	用外部时钟源，PLL×1
0	1	1	停止方式②	停止方式

① 时钟方式选择方案 1 或选择方案 2 依器件的不同而定。

② 停止方式表示 PLL 被禁止，系统时钟不提供给 CPU 外设，其功能等效于 IDLE3 省电方式，但用该种方式要使时钟正常工作需要改变硬件连接。因此，要省电还是推荐使用 IDLE3 指令，因为用 IDLE3 可以使 PLL 停止工作，当复位或外部中断到来时可以恢复工作。

由表 3-15 可知，不用 PLL 时，CPU 的时钟频率等于内部晶体振荡频率或外部时钟频率的一半；若用 PLL，CPU 的时钟频率等于晶体振荡器频率或外部时钟频率乘以系数 N（PLL $\times N$）。

2. 软件可编程 PLL

软件可编程 PLL 是一种高度灵活的时钟控制方式。它的时钟定标器提供各种时钟乘法器系数，并能直接接通和关断 PLL。PLL 的锁定定时器可以用于延迟转换 PLL 的时钟方式，直到锁定为止。

通过软件编程，可以选用以下两种时钟方式中的一种，即

1）PLL 方式：即倍频方式，输入时钟 CLKIN 乘以 31 个可能的因子中的一个因子，这些因子的取值范围是 0.25～15，它们可以通过 PLL 电路获得。

2）DIV 方式：即分频方式，输入时钟 CLKIN 除以 2 或 4。当使用分频模式时，所有的模拟电路，包括 PLL 电路都关断，以使功耗降到最小。

DSP 复位后，时钟方式则由 3 个外部引脚（CLKMD1、CLKMD2 和 CLKMD3）的状态所决定。表 3-16 列出了 TMS320VC5402 复位时 CLKMD1/2/3 引脚和时钟方式寄存器（CLKMD，地址为 58h）及时钟的关系。时钟方式决定 DSP 工作时钟与 CLKIN 输入时钟频率的比值。

表 3-16　TMS320VC5402 复位时设置的时钟方式

引脚状态			CLKMD 寄存器复位值	时钟方式
CLKMD1	CLKMD2	CLKMD3		
0	0	0	E007h	用内部振荡器，PLL×15
0	0	1	9007h	用内部振荡器，PLL×10
0	1	0	4007h	用内部振荡器，PLL×5
1	0	0	1007h	用内部时钟源，PLL×2
1	1	0	F007h	用内部振荡器，PLL×1
1	1	1	0000h	用内部振荡器，频率除以 2，PLL 不工作
1	0	1	F000h	用内部振荡器，频率除以 4，PLL 不工作
0	1	1	—	保留

复位后，可以对 CLKMD 重新编程加载，以配置成所要求的时钟方式。CLKMD 寄存器是用来定义 PLL 时钟模块中的时钟配置，其各位的定义如图 3-21 所示，各位的功能描述见表 3-17，由 CLKMD 的 PLLDIV 和 PLLMUL 位所确定的 PLL 的乘系数见表 3-18。

15~12	11	10~3	2	1	0
PLLMUL	PLLDIV	PLLCOUNT	PLLON/OFF	PLLNDIV	PLLSTATUS
R/W	R/W	R/W	R/W	R/W	R

图 3-21　时钟方式寄存器 CLKMD 各位的定义

表 3-17　时钟方式寄存器 CLKMD 各位的功能

位	名　称	功　能
15~12	PLLMUL	PLL 乘数。和 PLLDIV、PLLNDIV 一起定义频率的乘系数，具体见表 3-18
11	PLLDIV	PLL 除数。和 PLLMUL、PLLNDIV 一起定义频率的乘系数，具体见表 3-18
10~3	PLLCOUNT	PLL 计数器值。能确保处理器不被锁定直到 PLL 锁定，以便只有有用的时钟信号被送入器件
2	PLLON/OFF	PLL 开关。和 PLLNDIV 一起使能或禁止时钟发生器的 PLL 部分 1）PLLON/OFF=0,PLLNDIV=0：关 PLL 2）PLLON/OFF=1,PLLNDIV=0：开 PLL 3）PLLON/OFF=X,PLLNDIV=1：开 PLL
1	PLLNDIV	PLL 时钟发生器选择位。决定时钟发生器是工作在 PLL 方式还是工作在 DIV 方式，然后和 PLLMUL、PLLDIV 一起定义频率的乘系数，具体见表 3-18 1）PLLNDIV=0：采用 DIV 方式 2）PLLNDIV=1：采用 PLL 方式
0	PLLSTATUS	PLL 的状态位。表示时钟发生器正在使用的方式 1）PLLSTATUS=0：表示当前使用 DIV 方式 2）PLLSTATUS=1：表示当前使用 PLL 方式

表 3-18 PLL 的乘系数

PLLNDIV	PLLDIV	PLLMUL	乘系数①
0	x	0~14	0.5
0	x	15	0.25
1	0	0~14	PLLMUL+1
1	0	15	1
1	1	0 或偶数	PLLMUL/2+0.5
1	1	奇数	PLLMUL/4

① CLKOUT=CLKIN×乘系数。

在 PLL 锁定之前，它是不能用做 TMS320C54x 时钟的。为此，通过对 CLKMD 寄存器中的 PLLCOUNT 位编程，就可以很方便地自动延迟定时，直到 PLL 锁定为止。这主要靠 PLL 中的锁定定时器，PLLCOUNT 的数值（0~255）加载给它后，每来 16 个输入时钟（CLKIN），它就减 1，一直减到 0 为止。因此，锁定延时时间的设定范围为 0~255×16×CLKIN 个周期的时间长度。

PLL 锁定时间与 CLKOUT 频率之间的关系如图 3-22 所示。

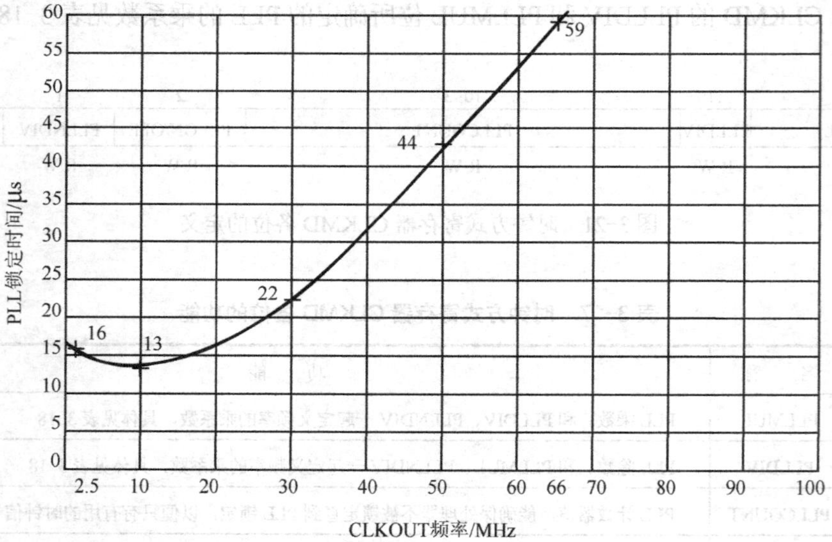

图 3-22 PLL 锁定时间与 CLKOUT 频率之间的关系

有了锁定时间 Lockup Time，即可求得 PLLCOUNT 的数值：

$$\text{PLLCOUNT（十进制数）} > \frac{\text{Lockup Time}}{16 \times T_{\text{CLKIN}}}$$

式中，T_{CLKIN} 是输入时钟周期；Lockup Time 是 PLL 的锁定时间。

当时钟发生器从 DIV 工作方式转移到 PLL 工作方式时，锁定定时器工作。在锁定期间，时钟发生器继续工作在 DIV 方式。PLL 锁定定时器减到 0 后，PLL 才开始对 TMS320C54x 定时，且 CLKMD 寄存器的 PLLSTATUS 位置 1，表示定时器已工作在 PLL 方式。

如果要从 DIV 方式转到 PLL×3 方式，已知 CLKIN 的频率为 13MHz，可以求得 PLLCOUNT=41（十进制数），只要在程序中加入如下指令即可：

```
STM #0010 0001 0100 1111b，CLKMD
```

其中，PLLMUL=0010，PLLDIV=0，PLLNDIV=1，故乘系数为 3；PLLON/OFF=1，PLL 工作；PLLCOUNT=00101001，十进制计数值为 41。

3.5.3 软件可编程等待状态发生器

软件可编程等待状态发生器可以通过编程来扩展外部总线周期，有些 TMS320C54x 器件的外部总线周期最多可以被扩展到 7 个机器周期，而有些 TMS320C54x 器件的外部总线周期则最多可以被扩展到 14 个机器周期，这样一来，TMS320C54x 就能很方便地与外部慢速器件相接口。以 TMS320VC5402 器件为例，它的外部总线周期最多可以被扩展到 14 个机器周期。如果外部器件要求插入 14 个以上的等待周期，则可通过硬件外部接口的 READY 引脚来处理。当所有的外部访问被设置为 0 等待状态时，加到等待状态发生器的内部时钟将被自动关断，这样可以使处理器以更低的功耗运行。

软件可编程等待状态发生器由一个 16 位软件等待状态寄存器（SWWSR）控制，它是一个存储器映像寄存器，在数据存储空间的地址为 0028h。

TMS320C54x 的程序空间和数据空间分别由两个 32K 字的存储块组成，I/O 空间由一个 64K 字块组成。这 5 个块空间在 SWWSR 中都相应地有一个 3 位字段，用来定义各个空间插入等待状态的数目。这些字段定义如图 3-23 所示。上述 SWWSR 的各 3 位字段规定的插入等待状态的最小数为 0（不插入等待周期），最大数为 7。表 3-19 列出了 TMS320C54x 软件等待状态寄存器各字段功能的详细说明。

15	14~12	11~9	8~6	5~3	2~0
保留/XPA	I/O空间（64K字）	数据空间（高 32K字）	数据空间（低 32K字）	程序空间（高 32K字）	程序空间（低 32K字）
R	R/W	R/W	R/W	R/W	R/W

图 3-23　软件等待状态寄存器（SWWSR）各字段的定义

表 3-19　软件等待状态寄存器（SWWSR）各字段的功能

位	名　称	复 位 值	功　能
15	保留/XPA	0	对于 C542、C546，此位为保留位；对于 C548 以上器件，此位为扩展程序存储器地址控制位（XPA）。XPA=0，程序存储器不扩展，XPA=1，程序存储器扩展
14~12	I/O 空间	111b	I/O 空间字段。这个字段的值（0~7）是对 0000h~FFFFh I/O 空间插入的等待状态数
11~9	数据空间	111b	数据空间字段。这个字段的值（0~7）是对 8000h~FFFFh 数据空间插入的等待状态数
8~6	数据空间	111b	数据空间字段。这个字段的值（0~7）是对 0000h~7FFFh 数据空间插入的等待状态数
5~3	程序空间	111b	程序空间字段。这个字段的值（0~7）是对下列程序空间插入的等待状态数，即 1）XPA=0：XX8000h~XXFFFFh 2）XPA=1：400000h~7FFFFh
2~0	程序空间	111b	程序空间字段。这个字段的值（0~7）是对下列程序空间插入的等待状态数，即 1）XPA=0：XX0000h~XX7FFFh 2）XPA=1：000000h~3FFFFh

对于具有扩展程序存储器的 TMS320C54x 系列的 DSP，除了有一个软件等待状态寄存器 SWWSR 外，还配有软件等待状态控制寄存器 SWCR，它是一个存储器映像寄存器，在数据存储空间的地址为 002Bh。SWCR 的第 0 位为软件等待乘法位 SWSM，它控制等待时间的乘法因子 1 或者 2。当 SWSM=0 时，SWWSR 中设置的等待状态数的值不改变（被乘 1），则软件等待状态数可能是 0、1、2、3、4、5、6 和 7；当 SWSM=1 时，SWWSR 中设置的等待状态数的值被乘 2，则软件等待状态数可能是 0、2、4、6、8、10、12 和 14。由此可知，具有扩展程序存储器的 TMS320C54x 的软件可编程等待状态发生器可以将外部总线周期最大扩展到 14 个机器周期。

复位时，SWWSR=7FFFh，SWSM=0，即所有外部访问都插入 7 个等待周期。

3.5.4 可编程块切换逻辑

可编程块切换逻辑使得 TMS320C54x 可以在外部存储器块之间进行切换，而不需要为外部存储器插入等待状态。当访问越过外部程序或数据空间存储器块的边界时，或在访问越过程序存储器到数据存储器时，可编程块切换逻辑自动插入一个周期。插入的附加周期可以使存储器在其他器件驱动总线之前先释放掉总线，从而防止总线竞争。当使用多片外部存储器并要连续访问片外不同片的存储器时，两片存储器在关闭、打开时间上有先有后，插入等待状态将确保不会因为瞬间都处于打开状态而引起噪声和功耗的增大。

块切换逻辑由块切换控制寄存器 BSCR 定义，它是地址为 0029h 的存储器映射寄存器，其各字段的定义如图 3-24 所示，各字段的功能描述见表 3-20。

15~12	11	10~9	8	7~3	2	1	0
BNKCMP	PS-DS	保留	IPIRQ	保留	HBH	BH	EXIO
R/W	R/W		R/W		R/W	R/W	R/W

图 3-24 块切换控制寄存器（BSCR）各字段的定义

注意，BNKCMP 的值只能是表 3-20 中列出的 5 种值，其他值是不允许的。此外，可以利用 EXIO 和 BH 位一起来控制外部地址和数据总线。正常操作情况下，这两位都应当置 0。若要降低功耗，特别是从来不用或者很少用外部存储器时，可以将 EXIO 和 BH 位置 1。

表 3-20 块切换控制寄存器（BSCR）各字段的功能

<table>
<tr><th>位</th><th>名称</th><th>复位值</th><th colspan="6">功能</th></tr>
<tr><td rowspan="8">15~12</td><td rowspan="8">BNKCMP</td><td rowspan="8">—</td><td colspan="6">块比较。确定外部存储器块的容量大小。BNKCMP 用来屏蔽一个地址的高 4 位。例如，若 BNKCMP=111b，4 位最高有效位（12~15 位）与之比较，结果得到块的容量为 4K 字。块容量的允许范围是 4K 字~64K 字。BNKCMP 和地址范围之间的关系如下：</td></tr>
<tr><td colspan="4">BNKCMP</td><td rowspan="2">要比较的最高有效位</td><td rowspan="2">块容量（16 位字）</td></tr>
<tr><td>15 位</td><td>14 位</td><td>13 位</td><td>12 位</td></tr>
<tr><td>0</td><td>0</td><td>0</td><td>0</td><td>无</td><td>64K</td></tr>
<tr><td>1</td><td>0</td><td>0</td><td>0</td><td>15</td><td>32K</td></tr>
<tr><td>1</td><td>1</td><td>0</td><td>0</td><td>15~14</td><td>16K</td></tr>
<tr><td>1</td><td>1</td><td>1</td><td>0</td><td>15~13</td><td>8K</td></tr>
<tr><td>1</td><td>1</td><td>1</td><td>1</td><td>15~13</td><td>4K</td></tr>
</table>

（续）

位	名称	复位值	功能
11	PS-DS	—	读取程序指令－读取数据数。在连续读取程序指令－读取数据数或读取数据数和读取程序指令之间插入一个额外的周期 PS-DS＝0：除非存取跨越存储块，否则不插入额外周期 PS-DS＝1：在连续读取程序指令－读取数据数或读取数据数和读取程序指令之间插入一个额外的周期
10~9	保留	—	这两位为保留位
8	IPIRQ	—	CPU 处理器之间的中断请求位
7~3	保留	—	这 5 位为保留位
2	HBH	—	HPI 总线保持位
1	BH	0	总线保持器位。用来控制总线保持器 BH=0：关闭总线保持器，解除总线保持 BH=1：启用总线保持器。数据总线 D（15~0）保持在先前的逻辑电平
0	EXIO	0	关断外部总线接口位。用来控制外部总线 EXIO＝0：外部总线接口处于接通状态 EXIO＝1：关断外部总线接口。在完成当前总线周期后，地址总线、数据总线和控制信号变成无效。地址线为原先的状态，数据线为高阻状态，$\overline{PS}$、$\overline{DS}$、$\overline{IS}$、$\overline{MSTRB}$、$\overline{IOSTRB}$、$R/\overline{W}$、$\overline{MSC}$ 以及 $\overline{IAQ}$ 为高电平。PMST 中的 DROM、$MP/\overline{MC}$ 和 OVLY 以及 ST1 中的 HM 位都不能被修改

TMS320C54x 块切换逻辑可以在下列情况下自动插入一个附加的周期（在这个周期内让地址总线转换到一个新的地址），即

1）一个程序存储器读操作后面紧跟一个对另一存储块的程序存储器或数据存储器的读操作。

2）当 PS-DS 位为 1 时，一个程序存储器读操作后面紧跟一个数据存储器读操作。

3）对于 C549 等扩展外部程序存储器的 DSP，一次程序存储器读操作后面紧跟一个对另一页进行的程序存储器读操作。

4）一个数据存储器读操作后面紧跟一个对另一存储块的程序存储器或数据存储器的读操作。

5）当 PS-DS 位为 1 时，一个数据存储器读操作后面紧跟一个程序存储器读操作。

图 3-25 所示为存储器读操作之间的块切换，图 3-26 描述了在相邻的一个程序读操作和一个数据读操作之间额外周期的插入情况。

3.5.5 定时器

TMS320C54x 的片内外设至少有一个定时器电路，它是一个带有 4 位预分频器的 16 位软件可编程的减法计数器。这个减法计数器每来 1 个时钟周期自动减 1，当计数器减到 0 时产生定时中断。通过编程设置特定的状态可使定时器停止、恢复运行、复位或禁止。在 TMS320VC5402 中包含两个定时器。

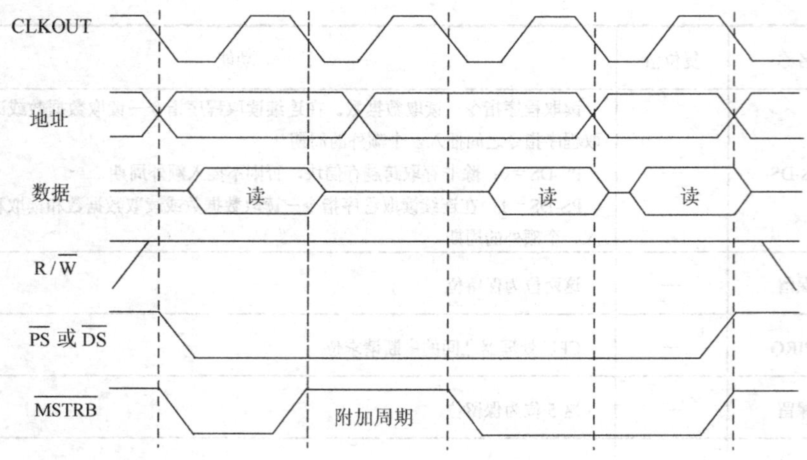

图 3-25　存储器读操作之间的块切换

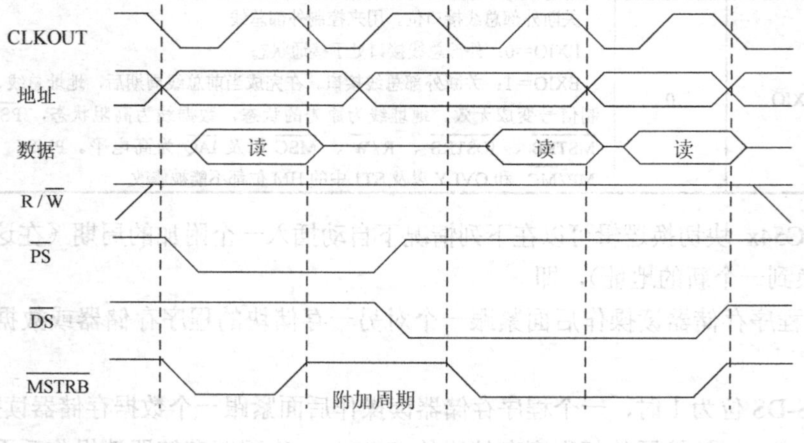

图 3-26　程序空间和数据空间之间的块切换

TMS320C54x 的定时器主要包括 3 个存储器映射寄存器：定时寄存器 TIM、定时周期寄存器 PRD 和定时控制寄存器 TCR。定时寄存器 TIM 是一个 16 位减法计数器，映射到数据存储空间的 0024h 单元。复位或定时器中断（TINT）时，TIM 内装入 PRD 寄存器的值（定时时间），并进行自动减 1 操作。定时周期寄存器 PRD 是一个 16 位的存储器映射寄存器，位于数据存储空间的 0025h 单元，用来存放定时时间常数。每次复位或 TINT 中断时，将定时时间装入 TIM 寄存器。定时控制寄存器 TCR 也是一个 16 位的存储器映射寄存器，位于数据存储空间的 0026h 单元，用来存储定时器的控制位和状态位，包括定时器分频系数 TDDR、预标定计数器 PSC、控制位 TRB 和 TSS 等。

定时中断的周期为

$$CLKOUT\times(TDDR+1)\times(PRD+1)$$

式中，CLKOUT 为时钟周期；TDDR 和 PRD 分别为定时器的分频系数和时间常数。

定时器的详细内容参见第 8 章。

3.5.6 主机接口

TMS320C54x 的主机接口（Host Post Interface，HPI）是一个并行接口，用来实现 DSP 与主设备或主处理器的通信。外部主机是 HPI 的主控者，HPI 作为一个外设与主机相连接，由主机通过 HPI 实现对 DSP 的通信控制。主机与 HPI 的通信，可通过专用地址和数据寄存器、HPI 控制寄存器以及使用外部数据与接口控制信号来实现。

HPI 的工作模式有两种，即共用访问模式 SAM 和主机访问模式 HOM。共用访问模式 SAM 下主机和 TMS320C54x 都能访问 HPI 存储器；主机访问模式 HOM 下只有主机可以访问 HPI 存储器，TMS320C54x 处于复位或内部和外部时钟都停止的 IDLE2 模式下。因此，主机能在 TMS320C54x 最小功耗的状态下访问 RAM。

HPI 接口分成 3 种，分别为 8 位标准型 HPI8、8 位增强型 HPI-8、16 位增强型 HPI-16。标准型 HPI 接口中外部主机只能访问固定位置的 2K 字大小的片内 RAM，而增强型 HPI 接口可以访问整个内部 RAM。8 位增强型 HPI 只有同步模式，而 8 位标准型 HPI 有异步模式，即可以在 DSP 的时钟 CLOCK 不工作时访问内部 RAM。在增强模式中，主机和 TMS320C54x 都能访问 RAM，而标准模式中，可以实现 RAM 的选择访问。

表 3-21 列出了配备 HPI 的 TMS320C54x 器件的情况。

表 3-21 TMS320C54x 器件中的主机接口

主机接口	C541	VC549	VC5401	VC5402	VC5404	VC5407	VC5409	VC5410	VC5416	VC5441
8 位标准 HPI	0	1	0	0	0	0	0	0	0	0
8 位增强 HPI	0	0	1	1	0	0	0	1	0	0
16 位增强 HPI	0	0	0	0	1	1	1	0	1	1

主机接口（HPI）的详细内容参见第 8 章。

3.5.7 串行口

串行通信接口的系统功能，就是向 DSP 器件提供在 CPU 控制下的串行通信功能。TMS320C54x 配备了若干灵活性很强的串行接口，这些串行接口可提供全双工、双向的通信功能，可与编解码器、串行 A/D 转换器和其他串行器件通信。串行接口也可以用于微处理器之间的通信，特别是时分多路串行接口（TDM），尤其适合于多微处理器系统中的相互通信。TMS320C54x 系列有 4 种类型的串行口：标准同步串行口（SP）、缓冲同步串行口（BSP）、时分多路串行口（TDM）和多通道缓冲串行口（McBSP）。

1．标准同步串行口（SP）

标准同步串行口（SP）是高速、全双工串行口，可提供串行器件之间的直接通信，如与编解码器、A/D 转换器等串行设备之间的通信，可实现数据的同步发送和接收，能完成 8 位或 16 位的串行通信。当 TMS320C54x 中有多个同步串口时，这些串口是相同的，但相互独立。每个同步串口最高可以 1/4 的机器周期（CLKOUT）速率运行。同步串口发送器和接收器是双缓冲的，它们分别被可屏蔽的外部中断信号控制。数据可以以字节或字为单位组成帧。

2. 缓冲同步串行口（BSP）

缓冲同步串行口（BSP）是一种增强型同步串行口，它是在同步串行口的基础上增加了一个自动缓冲单元。这种全双工、双缓冲的串口可以提供灵活可变的数据流长度。自动缓冲单元的功能是利用专用总线，控制串行口直接与 TMS320C54x 的内部存储器进行数据交换。缓冲同步串行接口 BSP 的工作方式分别为非缓冲模式和自动缓冲模式。非缓冲模式即标准模式，与 SP 相同。自动缓冲模式是在自动缓冲单元的控制下，串行口直接与 TMS320C54x 的内部存储器进行 16 位数据块传输。当传输的数据长度是数据块长度的一半或整个长度时，产生中断。这两种工作模式都提供了包括可编程控制的串口时钟、帧同步信号、可选择时钟和帧同步信号的正负极性等增强功能，能以每帧 8 位、10 位、12 位和 16 位传输数据，最大操作频率为 CLKOUT。

3. 时分多路串行口（TDM）

时分多路串行口（TDM）是一个允许数据时分多路的同步串行接口。既能工作在同步方式，也能工作在 TDM 方式。TDM 可以与外部多个应用接口实现方便灵活的数据交换，最多可与 7 个外部器件接口通信，这种接口在多处理器应用中得到了广泛的使用。

时分多路串行接口 TDM 的工作方式分别为非 TDM 模式和 TDM 模式。非 TDM 模式称为标准方式，与 SP 相同。TDM 模式是将与多个不同器件的通信按时间依次划分成若干个时间段（信道），TDM 周期性地按时间顺序与不同的信道设备进行串行通信。

4. 多通道缓冲串行口（McBSP）

多通道缓冲串行口（McBSP）是一个高速、全双工、多通道缓冲串行接口，可直接与其他 TMS320C54x、编码器以及系统中的其他串口器件通信。McBSP 提供了全双工通信、连续数据流的双缓冲数据寄存器、接收和发送独立的帧和时钟信号，可以直接与 T1/E1 帧接口。McBSP 在外部通道选择电路的控制下，采用分时的方式实现多通道串行通信，与以前的串行口相比，具有很大的灵活性。McBSP 还有一些增强功能——内部可编程时钟和帧产生器、多通道模式和通用 I/O。

表 3-22 列出了不同的 TMS320C54x 器件拥有不同种类串口的数量的情况。

表 3-22　TMS320C54x 器件中的串行口

串行口	C541	VC549	VC5401	VC5402	VC5404	VC5407	VC5409	VC5410	VC5416	VC5441
同步串口（SP）	2	0	0	0	0	0	0	0	0	0
缓冲串口（BSP）	0	2	0	0	0	0	0	0	0	0
时分多路串口（TDM）	0	1	0	0	0	0	0	0	0	0
多通道缓冲串口（McBSP）	0	0	2	2	3	3	3	3	3	12

串行口的详细内容参见第 8 章。

3.5.8　直接存储器访问控制器

直接存储器访问（DMA）控制器可以在无需 CPU 干扰的情况下，完成存储器不同块间的数据传输。DMA 允许数据在内部存储器、片内外设或外部设备之间传输，而不需要 CPU

的参与。DMA 有 6 个独立的可编程的 DMA 通道，DMA 控制器也可以接受 HPI 的请求。由于 DMA 传输和 CPU 运算独立进行、互不影响，因而极大地提高了 DSP 传输速度，在实时性要求比较高的场合具有更大的意义。

DMA 控制器一般由控制逻辑、地址发生器、源地址、目的地址寄存器等组成。当 CPU 进行运算处理不需要使用总线时，就可以由 DMA 接管总线控制权。DMA 控制总线后，会通过总线直接访问存储器，完成数据传送任务。当 CPU 需使用总线时，DMA 再把总线控制权交还给 CPU。由此可以看出，DMA 控制技术体现了并行工作的思想。

DMA 控制技术的基本特点可以概括如下：

1）是在 CPU 完全控制工作的存储器直接访问。

2）进行数据传输前，CPU 必须把源地址和目的地址等必需的参数写入 DMA。

3）在 DMA 工作过程中，一旦 CPU 需要使用 DMA 所占用的总线，DMA 就必须立即把总控制权交还给 CPU。

4）DMA 的所有功能都是通过寄存器在系统时钟控制下完成的。

3.6 复位操作及省电方式

3.6.1 复位操作

TMS320C54x 提供了一个$\overline{RS}$引脚，它是外部复位信号的输入端，该引脚可提供一种不可屏蔽的外部中断，通过$\overline{RS}$可以对处理器进行复位，使 TMS320C54x 的 CPU、片内外设和系统各部件进入一种已知的状态。上电后，复位引脚$\overline{RS}$上的低电平必须保持 5 个时钟周期的时间，以确保系统的振荡电路起振、时钟信号趋于稳定且处理器的各个部分被正常初始化。当引脚$\overline{RS}$上的信号由低变高后，系统开始正常工作，处理器从程序存储器的 FF80h 开始取值并执行程序。系统正常工作时，$\overline{RS}$保持为高电平。如果在工作过程中需要复位，只需通过手动复位按键使$\overline{RS}$引脚上出现一个低电平并维持 2 个外部时钟周期以上，系统就会被复位。

1．复位状态

TMS320C54x 复位期间，处理器进行以下操作：

1）处理器工作方式状态寄存器 PMST 中的中断向量指针 IPTR 被设置成 1FFh。

2）处理器工作方式状态寄存器 PMST 中 MP/$\overline{MC}$被设置成与引脚 MP/$\overline{MC}$状态相同的值。

3）程序计数器 PC 设置成 FF80h。

4）扩展程序计数器 XPC 被清 0（如果 XPC 可用）。

5）不管 MP/$\overline{MC}$位的状态如何，将 FF80h 加到地址总线上。

6）数据总线变为高阻状态。

7）控制线处于无效状态。

8）产生应答信号$\overline{IACK}$ 。

9）状态寄存器 ST1 中的中断方式位 INTM 置 1，关闭所有可屏蔽中断。

10）中断标志寄存器 IFR 被清 0，以清除中断标志。

11）单指令重复计数器 RC 被清除。

12）产生同步复位信号$\overline{SRESET}$，用于初始化片内外设。

13）状态寄存器 ST0=1800h，即以下的状态位被设置成它们的初始值：ARP=0，TC=1，C=1，OVA=0，OVB=0，DP=0。

14）状态寄存器 ST1=2900h，即以下的状态位被设置成它们的初始值：BRAF=0，CPL=0，XF=1，HM=0，INTM=1，OVM=0，SXM=1，C16=0，FRCT=0，CMPT=0，ASM=0。

15）处理器工作方式状态寄存器 PMST 以下的状态位被设置成它们的初始值：OVLY=0，AVIS=0，DROM=0，CLKOFF=0。

需要注意的是，复位期间，其余的状态位和堆栈指针 SP 没有被初始化，需要使用用户程序对它们进行初始化。如果$MP/\overline{MC}$=0，那么处理器从片内 ROM 开始执行程序，否则，处理器从片外程序存储器开始执行程序。

复位情况下，TMS320C54x 各引脚状态不同，了解复位初始状态有助于系统的初始化程序设计。

2．复位电路

TMS320C54x 的复位有两种方式，分别为软件复位和硬件复位。软件复位是通过执行指令实现处理器的复位；硬件复位是通过硬件复位电路实现处理器的复位。硬件复位电路包括上电复位、手动复位和自动复位。下面介绍硬件复位电路。

简单的上电复位电路利用 RC 电路的延迟特性来产生所需要的低电平。如图 3-27 所示，在系统上电时，由于电容 C 上的电压不能突变，要通过电阻 R 进行充电，充电时间由 R 和 C 的乘积决定，R 和 C 的值越大，充电时间越长，复位时间就越长，一般要求大于 5 个外部时钟周期，可以根据具体情况选择。实际应用中，为了防止复位不完全，RC 参数可选择大一些。

手动复位电路可以通过上电或按钮两种方式对处理器进行复位。如图 3-28 所示，电路参数选择与上电复位相同。当按钮闭合时，电容 C 上的电荷通过按钮串联的电阻 R1 释放掉，使电容 C 上的电压降为 0；当按钮松开时，电容 C 的充电过程与上电复位相同，从而实现手动复位。

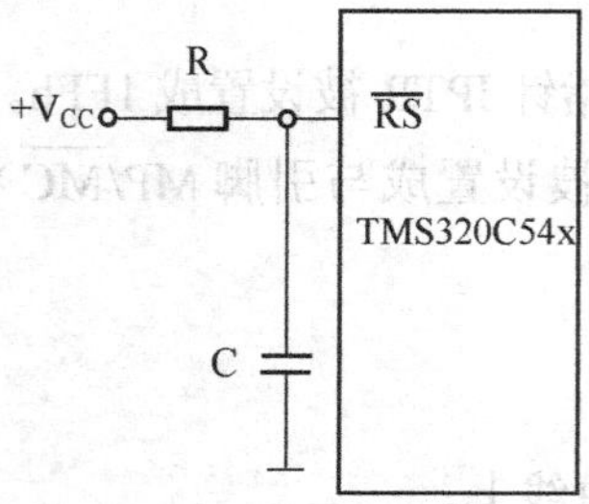

图 3-27　上电复位电路

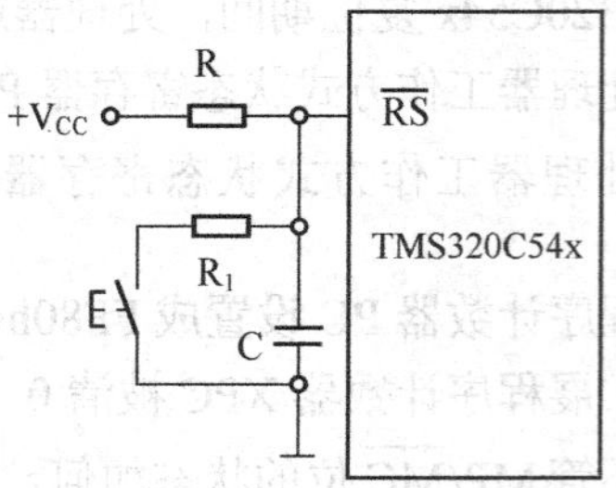

图 3-28　手动复位电路

在应用系统设计中，若有外部扩展的 I/O 接口电路复位端与 DSP 的复位端相连，RC 的参数会受到影响，可能由于同时提供多路复位致使充电电流增大，相当于 RC 的值减小，充电时间减少，影响到处理器的复位效果。因此，这种情况下复位电路的参数应增大。为保证可靠复位，一般都在初始化程序中安排一定的延时时间。

由于实际的 DSP 系统需要较高频率的时钟信号，在运行过程中极容易发生干扰现象，严重时可能会造成系统死机，导致系统无法正常工作。为了解决这种问题，除了在软件设计中加入一些保护措施外，硬件设计还必须做出相应的处理。目前，最有效的硬件保护措施是采用具有监视功能的自动复位电路，俗称“看门狗”电路。

自动复位电路除了具有上电复位功能外，还能监视系统运行。当系统发生故障或死机时可通过该电路对系统进行自动复位。它的基本原理是通过电路提供的监视线来监视系统运行。当系统正常运行时，在规定的时间内给监视线提供一个变化的高低电平信号，若在规定的时间内这个信号不发生变化，自动复位电路就认为系统运行不正常，并对系统进行复位。

具体的设计可采用 TI 公司的复位芯片 TPS823-33 或 MAX 公司的 MAX706R/S/T 等作为自动复位的芯片。MAX706R 引脚功能见表 3-23。

表 3-23　MAX706R 引脚功能

引 脚 名 称	说　明	引 脚 名 称	说　明
$\overline{MR}$	手动复位输入触发端	$\overline{WDI}$	看门狗输入端
V_{CC}	电源输入端	NC	空脚
GND	电源接地端	RESET	高电平有效复位输出
PFI	电源故障电压监视输入端	$\overline{RESET}$	低电平有效复位输出
PFO	电源故障输出端	$\overline{WDO}$	看门狗输出端。当 $\overline{WDO}$ 在 1.6s 内没接收到脉冲信号时，该引脚变低

图 3-29 是用带有看门狗功能和电源监测功能的专用复位芯片 MAX706R 组成的 TMS320C54x 的手动复位电路。MAX706R 在系统上电、掉电、欠电压、不正常工作时，都能复位 DSP。系统上电时，MAX706R 将在 RESET 输出复位信号；当系统上电后，MAX706R 的 $\overline{WDI}$ 端口监视来自 DSP 的约定脉冲输出，若 DSP 不正常工作导致 $\overline{WDI}$ 引脚在 1.6s 的时间间隔内无法接收到预定脉冲，MAX706R 将自动发出复位信号；系统上电后，若 PFI 监视到电源电压不正常，MAX706R 也将自动发出复位信号。

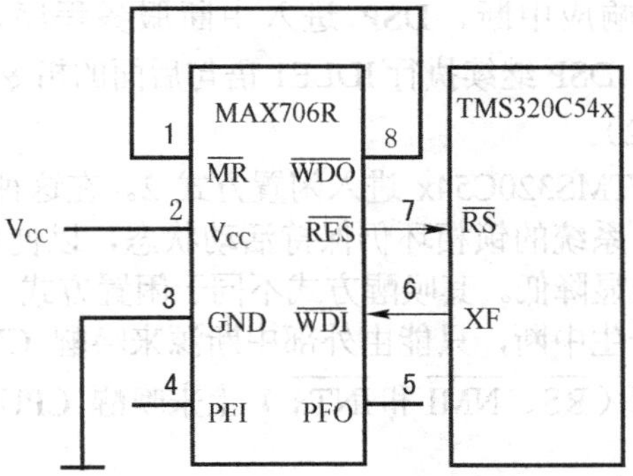

图 3-29　专用复位芯片 MAX706R 组成的自动复位电路

3.6.2　省电方式

TMS320C54x 具有多种省电方式，当暂时没有处理任务时，不必使处理器一直处于工作状态，通过软件配置可以使 CPU 暂停工作，处于休眠状态，使片内外设停止工作，以减小功耗，但 CPU 的工作状态和处理数据得以保存。当省电方式结束后，可通过中断或复位随时唤醒 CPU，再重新进行正常的工作。这样就可以达到降低功耗、节省能源的目的。

TMS320C54x 主要有 4 种省电方式，分别为闲置方式 1（IDLE1）、闲置方式 2（IDLE2）、闲置方式 3（IDLE3）和保持方式。可以通过执行 IDLE1、IDLE2 和 IDLE3 这三条指令中的一条使处理器进入相应的闲置方式；或通过控制信号的配置（使外部信号 $\overline{\text{HOLD}}$=0，状态位 HM=1）实现保持方式。表 3-24 给出了这 4 种省电方式的操作情况。

表 3-24　TMS320C54x 的 4 种省电方式的操作

操作/特性		IDLE1	IDLE2	IDLE3	$\overline{\text{HOLD}}$
CPU 处于暂停工作状态		是	是	是	是
CPU 时钟停止工作		是	是	是	否
片内外设电路时钟停止工作		否	是	是	否
锁相环（PLL）停止工作		否	否	是	否
外部地址线处于高阻状态		否	否	否	是
外部数据线处于高阻状态		否	否	否	是
外部控制信号线处于高阻状态		否	否	否	是
因其他原因而停止省电工作方式	$\overline{\text{HOLD}}$ 变为高电平	否	否	否	是
	内部可屏蔽硬件中断发生	是	否	否	否
	外部可屏蔽硬件中断发生	是	是	是	否
	$\overline{\text{NMI}}$ 有效	是	是	是	否
	$\overline{\text{RS}}$ 有效（复位）	是	是	是	否

1．闲置方式 1（IDLE1）

执行 IDLE1 指令可使 TMS320C54x 进入闲置方式 1。在这种方式下，CPU 的时钟停止工作，但片内外设的时钟没有停止，因此，片内外设仍然可以工作，如片内定时器仍可进行计数定时。唤醒 CPU 的方法是复位或通过中断，当使用可屏蔽中断作为唤醒中断时，不管中断方式位 INTM 的值是什么，其中中断屏蔽寄存器 IMR 中的相应位必须置位使能。此时，如果 INTM=0，允许响应中断，DSP 进入中断服务程序，结束闲置方式 1；如果 INTM=1，结束闲置方式 1，DSP 继续执行 IDLE1 语句后面的指令。

2．闲置方式 2（IDLE2）

执行 IDLE2 指令可使 TMS320C54x 进入闲置方式 2。在这种方式下，CPU 和片内外设同时停止工作，但是 DSP 系统的锁相环仍保持活动状态，以便可以从闲置方式 2 快速恢复。这种方法使系统功耗明显降低。其唤醒方式不同于闲置方式 1，由于片内外设也停止了工作，不能用片内外设来产生中断，只能由外部中断源来唤醒 CPU，可用一个不少于 10ns 的窄脉冲加到外部中断引脚（$\overline{\text{RS}}$、$\overline{\text{NMI}}$ 和 $\overline{\text{INTx}}$）上来唤醒 CPU 进入工作状态。唤醒后所有的片内外设都将复位。

3．闲置方式 3（IDLE3）

执行 IDLE3 指令可使 TMS320C54x 进入闲置方式 3。在这种方式下，CPU、片内外设和锁相环（PLL）全部停止工作。这种方式是一种完全关闭模式，大幅度地降低了系统功耗。可以使用外部设备重新设置锁相环（PLL），以改变 DSP 的工作频率。与闲置方式 2 相同，它只能由外部中断源唤醒，唤醒后所有的片内外设都将复位。

4．保持方式

保持方式是另外一种省电方式。当外部引脚 $\overline{HOLD}$ 为低电平时，它使 CPU 的地址总线、数据总线和控制总线进入高阻状态，并可以通过设定状态寄存器 ST1 中的保持方式位 HM 来终止 CPU 运行。若 HM=1，则三总线（地址、数据和控制总线）处于高阻状态，CPU 停止工作；若 HM=0，三总线仍处于高阻状态，但 CPU 继续运行。当 $\overline{HOLD}$ 信号无效时，结束保持方式。这种方式不能停止片内外设的工作。

5．其他降低功耗的功能

除了上述 4 种省电方式外，TMS320C54x 还可以通过外部总线关断和时钟输出（CLKOUT）关断来降低处理器的功耗。

外部总线关断是指 TMS320C54x 可以通过对分区开关控制寄存器（BSCR）的第 0 位置 1 的方法，关断片内外部接口时钟，使接口处于低功耗状态。复位时，该位清 0，片内外设接口时钟开放。

时钟输出（CLKOUT）关断是指利用指令将处理器工作方式状态寄存器 PMST 中的 CLKOFF 位置为 1，从而关断 CLKOUT 的输出，达到降低功耗的目的。复位时，CLKOUT 有效。

3.7 中断

中断是由硬件驱动或软件驱动的信号。中断信号可以使 TMS320C54x 暂停正在执行的程序而转去执行中断服务程序（ISP）。一般而言，中断是由一些硬件设备产生的。当硬件设备需要送数据给 TMS320C54x 或者从 TMS320C54x 中取走数据（如模/数转换器、数/模转换器或其他处理器）时，这些硬件设备就向 TMS320C54x 发出中断请求信号。中断也可以用来表明一个特定事件的发生（如定时器计数结束）。

3.7.1 中断类型

TMS320C54x 支持软件中断和硬件中断。软件中断由程序指令产生（INTR 或 TRAP）。硬件中断由设备的一个信号产生，硬件中断包含两种类型，分别为外部硬件中断和内部硬件中断。外部硬件中断由外部中断接口的信号触发；内部硬件中断由片内外设的信号触发。

当多个硬件中断同时被触发时，TMS320C54x 将根据它们的中断优先级别的高低对它们进行响应。以 TMS320VC5402 为例，TMS320VC5402 的中断向量和硬件中断优先级见表 3-25，其中优先级数 1 代表最高优先级。

表 3-25　TMS320VC5402 的中断向量和硬件中断优先级

中断序号 (*K*)	中断名称	中断向量地址	中断优先级	功　能
0	$\overline{RS}$ /STIRN	00h	1	复位（硬件和软件复位）
1	$\overline{NMI}$ /SINT16	04h	2	不可屏蔽中断
2	SINT17	08h	—	软件中断#17
3	SINT18	0Ch	—	软件中断#18
4	SINT19	10h	—	软件中断#19

（续）

中断序号 (*K*)	中断名称	中断向量地址	中断优先级	功　能
5	SINT20	14h	—	软件中断#20
6	SINT21	18h	—	软件中断#21
7	SINT22	1Ch	—	软件中断#22
8	SINT23	20h	—	软件中断#23
9	SINT24	24h	—	软件中断#24
10	SINT25	28h	—	软件中断#25
11	SINT26	2Ch	—	软件中断#26
12	SINT27	30h	—	软件中断#27
13	SINT28	34h	—	软件中断#28
14	SINT29	38h	—	软件中断#29
15	SINT30	3Ch	—	软件中断#30
16	$\overline{\text{INT0}}$ /SINT0	40h	3	外部用户中断#0
17	$\overline{\text{INT1}}$ /SINT1	44h	4	外部用户中断#1
18	$\overline{\text{INT2}}$ /SINT2	48h	5	外部用户中断#2
19	TINT0/SINT3	4Ch	6	内部定时器 0 中断
20	BRINT0/SINT4	50h	7	缓冲串口 McBSP0 接收中断
21	BXINT0/SINT5	54h	8	缓冲串口 McBSP0 发送中断
22	保留（DMAC0）/SINT6	58h	9	保留（默认）或 DMA 通道 0 中断，由 DMPREC 寄存器选择
23	TINT1（DMAC1）/ SINT7	5Ch	10	内部定时器 1 中断（默认）或 DMA 通道 1 中断，由 DMPREC 寄存器选择
24	$\overline{\text{INT3}}$ /SINT8	60h	11	外部用户中断#3
25	HPINT/ SINT9	64h	12	HPI 中断
26	BRINT1（DMAC2）/SINT10	68h	13	缓冲串口 McBSP1 接收中断（默认）或 DMA 通道 2 中断，由 DMPREC 寄存器选择
27	BXINT1（DMAC3）/SINT11	6Ch	14	缓冲串口 McBSP1 发送中断（默认）或 DMA 通道 3 中断，由 DMPREC 寄存器选择
28	DMAC4/SINT12	70h	15	DMA 通道 4 中断
29	DMAC5/SINT13	74h	16	DMA 通道 5 中断
	保留	78h~7Fh	—	保留

TMS320C54x 的每个中断，无论是硬件中断还是软件中断，都可以被归到以下两种类型中。

第一类：可屏蔽中断。这些中断是可以用软件来禁止（屏蔽）或开放（不屏蔽）的硬件和软件中断。TMS320C54x 最多支持 16 个用户可屏蔽中断（SINT15~SINT0）。每种处理器只使用这 16 个中断的一个子集。例如，TMS320VC5402 只使用这些可屏蔽中断中的 13 个（其他的中断在内部接高电平）。这些中断中的一部分有两个名字，那是因为它们是可以被软件初始化或硬件初始化的中断。对 TMS320VC5402 来说，这 13 个中断的硬件名称是 $\overline{\text{INT3}}$ ～ $\overline{\text{INT0}}$（外部用户中断）；BRINT0、BXINT0、BRINT1 和 BXINT1（缓冲串口中断）；TINT0~TINT1（定时器中断）；HPINT（HPI 接口中断）；DMAC4、DMAC5（DMA 通道中断）。

第二类：不可屏蔽中断。这些中断不能被软件屏蔽。TMS320C54x 总能响应这类中断，并在响应中断后转去执行中断服务程序。TMS320C54x 不可屏蔽中断包括所有的软件中断和两个外部硬件中断：$\overline{RS}$（复位）和 $\overline{NMI}$（$\overline{RS}$ 和 $\overline{NMI}$ 也可以用软件设置）。$\overline{RS}$ 是一个对所有 TMS320C54x 操作方式都产生影响的不可屏蔽中断，而 $\overline{NMI}$ 中断不会对 TMS320C54x 的任何操作方式产生影响。$\overline{NMI}$ 中断响应时，所有其他的中断将被禁止。

3.7.2 中断寄存器

TMS320C54x 响应中断一般和两个寄存器有关，它们是中断标志寄存器（IFR）和中断屏蔽寄存器（IMR）。以 TMS320VC5402 为例，图 3-30 给出了 TMS320VC5402 的中断标志寄存器（IFR）/中断屏蔽寄存器（IMRDE ）各位的定义。两个寄存器的每一位所代表的中断是一样的，但是它们的作用是不同的。表 3-26 是对这两个寄存器每一位所代表的中断功能的说明。

15~14	13	12	11	10	9	8	7	6	5	4	3	2	1	0
保留	DMAC5	DMAC4	BXINT1 或 DMAC3	BRINT1 或 DMAC2	HPINT	INT3	TINT1 或 DMAC1	保留 或 DMAC0	BXINT0	BRINT0	TINT0	INT2	INT1	INT0

图 3-30 TMS320VC5402 的中断标志寄存器（IFR）/中断屏蔽寄存器（IMRDE）

表 3-26 TMS320VC5402 的中断标志寄存器（IFR）/中断屏蔽寄存器（IMRDE）各位功能说明

位	名 称	功 能 说 明
15~14	保留	保留位，总是 0，用于将来扩展
13	DMAC5	DMA 通道 5 中断标志/屏蔽位
12	DMAC4	DMA 通道 4 中断标志/屏蔽位
11	BXINT1/ DMAC3	此位可以配置为多路缓冲串行口 MsBSP1 发送中断标志/屏蔽位，或者 DMA 通道 3 中断标志/屏蔽位。由 DMPREC（DMA 通道优先权和使能控制）寄存器进行选择
10	BRINT1/ DMAC2	此位可以配置为多路缓冲串口 MsBSP1 接收中断标志/屏蔽位，或者 DMA 通道 2 中断标志/屏蔽位。由 DMPREC 寄存器进行选择
9	HPINT	HPI 中断标志/屏蔽位
8	INT3	外部中断 3 标志/屏蔽位
7	TINT1/ DMAC1	此位可以配置为定时器中断 1 标志/屏蔽位，或者 DMA 通道 1 中断标志/屏蔽位。由 DMPREC 寄存器进行选择
6	保留/DMAC0	此位可以配置为保留，或者 DMA 通道 0 中断标志/屏蔽位。由 DMPREC 寄存器进行选择 DMA
5	BXINT0	多路缓冲串行口 MsBSP0 发送中断标志/屏蔽位
4	BRINT0	多路缓冲串行口 MsBSP0 接收中断标志/屏蔽位
3	TINT0	定时器中断 0 标志/屏蔽位
2	INT2	外部中断 2 标志/屏蔽位
1	INT1	外部中断 1 标志/屏蔽位
0	INT0	外部中断 0 标志/屏蔽位

1．中断标志寄存器（IFR）

中断标志寄存器（IFR）是一个存储器映射 CPU 寄存器，用来标识和清除激活的中断。一个可屏蔽中断在 IFR 中有其相应的中断标志位。当一个中断出现时，IFR 中相应的中断标志位置 1，直到此中断被 CPU 确认。以下 4 种情况中任何一个发生都会将中断标志清 0：

1）TMS320C54x 复位（$\overline{RS}$为低电平）。

2）中断得到处理。

3）将 1 写到 IFR 中的适当位（相应的位变成 0），相应的尚未处理完的中断被清除。如

```
STM    #0FFFFh, IFR        ;清中断标志寄存器
```

4）用适当的中断号来执行 INTR 指令，相应的中断标志位清 0。

IFR 中任何一位为 1 都表示一个未处理的中断。要清除一个中断，可以给 IFR 的相应位写 1。如果将当前 IFR 的内容再写回 IFR，那么就可以清除所有未处理的中断。

2．中断屏蔽寄存器（IMR）

中断屏蔽寄存器（IMR）也是一个存储器映射 CPU 寄存器，主要用于屏蔽外部和内部中断。如果状态寄存器 ST1 中的中断屏蔽位 INTM=0，IMR 中任何一位为 1，就会开发相应的中断。$\overline{RS}$和$\overline{NMI}$中断不包含在 IMR 中，IMR 不能屏蔽这两个中断。通过读 IMR，可以检查中断是否被屏蔽；通过写 IMR，可以屏蔽中断或解除中断屏蔽。

3.7.3　中断处理过程

TMS320C54x 处理中断分为 3 个阶段：

1．第一阶段——接受中断请求

一个中断请求由一个硬件设备或一条软件指令产生。当中断请求产生时，中断标志寄存器 IFR 中相应的中断标志位置 1。不管这个标志以后是不是会被处理器响应，该标志位都为 1。当中断响应后，该标志位会被自动清除。

（1）硬件中断请求

外部硬件中断由外部中断口的信号发出请求。内部硬件中断由片内外设的信号发出中断请求。以 TMS320VC5402 为例，来自外部的硬件中断有$\overline{RS}$、$\overline{NMI}$、$\overline{INT3}$～$\overline{INT0}$；来自内部的硬件中断有 BRINT0、BXINT0、BRINT1、BXINT1、TINT、HPINT、DMA 通道中断。

（2）软件中断请求

软件中断都是由程序中的指令 INTR、TRAP、RESET 产生的。

软件指令 INTR K 可以用来执行任何一个中断服务程序。此指令中的操作数 K 表示 CPU 转移到的中断向量地址。表 3-25 以 TMS320VC5402 为例给出了操作数 K 与中断向量地址之间的对应关系。INTR 软件中断是不可屏蔽中断，不受状态寄存器 ST1 的中断屏蔽位 INTM 的影响。当 CPU 响应 INTR 中断时，INTM 位置 1，关闭其他可屏蔽中断。

软件指令 TRAP K，其功能和 INTR 指令相同，也是不可屏蔽的中断，两者的区别在于执行 TRAP 软件中断时，不影响 INTM 位。

软件复位指令 RESET 执行的是一种不可屏蔽的软件复位操作，它可以在任何时候将 TMS320C54x 转到一种已知的状态（复位状态）。这条复位指令影响状态寄存器 ST0 和 ST1，但不影响处理器工作方式状态寄存器 PMST。因此，RESET 复位指令与硬件 $\overline{RS}$ 复位对 PMST 寄存器的 IPTR 位以及外围电路初始化的影响是有区别的。当响应 RESET 复位指令时，INTM 位置 1，关闭可屏蔽中断。

2．第二阶段——响应中断

硬件或软件中断发送了一个中断请求后，CPU 必须要决定是否响应该中断。软件中断和不可屏蔽中断立即被响应，而可屏蔽的硬件中断只有在满足以下 3 种条件时才能被响应：

1）优先级最高。当同时有多个硬件请求中断时，TMS320C54x 根据优先级对其进行响应。

2）状态寄存器 ST1 中的 INTM 位为 0。表示允许可屏蔽中断，可以用“RSBX INTM”指令来对 INTM 复位。

3）中断屏蔽寄存器 IMR 中的相应位为 1。

CPU 响应中断时，让 PC 转到适当的地址取出中断向量，并发出中断向量信号 $\overline{IACK}$，清除响应的中断标志位。

3．第三阶段——执行中断服务程序（ISR）

响应中断后，CPU 做如下工作：

1）将程序计数器 PC 的值（即返回地址）存入数据存储器堆栈的栈顶。

2）将中断向量的地址装入 PC。

3）取出位于中断向量地址处的指令。如果是延迟分支转移指令，其后有一条双字指令或两条单字指令，那么 CPU 也取出这些指令字。

4）执行跳转指令，跳转到中断服务程序（ISR）的地址。如果跳转被延迟，则在跳转之前先执行附加的指令。

5）执行中断服务程序直到遇到中断服务程序中的返回指令。

6）从堆栈中弹出返回地址并装入 PC。

7）继续执行主程序被中断了的程序。

整个中断操作的流程图如图 3-31 所示。

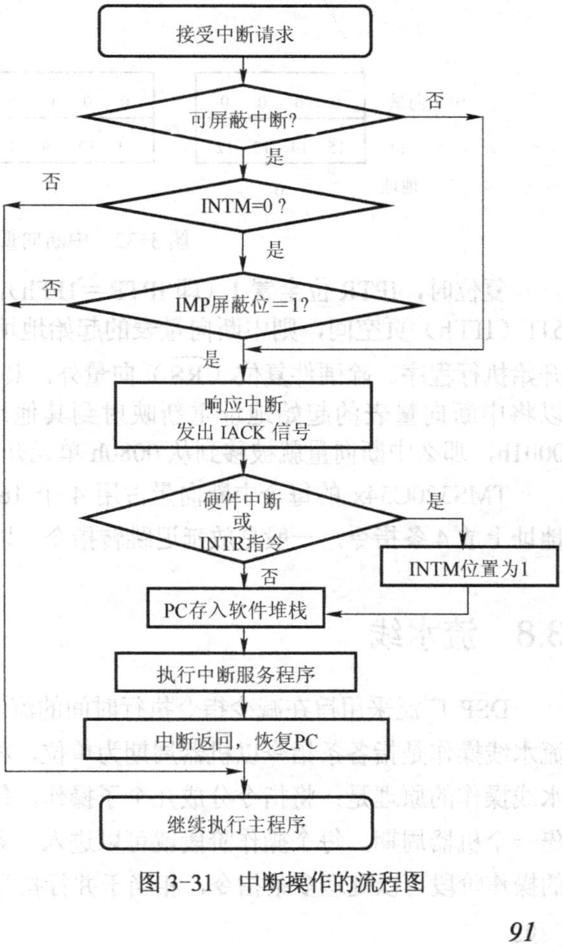

图 3-31　中断操作的流程图

执行中断服务程序时，某些寄存器也要被压入堆栈（保护现场）。当中断服务程序执行完毕准备返回时，需要恢复这些寄存器的内容（恢复现场）。由于 CPU 寄存器和外设寄存器都是存储器映射寄存器，所以可用 PSHM 或 POPM 指令将这些寄存器压入或弹出堆栈，也可以用 PSHD 和 POPD 指令将数据存储器的值压入或弹出堆栈。在保护现场时应注意：第一，压入堆栈的顺序，恢复时的顺序与压入堆栈时的顺序正好相反；第二，BRC 寄存器应该比 ST1 中 BRAF 位先恢复，否则，如果在恢复 BRC 之前中断服务程序中的 BRC＝0，那么先恢复的 BRAF 位将被清 0。

3.7.4 重新映射中断向量地址

TMS320C54x 的中断向量表是可重定位的，即在 DSP 复位时，中断向量表的起始地址固定为 0FF80h，复位后，中断向量表的起始地址可由用户指定。

中断向量可重新被映射到程序存储器的任何一个 128（80h）字页面的起始位置（除保留区域外）。中断向量地址由 PMST 中的中断向量指针 IPTR（9 位）和左移 2 位后的中断向量序号（中断向量序号为 0～31，左移 2 位后变成 7 位）所组成。中断向量地址的高 9 位为 IPTR，低 7 位为左移 2 位后的中断向量序号。例如，$\overline{\text{INT0}}$ 的中断序号是 16（10h），左移 2 位后为 40h，若 IPTR＝0001h（即中断向量表的起始地址为 0080h），则 $\overline{\text{INT0}}$ 的中断向量地址为 00C0h，中断向量地址的产生过程如图 3-32 所示。

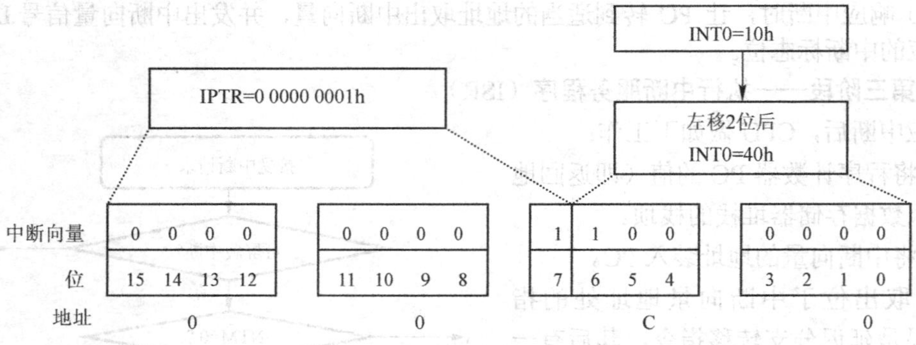

图 3-32　中断向量地址的产生过程

复位时，IPTR 位全置 1（即 IPTR＝1FFh），并按此值将复位向量映射到程序存储器的第 511（1FFh）页空间，则中断向量表的起始地址为 0FF80h，因此硬件复位后总是从 0FF80h 开始执行程序。除硬件复位（$\overline{\text{RS}}$）向量外，其他的中断向量，只要改变 IPTR 位的值，都可以将中断向量表的起始地址重新映射到其他地方。例如，将中断向量指针 IPTR 设置为 0001h，那么中断向量就被移到从 0080h 单元开始的程序存储器空间。

TMS320C54x 的每个中断向量占用 4 个 16 位指令字地址，TMS320C54x 可以在这 4 个地址上放 4 条指令，一般是放延迟跳转指令，以提高中断响应效率。

3.8 流水线

DSP 广泛采用旨在减少指令执行时间的流水线操作，进一步增强了处理器的处理能力。流水线操作是指各条指令以机器周期为单位，相差一个机器周期而连续并行工作的情况。流水线操作的原理是：将指令分成几个子操作，每个子操作由不同的操作阶段完成。这样，每隔一个机器周期，每个操作阶段就可以进入一条新指令。因此在同一个机器周期内，在不同的操作阶段可以处理多条指令，相当于并行执行了多条指令。

TMS320C54x 有一个 6 段的指令流水线（流水线操作是由 6 个操作阶段组成的），如图 3-33 所示。流水线的 6 个段彼此是独立的，允许指令重叠执行。在任何一个机器周期内，可以有 1～6 条不同的指令在同时工作，每条指令可在不同的周期内工作在不同的操作阶段。

第 1 段	第 2 段	第 3 段	第 4 段	第 5 段	第 6 段
预取指(P)	取指(F)	译码(D)	访问(A)	读数(R)	执行(X)

图 3-33　6 段指令流水线示意图

流水线的 6 个操作阶段分别为预取指（P）、取指（F）、译码（D）、访问（A）、读数（R）和执行（X）。每个流水线操作阶段各占用一个机器周期。各操作阶段的功能如下：

1）程序预取指（P）：将下一条指令的地址放在程序地址总线（PAB）上。

2）程序取指（F）：从程序总线（PB）上取指令字，并将该指令字放入指令寄存器（IR）中。

3）译码（D）：将指令寄存器（IR）中的内容译码，确定要访问存储器的类型以及数据地址产生单元（DAGEN）和 CPU 的控制时序。

4）访问（A）：数据地址产生单元（DAGEN）在数据地址总线（DAB）输出要读的操作数的地址。如果还有第二个操作数，则在另一个数据地址总线 CAB 上输出相应的地址。同时更新间接寻址模式下的辅助寄存器（ARx）和堆栈指针（SP）。

5）读数（R）：从数据总线 DB 和 CB 上读取操作数，完成操作数的读取。同时，操作数的写入开始。如果需要写数据，则写数据的地址放在数据写地址总线（EAB）上。对存储器映射寄存器而言，数据是从存储器中读取，写数据时通过 DB 写入选择的存储器映射寄存器。

6）执行（X）：在这个阶段完成指令的执行，并将数据放在数据写总线（EB）上完成操作数的写入。

流水线的前两个阶段（预取指和取指）是指令取指的系列动作。前面一个机器周期，一条新指令的地址被加载；紧接着的一个机器周期，读出这条指令。如果是多字指令，就需要几个机器周期才能将一条指令读出来。在流水线的第三个阶段（译码）是对所取得的指令进行译码，产生执行指令所需要的一系列控制信号。其后的两级阶段（访问和读数）是操作数读取的系列动作。如果指令需要，就在访问阶段加载一个或两个操作数的地址，紧接着读出一个或两个操作数。在读数时，还可以加载一个写操作数的地址，以便在流水线的最后一个阶段（执行）将数据送到数据存储空间。

由上可见，TMS320C54x 流水线中的存储器存取操作都分两步来进行。第一步，存储器地址被送上一条地址总线；第二步，相应的数据总线从存储器地址读取数据或是向存储器地址写入数据。图 3-34 给出了 TMS320C54x 流水线存储器操作的各种情况。这里假设图中所有的存储器操作都是单周期、单字长指令访问片内双访问存储器（DARAM）的情况。

预取指	取指	译码	访问	读数	执行/写数
加载 PAB	从 PB 读出				

a)

预取指	取指	译码	访问	读数	执行/写数
			加载 DAB	从 DB 读出	

b)

预取指	取指	译码	访问	读数	执行/写数
			加载 DAB 和 CAB	从 DB 和 CB 读出	

c)

预取指	取指	译码	访问	读数	执行/写数
				加载 EAB	写到 EB

d)

预取指	取指	译码	访问	读数	执行/写数
				加载 EAB	写到 EAB

预取指	取指	译码	访问	读数	执行/写数
				加载 EAB	写到 EB

e)

预取指	取指	译码	访问	读数	执行/写数
			加载 DAB	从 DB 读出并加载 EAB	写到 EB

f)

图 3-34　TMS320C54x 流水线中的存储器存取操作

a) 取指令字（1 个周期）　b) 执行单操作数读取指令（例如：LDAR1，A；1 个周期）　c) 执行双操作数读取指令（例如：MAC*AR2+,*AR3,A 或 DLD*AR2,A；1 个周期）　d) 执行单操作数写回指令（例如：STHA,*AR1；1 个周期）　e) 执行双操作数写回指令（例如：DSTA,*AR1；2 个周期）　f) 执行单操作数读和写指令（例如：STA,*AR1||LD*AR3,B；1 个周期）

下面以跳转语句为例说明流水线的工作情况。假设有下面一段程序，左边第一列为地址，左边第二列为指令代码，最后一列为注释：

```
地址      指令       注释
a1,a2     B   b1    ;这是一条 4 机器周期，双字的跳转指令
a3        i3        ;这是任意一条单周期，单字指令
a4        i4        ;这是任意一条单周期，单字指令
…         …
b1        j1
```

那么流水线的工作图如图 3-35 所示，为便于分析，流水线图用一组彼此错开的行来描述，其中每一行表示一个指令字通过流水线的各个段的情况。每一行的左边都有一个标注，这个标注可以是一条指令、一个操作数、一条多周期指令或者是流水线刷新，最上面一行的数字代表单指令的周期数；每个方格代表流水线在不同阶段的相关动作。阴影部分表示一条指令的全部操作。

由图可知：

周期 1：用跳转指令的地址 a1 加载 PAB。

周期 2 和 3：取出跳转指令的两个指令字（取指）。

周期 4 和 5：i3 和 i4 指令取指。由于这两条指令处在跳转指令的后面，虽然已经取指，但不能进入译码段，且最终被丢弃。跳转指令进入译码段，用新的值（b1）加载 PAB。指令 i3 和 i4 只是起到流水线刷新的作用。

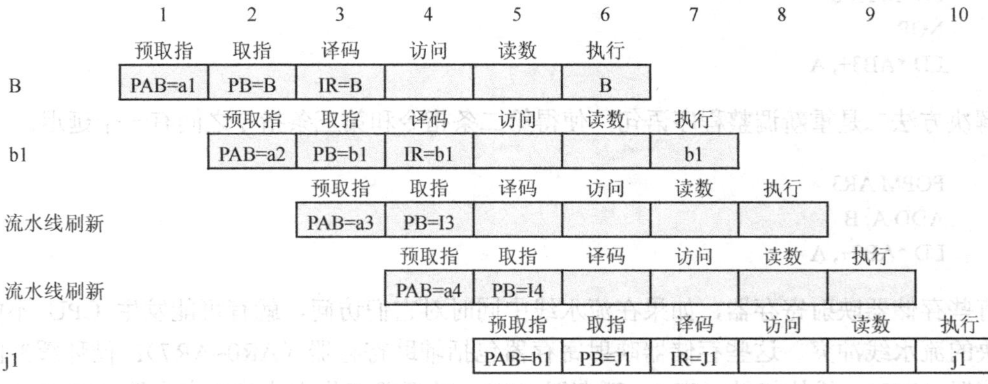

图 3-35　跳转指令的流水线图

周期 6 和 7：跳转指令的两个指令字进入执行阶段，同时在周期 6 中，j1 指令取指。

周期 8 和 9：由于 i3 和 i4 指令是不允许执行的，所以这两个周期中，跳转指令的流水线执行阶段无任何动作，这两个周期被消耗掉。所有跳转指令需要 4 个周期（周期 6~9）才能执行完成。

周期 10：执行 j1 指令。

TMS320C54x 的流水线允许多条指令同时访问 CPU 资源，提高了指令执行的效率。但是由于 CPU 的资源毕竟是有限的，当某个 CPU 资源（如 AR0 辅助寄存器）同时被一个以上流水线阶段所占用时，就有可能会产生流水线冲突。其中的一些流水线冲突可以由 CPU 自动插入延迟来解决，例如下面语句：

```
STLM A, AR1
STM #1, AR2
```

其中第一条指令在流水线的执行阶段更新 AR1，而第二条指令又试图在读数阶段更新 AR2，因此就与第一条指令产生了流水线冲突。此时 CPU 将更新 AR2 的操作自动延时 1 个周期，从而避免了冲突。

但是还有一部分的冲突不能由 CPU 自动解决，而必须由程序员来解决。此时程序员可以采用调整程序语句的次序或在两条有冲突的指令中间插入一定数量的 NOP 指令（即不执行任何操作的指令）来避免冲突，也可以只用那些不产生任何流水线冲突的指令或在某些寄存器被访问之前观察必要的延迟来避免冲突。例如下面语句：

```
ADD A, B
POPM AR3
LD *AB3+,A
```

其中，第三条指令使用了与第二条指令相同的辅助寄存器（AR3）来进行间接寻址。运行时，第二条指令在流水线的读数阶段写入 AR3，而此时第三条指令处于流水线的访问阶段。由于第二条指令还没有更新 AR3，所以此时 AR3 间接寻址的单元是错误的，这就产生了流水线冲突。解决方法一是在第二条指令和第三条指令之间插入一个 NOP 指令：

```
ADD A, B
POPM AR3
NOP
LD *AB3+, A
```

解决方法二是重新调整程序语句，使得第二条指令和第三条指令之间有一个延迟：

```
POPM AR3
ADD A, B
LD *AB3+, A
```

有些存储器映射寄存器，如果在流水线中同时对它们访问，就有可能发生 CPU 不能自动解决的流水线冲突。这些存储器映射寄存器包括辅助寄存器（AR0~AR7）；循环缓冲区长度寄存器（BK）；堆栈指针（SP）；暂存器（T）；处理器工作方式状态寄存器（PMST）；状态寄存器（ST0 和 ST1）；块重复计数器（BRC）和存储器映射累加器（AG、AH、AL、BG、BH、BL）。

因此在使用这些寄存器时，应选择合适的指令，并注意该指令对后续指令的要求，避免发生流水线冲突；在访问某个寄存器之前还要注意该寄存器是否满足必需的延迟时间。

图 3-36 说明了可能发生流水线冲突的地方和不会发生冲突的地方。

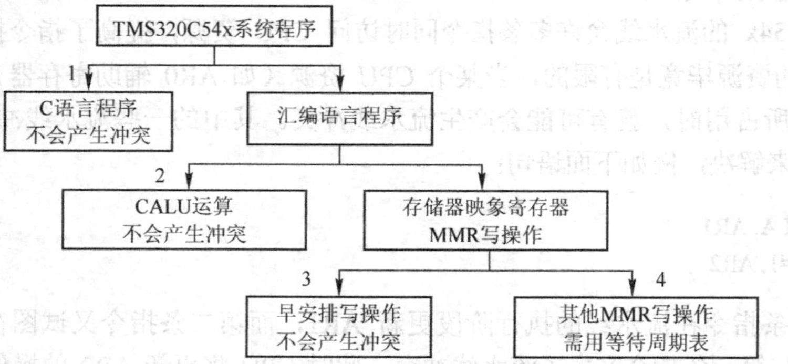

图 3-36 流水线冲突情况分析

由图 3-36 可以看出，如果 TMS320C54x 系统的源程序是用 C 语言编写的，经过编译生成的代码是没有流水线冲突问题的。如果是汇编语言程序，凡是 CALU 操作，或者早在初始化期间就对 MMR 进行设置，也不会发生流水线冲突。因此，大多数 TMS320C54x 程序是不需要对其流水线冲突问题进行特别关注的，只有某些 MMR 写操作才需要注意。基于此，本节不再对流水线作过多阐述，关于冲突的详细解决方法可参考 TI DSP 技术手册“TMS320C54x DSP Refernce Set Volume 1：CPU and Peripherals”。

3.9 TMS320C54x 系列 DSP 的引脚及说明

TMS320C54x 系列 DSP 一般多采用塑料或陶瓷剖面四方扁平封装（Low-profile Quad

Flatpack，LQFP），也有的采用球栅阵列封装（Ball Grid Array，BGA）。不同型号的 DSP 其引脚的个数也不相同，如 TMS320VC549、TMS320VC5401、TMS320VC5402、TMS320VC5404、TMS320VC5407、TMS320VC5409、TMS320VC5410 和 TMS320VC5416 采用 144 个引脚的 BGA 和 144 个引脚的 LQFQ 封装方式，TMS320VC5441 采用 169 个引脚的 BGA 和 176 个引脚的 LQFP 封装方式，而 TMS320C541、TMS320C543、TMS320C546 则采用 100 个引脚 LQFP 封装方式。在 TMS320C54x 系列 DSP 中，TMS320VC5402 是目前广为流行、成本低廉的 DSP，下面以 TMS320VC5402 DSP 为例，对其引脚进行介绍和说明。

TMS320VC5402 共有 144 个引脚，可采用 LQFP 和 BGA 两种封装方式。TMS320VC5402 的 144 引脚 LQFP 封装俯视图和 144 引脚 BGA 封装仰视图分别如图 3-37 和图 3-38 所示，其中 BGA 封装 144 个封装引脚与信号名称对照表见表 3-27。

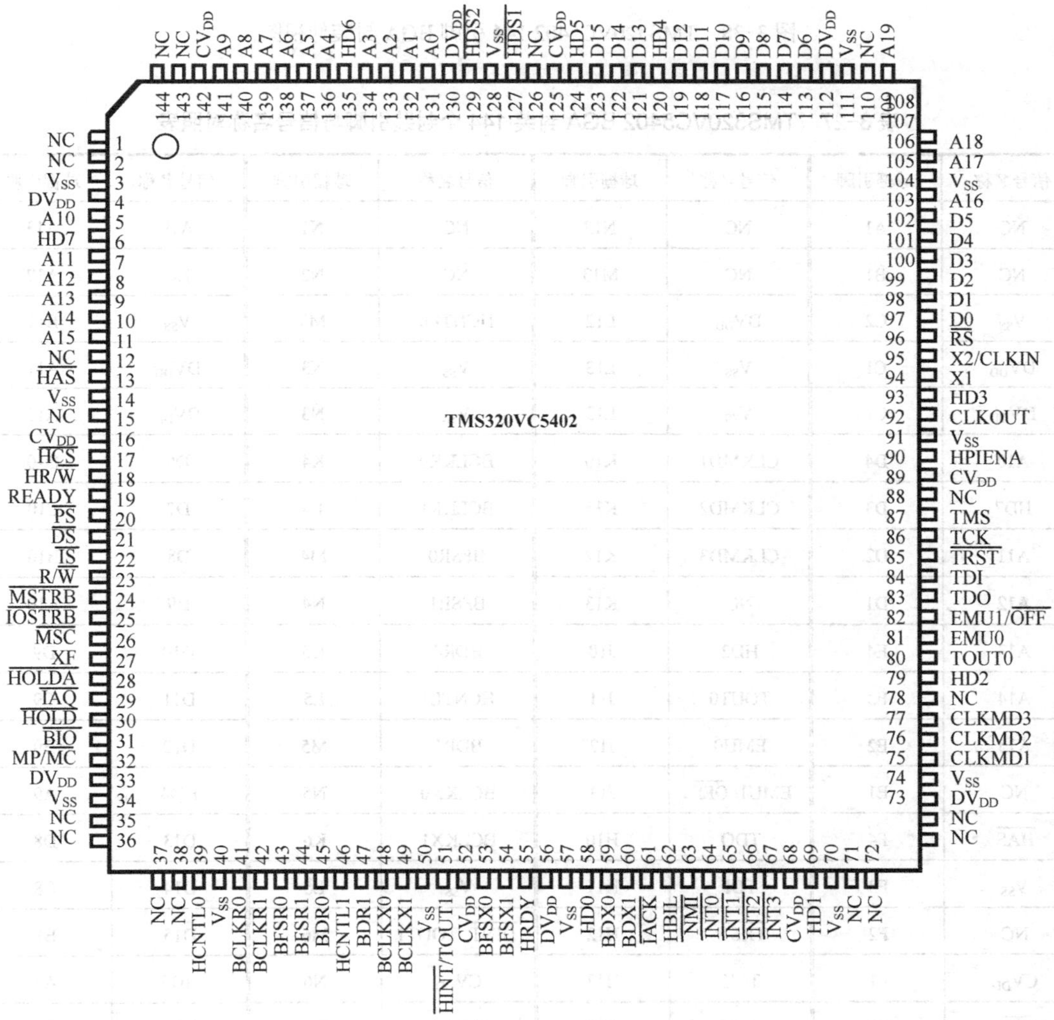

图 3-37　TMS320VC5402 144 引脚 LQFP 封装俯视图

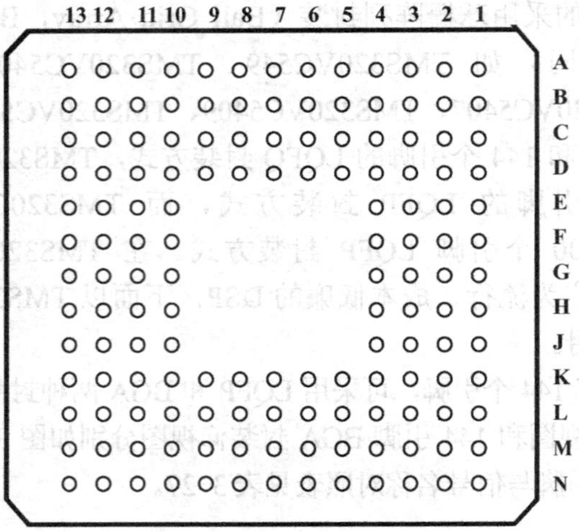

图 3-38 TMS320VC5402 144 引脚 BGA 封装仰视图

表 3-27 TMS320VC5402 BGA 封装 144 个封装引脚与信号名称对照表

信号名称	球栅引脚	信号名称	球栅引脚	信号名称	球栅引脚	信号名称	球栅引脚
NC	A1	NC	N13	NC	N1	A19	A13
NC	B1	NC	M13	NC	N2	NC	A12
V_{SS}	C2	DV_{DD}	L12	HCNTL0	M3	V_{SS}	B11
DV_{DD}	C1	V_{SS}	L13	V_{SS}	N3	DV_{DD}	A11
DV_{DD}	C1	V_{SS}	L13	V_{SS}	N3	DV_{DD}	A11
A10	D4	CLKMD1	K10	BCLKR0	K4	D6	D10
HD7	D3	CLKMD2	K11	BCLKR1	L4	D7	C10
A11	D2	CLKMD3	K12	BFSR0	M4	D8	B10
A12	D1	NC	K13	BFSR1	N4	D9	A10
A13	E4	HD2	J10	BDR0	K5	D10	D9
A14	E3	TOUT0	J11	HCNTL1	L5	D11	C9
A15	E2	EMU0	J12	BDR1	M5	D12	B9
NC	E1	EMU1/ $\overline{OFF}$	J13	BCLKX0	N5	HD4	A9
$\overline{HAS}$	F4	TDO	H10	BCLKX1	K6	D13	D8
V_{SS}	F3	TDI	H11	V_{SS}	L6	D14	C8
NC	F2	$\overline{TRST}$	H12	$\overline{HINT}$ /TOUT1	M6	D15	B8
CV_{DD}	F1	TCK	H13	CV_{DD}	N6	HD5	A8
$\overline{HCS}$	G2	TMS	G12	BFSX0	M7	CV_{DD}	B7
HR/ $\overline{W}$	G1	NC	G13	BFSX1	N7	NC	A7

（续）

信号名称	球栅引脚	信号名称	球栅引脚	信号名称	球栅引脚	信号名称	球栅引脚
READY	G3	CV_{DD}	G11	HRDY	L7	$\overline{HDS1}$	C7
$\overline{PS}$	G4	HPIENA	G10	DV_{DD}	K7	V_{SS}	D7
$\overline{DS}$	H1	V_{SS}	F13	V_{SS}	N8	$\overline{HDS2}$	A6
$\overline{IS}$	H2	CLKOUT	F12	HD0	M8	DV_{DD}	B6
R/$\overline{W}$	H3	HD3	F11	BDX0	L8	A0	C6
$\overline{MSTRB}$	H4	X1	F10	BDX1	K8	A1	D6
$\overline{IOSTRB}$	J1	X2/CLKIN	E13	$\overline{IACK}$	N9	A2	A5
$\overline{MSC}$	J2	$\overline{RS}$	E12	HBIL	M9	A3	B5
XF	J3	D0	E11	$\overline{NMI}$	L9	HD6	C5
$\overline{HOLDA}$	J4	D1	E10	$\overline{INT0}$	K9	A4	D5
$\overline{IAQ}$	K1	D2	D13	$\overline{INT1}$	N10	A5	A4
$\overline{HOLD}$	K2	D3	D12	$\overline{INT2}$	M10	A6	B4
$\overline{BIO}$	K3	D4	D11	$\overline{INT3}$	L10	A7	C4
MP/$\overline{MC}$	L1	D5	C13	CV_{DD}	N11	A8	A3
DV_{DD}	L2	A16	C12	HD1	M11	A9	B3
V_{SS}	L3	V_{SS}	C11	V_{SS}	L11	CV_{DD}	C3
NC	M1	A17	B13	NC	N12	NC	A2
NC	M2	A18	B12	NC	M12	NC	B2

按照功能可将 TMS320VC5402 的引脚分为 10 部分，分别为数据信号、初始化、中断和复位操作信号、多处理器信号、存储器控制信号、振荡器/定时器信号、多通道缓冲串行口信号、混杂信号、主机接口（HPI）信号、电源引脚和 IEEE1149.1 测试引脚，表 3-28 按照上述功能分块介绍了 TMS320VC5402 各引脚的功能，其中引脚类型 I 表示输入，O 表示输出，Z 表示高阻态，S 表示电源。

表 3-28　TMS320VC5402 的引脚功能说明

引脚名称	引脚类型	引脚功能说明
		数据信号
A0~A19	O/Z	地址总线，只有对程序片外空间寻址时，A16~A19 才有效，数据空间和 I/O 空间仅用 A0~A15。当 DSP 进入 HOLD 模式或 $\overline{OFF}$ = 0 时，地址线变为高阻态
D0~D15	I/O/Z	DSP 和片外的程序、数据、I/O 空间传数时，会置这些数据线为输入（读）或输出（写）；不进行片外操作时，$\overline{RS}$ 有效，HOLD 模式及 $\overline{OFF}$ = 0 都置数据线为高阻态
		初始化，中断和复位信号
$\overline{IACK}$	O/Z	当 DSP 响应一个中断时，此信号为低，$\overline{OFF}$ = 0 时变为高阻态
$\overline{INT0 \sim 3}$	I	外部中断，可屏蔽

（续）

引脚名称	引脚类型	引脚功能说明
$\overline{\text{NMI}}$	I	不可屏蔽中断
$\overline{\text{RS}}$	I	复位，强令 DSP 终止当前操作，从地址 FF80h 开始执行，影响多种寄存器和状态位
MP/$\overline{\text{MC}}$	I	DSP 在复位时采样此引脚电平，若为低，则为微机模式，DSP 将片内 4K ROM 映射到程序地址高端，若为高，DSP 不进行这种映射，PMST 寄存器记录了这一位且可被修改
		多处理器信号
$\overline{\text{BIO}}$	I	根据此信号电平，DSP 可以进行条件跳转，条件执行等操作
XF	O/Z	标志输出，DSP 用软件可改变此值，$\overline{\text{OFF}}=0$ 时为高阻态
		存储器控制信号
$\overline{\text{DS}}$	O/Z	对数据空间片外访问时为低，否则为高，$\overline{\text{OFF}}=0$ 时为高阻态
$\overline{\text{PS}}$	O/Z	对程序空间片外访问时为低，否则为高，$\overline{\text{OFF}}=0$ 时为高阻态
$\overline{\text{IS}}$	O/Z	对 I/O 空间访问时为低，否则为高，$\overline{\text{OFF}}=0$ 时为高阻态
$\overline{\text{MSTRB}}$	O/Z	对片外的程序空间、数据空间访问时为低，否则为高，$\overline{\text{OFF}}=0$ 时为高阻态
READY	I	数据准备好，表明不再需要硬件等待，DSP 可以结束当前片外访问，若 READY 为低，则 DSP 将继续本次访问，在下一个时钟重新检测 READY 引脚
$\overline{\text{IOSTRB}}$	O/Z	DSP 进行 I/O 访问时为低，但其低电平继续时间比 $\overline{\text{IS}}$ 短
R/$\overline{\text{W}}$	O/Z	为高表示 DSP 从片外读，为低表示向片外写，平时总为高，$\overline{\text{OFF}}=0$ 时为高阻态
$\overline{\text{HOLD}}$	I	用于请求 DSP 进入 HOLD 模式，DSP 若接受这一请求，将放弃对外片访问总线的控制权，即令其引脚上的 A0~19、D0~15、$\overline{\text{DS}}$、$\overline{\text{PS}}$、$\overline{\text{IS}}$、$\overline{\text{MSTRB}}$、$\overline{\text{IOSTRB}}$、R/W 等信号为高阻态
$\overline{\text{HOLDA}}$	O/Z	DSP 收到 $\overline{\text{HOLD}}$ 信号并响应后，置此引脚为低，并进入 HOLD 模式，$\overline{\text{OFF}}=0$ 时为高阻态
$\overline{\text{MSC}}$	O/Z	在软件等待期内，此引脚为低，平时为高，$\overline{\text{OFF}}=0$ 时为高阻态
$\overline{\text{IAQ}}$	O/Z	当指令地址出现在地址线上时为低，$\overline{\text{OFF}}=0$ 时为高阻态
		振荡器/定时器信号
CLKOUT	O/Z	主时钟输出，$\overline{\text{OFF}}=0$ 时为高阻态
CLKMD1～3	I	时钟模式选择，决定 DSP 内部主时钟如何由外时钟倍频分频而得到
X2/CLKIN	I	时钟输入，也可和 X1 一起产生时钟
X1	O	时钟输出，与 X2 一起加上外接晶体振荡器，电容产生时钟
TOUT0	O/Z	定时器 0 计数至 0 时，在此引脚输出一个脉冲，脉宽为一个主时钟周期
TOUT1/$\overline{\text{HINT}}$	O/Z	定时器 1 计数至 0 时，在此引脚输出一个脉冲，脉宽为一个主时钟周期，但此引脚另一作用为主机接口中断信号 HINT，仅在主机接口禁止时才用于定时器 1 的输出
		串行口的信号
BCLKR0~1	I/O/Z	接收时钟输入信号，复位后默认为输入
BDR0~1	I	串口数据接收
BFSR0~1	I/O/Z	串口数据接收帧同步信号，复位后默认为输入
BCLKX0~1	I/O/Z	串口发数时钟，复位后默认为输入

（续）

引脚名称	引脚类型	引脚功能说明
BDX0～1	O/Z	V 串口发数端
BFSX0~1	I/O/Z	串口发数帧同步信号，复位后默认为输入
混杂信号		
NC		没有连接
主机接口（HPI）信号		
HD0~7	I/O/Z	主机接口（HPI）的 8 位数据线，主机是一个外部控制器，通过 DSP 的主机接口与 DSP 交换数据。当 HPI 被关闭时，HD0~7 为可编程的通用 I/O，复位时，DSP 采样 HPIENA 以决定 HPI 是否使能
HCNTL0~1	I	主机利用他们来选择 DSP 的 3 个 HPI 寄存器之一进行访问，HPIENA＝0 时这两个信号带有内部上拉电阻
HBIL	I	字节标识，用以表明访问的是 16 位数据的第一个或第二个字节，HPIENA=0 时带有内部上拉电阻
$\overline{\text{HCS}}$	I	主机片选，为低时表示主机访问在进行，HPIENA=0 时带内部上拉电阻
$\overline{\text{HDS1\sim2}}$	I	数据选通，为低时表示主机访问在进行，HPIENA=0 时带内部上拉电阻
$\overline{\text{HAS}}$	I	地址选通，数据/地址线复用的主机利用此信号将地址线锁存到 HPI 的地址寄存器中，HPIENA=0 时带内部上拉电阻
HR/W	I	为高时表示主机读数，为低时表示主机写数
HRDY	O/Z	DSP 用于通知主机下一次访问是否可以进行，$\overline{\text{OFF}}=0$ 时为高阻态
$\overline{\text{HINT}}$/TOUT1	O/Z	DSP 通过软件改变此信号以向主机发出中断请求
HPIENA	I	复位时，DSP 检测到此为高，则 HPI 使能，若为低则 HPI 功能被禁止，它带有内部上拉电阻，若悬空不接则认为是高
电源引脚		
CV_{DD}	PWR	给内核提供 1.8V 电源
DV_{DD}	PWR	给 I/O 提供 3.3V 电源
V_{SS}	GND	地
IEEE 1149.1 测试引脚		
TCK	I	JTAG 测试时钟
TDI	I	JTAG 测试数据输入，有内部上拉电阻
TDO	O/Z	JTAG 测试数据输出，有内部上拉电阻
TMS	I	JTAG 测试模式选择，有内部上拉电阻
$\overline{\text{TRST}}$	I	JTAG 测试复位，有内部上拉电阻
NC		未用引脚
EMU0	I/O/Z	仿真器引脚
EMU1/$\overline{\text{OFF}}$	I/O/Z	仿真器引脚

3.10 本章小结

本章讲述了 TMS320C54x 系列 DSP 的硬件结构，以 TMS320C54x 系列中广为流行的 TMS320VC5402 为主，详细介绍了 DSP 的内部总线结构、中央处理单元 CPU、存储器、片内外设、复位操作及省电方式、中断和流水线以及引脚功能。由于 TMS32C54x 完善的体系结构，并配备了功能强大的指令系统，使得处理器处理速度快、适应性强。同时，处理器采用了模块化设计以及先进的集成电路设计，使得处理器功耗小、成本低，在移动通信等实时嵌入系统中得到了广泛应用。通过本章的学习，要求读者深刻理解 TMS320C54x 系列 DSP 硬件结构中的各个基本概念，掌握 TMS320C54x 的硬件结构及工作原理。

掌握 TMS320C54x 的硬件结构及工作原理，是学习 DSP 应用技术的基础。本章作为 DSP 应用技术中的重点部分，同时由于 TMS320C54x 的硬件结构复杂，相关组成部分较多，又成为 DSP 应用技术中的难点部分。下面对本章的各个知识点进行简要概述：

1）TMS320C54x 的内部结构基本上可以分为 3 大部分，分别为 CPU、存储器系统、片内外设与专用硬件电路。TMS320C54x 的主要特性从 CPU 部分、存储器、片内外设、指令系统、电源、片内仿真接口和速度 7 个方面体现出来。

2）TMS320C54x 采用了先进的总线结构，片内有 8 条 16 位总线，分别是 1 条程序总线、3 条数据总线和 4 条地址总线，同时，还有 1 组双向总线用于寻址片内外围电路。

3）TMS320C54x 的中央处理单元 CPU 由 40 位算术逻辑运算单元（ALU）、2 个 40 位累加器、1 个 40 位桶形移位寄存器、乘法器/加法器单元（MAC）、比较、选择和存储单元（CSSU）、指数编码器、3 个 CPU 状态和控制寄存器（ST0、ST1、PMST）和两个地址发生器组成。它负责进行程序流的控制和指令的处理，完成数据的传送，执行算术运算、布尔逻辑及移位操作等。对所有的 TMS320C54x 器件而言，CPU 是相同的。

4）TMS320C54x 的总存储空间为 192K 字，分为 3 个可选择的存储空间：64K 字的程序存储空间、64K 字的数据存储空间和 64K 字的 I/O 空间。有些处理器的程序存储空间可扩展到 8M 字。所有的 TMS320C54x 的片内存储器都包括随机访问存储器（RAM）和只读存储器（ROM）。RAM 又分为双访问 RAM（DARAM）和单访问 RAM（SARAM）。RAM 总是安排到数据存储空间，但也可以设置成程序存储空间。ROM 一般构成程序存储空间，也可以部分地设置为数据存储空间。TMS320C54x 通过 3 个 CPU 状态位，即 MP/$\overline{\text{MC}}$、OVLY 和 DROM，影响存储器的空间分配。

5）TMS320C54x 的片内外设都有通用 I/O 端口、一个定时器、一个时钟发生器、一个软件可编程等待状态发生器和一个可编程块切换逻辑。不同的处理器有着不同类型的串行口、主机接口（HPI）、DMA 控制器等。

6）TMS320C54x 提供了一个外部复位信号的输入端$\overline{\text{RS}}$引脚，通过$\overline{\text{RS}}$可以对 DSP 进行复位。TMS320C54x 的复位有两种方式，分别为软件复位和硬件复位。硬件复位电路包括上电复位、手动复位和自动复位。

7）中断和流水线是 DSP 工程设计中两个特别重要的问题。中断是由硬件驱动或软件驱动的信号。中断信号可以使 TMS320C54x 暂停正在执行的程序而转去执行中断服务程序。TMS320C54x 处理中断分为接受中断请求、响应中断和执行中断服务程序 3 个阶段。TMS320C54x 有一个 6 段的指令流水线，在同一个机器周期内，在不同的操作阶段可以处理多条指令，相当于并行执行了多条指令，从而减少指令执行时间，增强了处理器的处理能力。

8）TMS320C54x 系列 DSP 具有 144 个引脚，可采用 LQFP 和 BGA 两种封装方式。

读者在开始学习 TMS320C54x 的硬件结构的时候，如果不能一下子完全理解所有的内容，可以从基本概念入手，先理解硬件各部分特性及完成功能，然后结合在实验或实际使用中用到的 DSP 的某个硬件部分，再详细研究这部分，直到研究透彻。这样既省时间，又能学好、学精。

学好 DSP 的硬件结构是掌握 DSP 应用技术的重要环节，学好 DSP 的硬件结构可以使读者今后能够正确使用 DSP 并发挥出 DSP 的技术优势，也为以后的软件编程打下基础。希望读者通过本章的学习能够对 TMS320C54x 的硬件平台及编程模型有一个全面的了解。

3.11 习题

1．简述 TMS320C54x 的硬件结构组成和主要特性，并分析它为什么特别适合进行数字信号处理？

2．TMS320C54x 的总线有哪些？它们各自的作用和区别是什么？

3．TMS320C54x 的 CPU 包含哪些部分？它们的功能是什么？

4．TMS320C54x 的 CPU 中累加器 A 和 B 的保护位 AG 和 BG 的作用是什么？

5．当标志位 FRCT=1 时，TMS320C54x CPU 中的乘法器的乘积将作怎样的调整？说出这些调整在小数运算中的实际意义是什么？

6．已知累加器 A 的值为 FF FF81 5432h，暂存器 T 的值为 0010h，执行指令 EXP A 和 NORM A 后，累加器 A 和暂存器 T 的值各为多少？

7．已知 ST0=2C00h，ST1=0320h，试分析算术逻辑运算单元 ALU 的当前工作方式（如是否进行符号扩展等）及当前的输出结果状态（如是否溢出等）。

8．数据地址和程序地址是怎样产生的？两者是否都是在 PC 的作用下完成的？

9．TMS320C54x 的总存储空间为多少？可分为哪几类？它们的大小是多少？

10．TMS320C54x 片内随机存储器有哪几种？片内与片外 RAM 的区别是什么？

11．简述 3 种存储器空间各自的作用是什么？

12．I/O 空间是在片内还是在片外？访问 I/O 的实质是什么？

13．数据页 0（0h～7Fh）能否被映射到程序存储空间？

14．TMS320C54x 存储空间的配置是受 $MP/\overline{MC}$、OVLY 和 DROM 3 个位控制的。如果想使片上 RAM 同时映射到数据存储空间和程序存储空间，那么 $MP/\overline{MC}$、OVLY 和 DROM 的值应该如何设置？

15．TMS320VC5402 的程序存储器的最大扩展空间是多少？

16．为什么说应尽量利用 DSP 的片内存储器？

17．TMS320C54x 片内外设主要有哪些？

18．如何操作通用 I/O 引脚 $\overline{BIO}$ 和 XF？

19．时钟发生器由哪些部分组成？它们是如何工作的？

20．TMS320C54x 如何与不同速率的片内存储器以及其他外设进行数据交换？

21．TMS320C54x 复位的条件有哪些？通常 TMS320C54x 有几种复位方式？各是什么？上电复位后，第一条程序指令所在的地址是多少？

22．在闲置方式 1（IDLE1）、闲置方式 2（IDLE2）、闲置方式 3（IDLE3）和保持方式这 4 种省电方式中，哪一种最省电？哪几种能够被内部中断唤醒？

23．TMS320C54x 中断分为哪几类？其中的可屏蔽中断在什么情况下可以被 CPU 响应？

24．若处理器工作方式状态寄存器 PMST 的值设为 01A0h，而中断向量为 INT3，那么在中断响应时，中断向量地址为多少？

25．当 INTM=0，(IMR)=0087h 时，哪些中断在发出中断申请时能够得到 CPU 的响应？其中哪个中断的优先级最高？

26．TMS320C54x 的流水线操作分为几个阶段？分别叙述流水线操作各阶段的功能？

第 4 章　TMS320C54x 指令系统

TMS320C54x 是 TMS320 系列中的一种定点数字信号处理器（DSP）。TMS320C54x 片内采用了算术逻辑单元、乘法器、加法器、桶形移位器等多种专用硬件结构来提高 DSP 的性能。基于 TMS320C54x 的硬件结构，TI 公司提供了完善的指令系统来提高处理器的数字信号处理能力。TMS320C54x 的指令系统包含助记符指令和代数指令两种形式，其中助记符指令应用最为广泛。TMS320C54x 的助记符指令由操作码和操作数两部分组成。本章以助记符指令系统为重点，详细介绍 TMS320C54x 的寻址方式、指令的表示方法、指令的分类及基本功能。

4.1　寻址方式

指令的寻址方式是指当 CPU 执行指令时，寻找指令所指定的参与运算的操作数的方法。DSP 提供了灵活多样的寻址方式，不同的寻址方式为编程提供了极大的柔性编程操作空间，根据程序要求可以采用不同的寻址方式来提高程序的速度和代码效率。TMS320C54x 提供了以下 7 种基本的数据寻址方式：

1）立即数寻址：指令中直接包含了所需要的操作数。

2）绝对寻址：指令中包含所要寻址的存储单元的地址。

3）累加器寻址：利用累加器的数值作为地址来读写程序存储器。

4）直接寻址：指令中包含数据存储器地址的低 7 位。这 7 位作为偏移地址与数据页指针 DP 或堆栈指针 SP 相结合共同构成 16 位的数据存储器实际地址。

5）间接寻址：根据辅助寄存器的内容来寻找存储器映射寄存器地址，地址的低 7 位来自指令或某个辅助寄存器的低 7 位，高 9 位设置为 0。

6）存储器映射寄存器寻址：修改存储器映射寄存器中的值而不影响当前数据页指针 DP 或堆栈指针 SP 的值。

7）堆栈寻址：地址来自堆栈指针 SP，把数据压入和弹出系统堆栈。

在讨论寻址方式时，往往需要用到一些缩写符号。表 4-1 给出了寻址指令中用到的缩写符号及其含义。

表 4-1　寻址指令中用到的缩写符号及其含义

缩 写 符 号	含　义
Smem	16 位单数据存储器操作数
Xmem	在双操作数指令和一些单操作数指令中使用的 16 位双数据存储器操作数。从 DB 数据总线上读出
Ymem	在双操作数指令中使用的 16 位双数据存储器操作数。从 CB 总线上读出
dmad	16 位立即数表示的数据存储器地址（0~65,535）

（续）

缩写符号	含　义
pmad	16 位立即数表示的程序存储器地址（0~65,535），它包括器件的扩展存储器地址
PA	16 位立即数表示的 I/O 地址（0~65,535）
src	源累加器（A 或 B）
dst	目的累加器（A 或 B）
lk	16 位长立即数

4.1.1 立即数寻址

在立即数寻址方式中，指令中直接包含了所需要的立即操作数。在一条指令中可对两种立即数编码。一种是短立即数（3、5、8 或 9 位），另一种是 16 位的长立即数。立即数可以放在单字长或双字长的指令中。3、5、8、9 位的立即数放在一个单字长的指令中，16 位的立即数放在双字长的指令中。

放在指令中的立即数的长度依赖于所使用的指令。表 4-2 列出了支持立即数寻址的各条指令，并列出了每种指令可带立即数的位数。

表 4-2 支持立即数寻址的指令

3 位和 5 位立即数	8 位立即数	9 位立即数	16 位立即数
LD	FRAME LD RPT	LD	ADD ADDM AND ANDM BITF CMPM LD MAC OR ORM RPT RPTZ ST STM SUB XOR XORM

在立即数寻址方式的指令中，在操作数（数字或符号常数）前面需要加一个“#”符号，表示该操作数为一个立即数，否则会把该操作数误认为是一个地址。例如，要将立即数 60h 装入累加器 A 中，指令应该表示为

```
LD #60h, A
```

如果在指令中漏掉了“#”符号，则指令“LD 60h, A”变为将数据存储器 60h 地址单元的数据装入累加器 A 中。

下面用 RPT 指令来说明一个立即数是如何放置在指令代码中的。若立即数为 8 位的短立即数，则 RPT 为单字长指令，此时操作码放在指令的高半段，即单字长指令中的 15~8 位是操作码，剩下的部分就是立即数，如图 4-1 所示。若立即数为 16 位的长立即数，则 RPT 为双字长指令，此时操作码放在指令的高半段，即双字长指令中的 15~0 位是操作码，剩下的部分就是立即数，如图 4-2 所示。

	15	14	13	12	11	10	9	8	7	6	5	4	3	2	1	0
单指令字	1	1	1	0	1	1	0	0	8 位立即数							

图 4-1 带短立即数寻址的 RPT 指令

	15	14	13	12	11	10	9	8	7	6	5	4	3	2	1	0
双指令字	1	1	1	1	0	0	0	0	1	1	1	1	0	0	0	0
	16 位立即数															

图 4-2 带长立即数寻址的 RPT 指令

【例 4-1】 立即数寻址示例。

```
LD #93h, A          ;将立即数 93h 装入累加器 A 中
ST #1000h, DAT0     ;存储长立即数 1000h 到 DAT0 中
RPT #99             ;将紧跟在 RPT 后面的下一条指令循环执行 99+1 次，其中操作数是短立即
                     数，与操作码在同一字中
RPT #0FFFFh         ;将紧跟在 RPT 后面的下一条指令循环执行 0FFFFh+1=10000h 次，其中操
                     作数是长立即数，操作码占一个字，操作数紧跟其后也占一个字
```

4.1.2 绝对寻址

在绝对寻址方式中，指令中包含所要寻址的存储单元的 16 位地址。这个存储单元的 16 位地址可以用其所在单元的地址标号或者 16 位符号常数来表示。由于绝对寻址指令中所要寻址的存储单元地址长度总是 16 位，因此所有绝对寻址指令的长度至少为两个字长。绝对寻址有以下 4 种类型。

1．数据存储器地址寻址

数据存储器地址（dmad）寻址是用一个符号（符号地址）或一个表示 16 位地址的立即数来指明寻址的数据存储单元的 16 位绝对地址。

使用数据存储器寻址的指令有：

（1）MVDK Smem, dmad

（2）MVDM dmad, MMR

（3）MVKD dmad, Smem

（4）MVMD MMR, dmad

例如，把数据存储器 SAMPLE 地址单元的数据传送到由 AR5 指向的数据存储单元中去，指令可写为

```
MVKD SAMPLE, *AR5
```

其中，符号 SAMPLE 是程序中的标号或已经定义好的符号常数，代表数据存储单元的地址。

【例 4-2】 数据存储器地址寻址示例。

```
MVKD 1000h, *AR5    ;将数据存储器 1000h 地址单元的数据传送到 AR5 指向的数据存储单元
                     中去
```

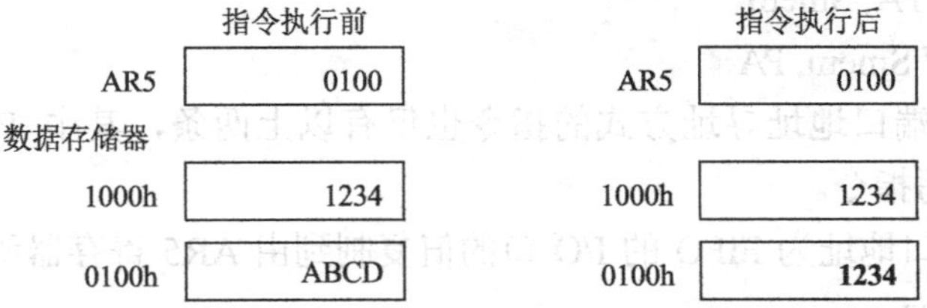


```
MVDM 0300h, BK      ;将数据存储器 0300h 地址单元的数据传送到存储器映射寄存器 BK
                     中去
```

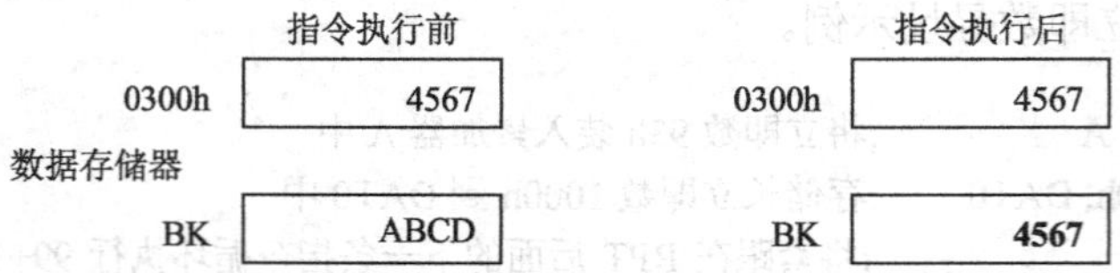

2. 程序存储器地址寻址

程序存储器地址（pmad）寻址是用一个符号（符号地址）或一个表示 16 位地址的立即数来指明寻址的程序空间的地址。

使用程序存储器寻址的指令有：

（1）FIRS Xmem, Ymem, pmad

（2）MACD Smem, pmad, src

（3）MACP Smem, pmad, src

（4）MADP Smem, pmad

（5）MVPD pmad, Smem

例如，把程序存储器中标号为 TABLE 地址单元中的数据传送到由 AR3 寄存器所指向的数据存储器单元中去，指令可写为

```
MVPD TABLE, *AR3
```

其中，TABLE 指示的地址就是程序存储器地址，它也可以用常数表示的地址取代。

【例 4-3】 程序存储器地址寻址示例。

```
MVPD 2000h,*AR7    ;将程序存储器标号为 2000h 地址单元中的数据传送到 AR7 所指向的数据
                    存储单元中去
```

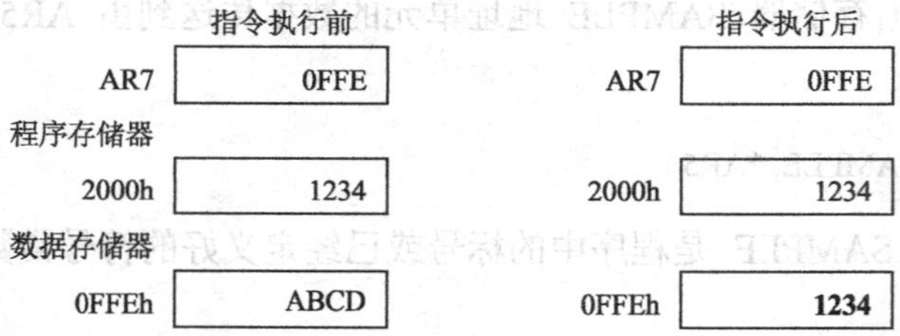

3. 端口地址寻址

端口地址（PA）寻址是用一个符号或一个数值来指明其外部 I/O 口地址。

使用端口地址寻址的指令有：

（1）PORTR PA, Smem

（2）PORTW Smem, PA

实际上使用端口地址寻址方式的指令也仅有以上两条，其中 PORTR 为端口读指令，PORTW 为端口写指令。

例如，把端口地址为 FIFO 的 I/O 口的值复制到由 AR5 寄存器所指向的数据存储器单元中去，指令可写为

```
PORTR FIFO,*AR5
```

其中，FIFO 指示端口地址，同样它也可以用常数表示的端口地址取代。

【例 4-4】 端口地址寻址示例。

PORTR 05h,*AR2 ;将端口地址为 05h 的地址单元中的数据复制到 AR2 指向的数据存储单元中去

	指令执行前		指令执行后
AR2	0010	AR2	0010
I/O 存储器			
0005h	7FFA	0005h	7FFA
数据存储器			
0010h	0000	0010h	**7FFA**

PORTW *AR3,05h ;将寄存器 AR3 指向的数据存储单元的值写入到端口地址为 05h 的端口中去

	指令执行前		指令执行后
AR3	0080	AR3	0080
I/O 存储器			
0005h	0000	0005h	**ABCD**
数据存储器			
0080h	ABCD	0080h	ABCD

4．长立即数寻址

长立即数*(lk)寻址是用一个符号或一个数值来指明寻址的数据存储空间的地址。这种寻址方式可以用在所有支持单数据存储器（Smem）操作数的指令中。

例如，把数据空间中地址为 BUFFER 的单元中的内容装载到累加器 A 中，指令可写为

LD *(BUFFER), A

其中，BUFFER 是一个 16 位的符号常数，括号前的“*”符号表示绝对寻址。

长立即数*(lk)寻址允许所有使用单数据存储器（Smem）寻址的指令去访问数据空间的任意单元，而不会改变数据页指针 DP 的值，也不会对任何一个 ARx 进行初始化。当使用这种绝对寻址方式时，指令的长度扩展一个字，原来一个单字长的指令要变成双字长指令，而原来双字长的指令要变成三字长指令。

注意：使用长立即数寻址方式的指令不能与单循环指令 RPT 和 RPTZ 一起使用。

【例 4-5】 长立即数寻址示例。

LD *(0200h), B ;把数据空间中地址为 0200h 的单元中的内容装载到累加器 B 中

	指令执行前		指令执行后
B	00 0000 0000	B	**00 0000 4567**
数据存储器			
0200h	4567	0200h	4567

4.1.3 累加器寻址

在累加器寻址方式中，指令中利用累加器的数值作为地址来读/写程序存储器，这种寻址方式可用来对存放数据的程序存储器寻址。共有两条指令可以采用累加器寻址：

（1）READA Smem

（2）WRITA Smem

READA 是把累加器 A 所确定的程序存储器单元中的一个字传送到单数据存储器操作数 Smem 所确定的数据存储器单元中。WRITA 是把 Smem 操作数所确定的数据单元中的一个字传送到累加器 A 确定的程序存储器单元中去。

【例 4-6】 累加器寻址示例

READA *AR3 ;把累加器 A 所确定的程序存储器单元中的值传送给 AR3 指向的数据存储器单元

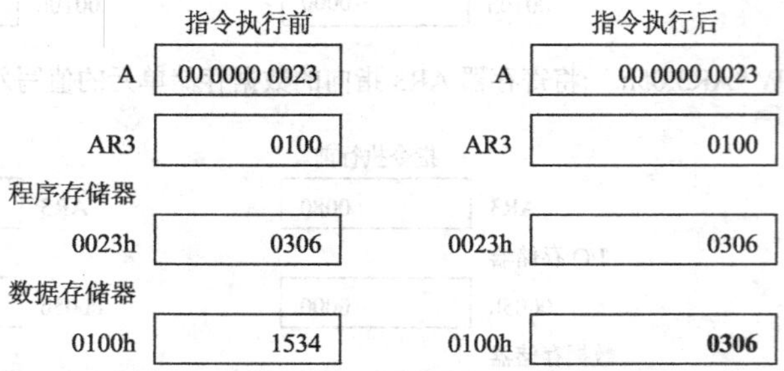

WRITA *AR3 ;把 AR3 指向的数据存储器单元中的值传送到由累加器 A 确定的程序存储器单元中

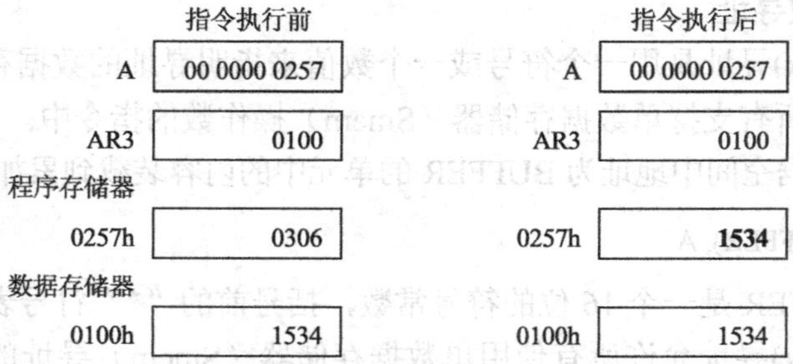

当上述两条指令与重复指令 RRT 配合使用时，每执行一次，A 中数据会自动加 1，这对于两个空间中的连续数据读写访问是非常有利的。

需要注意的是，在 TMS320C54x 系列 DSP 中，有些处理器使用累加器 A 的低 16 位作为程序存储器的地址，但也有一些处理器，如 C548、C549、VC5410、VC5416 使用累加器 A 的低 23 位作为程序存储器的地址，如 VC5402 使用累加器 A 的低 20 位作为程序存储器的地址。

4.1.4 直接寻址

在直接寻址方式中，指令中包含有数据存储器地址（dmad）的低 7 位，这 7 位 dmad 作为偏移地址，结合基地址（由数据页指针 DP 或堆栈指针 SP 给出）共同形成 16 位的数据存储器地址。使用这种寻址方式，可以在不改变 DP 或 SP 的情况下，随机地寻址 128 个存储单元中的任何一个单元。直接寻址的优点是每条指令只需要一个字。

图 4-3 给出了使用直接寻址的指令代码的格式，其中，15~8 位包含了指令的操作码；第 7 位 I 确定了寻址方式，若 I=0，表示指令使用直接寻址方式；6~0 位包含了指令的数据存储器的偏移地址。

15	14	13	12	11	10	9	8	7	6	5	4	3	2	1	0
操作码								I	数据存储器地址（dmad）的低 7 位						

图 4-3　直接寻址的指令代码格式

直接寻址的语法是用 1 个符号或 1 个常数来确定偏移地址值。例如，要将地址为 SAMPLE 的存储器单元内容加到累加器 A 中，可以表示为

ADD SAMPLE, A

则地址 SAMPLE 的低 7 位存放在指令代码 6~0 位中，实际地址由数据页指针 DP 或堆栈指针 SP 与 SAMPLE 的低 7 位相结合产生。具体使用 DP 还是 SP 根据状态寄存器 ST1 中的直接寻址编辑方式标志位 CPL 来确定。

当 CPL=0 时，寻址方式为以 DP 为基地址的直接寻址方式，简称 DP 直接寻址；当 CPL=1 时，寻址方式为以堆栈指针 SP 为基地址的直接寻址方式，简称 SP 直接寻址。

1. DP 直接寻址

当状态寄存器 ST1 中 CPL=0 时，以数据存储器地址（dmad）的低 7 位为低位，以数据页指针 DP 中的 9 位字段为高位，共同构成 16 位的数据存储器地址，如图 4-4 所示。

15	14	13	12	11	10	9	8	7	6	5	4	3	2	1	0
9 位数据页指针 DP									7 位 dmad						

图 4-4　DP 作为基地址的直接寻址方式

例如，DP=1，dmad＝03h，实际地址为 0080h＋03h=0083h。

由于 DP 值的范围为 0~511，因此以 DP 为基地址的直接寻址将存储器分为 512 页。由于 7 位 dmad 的范围为 0~127，所以每页有 128 个可以访问的单元。也就是说，由 DP 值确定是 512 页中的哪一页，由 dmad 值确定是该页中 128 个单元中的哪一个单元。因此，访问第 1 页的第 0 单元与访问第 2 页的第 0 单元的区别仅仅在于 DP 值改变了。DP 的值可由 LD 指令装入，RESET 指令将 DP 赋值为 0。注意，DP 不能用上电进行初始化，在上电后它处于不定状态。所以，没有初始化 DP 的程序就可能工作不正常。重新上电以后，所有的程序都必须对数据页指针 DP 作初始化。

【例 4-7】 DP 直接寻址示例。

```
ADD 30h, A        ;将实际地址为 00B0h 的数据存储器单元的内容加到累加器 A 中去
```

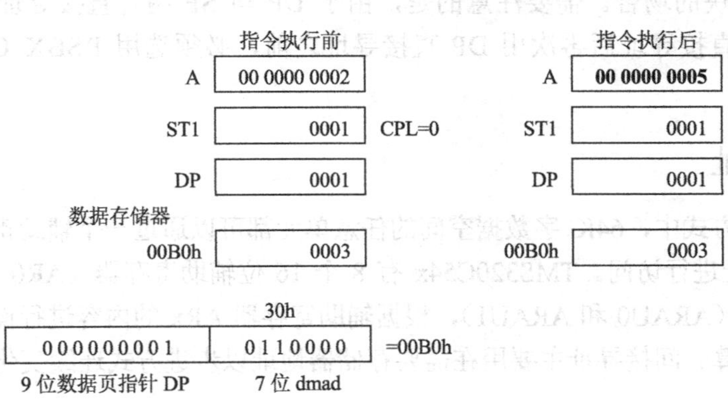

2. SP 直接寻址

当状态寄存器 ST1 中 CPL=1 时，数据存储器地址（dmad）的低 7 位与堆栈指针 SP 的 16 位地址相加形成 16 位的数据存储器地址，如图 4-5 所示。

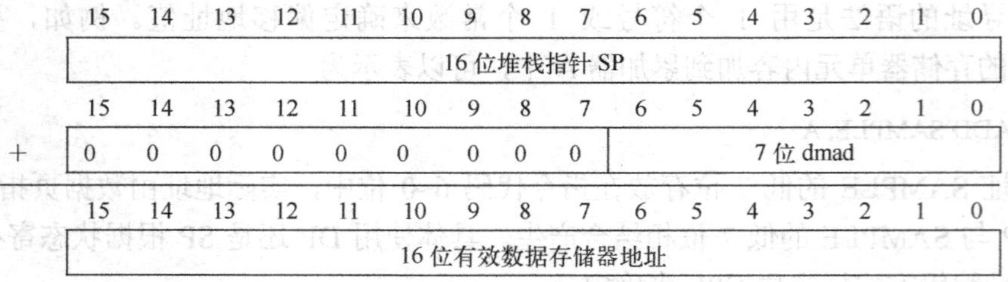

图 4-5 SP 作为基地址的直接寻址方式

例如，SP=0100h，dmad＝030h，则实际地址为 0100h+030h=0130h。

SP 可指向数据存储器中的任意一个地址，dmad 可指向当前页中一个具体的单元，从而允许访问数据存储器任意基地址中连续的 128 个单元。

【例 4-8】 SP 直接寻址示例。

```
ADD 30h, A      ;将实际地址为 0130h 的数据存储器单元内容加到累加器 A 中去
```

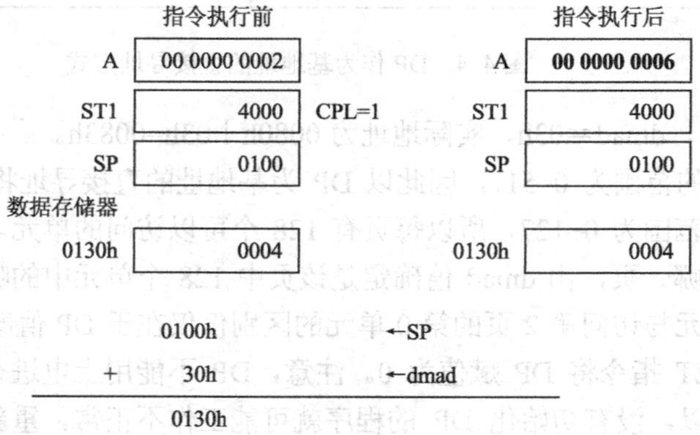

直接寻址所寻址数据存储器的 16 位地址是由 DP 或 SP 与 7 位偏移地址 dmad 构成；可在单周期寻址 128 个单元；寻址速度快，能进行流水线并行操作。直接寻址主要用于要求运算速度较快的场合。需要注意的是，由于 DP 与 SP 两种直接寻址方式是相互排斥的，当采用 SP 直接寻址后再次用 DP 直接寻址之前，必须选用 RSBX CPL 指令对 CPL 清 0。

4.1.5 间接寻址

在间接寻址方式中，64K 字数据空间的任意单元都可以通过一个辅助寄存器中的内容所代表的 16 位地址进行访问。TMS320C54x 有 8 个 16 位辅助寄存器（AR0~AR7）、2 个辅助寄存器算术单元（ARAU0 和 ARAU1），根据辅助寄存器 ARx 的内容进行操作，完成无符号的 16 位算术运算。间接寻址主要用在需要存储器地址以步进方式连续变化的场合。当使用

间接寻址方式时，辅助寄存器内容（地址）可以被修改（如增加或减少），还可以提供循环寻址和位倒序寻址两种特殊模式。

间接寻址方式有很大的灵活性，不但可以用一条指令从数据存储器读或写一个 16 位的数据操作数（单操作数寻址），还能在一条指令中访问 2 个数据存储器单元（双操作数寻址），包括从 2 个不同的数据存储器单元读数据，读并写 2 个连续的存储器单元，或者读一个存储器单元同时写另一个存储器单元。

1. 单操作数寻址

单操作数寻址是指一条指令中，只有一个存储器操作数（即从存储器中只存取一个操作数）。单数据存储器操作数间接寻址指令的格式如图 4-6 所示，其各位功能说明见表 4-3。

15~8	7	6~3	2~0
操作码	I=1	MOD	ARF

图 4-6　单数据存储器操作数间接寻址指令的格式

表 4-3　单数据存储器操作数间接寻址指令的各位说明

位	名　称	功　能
15~8	操作码	8 位域包含了指令的操作码
7	I	I=1，表示指令的寻址方式为间接寻址
6~3	MOD	4 位的方式域定义了间接寻址的类型，表 4-4 将详细说明 MOD 域的各种类型
2~0	ARF	3 位辅助寄存器域定义寻址所使用的辅助寄存器，ARF 由状态寄存器 ST1 中的修正方式位（CMPT）决定： CMPT=0 为标准方式。ARF 确定辅助寄存器，不管 ARP 的值。在这种方式下 ARP 不能被修改，必须一直设为 0 CMPT=1 为兼容方式。如果 ARF=0 就用 ARP 来选择辅助寄存器；否则，用 ARF 来确定。访问完成后，ARF 的值装入 ARP。汇编指令中的*AR0 表示了 ARP 所选择的辅助寄存器

表 4-4　单数据存储器操作数的间接寻址类型

MOD 域	操作数句法	功　能	说　明
0000 (0)	*ARx	地址＝ARx	ARx 中的内容就是数据存储器的地址
0001 (1)	*ARx－	地址＝ARx ARx＝ARx－1	寻址结束后，ARx 中的地址值减 1[②]
0010 (2)	*ARx+	地址＝ARx ARx＝ARx＋1	寻址结束后，ARx 中的地址值增 1[①]
0011 (3)	*+ARx	ARx＝ARx＋1 地址＝ARx +1	ARx 中的地址值增 1 后再寻址[①②③]
0100 (4)	*ARx－0B	地址＝ARx ARx＝B(ARx－AR0)	寻址结束后，用反向传送借位的方法从 ARx 中减去 AR0 的值
0101 (5)	*ARx－0	地址＝ARx ARx＝ARx－AR0	寻址结束后，从 ARx 中减去 AR0 的值
0110 (6)	*ARx＋0	地址＝ARx ARx＝ARx＋AR0	寻址结束后，将 AR0 中的值加至 ARx
0111 (7)	*ARx＋0B	地址＝ARx ARx＝B(ARx＋AR0)	寻址结束后，用反向传送进位的方法将 AR0 加至 ARx
1000 (8)	*ARx－%	地址＝ARx ARx＝Circ(ARx－1)	寻址结束后，ARx 中的地址值按循环减的方法减 1[①]

（续）

MOD 域	操作数句法	功　能	说　明
1001 (9)	*ARx－0%	地址＝ARx ARx＝Circ(ARx－AR0)	寻址结束后，按循环减的方法从 ARx 中减去 AR0 中的值
1010 (10)	*ARx＋%	地址＝ARx ARx＝Circ(ARx＋1)	寻址结束后，ARx 中的地址值按循环加的方法增 1①
1011 (11)	*ARx＋0%	地址＝ARx ARx＝Circ(ARx＋AR0)	寻址结束后，按循环加的方法，将 AR0 中的值加至 ARx
1100 (12)	*ARx(lk)	地址＝ARx＋lk ARx＝ ARx	以 ARx 与 16 位数之和作为数据存储器的地址，寻址结束后，ARx 中的值不变
1101 (13)	*+ARx(lk)	地址＝ARx＋lk ARx＝ ARx＋lk	将一个 16 位带符号数加至 ARx 后进行寻址③
1110 (14)	*+ARx(lk)%	地址＝Circ(ARx＋lk) ARx＝Circ(ARx＋lk)	将一个 16 位带符号数按循环加的方法加至 ARx，然后再寻址③
1111 (15)	*(lk)	地址＝lk	利用 16 位无符号数作为地址寻址数据存储器（相当于绝对寻址方式）③

① 寻址 16 位字时增量/减量为 1，寻址 32 位字时增量/减量为 2。

② 这种方式只能用于写操作指令。

③ 这种方式不允许对存储器映射寄存器寻址。

MOD＝0，1，2，3，12，13 为增加，减少指令类寻址方式，其中 MOD＝0，1，2，3 为增 1、减 1 寻址方式，注意先增后寻址（*+ARx）只能用于写操作。MOD＝12，13 为加偏移量寻址方式，前一种 ARx 的值不更新，后一种 ARx 的值更新。

MOD＝5，6 为变址寻址方式，和加偏移量寻址方式相比，变址寻址方式不需要额外的偏移地址指令字，而且地址偏移量是在代码执行阶段确定的，因此可以调整变址步长。

【例 4-9】 增量/减量指令类寻址方式示例。

ADD *+AR2(0100h), A　　; (AR2)+lk 内容为操作数地址，操作后(AR2)+lk→AR2

	指令执行前		指令执行后
A	00 0000 0005	A	**00 0000 0009**
AR2	0010	AR2	**0110**
数据存储器			
0110h	0004	0110h	0004

ADD *AR2(0100h), A　　; (AR2)+lk 内容为操作数地址，操作后 AR2 中内容不变

	指令执行前		指令执行后
A	00 0000 0005	A	**00 0000 0009**
AR2	0010	AR2	0010
数据存储器			
0110h	0004	0110h	0004

【例 4-10】 变址寻址方式示例。

ADD *AR3＋0, A　　; (AR3)内容为操作数地址，操作后(AR3)+(AR0)→AR3

ADD *AR3-0, A　　　; (AR3)内容为操作数地址，操作后(AR3)-(AR0)→AR3

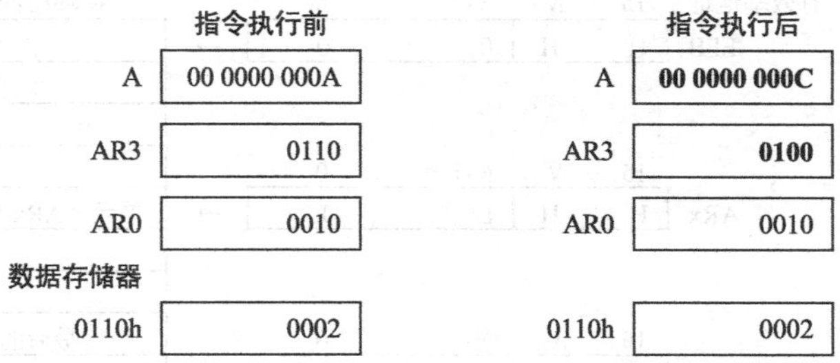

在表 4-4 单数据存储器操作数的间接寻址类型中，除了上述常见的增加、减少指令类和变址寻址功能外，还增加了两种特殊的间接寻址方式，分别为循环寻址和位倒序寻址。下面分别对循环寻址和位倒序寻址进行介绍。

（1）循环寻址

在卷积、相关和 FIR 滤波器等算法中，都需要在存储器中设置一个循环缓冲器，它是一个滑动窗口，保存着最新的一批数据。当新的数据到来时，缓冲器中最早的数据就会被新的数据覆盖。循环缓冲器实现的关键是循环寻址的实现。TMS320C54x 间接寻址中以后缀“%”表示循环寻址的方式。

循环缓冲器的参数主要包括：循环缓冲器长度寄存器（BK）、循环缓冲器的有效基地址（EFB）和循环缓冲器的尾地址（EOB）。其中，循环缓冲器长度寄存器（BK）用于确定循环缓冲器的大小。BK 中的数值由指令“STM #lk, BK”设定。长度为 R 的缓冲器必须从 N 位地址的边界开始（即循环缓冲器基地址的 N 个最低有效位必须为 0），N 是满足 $2^N>R$ 条件的最小整数，R 值必须要放入 BK。例如，长度 R=31 的循环缓冲器必须从地址 XXXX XXXX XXX0 0000b（N=5，$2^5>31$，该地址的最低 5 位为 0）开始，同时 31 必须存入 BK。又如，长度 R=32 的循环缓冲器必须从地址 XXXX XXXX XX00 0000b（N=6，$2^6>32$，该地址的最低 6 位为 0）开始，同时 32 必须存入 BK。

循环缓冲器的有效基地址（EFB）定义了缓冲器的起始地址，也就是用户选定的辅助寄存器（ARx）的低 N 位置 0 后所得到的值，循环缓冲器的尾地址（EOB）定义了缓冲器的底部地址，它通过用 BK 的低 N 位代替 ARx 的低 N 位得到。

循环缓冲器的指针 index 就是当前 ARx 的低 N 位，步长 step 就是一次加到辅助寄存器或从辅助寄存器中减去的值。循环寻址的算法为

```
If  0≤index+step<BK:
    index＝index+step
```

Else if　index+step≥BK:

　　index＝index+step-BK

Else if　index+step＜0:

　　index＝index+step+BK

图 4-7 所示的循环缓冲器示意图说明了循环缓冲器是如何实现的，并且说明了产生的值和循环缓冲器中单元的关系。

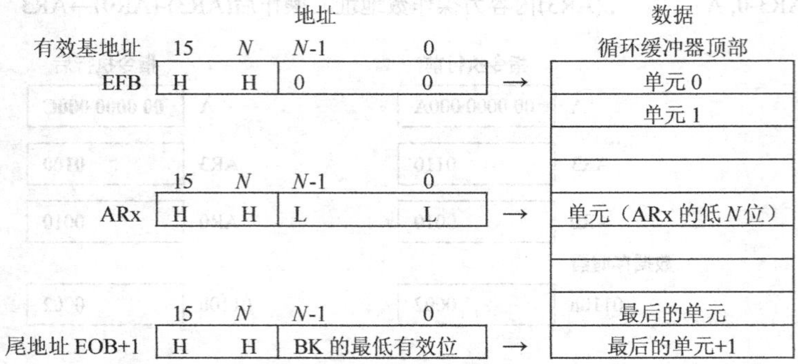

图 4-7　循环缓冲器示意图

【例 4-11】 循环寻址方式示例。

使用*AR2+0%间接寻址方式重复执行三次指令 ST T, *AR2+0%

1）设存储器大小为 $R=2^5=32$，由于 $2^6>R=2^5$，选 $N=6$，则 $N-1=5$。

存储器首地址 EFB：

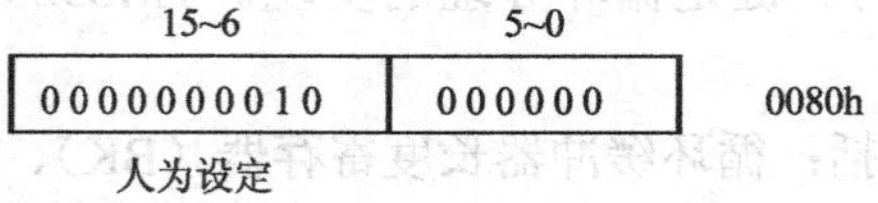

$(BK)=R=2^5$=0020h=0000100000

存储器尾地址 EOB：

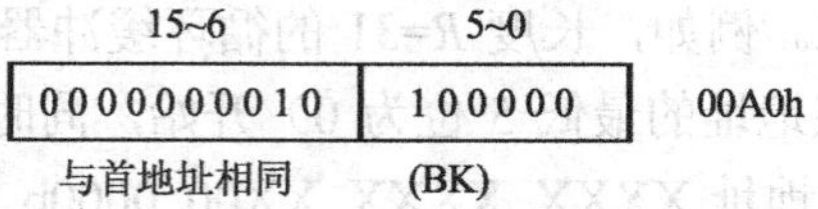

首地址(AR2)=0080h

数据块大小(BK)=0020h

2）若步长 step：(AR0)=0014h

```
ST T, *AR2+0%   ; (AR2)=0080h+0014h=0094h（0080h<0094h<00A0h）→ (AR2) =0094h
NOP
ST T, *AR2+0%   ; (AR2)=0094h+0014h=00A8h>00A0h → (AR2)=0094h+0014h-0020h=0088h
NOP
ST T, *AR2+0%   ; (AR2)=0088h+0014h=009Ch（0080h<0094h<00A0h）→ (AR2) =009Ch
```

	指令执行前		执行 1 条 ST 后		执行 2 条 ST 后		执行 3 条 ST 后
AR2	0080	AR2	**0094**	AR2	**0088**	AR2	**009C**
BK	0020	BK	0020	BK	0020	BK	0020
AR0	0014	AR0	0014	AR0	0014	AR0	0014

3）若步长 step：(AR0)=FFFCh

```
ST T, *AR2+0%    ; (AR2)=0080h+FFFCh=007Ch<0080h → (AR2)= 0080h+FFFCh+0020h=009Ch
NOP
ST T, *AR2+0%    ; (AR2)=009Ch+FFFCh=0098h（0080h<0098h<00A0h）→ (AR2)= 0098h
NOP
ST T, *AR2+0%    ; (AR2)=0098h+FFFCh=0094h（0080h<0094h<00A0h）→ (AR2)= 0094h
```

	指令执行前		执行 1 条 ST 后		执行 2 条 ST 后		执行 3 条 ST 后
AR2	0080	AR	**009C**	AR2	**0098**	AR2	**0094**
BK	0020	BK	0020	BK	0020	BK	0020
AR0	FFFC	AR0	FFFC	AR0	FFFC	AR0	FFFC

使用循环寻址时，必须遵循以下 3 个原则：

① 循环缓冲器的长度 R 小于 2^N，且地址从一个低 N 位为 0 的地址开始。

② 步长小于或等于循环缓冲器的长度。

③ 所使用的辅助寄存器必须指向缓冲器单元。

循环寻址可用于单数据存储器操作数寻址，也可用于双数据存储器操作数寻址。当 BK=0 时，ARx 的值不修正。表 4-4 中 MOD=8，9，10，11，14 为循环寻址方式，不同的指令其步长和正负不同。

（2）位倒序寻址

位倒序寻址是 DSP 的一种特殊处理方式，是专门为快速傅里叶变换 FFT 而设计的，这种寻址方式可以显著提高程序的执行速度和存储区的利用效率。使用时，AR0 存放的整数 N 为 FFT 点数的一半，另一个辅助寄存器 ARx 指向数据存放的单元，当使用位倒序寻址把 AR0 加到辅助寄存器中时，地址以位倒序的方式产生，即进位是从左向右，而不是通常的从右向左。例如，1010 与 1100 的正向进位相加结果为 10110，而 1010 与 1100 的反向进位即位倒序相加结果为 0001：

```
       1010              1010
   +   1100             +1100
  ___10110               0001
  ←— 正向进位          反向进位 —→
```

表 4-4 中 MOD=4 和 MOD=7 即*ARx−0B 和*ARx+0B 表示位倒序寻址。

假设辅助寄存器都是 8 位字长，AR2 表示在存储器中数据的基地址（01100000b），AR0 的值为（00001000b）。下面给出在位倒序寻址中 AR2 值修改的顺序和修改后 AR2 的值。

```
*AR2+0B   ; AR2=0110 0000b      （第 0 次的值）
*AR2+0B   ; AR2=0110 1000b      （第 1 次的值）
*AR2+0B   ; AR2=0110 0100b      （第 2 次的值）
*AR2+0B   ; AR2=0110 1100b      （第 3 次的值）
*AR2+0B   ; AR2=0110 0010b      （第 4 次的值）
*AR2+0B   ; AR2=0110 1010b      （第 5 次的值）
*AR2+0B   ; AR2=0110 0110b      （第 6 次的值）
*AR2+0B   ; AR2=0110 1110b      （第 7 次的值）
```

开始时刻 AR2 的值是 01100000b，采用位倒序间接寻址方式，不是在 AR2 的基础上简单地加 1，而是 AR2 与 AR0 采用位倒序方式相加，也就是计算 B（01100000b＋00001000b），所以结果就是 01101000b。第 2 次寻址就是计算 B（01101000b＋00001000b），所以结果就是 01100100b，依此计算。必须注意的是，这些计算都是采用从左到右的位倒序计算顺序。

在快速傅里叶变换 FFT 分析中广泛应用位倒序概念，如在时间抽选奇偶分解 FFT 变化中，输入为自然顺序，输出为位倒序；在频率抽选奇偶分解 FFT 变化中，输入为位倒序，输出为自然顺序。以 16 点快速傅里叶变换 FFT 为例，其原序和位倒序寻址对应关系见表 4-5。

表 4-5　原序和位倒序寻址

原　序		位 倒 序	
十 进 制 数	二 进 制 数	二 进 制 数	十 进 制 数
0	0000	0000	0
1	0001	1000	8
2	0010	0100	4
3	0011	1100	12
4	0100	0010	2
5	0101	1010	10
6	0110	0110	6
7	0111	1110	14
8	1000	0001	1
9	1001	1001	9
10	1010	0101	5
11	1011	1101	13
12	1100	0011	3
13	1101	1011	11
14	1110	0111	7
15	1111	1111	15

【例 4-12】 位倒序存储示例。

数字 0~7 按正序存在 0100h~0107h 存储区，见表 A，编程使表 A 中数传到 0110h~0117h 存储区且要求数据按照位倒序存放在该区，见表 B。

	表 A			表 B
AR3→ 0100h	0000		AR2 0110h	0000
0101h	0001		0111h	0004
0102h	0002		0112h	0002
0103h	0003		0113h	0006
0104h	0004		0114h	0001
0105h	0005		0115h	0005
0106h	0006		0116h	0003
0107h	0007		0117h	0007

设(AR3)=0100h，(AR2)=0110h，(AR0)=0004h，T=0000h

执行 ***n*** 次下述两条指令：

```
LD *AR3+, T        ; AR3 →T，(AR3)+1→AR3
ST T,*AR2+0B       ;T→AR2，B(AR2+AR0)→AR2
```

n	LD *AR3+,T			ST T,*AR2+0B		
	T 值		执行后(AR3)	AR2 指向单元及其值		执行后(AR2)
	(AR3)	AR3 →T	(AR3)+1→AR3	(AR2)	T →AR2	B(AR2+AR0)→AR2
1	0100h	0000h	0101h	0110h	0000h	0110h ←AR2 + 0004h ←AR0 0114h ←新 AR2
2	0101h	0001h	0102h	0114h	0001h	0114h ←AR2 + 0004h ←AR0 0112h ←新 AR2
3	0102h	0002h	0103h	0112h	0002h	0112h ←AR2 + 0004h ←AR0 0116h ←新 AR2
4	0103h	0003h	0104h	0116h 地址	0003h 内容	0116h ←AR2 + 0004h ←AR0 0111h ←新 AR2

由上述分析可知，指令执行后 AR2 的地址和内容与表 B 相对应，当 $n=8$ 时，完成位倒序存储。

2. 双操作数寻址

双数据存储器操作数间接寻址用于完成两次读操作或者一次读和一次并行存储操作（用||表示）。这些指令只有一个字长且只能以间接寻址的方式工作。两个数据存储器操作数用 Xmem 和 Ymem 表示，其中 Xmem 表示读操作数，Ymem 在读两个操作数时表示读操作数，Ymem 在一次读同时并行一个写的指令中表示写操作数。如果源操作数和目的操作数指向了同一个单元，那么在并行存储指令中（如 ST||LD），读在写之前。如果一个双操作数指令（如 ADD）指向了同一辅助寄存器，且这两个操作数的寻址方式不同，那么就用 Xmod 所确定的方式来寻址。

双数据存储器操作数间接寻址指令的格式如图 4-8 所示，其各位功能说明见表 4-6。

15~8	7~6	5~4	3~2	1~0
操作码	Xmod	Xar	Ymod	Yar

图 4-8　双数据存储器操作数间接寻址指令的格式

表 4-6　双数据存储器操作数间接寻址指令的各位说明

位	名　称	功　能
15~8	操作码	8 位域包含了指令的操作码
7~6	Xmod	定义用于访问 Xmem 操作数的间接寻址方式的类型
5~4	Xar	2 位域用来定义存储 Xmem 地址的辅助寄存器
3~2	Ymod	定义用于访问 Ymem 操作数的间接寻址方式的类型
1~0	Yar	2 位域用来定义存储 Ymem 地址的辅助寄存器

在指令格式中，由于只有两位可以用来选择辅助寄存器，所以根据 Xar 或 Yar 的值可以选择 4 个辅助寄存器 AR2~AR5。表 4-7 说明了 Xar 或 Yar 与辅助寄存器的对应关系。

表 4-7　Xar 或 Yar 与辅助寄存器的对应关系

Xar 或 Yar 值	辅助寄存器
0 0	AR2
0 1	AR3
1 0	AR4
1 1	AR5

双数据存储器操作数间接寻址类型为*ARx、*ARx−、*ARx+、*ARx+0%。表 4-8 列出了双数据存储器操作数间接寻址的类型，以及每种类型修改字段的值（Xmod 或 Ymod）、汇编语句和功能。

表 4-8　双数据存储器操作数间接寻址的类型

Xmod 或 Ymod 值	操作码语法	功　能	说　明
0 0 （0）	* ARx	地址=ARx	ARx 中的内容是数据存储器地址
0 1 （1）	* ARx-	地址=ARx ARx=ARx-1	寻址后，ARx 的地址减 1
1 0 （2）	* ARx+	地址=ARx ARx=ARx+1	寻址后，ARx 的地址加 1
1 1 （3）	* ARx+0%	地址=ARx ARx=circ(ARx+AR0)	寻址后，AR0 以循环寻址方式加到 ARx 中去

【例 4-13】 双操作数寻址示例。

MPY *AR2, *AR3, A　　; 将 AR2 指向的数据存储器单元的值和 AR3 指向的数据存储器单元的值相乘，乘积存放在累加器 A 中，AR2 指向的数据存储器单元的值复制到暂存器 T 中

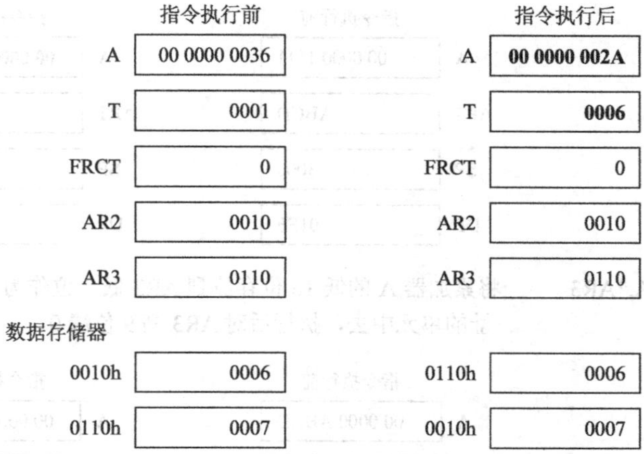

双数据存储器操作数间接寻址的特点是：占用程序空间小，运行速度快，在一个机器周期内通过两个 16 位数据总线（C 和 D）读两个操作数。

4.1.6 存储器映射寄存器寻址

在存储器映射寄存器（MMR）寻址方式中，修改存储器映射寄存器的值，而不影响当前数据页指针 DP 或当前堆栈指针 SP 的值，以存储器映射寄存器中的修改值去寻址。寻址范围为 0000h~007Fh。因为这种寻址方式不需要修改 DP 和 SP，所以对寄存器进行写操作的附加开销最小，寻址速度快。存储器映射寄存器寻址既可以在直接寻址中使用，又可以在间接寻址中使用。

在直接寻址方式中，高 9 位数据存储器地址被置 0（不管当前 DP 或 SP 为何值），利用指令中的低 7 位地址直接访问 MMR，相当于基地址为 0 的直接寻址方式。

在间接寻址方式中，使用当前辅助寄存器 ARx 的低 7 位作为地址访问存储器映射寄存器，并在指令执行后，将辅助寄存器 ARx 的高 9 位强制清 0。例如，在存储器映射寄存器寻址方式中，用 AR1 指向一个存储器映射寄存器，AR1 的值为 FF25h，那么 AR1 的低 7 位为 25h，所指示的数据存储器地址为 0025h。由于定时器周期寄存器 PRD 的地址为 0025h，那么 AR1 就指向了定时器周期寄存器。指令执行后存放在 AR1 中的值改变为 0025h。

共有以下 8 条能够使用存储器映射寄存器寻址的指令：

（1）LDM MMR,dst

（2）MVDM dmad,MMR

（3）MVMD MMR,dmad

（4）MVMM MMRx,MMRy

（5）POPM MMR

（6）PSHM MMR

（7）STLM src,MMR

（8）STM #1k,MMR

【例 4-14】 存储器映射寄存器寻址示例。

```
LDM  11h,A          ;地址 0011h 指向存储器映射寄存器 AR1，将 AR1 中的值装入累加器 A 的低
                     16 位，累加器 A 的高 24 位清 0
```

	指令执行前		指令执行后
A	00 0000 1111	A	**00 0000 ABCD**
AR1	ABCD	AR1	ABCD
SP	3000	SP	3000
DP	01FF	DP	01FF

STLM　A,*AR3　　;将累加器 A 的低 16 位存放到 AR3 低 7 位作为存储器映射寄存器 MMR 地址的单元中去，执行后对 AR3 高 9 位清 0

	指令执行前		指令执行后
A	00 0000 ABCD	A	00 0000 ABCD
AR3	0115	AR3	**0015**
0015h	0004	00150h	**ABCD**

需要注意的是，在存储器映射寄存器寻址方式下，不能采用下列间接寻址的句法：*ARx(lk)、*+ARx(lk)、*+ARx(lk)%和*(lk)。否则，汇编会产生警告。

4.1.7　堆栈寻址

当发生中断或子程序调用时，堆栈用来自动地保存程序计数器 PC 的值。堆栈也可以用来保护现场或传送参数。TMS320C54x 的堆栈是从高地址向低地址方向生长，并用一个 16 位存储器映射寄存器——堆栈指针（SP）来管理堆栈。堆栈寻址，就是利用堆栈指针，按照先进后出的原则来寻址。SP 总是指向压入堆栈的最后一个数据。堆栈寻址的作用是保护调用，中断现场信息，进行数据传输。

共有以下 4 条使用堆栈寻址的指令：

① PSHD。把一个数据存储器数据压入堆栈。

② PSHM。把一个存储器映射寄存器中的值压入堆栈。

③ POPD。从堆栈中弹出一个数据至数据存储器单元。

④ POPM。从堆栈中弹出一个数据至存储器映射寄存器。

在执行压入堆栈操作时，SP 先减 1，然后将数据压入堆栈；在执行弹出堆栈操作时，数据从堆栈中弹出后，SP 再加 1。图 4-9 给出了将一个数据 X2 压入堆栈（PSHD X2）的操作过程，从图中可以清楚地看出堆栈和堆栈指针 SP 在操作前后的变化情况。

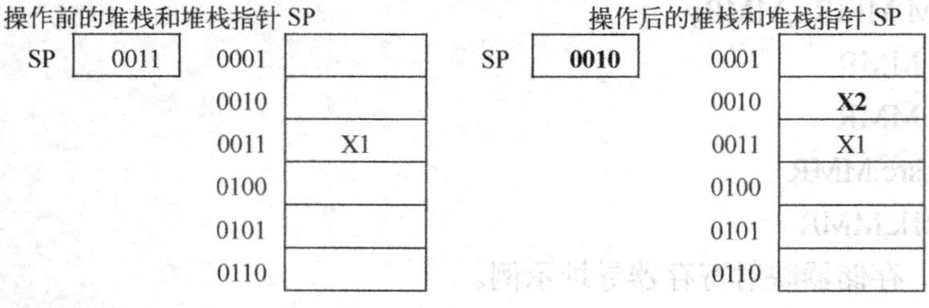

图 4-9　数据压入堆栈操作示意图

【例 4-15】 堆栈寻址示例。

```
PSHD    *AR3+    ;堆栈指针 SP 减 1，AR3 的值压入 SP 指向的数据存储单元中，寻址结束
                  后，AR3 的地址加 1
PSHD    *AR3+    ;同上
NOP
POPD    *AR4+    ;将由 SP 寻址的数据存储单元的内容复制到由 AR4 确定的数据存储单元中
                  去，寻址结束后，SP 指针加 1，AR3 的地址加 1
POPD    *AR4+    ;同上
```

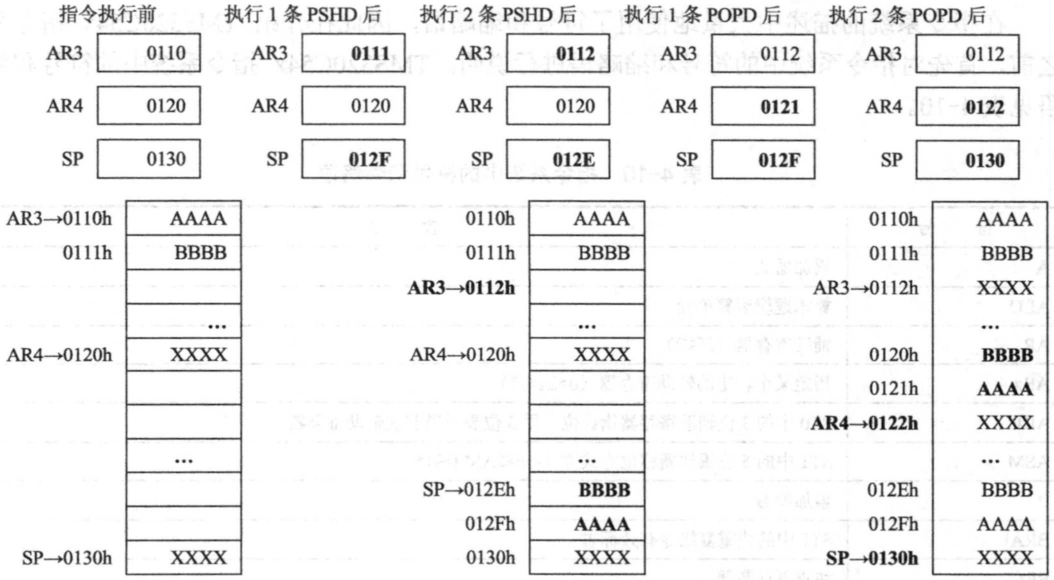

下面对 TMS320C54x 的寻址方式作一个小结，见表 4-9。

表 4-9　TMS320C54x 的寻址方式小结

寻址方式	特点	应用场合
立即数寻址	操作数就在指令中，运行比较慢，并要求较多的存储空间	表示常数，对寄存器初始化
绝对寻址	允许寻址任何一个数据存储器单元中的操作数，运行速度较慢，并要求较多的存储空间	用于对寻址速度无苛刻要求的地方
累加器寻址	利用累加器指向程序存储单元的地址	利用累加器，在程序空间和数据空间之间传送数据
直接寻址	指令中包含的数据存储器低 7 位地址，与 DP 的 9 位数拼接或与 SP 中 16 位数相加形成 16 位地址，可单周期寻址 128 个单元	寻址速度快，用于速度关键的场合
间接寻址	通过辅助寄存器和辅助寄存器指针，寻址数据存储空间的任何一个单元，并自动的增量/减量、变址寻址、循环寻址、位倒序寻址	共有 16 种修正地址的方式，用于需要按固定步长步进寻址的场合
MMR 寻址	是一种基地址为 0（不考虑 DP、SP 和 CPL）的寻址，寻址速度快	直接用 MMR 的名字快速访问数据存储器的 0 页资源
堆栈寻址	有 4 条指令指向压入/弹出堆栈操作	将数据保存至堆栈或从堆栈中弹出

4.2　TMS320C54x 的指令表示方法

与所有的微处理器助记符指令一样，TMS320C54x 的助记符指令也是由操作码和操作数

两部分组成。在汇编前，操作码和操作数都是用助记符表示。例如：指令

```
LD      #0FFh,      A       ;立即数 0FFh 传送至累加器 A
↓       ↓           ↓        ↓
操作码   源操作数     目的操作数   注释
```

其执行的结果就是将立即数 0FFh 传送至累加器 A 中。

4.2.1 指令系统中的符号

在指令系统的描述中大量地使用了符号和缩略语，因此在介绍 TMS320C54x 指令系统之前，首先对指令系统中的符号和缩略语进行说明。TMS320C54x 指令系统中的符号和缩略语见表 4-10。

表 4-10 指令系统中的符号和缩略语

符 号	含 义
A	累加器 A
ALU	算术逻辑运算单元
AR	辅助寄存器（泛指）
ARx	指定某个特定的辅助寄存器（0≤x≤7）
ARP	ST0 中的 3 位辅助寄存器指针位，用 3 位表示当前的辅助寄存器
ASM	ST1 中的 5 位累加器移位方式位（-16≤ASM≤15）
B	累加器 B
BRAF	ST1 中的块重复指令有效标志
BRC	块重复计数器
BITC	4 位 BITC，决定位测试指令对指定的数据存储单元的哪一位（0≤BITC≤15）测试
C16	ST1 中的双 16 位/双精度运算方式位
C	ST0 中的进位位
CC	2 位条件码（0≤CC≤3）
CMPT	ST1 中的兼容方式位，决定 ARP 是否可以修正
CPL	ST1 中的编辑方式位
cond	表示一种条件的操作数，用于条件执行指令
[D]	延时选项
DAB	D 地址总线
DAR	DAB 地址寄存器
dmad	16 位立即数数据存储器地址（0~65535）
Dmem	数据存储器操作数
DP	ST0 中的 9 位数据存储器页指针（0≤DP≤511）
dst	目的累加器（A 或 B）
dst_	另一个目的累加器；如果 dst=A，则 dst_=B；如果 dst=B，则 dst_=A
EAB	E 地址总线
EAR	EAB 地址寄存器

（续）

符　　号	含　　义
extpmad	23 位立即数程序存储器地址
FRCT	ST1 中的小数方式位
hi(A)	累加器 A 的高 16 位（位 31~16）
HM	ST1 中的保持方式位
IFR	中断标志寄存器
INTM	ST1 中的全局中断屏蔽位
K	少于 9 位的短立即数
k3	3 位立即数（0≤k3≤7）
k5	5 位立即数（-16≤k5≤15）
k9	9 位立即数（0≤k9≤511）
lk	16 位长立即数
Lmem	利用长字寻址的 32 位单数据存储器操作数
mmr，MMR	存储器映射寄存器
MMRx，MMRy	存储器映射寄存器，AR0~AR7 或 SP
n	XC 指令后面的字数，n=1 或 n=2
N	RSBX 和 SSBX 指令中指定修改的状态寄存器，N=0 为 ST0，N=1 为 ST1
OVA	ST0 中的累加器 A 溢出标志
OVB	ST0 中的累加器 B 溢出标志
OVdst	指定目的累加器（A 或 B）的溢出标志
OVdst_	另一个目的累加器（A 或 B）的溢出标志
OVsrc	源累加器（A 或 B）的溢出标志
OVM	ST1 中的溢出方式位
PA	16 位立即数表示的端口地址（0≤PA≤65535）
PAR	程序存储器地址寄存器
PC	程序计数器
pmad	16 位立即数程序存储器地址（0≤pmad≤65535）
pmem	程序存储器操作数
PMST	处理器工作方式状态寄存器
prog	程序存储器操作数
[R]	舍入选项
RC	重复计数器
REA	块重复结束地址寄存器
rnd	舍入
RSA	块重复起始地址寄存器
RTN	RETF[D]指令中用到的快速返回寄存器
SBIT	用 RSBX、SSBX 和 XC 指令所修改的指定状态寄存器的位号（0~15）
SHFT	4 位移位数（0~15）
SHIFT	5 位移位数（-16~15）
Sind	间接寻址的单数据存储器操作数

（续）

符　号	含　义
Smem	16位单数据存储器操作数
SP	堆栈指针
src	源累加器A或B
ST0，ST1	状态寄存器0，状态寄存器1
SXM	ST1中的符号扩展方式位
T	暂存器
TC	ST0中的测试/控制标志位
TOS	堆栈顶部
TRN	状态转移寄存器
TS	由T寄存器的5~0位所规定的移位数
uns	无符号数
XF	ST1中的XF引脚状态位
XPC	程序计数器扩展寄存器
Xmem	在双操作数指令以及某些单操作数指令中所用到的16位双数据存储器操作数
Ymem	在双操作数指令中所用到的16位双数据存储器操作数

在解释指令操作码的组成时，也会用到一些符号和缩略语。例如：指令

LD Smem[, SHIFT], dst

是一条双字指令，它的操作码为

15	14	13	12	11	10	9	8	7	6	5	4	3	2	1	0
0	1	1	0	1	1	1	1	1	A	A	A	A	A	A	A
0	0	0	0	1	1	0	D	0	1	0	S	H	I	F	T

操作码中的符号和缩略语见表4-11。

表4-11　操作码中的符号和缩略语

符　号	含　义
A	数据存储器的地址位
ARx	指定辅助寄存器的3位数区
BITC	4位码区
CC	2位条件码区
CCCC CCCC	8位条件码区
COND	4位条件码区
D	目的累加器位。D=0为累加器A，D=1为累加器B
I	寻址方式位。I=0直接寻址，I=1间接寻址
K	少于9位的短立即数区
MMRx,MMRy	指定映射寄存器中的4位数（0~8）

（续）

符　　号	含　　义
N	单独一位数
NN	决定中断形式的两位数
R	舍入选项位。R=0 不带舍入指令，R=1 对结果舍入处理
S	源累加器位。S=0 为累加器 A，S=1 为累加器 B
SBIT	状态寄存器的 4 位位号数
SHFT	4 位移位数区（0~15）
SHIFT	5 位移位数区（−16~15）
X	数据存储器位
Y	数据存储器位
Z	延迟指令位。Z=0 无延迟操作，Z=1 带延迟操作

4.2.2 指令系统中的记号和运算符

TMS320C54x 指令中解释指令所用的一些记号见表 4-12。

表 4-12　指令系统中所用的记号

<table>
<tr><th>记　　号</th><th>含　　义</th></tr>
<tr><td>[X]</td><td>方括号内的操作数是任选的
例如：ADD　Smem [SHIFT]，src[，dst]
必须用一个 Smem 值和源累加器，但移位和目的累加器是任选的</td></tr>
<tr><td>#</td><td>在立即寻址指令中所用的常数前缀。#用在那些容易与其他寻址方式相混淆的指令中
例如：RPT　#15 ;短立即数寻址，下条指令重复执行 16 次
　　　RPT　15　;直接寻址，下条指令重复执行的次数取决于存储器中的数值</td></tr>
<tr><td>(abc)</td><td>小括号表示一个寄存器或一个存储单元中的内容
例如：（src）表示源累加器中的内容</td></tr>
<tr><td>x→y</td><td>x 值被传送到 y（寄存器或存储单元）中
例如：（Smem）->dst 指的是将数据存储单元中的内容加载到目的累加器</td></tr>
<tr><td>r(n–m)</td><td>寄存器或存储单元 r 的第 n–m 位
例如：src（15~0）指的是源累加器中的第 15~0 位</td></tr>
<tr><td><<nn</td><td>左移 nn 位（负数为右移）</td></tr>
<tr><td>||</td><td>并行操作指令</td></tr>
<tr><td>\\</td><td>循环左移</td></tr>
<tr><td>//</td><td>循环右移</td></tr>
<tr><td>X</td><td>X 取反（1 的补码）</td></tr>
<tr><td>|X|</td><td>X 取绝对值</td></tr>
<tr><td>AAh</td><td>AA 代表一个十六进制数</td></tr>
</table>

指令系统中所用的运算符号见表 4-13。

表 4-13　指令系统中所用的运算符号

符　号	运 算 功 能	求 值 顺 序
+ − ~ !	取正、取负、按位求补、逻辑负	从右至左
* / %	乘法、除法、求模	从左至右
+ −	加法、减法	从左至右
^	指数	从左到右
<< >>	左移、右移	从左至右
< ≤	小于、小于等于	从左至右
> ≥	大于、大于等于	从左至右
≠ !=	不等于	从左至右
&	按位与运算	从左至右
∧	按位异或运算	从左至右
|	按位或运算	从左至右

4.3　TMS320C54x 的指令系统

TMS320C54x 的指令系统共有 129 条基本指令，由于操作数的寻址方式不同，由它们可以派生至 205 条指令。不同指令的代码字数不同，执行周期也有所不同。TMS320C54x 指令系统中有单字、双字和 3 字指令，从执行周期上分别有 1~6 周期指令。其中多数是单周期指令。在这些指令中，有许多指令具有超标量操作能力，可以在单周期内完成多个操作，它们与灵活的寻址方式相结合，可以高速有效地完成各种数字信号处理的运算。

按照指令的功能，TMS320C54x 指令可以分为以下 4 种基本类型：

1）算术运算指令：包括加法、减法、乘法、乘加与乘减指令、双精度以及其他一些特殊应用指令。

2）逻辑运算指令：包括与、或、异或、移位和测试指令等。

3）程序控制指令：包括跳转、调用、中断、返回、重复等程序控制指令。

4）装载和存储指令：包括装载、存储以及并行装载和存储的指令等。

本小节中所列出的各指令表中的指令字数和执行周期均采用片内 DARAM 作为数据存储器。当使用长偏移间接寻址或以 Smem 绝对寻址时，应当增加 1 个字和 1 个机器周期。

4.3.1　算术运算指令

算术运算指令用于完成加、减、乘、除等算术运算。基于 CPU 的 40 位 ALU、硬件 MAC 及多级流水线的强大功能，TMS320C54x 的算术运算指令具有操作灵活、功能强、速度快的特点。TMS320C54x 的算术运算指令非常丰富，按照功能的不同可以将算术运算指令分为 6 组：加法指令、减法指令、乘法指令、乘加与乘减指令、双精度指令和特殊应用指令。分别叙述如下。

1．加法指令

加法指令是将 16 位的值与累加器的内容或另一个数据存储单元的内容相加，并把结果放进累加器。加法指令共有 13 条，见表 4-14。

表 4-14　加法指令

语　　法	表 达 式	说　　明	字数	周期
ADD Smem, src	src = src + Smem	操作数加至累加器	1	1
ADD Smem, TS, src	src = src + Smem << TS	操作数移位后加至累加器	1	1
ADD Smem, 16, src [, dst]	dst = src + Smem << 16	操作数左移 16 位加至累加器	1	1
ADD Smem [, SHIFT], src [, dst]	dst = src + Smem << SHIFT	操作数移位后加至累加器	2	2
ADD Xmem, SHFT, src	src = src + Xmem <<SHFT	操作数移位后加至累加器	1	1
ADD Xmem, Ymem, dst	dst = Xmem << 16 + Ymem << 16	两个操作数分别左移 16 位后加至累加器	1	1
ADD # lk [, SHFT], src [, dst]	dst = src + #lk << SHFT	长立即数移位后加至累加器	2	2
ADD # lk, 16, src [, dst]	dst = src + #lk << 16	长立即数左移 16 位后加至累加器	2	2
ADD src [, SHIFT] [, dst]	dst = dst + src << SHIFT	累加器移位后相加	1	1
ADD src, ASM [, dst]	dst = dst + src << ASM	累加器按 ASM 移位后相加	1	1
ADDC Smem, src	src = src + Smem + C	操作数带进位加至累加器	1	1
ADDM # lk, Smem	Smem = Smem + #lk	长立即数加至累加器	2	2
ADDS Smem, src	src = src + uns(Smem)	无符号数加法，符号位不扩展	1	1

TMS320C54x 中提供了多条用于加法的指令，如 ADD、ADDC、ADDM 和 ADDS。其中：

1）ADD 为不带进位加法，用于将一个 16 位数加到选定的累加器中。

2）ADDC 用于带进位的加法运算，即将 16 位的 Smem 和进位位 C 的值加到 src 中。

3）ADDM 专用于立即数的加法运算，即将 16 位的 Smem 与 16 位立即数 lk 相加，结果放在 Smem 中。

4）ADDS 用于无符号数的加法运算，即将无符号 16 位的 Smem 加到 src 中。

加法指令中，将一个 16 位的数加到选定的累加器中，这个 16 位数可以是单数据存储器操作数 Smem、双数据存储器操作数 Xmem 和 Ymem、立即数 lk 或累加器 src 移位后的值。

如果定义了目的累加器 dst，加法结果存入 dst，否则存入 src 中。操作数左移时低位添 0，右移时，如果 SXM=1，则高位进行符号扩展；如果 SXM=0，则高位添 0。加法指令受状态位符号扩展模式位 SXM 和溢出模式位 OVM 的影响，执行结果影响状态位进位标志 C 和目的累加器溢出标志 OVdst（若未指定 dst，则为 OVsrc）。

【例 4-16】 加法指令示例。

ADD *AR3＋, 14, A　　;将 AR3 指向的数据存储单元的值左移 14 位后和累加器 A 的值相加并将结果存入 A 中，同时 AR3 加 1

	指令执行前		指令执行后
A	00 0000 1200	A	**00 0540 1200**
C	1	C	**0**
AR3	0100	AR3	**0101**
SXM	1	SXM	1
数据存储器			
0100h	1500	0100h	1500

ADDC *+AR2(5), A　　;AR2 加 5 后的值作为地址所指向的数据存储单元的值与累加器 A 的值带进位位相加，并将结果存入 A 中

	指令执行前		指令执行后
A	00 0000 0013	A	**00 0000 0018**
C	1	C	**0**
AR2	0100	AR2	**0105**
数据存储器			
0105h	0004	0105h	0004

ADDM #0123Bh, *AR4+　;将 AR4 指向的数据存储单元的值 Smem 和立即数 0123Bh 相加，结果放在 Smem 中，同时 AR4 加 1

	指令执行前		指令执行后
AR4	0100	AR4	**0101**
数据存储器			
0100h	0004	0100h	**123F**

ADDS *AR2-, B　　;将 AR2 指向的数据存储单元的值和累加器 B 的值相加，并将结果存入 B 中，不做符号扩展，同时 AR2 减 1

	指令执行前		指令执行后
B	00 0000 0003	B	**00 0000 F009**
C	X	C	**0**
AR2	0100	AR2	**00FF**
数据存储器			
0104h	F006	0105h	F006

2. 减法指令

减法指令是将累加器的内容或另一个数据存储单元的内容与一个 16 位的值相减，并把结果放进累加器。减法指令共有 13 条，见表 4-15。

表 4-15　减法指令

语　法	表 达 式	说　明	字数	周期
SUB Smem, src	src = src − Smem	从累加器中减去操作数	1	1
SUB Smem, TS, src	src = src − Smem << TS	从累加器中减去移位后的操作数	1	1
SUB Smem, 16, src [, dst]	dst = src − Smem << 16	从累加器中减去左移 16 位后的操作数	1	1
SUB Smem [, SHIFT], src [, dst]	dst = src − Smem << SHIFT	从累加器中减去移位后的操作数	2	2
SUB Xmem, SHFT, src	src = src − Xmem <<SHFT	从累加器中减去移位后的操作数	1	1
SUB Xmem, Ymem, dst	dst = Xmem << 16−Ymem << 16	两个操作数分别左移 16 位后相减	1	1
SUB # lk [, SHFT], src [, dst]	dst = src − #lk << SHFT	长立即数移位后与累加器相减	2	2
SUB # lk, 16, src [, dst]	dst = src − #lk << 16	长立即数左移 16 位后与累加器相减	2	2
SUB src [, SHIFT] [, dst]	dst = dst − src << SHIFT	源累加器移位后与目的累加器相减	1	1

（续）

语　　法	表 达 式	说　　明	字数	周期
SUB src, ASM [, dst]	dst = dst − src << ASM	源累加器按 ASM 移位后与目的累加器相减	1	1
SUBB Smem, src	src = src − Smem − $\overline{C}$	从累加器中带借位减	1	1
SUBC Smem,src	If (src – Smem << 15) ≥0 src = (src – Smem << 15) << 1 + 1 Else　src = src << 1	条件减法指令	1	1
SUBS Smem, src	src = src − uns(Smem)	无符号数减法，符号位不扩展	1	1

TMS320C54x 中提供了多条用于减法的指令，如 SUB、SUBB、SUBC 和 SUBS。其中：

1）SUB 为不带借位的减法，用于从选定的累加器或 Xmem 中减去一个 16 位数，结果放在 dst[src]中。

2）SUBB 用于带借位的减法运算，即从源累加器 src 中减去 Smem 的值和进位位 C 的逻辑反，结果存在 src 中。

3）SUBS 用于无符号数的减法运算，即从源累加器 src 中减去 16 位无符号 Smem 的值。

4）SUBC 为移位减，即将 16 位的 Smem 左移 15 位，再从 src 中减去移位后的值。若结果大于 0，则结果左移 1 位后加上 1，放入 src 中；否则只把 src 的值左移一位，放入 src 中，DSP 中的除法就是用该指令来实现的。

减法指令受状态位 SXM 和 OVM 的影响，执行结果影响状态位 C 和 OVdst（若未指定 dst，则为 OVsrc）。

【例 4-17】 减法指令示例。

SUB *AR3＋, 14, A　;从累加器 A 中减去 AR3 指向的数据存储单元的值左移 14 位后的值，将结果存入 A 中，同时 AR3 加 1

	指令执行前		指令执行后
A	00 0000 1200	A	**FF FAC0**
C	X	C	**0**
AR3	0100	AR3	**0101**
SXM	1	SXM	1
数据存储器			
0100h	1500	0100h	1500

SUBB　*AR1+，B　;从累加器 B 中减去 AR1 所指向的数据存储单元的值和进位位 C 的逻辑反，且不进行符号扩展。同时 AR1 加 1

	指令执行前		指令执行后
B	FF 8000 0006	B	**FF 8000 0000**
C	1	C	1
OVM	1	OVM	1
AR1	0405	AR1	**0406**
数据存储器			
0405h	0006	0405h	0006

SUBS *AR2-, B　;从累加器 B 中减去 AR2 指向的数据存储单元的值并将结果存入 B 中，不做符号扩展，同时 AR2 减 1。

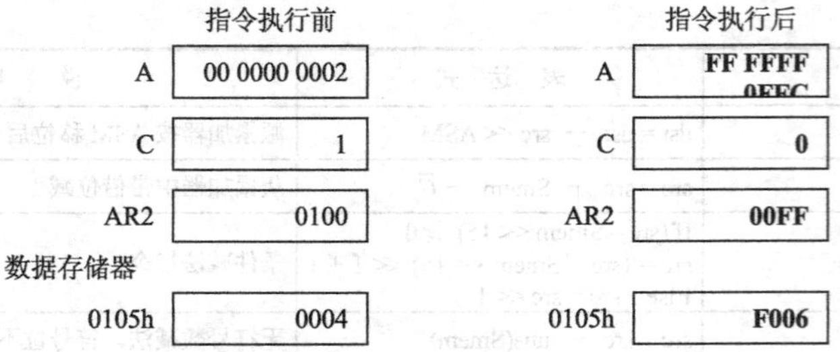

SUBC 2, A　　　;从累加器 A 中减去 0302h 指向的数据存储单元的值，其结果左移 15 位后小于 0，则 A 的值左移 1 位

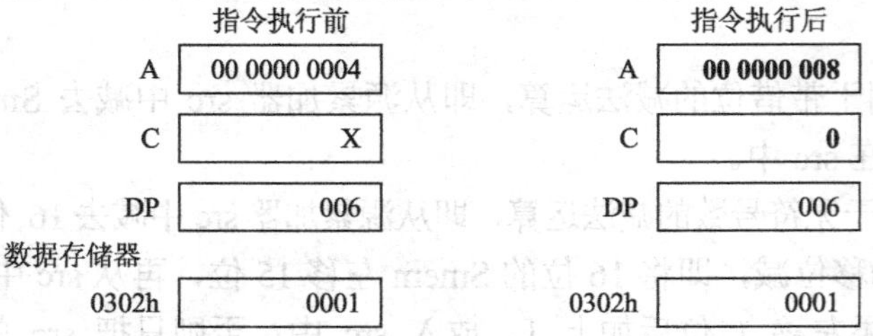

在 TMS320C54x 中没有提供专门的除法指令，一般有两种方法来完成除法。一种是用乘法来代替，除以某个数相当于乘以其倒数，所以先求出其倒数，然后相乘。这种方法对于除以常数特别适用。另一种方法是使用 SUBC 指令，重复 16 次减法完成除法运算。

下面这几条指令就是利用 SUBC 来完成整数除法（temp1/temp2）：

```
LD   temp1, B        ;将被除数 temp1 装入 B 累加器的低 16 位
RPT  #15             ;重复 SUBC 指令 16 次
SUBC temp2, B        ;使用 SUBC 指令完成除法
STL  B, temp3        ;将商（B 累加器的低 16 位）存入变量 temp3
STH  B, temp4        ;将余数（B 累加器的高 16 位）存入变量 temp4
```

在 TMS320C54x 中实现 16 位的小数除法与前面的整数除法基本一样，也是使用 SUBC 指令来完成，但应注意小数除法的结果一定是小数（小于 1），所以被除数一定小于除数。在执行 SUBC 指令前，应将被除数装入累加器的高 16 位，而不是低 16 位，其结果的格式与整数除法一样，应当考虑符号位对结果小数点的影响，所以应将商右移一位，得到正确的有符号数。

3. 乘法指令

乘法指令是将暂存器 T 或一个数据存储单元的内容与一个立即数或另一个数据存储单元的内容相乘，并把结果放进目的累加器。乘法指令共有 10 条，见表 4-16。

表 4-16　乘法指令

语　法	表 达 式	说　明	字数	周期
MPY Smem, dst	dst = T * Smem	T 寄存器值和操作数相乘	1	1
MPYR Smem, dst	dst = rnd(T * Smem)	T 寄存器值和操作数相乘（带舍入）	1	1
MPY Xmem, Ymem, dst	dst = Xmem * Ymem, T = Xmem	两个操作数相乘，乘积存放在累加器中	1	1
MPY Smem, # lk, dst	dst = Smem * #lk , T = Smem	长立即数与操作数相乘	2	2
MPY # lk, dst	dst = T * #lk	长立即数与 T 寄存器值相乘	2	2

（续）

语　法	表 达 式	说　明	字数	周期
MPYA dst	dst = T * A(32–16)	T 寄存器值与累加器 A 的高位相乘	1	1
MPYA Smem	B = Smem * A(32–16), T = Smem	操作数与累加器 A 的高位相乘	1	1
MPYU Smem, dst	dst = uns(T) * uns(Smem)	无符号数乘法	1	1
SQUR Smem, dst	dst = Smem * Smem, T = Smem	操作数的二次方	1	1
SQUR A, dst	dst = A(32–16) * A(32–16)	累加器 A 的高位二次方	1	1

TMS320C54x 中提供了多条用于乘法的指令，如 MPY、MPYA、MPYU 和 SQUR。其结果都是 32 位的，放在累加器 A 或 B 中。其中：

1）MPY 用于将 T 寄存器的值或一个数据存储器的值与另一个数据存储器的值或一个立即数相乘，结果放入 dst 中，在读操作数阶段把 Smem 或 Xmem 的值装入 T 寄存器中。

2）MPYA 用于将 A 的高位与 Smem 或 T 寄存器的值相乘，结果放入 dst 或 B 中，在读操作数期间把 Smem 装入 T 寄存器。

3）MPYU 用于将无符号 T 寄存器值与无符号 Smem 相乘，结果放入 dst。

4）SQUR 用于将 Smem 或累加器 A 的高位二次方后，结果放在 dst 中。

乘法指令受状态位分数模式位 FRCT 和溢出模式位 OVM 的影响，执行结果影响状态位 OVdst。

【例 4-18】 乘法指令示例。

MPY 13, A　　;将 T 寄存器与 040Dh 指向的数据存储单元的值相乘的积左移 1 位后存入 A 中（FRCT=1，乘法器输出自动左移 1 位）

	指令执行前		指令执行后
A	00 0000 0036	A	**00 0000 0054**
T	0006	T	0006
FRCT	1	FRCT	1
DP	0008	DP	0008
数据存储器			
040Dh	0007	040Dh	0007

MPYA *AR2　　;将累加器 A 的 32~16 位与 AR2 所指向的数据存储单元的值 Smem 相乘，结果存入累加器 B，Smem 值赋给 T 寄存器

	指令执行前		指令执行后
A	FF 8765 1111	A	FF 8765 1111
B	00 0000 0320	B	**FF D743**
T	1234	T	**5678**
FRCT	0	FRCT	0
AR2	0200	AR2	0200
数据存储器			
0200h	5678	0200h	5678

MPYU *AR0-，A ;将无符号的 AR0 指向的数据存储单元的值与无符号的 T 寄存器值相乘，结果存在累加器 A 中，同时 AR0 减 1

	指令执行前		指令执行后
A	FF 8000 0000	A	**00 3F80 0000**
T	4000	T	4000
FRCT	0	FRCT	0
AR0	1000	AR0	**0FFF**
数据存储器			
1000h	FE00	1000h	FE00

SQUR A，B ;计算累加器 A 的高位的二次方，并将结果放在累加器 B 中

	指令执行前		指令执行后
A	00 000F 0000	A	00 000F 0000
B	00 0101 0101	B	**00 0000 01C2**
FRCT	1	FRCT	1

4．乘加和乘减指令

乘加和乘减指令是将暂存器 T 或一个数据存储单元的内容与一个立即数或另一个数据存储单元的内容相乘，并把乘积与源累加器的内容相加/减，然后把结果放进累加器中。乘加和乘减指令共有 22 条，见表 4-17。

表 4-17 乘加和乘减指令

语 法	表 达 式	说 明	字数	周期
MAC Smem, src	src = src + T * Smem	操作数与 T 寄存器值相乘后加到累加器	1	1
MAC Xmem, Ymem, src [, dst]	dst = src + Xmem * Ymem, T = Xmem	两个操作数相乘后加到累加器	1	1
MAC # lk, src [, dst]	dst = src + T * #lk	长立即数与 T 寄存器位相乘后加到累加器	2	2
MAC Smem, # lk, src [, dst]	dst = src + Smem * #lk, T = Smem	长立即数与操作数相乘后加到累加器	2	2
MACR Smem, src	src = rnd(src + T * Smem)	操作数与 T 寄存器值相乘后加到累加器（带舍入[①]）	1	1
MACR Xmem, Ymem, src [, dst]	dst = rnd(src + Xmem * Ymem), T = Xmem	两个操作数相乘后加到累加器中（带舍入[①]）	1	1
MACA Smem [, B]	B = B + Smem * A(32–16), T = Smem	操作数与累加器 A 高位相乘后加到累加器 B	1	1
MACA T, src [, dst]	dst = src + T * A(32–16)	T 寄存器值与累加器 A 高位相乘	1	1
MACAR Smem [, B]	B = rnd(B + Smem * A(32–16)), T = Smem	T 寄存器值与累加器 A 高位相乘后加到累加器 B 中（带舍入[①]）	1	1
MACAR T, src [, dst]	dst = rnd(src + T * A(32–16))	T 寄存器值与累加器 A 高位相乘后加到源累加器（带舍入[①]）	1	1
MACD Smem, pmad, src	src = src + Smem * pmad, T = Smem, (Smem + 1) = Smem	操作数与程序存储器值相乘后加到累加器并延迟	2	3
MACP Smem, pmad, src	src = src + Smem * pmad, T = Smem	操作数与程序存储器值相乘后加到累加器	2	3
MACSU Xmem, Ymem, src	src = src + uns(Xmem) * Ymem, T = Xmem	无符号数与有符号数相乘后加到累加器	1	1

（续）

语　法	表 达 式	说　明	字数	周期
MAS Smem, src	src = src – T * Smem	从累加器中减去操作数与 T 寄存器值的乘积	1	1
MASR Smem, src	src = rnd(src – T * Smem)	从累加器中减去操作数与 T 寄存器值的乘积（带舍入①）	1	1
MAS Xmem, Ymem, src [, dst]	dst = src – Xmem * Ymem, T = Xmem	从源累加器中减去两个操作数的乘积	1	1
MASR Xmem, Ymem, src [, dst]	dst = rnd(src – Xmem * Ymem), T = Xmem	从源累加器中减去两个操作数的乘积（带舍入①）	1	1
MASA Smem [, B]	B = B – Smem * A(32–16), T = Smem	从累加器 B 中减去操作数与累加器 A 高位乘积	1	1
MASA T, src [, dst]	dst = src – T * A(32–16)	从源累加器中减去 T 寄存器值与累加器 A 高位乘积	1	1
MASAR T, src [, dst]	dst = rnd(src – T * A(32–16))	从源累加器中减去 T 寄存器值与累加器 A 高位乘积（带舍入①）	1	1
SQURA Smem, src	src = src + Smem * Smem, T = Smem	操作数求二次方并累加	1	1
SQURS Smem, src	src = src – Smem * Smem, T = Smem	从累加器中减去操作数求二次方	1	1

① 带有扩展名 R，对乘法结果进行舍入处理（加 2^{15}，低 16 位清 0）

TMS320C54x 中提供了多条用于乘加和乘减的指令，如乘加指令 MAC[R]、MACA[R]、MACD、MACP、MACSU、SQURA 和乘减指令 MAS[R]、MASA[R]、SQURS。其中：

1）MAC[R] 用于完成乘累加运算，结果放入 dst[src]中，带扩展名 R 时，结果还需要进行舍入操作。

2）MACA[R]用于将 A 的高位与 Smem 或 T 寄存器中的内容相乘，乘积加到累加器 B 中或 src 中，带扩展名 R 时，结果还需要进行舍入操作。

3）MACD 用于将 Smem 与 pmad 相乘，乘积和 src 值相加，结果放入 src 中，并把 Smem 装入下一数据单元和 T 寄存器。

4）MACP 用于将 Smem 与 pmad 相乘，乘积和 src 相加，结果放入 src 中，同时把 Smem 复制到 T 寄存器中。

5）MACSU 用于将无符号 Xmem 与带符号 Ymem 相乘，乘积与 src 相加，结果放入 src 中，同时把 Xmem 存入 T 寄存器。

6）SQURA 用于对 Smem 求二次方并加到 src 中，同时 Smem 放到 T 寄存器中。

7）MAS[R]用于完成乘累减运算，将 Smem 与 T 寄存器内容相乘，或者 Xmem 与 Ymem 相乘，再从 src 中减去该乘积，结果存放在 dst 中，带扩展名 R 时，结果还需要进行舍入操作。

8）MASA[R]用于将 A 的高位与 Smem 或 T 寄存器中的内容相乘，然后从 B 或 src 中减去该乘积，结果存入 B 或 dst 中，带扩展名 R 时，结果还需要进行舍入操作。

9）SQURS 用于将 Smem 值复制到 T 寄存器，然后 src 值减去 Smem 值的二次方，结果存入 src 中。

乘加和乘减指令受状态位 FRCT 和 OVM 的影响，执行结果影响状态位 OVdst。

【例 4-19】 乘加指令示例。

```
MAC  *AR5+, A        ;将 T 寄存器与 AR5 指向的数据存储单元的值相乘后加上累加器 A 的值，
                      结果再存入 A 中，同时 AR5 加 1
```

	指令执行前		指令执行后
A	00 0000 1000	A	**00 0048 E000**
T	0400	T	0400
FRCT	0	FRCT	0
AR5	0100	AR5	**0101**
数据存储器			
0100h	1234	0100h	1234

MACA *AR5+ ;将累加器 A 的 32~16 位与 AR5 指向的数据存储单元的值 Smem 相乘，乘积与累加器 B 相加后存入 B 中，Smem 值赋给 T 寄存器，同时 AR5 加 1

	指令执行前		指令执行后
A	00 1234 0000	A	00 1234 0000
B	00 0000 0000	B	**00 0626 0060**
T	0400	T	**5678**
FRCT	0	FRCT	0
AR5	0100	AR5	0101
数据存储器			
0100h	5678	0100h	5678

MACD *AR3-,COEFFS,A ;将 AR3 指向的数据存储单元的值 Smem 与程序存储器 COEFFS 的内容相乘，乘积和累加器 A 值相加之后存回 A，同时将 Smem 装入 T 和紧随 Smem 之后的地址单元中，AR3 减 1

	指令执行前		指令执行后
A	00 0077 0000	A	**00 007D 0B44**
T	0008	T	**0055**
FRCT	0	FRCT	0
AR3	0100	AR3	**00FF**
程序存储器			
COEFFS	1234	COEFFS	1234
数据存储器			
0100h	0055	0100h	0055
0101h	0066	0101h	**0055**

MACSU *AR4+, *AR5+,A ;将 AR4 指向的数据存储单元 Xmem 中的无符号数与 AR5 指向的数据存储单元中的有符号数相乘，乘积和累加器 A 值相加之后存回 A，同时将 Xmem 中的无符号数装入 T 中，AR4 加 1，AR5 加 1

	指令执行前		指令执行后
A	00 0000 1000	A	**00 09A0 AA84**
T	0008	T	**8765**
FRCT	0	FRCT	0
AR4	0100	AR4	**0101**
AR5	0200	AR5	**0201**
数据存储器			
0100h	8765	0100h	8765
0200h	1234	0200h	1234

【例 4-20】 乘减指令示例。

MAS *AR5+, A ;将 T 寄存器与 AR5 指向的数据存储单元的值相乘，再从累加器 A 中减去该乘积的值，结果再存入 A 中，同时 AR5 加 1

	指令执行前		指令执行后
A	00 0000 1000	A	**FF FFB7 4000**
T	0400	T	0400
FRCT	0	FRCT	0
AR5	0100	AR5	**0101**
数据存储器			
0100h	1234	0100h	1234

SQURS *AR3, A ;累加器 A 的值减去 AR3 指向的数据存储单元的值 Smem 的二次方，结果存入 src 中，同时 Smem 放到 T 寄存器中

	指令执行前		指令执行后
A	00 014B 5DB0	A	**00 0000 0320**
T	8765	T	**1234**
FRCT	0	FRCT	0
AR3	0309	AR3	0309
数据存储器			
0309h	1234	0309h	1234

5. 双精度指令

双精度（32 位操作数）指令是指那些有一个操作数为双精度（32 位）的指令。双精度指令共有 6 条，见表 4-18。

表 4-18 双精度（32 位操作数）指令

语 法	表 达 式	说 明	字数	周期
DADD Lmem, src [, dst]	If C16 = 0, dst = Lmem + src If C16 = 1 dst(39–16) = Lmem(31–16) + src(31–16) dst(15–0) = Lmem(15–0) + src(15–0)	双精度/双 16 位操作数加到累加器	1	1
DADST Lmem, dst	If C16 = 0, dst = Lmem + (T << 16 + T) If C16 = 1 dst(39–16) = Lmem(31–16) + T dst(15–0) = Lmem(15–0) – T	双精度/双 16 位操作数与 T 寄存器值相加/减	1	1
DRSUB Lmem, src	If C16 = 0, src = Lmem – src If C16 = 1 src(39–16) = Lmem(31–16) – src(31–16) src(15–0) = Lmem(15–0) – src(15–0)	从双精度/双 16 位操作数中减去累加器值	1	1
DSADT Lmem, dst	If C16 = 0, dst = Lmem – (T << 16 + T) If C16 = 1 dst(39–16) = Lmem(31–16) – T dst(15–0) = Lmem(15–0) + T	长操作数与 T 寄存器值相加/减	1	1
DSUB Lmem, src	If C16 = 0, src = src – Lmem If C16 = 1 src (39–16) = src(31–16) – Lmem(31–16) src (15–0) = src(15–0) – Lmem(15–0)	从累加器中减去双精度/双 16 位操作数	1	1
DSUBT Lmem, dst	If C16 = 0, dst = Lmem – (T << 16 + T) If C16 = 1 dst(39–16) = Lmem(31–16) – T dst(15–0) = Lmem(15–0) – T	从长操作数中减去 T 寄存器值	1	1

注：C16=0，表中指令以双精度方式（32 位）执行；C16=1，表中指令以双 16 位方式（同时进行两次 16 位数的加或减）执行。

TMS320C54x 中提供了多条双精度指令，如 DADD、DADST、DRSUB、DSADT、DSUB、DSUBT。指令中，Lmem 为 32 位操作数，该 32 位操作数由两个连续地址的 16 位字构成，低地址必须为偶数，内容为 32 位操作数的高 16 位，高地址的内容则是 32 位操作数的低 16 位。

在双精度指令中，C16 的值决定了指令执行的方式。当 C16=0 时，指令以双精度方式（32 位）执行。40 位累加器的值 src 加到长数据存储器中，饱和度和溢出位都是根据运算的结果来设置的。指令受状态位 SXM 和 OVM 的影响，执行指令会影响结果状态位 C 和 OVdst。

当 C16＝1 时，指令以双 16 位方式执行。src 的高位字（31~16 位）与 Lmem 的高 16 位相加；src 的低位字（15~0 位）与 Lmem 的低 16 位相加。饱和度和溢出位在此方式下不受影响，并且无论 OVM 的状态是什么，结果都不进行饱和运算。

【例 4-21】 双精度（32 位操作数）指令示例。

DADD *AR3+, A, B　　;由于 C16=0，将 AR3 指向的数据存储单元的值与累加器 A 的值以双精度方式相加，结果存在累加器 B 中，AR3 的值加 2。

	指令执行前		指令执行后
A	00 5678 8933	A	00 5678 8933
B	00 0000 0000	B	**00 6BAC BD89**
C16	0	C16	0
AR3	0100	AR3	**0102**
数据存储器			
0100h	1534	0100h	1534
0101h	3456	0101h	3456

DSUB *AR3-, A　　;由于 C16=1，将累加器 A 的值与 AR3 指向的数据存储单元的值以双 16 位方式相减，结果存在累加器 A 中，AR3 的值减 2。

	指令执行前		指令执行后
A	00 5678 3933	A	**00 4144 04DD**
C	1	C	1
C16	1	C16	1
AR3	0100	AR3	**00FE**
数据存储器			
0100h	1534	0100h	1534
0101h	3456	0101h	3456

6．特殊应用指令

TMS320C54x 还提供了 15 条特殊应用指令，见表 4-19。

表 4-19 特殊应用指令

语 法	表 达 式	说 明	字数	周期
ABDST Xmem, Ymem	B = B + |A(32–16)| A = (Xmem – Ymem) << 16	Xmem 和 Ymem 之差的绝对值	1	1
ABS src [, dst]	dst = |src|	累加器取绝对值	1	1
CMPL src [, dst]	dst = ~src	计算 src 的反码（逻辑反）	1	1
DELAY Smem	(Smem + 1) = Smem	把单数据存储单元 Smem 中的内容复制到紧接着的较高地址单元中	1	1
EXP src	T = (src)的符号位数 – 8	计算累加器指数值①	1	1
FIRS Xmem, Ymem, pmad	B = B + A * pmad A = (Xmem + Ymem) << 16	系数对称 FIR 滤波器	2	3
LMS Xmem, Ymem	B = B + Xmem * Ymem A = A + Xmem << 16 + 2^{15}	求最小均方根值	1	1
MAX dst	dst = max(A, B)	比较累加器值，把较大值放到 dst 中	1	1
MIN dst	dst = min(A, B)	比较累加器值，把较小值放到 dst 中	1	1
NEG src [, dst]	dst = –src	计算累加器值反值	1	1
NORM src [, dst]	dst = src << TS dst = norm(src, TS)	规一化。按 T 寄存器中的内容对累加器进行规格化处理（左移或右移）	1	1
POLY Smem	B = Smem << 16 A = rnd(A(32–16) * T + B)	用于多项式计算	1	1
RND src [, dst]	dst = src + 2^{15}	累加器舍入计算	1	1
SAT src	对(src)进行饱和计算	累加器饱和计算	1	1
SQDST Xmem, Ymem	B = B + A(32–16) * A(32–16) A = (Xmem – Ymem) << 16	计算两点之间距离的二次方	1	1

① EXP src 该指令计算累加器 A 指数值并保存在 T 寄存器中，该值是一个−8~31 之间的带符号的二进制补码值。指数值是通过源累加器 A 的引导位数减 8 得到的。引导位数等于消除 40 位累加器 A 中符号位以外的冗余符号位所需左移的位数。指令结束后，A 中值没有改变。如果引导位数减去 8 的值为负，说明累加器 A 的保护位中有有效位。

TMS320C54x 提供的特殊应用指令分别为 ABDST、ABS、CMPL、DELAY、EXP、MAX、MIN、POLY、SAT、RND、SQDST、FIRS、LMS、NEG、NORM。除了一条 FIRS 为 2 字 3 周期指令之外，其他全部是单字单周期指令。完成的功能包括求绝对值、取反、取大值给目标或取小值给目标、求补码、求指数等。这些指令提高了定点的处理能力，为一些特殊运算提供了方便。

【例 4-22】 特殊应用指令示例。

ABS A, B ;利用 ABS 指令将累加器 A 的内容求绝对值，然后把绝对值放入 B 中

	指令执行前			指令执行后	
A	FF FFFF FFCB	-53	A	FF FFFF FFCB	-53
B	FF FFFF FC18	-1000	B	**00 0000 0035**	+53

CMPL A, B ;计算累加器 A 的反码（逻辑反），结果存放在累加器 B 中

	指令执行前		指令执行后
A	FC DFFA AEAA	A	FC DFFA AEAA
B	00 0000 7899	B	**03 2005 5155**

MIN A ;比较累加器 A 和 B 的内容，并把较小的一个存放在累加器 A 中。如果较小值为 A，进位位 C 被清 0，如果较小值为 B，进位位 C 则被置为 1

	指令执行前		指令执行后
A	00 0000 1234	A	**00 0000 1230**
B	00 0000 1230	B	00 0000 1230
C	0	C	1

4.3.2 逻辑运算指令

逻辑运算指令用于完成与、或、异或等逻辑运算。按照功能的不同可以将逻辑运算指令分为 6 组：与指令、或指令、异或指令、移位指令和测试指令。分别叙述如下。

1. 与指令

与指令是将 16 位的值与累加器的内容或另一个数据存储单元的内容相与，并把结果存入累加器或数据存储单元中。与指令共有 5 条，见表 4-20。

表 4-20 与逻辑运算指令

语法	表达式	说明	字数	周期
AND Smem, src	src = src & Smem	操作数和累加器相与	1	1
AND # lk [, SHFT], src [, dst]	dst = src & #lk << SHFT	长立即数移位后和累加器相与	2	2
AND # lk, 16, src [, dst]	dst = src & #lk << 16	长立即数左移 16 位后和累加器相与	2	2
AND src [, SHIFT] [, dst]	dst = dst & src << SHIFT	源累加器移位后和目的累加器相与	1	1
ANDM # lk, Smem	Smem = Smem & #lk	操作数和长立即数相与	2	2

注：如果有移位，操作数在移位后再进行与操作。左移时低位添 0；右移时高位添 0。不受 SXM 的影响。

TMS320C54x 提供的与指令分别为 AND 和 ANDM，其中：

1）AND 用于将一个 16 位数与累加器内容相与，并把结果放进累加器。

2）ANDM 用于将一个 16 位长立即数与 16 位单数据存储器操作数 Smem 相与，并把结果存入 Smem。注意，此指令不可重复执行。

所有这类指令均为双操作数指令，且不受任何状态位的影响，执行结果对状态位也没有影响。由于与指令在操作中均进行对应位的逻辑运算，因此可对操作数的某些位进行特殊处理，如用与指令可实现对指定的位进行屏蔽。例如，使用指令“AND #0FFFFh,16, A”可以将 A 的低 16 位清 0。

【例 4-23】 与指令示例。

AND A, 3, B ;将累加器 A 的值左移 3 位与累加器 B 的值相与，结果存在 B 中

	指令执行前		指令执行后
A	00 0000 1200	A	00 0000 1200
B	00 0000 1800	B	**00 0000 1000**

ANDM #00FFh，*AR4+ ;将 16 位长立即数#00FFh 与 AR4 指向的数据存储单元的值 Smem 相与，并把结果存入 Smem，AR4 的值加 1

	指令执行前		指令执行后
AR4	0100	AR4	**0101**
数据存储器			
0100h	0444	0100h	**0044**

2. 或指令

或指令是将 16 位的值与累加器的内容或另一个数据存储单元的内容相或，并把结果存入累加器或数据存储单元中。或指令共有 5 条，见表 4-21。

表 4-21　或逻辑运算指令

语　法	表 达 式	说　明	字数	周期
OR Smem, src	src = src | Smem	操作数和累加器相或	1	1
OR # lk [, SHFT], src [, dst]	dst = src | #lk << SHFT	长立即数移位后和累加器相或	2	2
OR # lk, 16, src [, dst]	dst = src | #lk << 16	长立即数左移 16 位后和累加器相或	2	2
OR src [, SHIFT] [, dst]	dst = dst | src << SHIFT	源累加器移位后和目的累加器相或	1	1
ORM # lk, Smem	Smem = Smem | #lk	操作数和长立即数相或	2	2

TMS320C54x 提供的或指令分别为 OR 和 ORM，其中：

1）OR 用于将一个 16 位数与累加器内容相或，并把结果放进累加器。

2）ORM 用于将一个 16 位长立即数与 16 位单数据存储器操作数 Smem 相或，并把结果存入 Smem。注意，此指令不可重复执行。

所有这类指令均为双操作数指令，均不受任何状态位的影响，执行结果对状态位也没有影响。或指令可对操作数的某些位进行特殊处理，如用或指令可实现对指定的位进行置 1。例如，使用指令“OR #00FFh, A”可使 A 的低 8 位置 1。

【例 4-24】 或指令示例。

```
OR A, 3, B          ;将累加器 A 的值左移 3 位与累加器 B 的值相或，结果存在 B 中
```

	指令执行前		指令执行后
A	00 0000 1200	A	00 0000 1200
B	00 0000 1800	B	**00 0000 9800**

```
ORM #0404h，*AR4+   ;将 16 位长立即数#0404h 与 AR4 指向的数据存储单元的值 Smem 相或，
                     并把结果存入 Smem，AR4 的值加 1
```

	指令执行前		指令执行后
AR4	0100	AR4	**0101**
数据存储器			
0100h	4444	0100h	**4444**

3. 异或指令

异或指令是将 16 位的值与累加器的内容或另一个数据存储单元的内容相异或，并把结果存入累加器或数据存储单元中。异或指令共有 5 条，见表 4-22。

TMS320C54x 提供的异或指令分别为 XOR 和 XORM，其中：

1）XOR 用于将一个 16 位数与累加器内容相异或，并把结果放进累加器。

2）XORM 用于将一个 16 位长立即数与 16 位单数据存储器操作数 Smem 相异或，并把结果存入 Smem。注意，此指令不可重复执行。

表 4-22　异或逻辑运算指令

语　法	表 达 式	说　明	字数	周期
XOR Smem, src	src = src ^ Smem	操作数和累加器相异或	1	1
XOR # lk [, SHFT,], src [, dst]	dst = src ^ #lk << SHFT	长立即数移位后和累加器相异或	2	2
XOR # lk, 16, src [, dst]	dst = src ^ #lk << 16	长立即数左移 16 位后和累加器相异或	2	2
XOR src [, SHIFT] [, dst]	dst = dst ^ src << SHIFT	源累加器移位后和目的累加器相异或	1	1
XORM # lk, Smem	Smem = Smem ^ #lk	操作数和长立即数相异或	2	2

所有这类指令均为双操作数指令，且不受任何状态位的影响，执行结果对状态位也没有影响。由于异或指令在操作中均进行对应位的逻辑运算，通过自身的异或可进行清 0。例如，使用指令“XOR A, A”可将累加器 A 清 0。

【例 4-25】 异或指令示例。

XOR A, 3, B　　　;将累加器 A 的值左移 3 位与累加器 B 的值相异或，结果存在 B 中

	指令执行前		指令执行后
A	00 0000 1200	A	00 0000 1200
B	00 0000 1800	B	**00 0000 8800**

XORM #0404h，*AR4-　;将 16 位长立即数#0404h 与 AR4 指向的数据存储单元的值 Smem 相异或，并把结果存入 Smem，AR4 的值减 1

	指令执行前		指令执行后
AR4	0100	AR4	**00FF**
数据存储器			
0100h	4444	0100h	**4040**

4. 移位指令

移位指令是对累加器的内容进行各种移位操作，并把结果放进累加器中。移位指令共有 6 条，见表 4-23。

表 4-23　移位逻辑运算指令

语　法	表 达 式	说　明	字数	周期
ROL src	带进位位循环左移	累加器循环左移一位。进位位 C 的值移入 src 的最低位，src 的最高位移入 C 中，保护位清 0	1	1
ROLTC src	带 TC 位循环左移	累加器带 TC 位循环左移。TC 的值移入 src 的最低位，src 的最高位移入 C 中，保护位清 0	1	1
ROR src	带进位位循环右移	累加器循环右移一位。进位位 C 的值移入 src 的最高位，src 的最低位移入 C 中，保护位清 0	1	1
SFTA src, SHIFT [, dst]	dst = src << SHIFT{算术移位}	累加器算术移位	1	1
SFTL src, SHIFT [, dst]	dst = src << SHIFT {逻辑移位}	累加器逻辑移位	1	1
SFTC src	if src(31) = src(30) then src = src << 1	累加器条件移位。当累加器的第 31 位、30 位都为 1 或 0 时（两个符号位），累加器左移一位，TC=0；否则（一个符号位），TC=1	1	1

TMS320C54x 提供的移位指令分别为 ROL、ROLTC、ROR、SFTA、SFTL 和 SFTC。

1）带进位位 C 的循环左移或右移 ROL、ROR 以及带测试位 TC 的循环左移 ROLTC 都是对累加器 A 或 B 的内容移动一位，且将保护位的 8 位清 0，其操作示意图如图 4-10 所示。

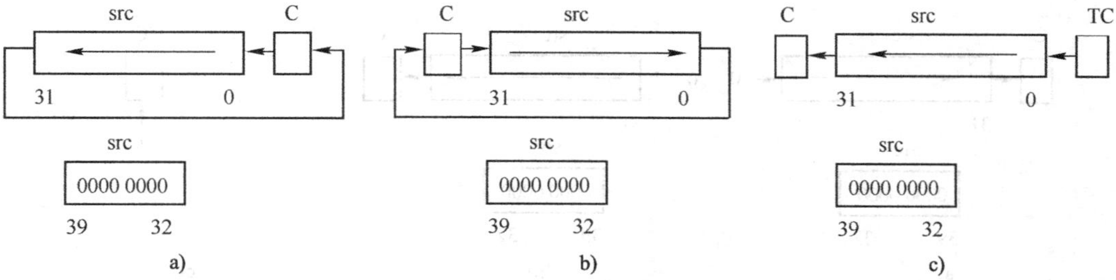

图 4-10　循环移位指令操作示意图

a) ROL src 指令　b) ROR src 指令　c) ROLTC src 指令

2）算术移位指令 SFTA 用于对有符号数的移位，其操作与标志位 SXM 及 OVM 的值有关，它会影响状态位 C 及 OVdst（若 dst=src，则为 OVsrc）。算术移位指令“SFTA src,SHIFT”的操作示意图如图 4-11 所示，该图示出的是 dst＝src 的操作情况。对于指令“SFTA src,SHIFT,dst”（dst≠src），只需将图 4-11 的操作结果送入目的累加器 dst，而源累加器 src 的内容不变。

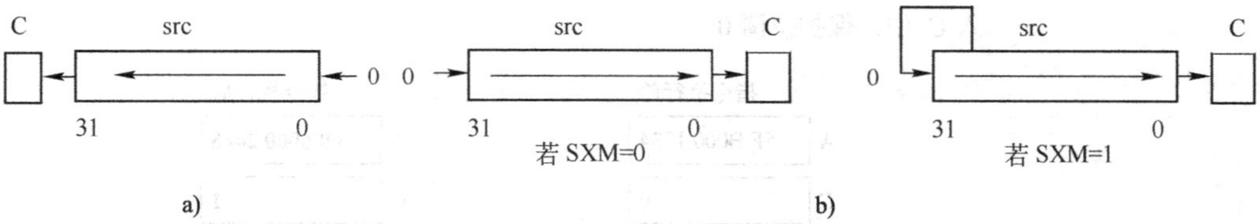

图 4-11　算术移位指令“SFTA src,SHIFT”的操作示意图

a) 当 0<SHIFT≤15 时　b) 当-16≤SHIFT<0 时

由图 4-11 可以看出：

① 当 0＜SHIFT≤15 时，将 src 的 39~0 位左移 SHIFT 位，低位添 0；将最后一次移动的位值送入状态位 C。

② 当-16≤SHIFT＜0 时，将 src 的 39~0 位右移 SHIFT 位，将最后一次移动的位值送入状态位 C；当 SXM=0 时，高位添 0；当 SXM=1 时，将最高位（39 位）的值添入移出的高位，即保持符号位。

3）逻辑移位指令 SFTL 用于对无符号数的移位，它会影响状态位 C。逻辑移位指令“SFTL src,SHIFT”的操作示意图如图 4-12 所示，该图示出的是 dst=src 的操作情况。对于指令“SFTL src,SHIFT,dst”（dst≠src），只需将图 4-12 的操作结果送入目的累加器 dst，而源累加器 src 的内容不变。

由图 4-12 可以看出：

① 当 0＜SHIFT≤15 时，将 src 的 31~0 位左移 SHIFT 位，低位添 0；将最后一次移动

的位值送入状态位 C，将 src 的 39~32 位清 0。

② 当−16≤SHIFT<0 时，将 src 的 39~0 位右移 SHIFT 位，高位添 0；将最后一次移动的位值送入状态位 C；将 src 的 39~32 位清 0。

③ 当 SHIFT＝0 时，令 C=0。

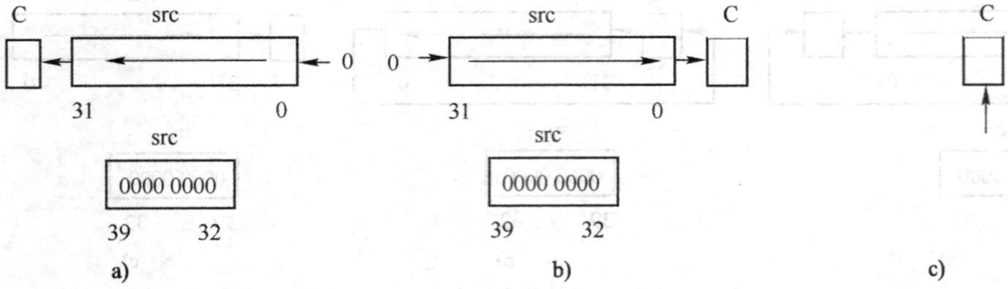

图 4-12　逻辑移位指令 SFTL src，SHIFT 的操作示意图

a) 当 0<SHIFT≤15 时　b) 当−16≤SHIFT<0 时　c)当 SHIFT＝0 时

4）条件移位指令 SFTC 用于累加器条件移位，它会影响状态位 TC。当累加器 src=0 时，将 1 写入测试位 TC；当 src≠0 时，进行条件移位，若累加器的第 31 位、30 位都为 1 或 0 时（两个符号位），累加器左移一位，即 32 位 src 左移一位，保护位 src（39~32 位）不变，0 写入测试位 TC；否则若 src 只有一个符号位，则不移位，1 写入测试位 TC。

【例 4-26】 移位指令示例。

ROL A　　;将累加器 A 的值循环左移 1 位，进位位 C 的值移入 A 的最低位，A 的最高位移入 C 中，保护位清 0

ROLTC A　　;累加器 A 带 TC 位循环左移。TC 的值移入 A 的最低位，A 的最高位移入 C 中，保护位清 0

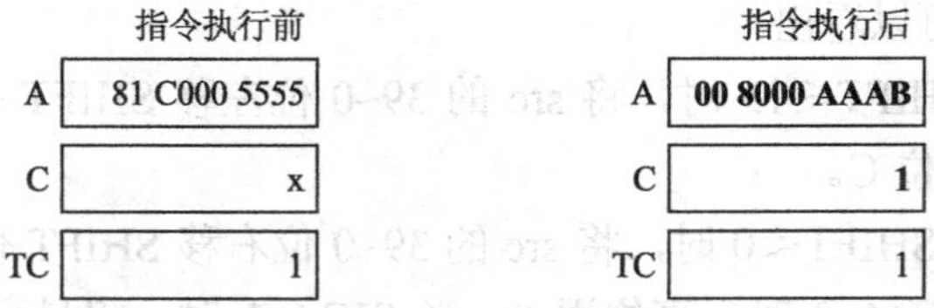

ROR A　　;将累加器 A 的值循环右移 1 位，进位位 C 的值移入 src 的最高位，src 的最低位移入 C 中，保护位清 0

SFTA A,-5,B　　;当 SXM=1 时，执行算术移位指令，结果进行符号扩展；当 SXM=0 时，执行算术移位指令，结果不进行符号扩展

	指令执行前		指令执行后
A	FF 8765 0055	A	FF 8765 0055
B	00 4321 1234	B	**FF FC3B 2802**
C	x	C	**1**
SXM	1	SXM	1

	指令执行前		指令执行后
A	FF 8765 0055	A	FF 8765 0055
B	00 4321 1234	B	**07 FC3B 2802**
C	x	C	**1**
SXM	0	SXM	0

SFTC　A　　;累加器条件移位，如果累加器 src 有两个有效的符号位，累加器左移一位，即 32 位 src 左移一位，保护位 src（39~32）不变，0 写入测试位 TC

	指令执行前		指令执行后
A	FF FFFF F001	A	**FF FFFF E002**
TC	x	TC	**0**

SFTL　A,-5,B　;累加器逻辑移位，SHIFT=－5<0，将 A 的 39~0 位右移 SHIFT 位，高位添 0；将最后一次移动的位值送入状态位 C；将 A 的 39~32 位清 0，结果存入 B

	指令执行前		指令执行后
A	FF 8765 0055	A	FF 8765 0055
B	FF 8000 0000	B	**00 043B 2802**
C	0	C	**1**

5．测试指令

测试指令通常和条件转移等指令结合，实现程序转移，或用于检测数据的正、负极性，数据的位状态等。测试指令共有 5 条，见表 4-24。

表 4-24　测试指令

语　法	表 达 式	说　明	字数	周期
BIT Xmem, BITC	TC = Xmem(15 – BITC)	测试指定位。把 Xmem 存储单元值的第 15－BITC 位复制到 ST0 的 TC 位。例如 BIT *AR5+，15-12，测试 AR5 所指单元的第 12 位	1	1
BITF Smem, # lk	TC = (Smem && #lk)	测试由立即数规定的位域。lk 常数在测试 bit 或 bits 时起屏蔽作用。如果所测试的 bit 或 bits 为 0，TC 位清 0；否则，TC 置 1	2	2
BITT Smem	TC = Smem(15 – T(3–0))	测试由 T 寄存器规定的位。把 Smem 存储单元值的第 15–T(3–0) 位复制到 ST0 的 TC 位	1	1
CMPM Smem, # lk	TC = (Smem == #lk)	存储单元和长立即数比较，如果相等，TC 置 1，否则清 0	2	2
CMPR CC, AR	Compare ARx with AR0	辅助寄存器 ARx 内容与 AR0 内容比较。比较由条件 CC（条件代码）值决定。如果满足条件，TC 置 1，否则清 0。CC 值及其表示的条件和说明如下 条件 / CC 值 / 说明 EQ / 00 / 测试 ARx 是否等于 AR0 LT / 01 / 测试 ARx 是否小于 AR0 GT / 10 / 测试 ARx 是否大于 AR0 NEG / 11 / 测试 ARx 是否不等于 AR0	1	1

TMS320C54x 提供的测试指令分别为 BIT、BITF、BITT、CMPM 和 CMPR，其中：

1）BIT 用于测试指定位，把 Xmem 存储单元值的第 15–BITC 位复制到 ST0 的 TC 位。需要注意的是，与 D15~D0 位对应的 BITC 是 0~15，顺序刚好相反，使用时要注意。

2）BITF 用于测试由立即数规定的位域，将 Smem 的内容与 lk 常数相与，如果结果为 0，TC 位清 0；否则 TC 置 1。该指令可检测 Smem 的正、负极性，也可检测某些位的屏蔽情况等。

3）BITT 用于测试由 T 寄存器规定的位，把 Smem 存储单元值的第 15-T(3-0)位复制到 ST0 的 TC 位；同样的，D15~D0 位对应的 T(3-0)是 0~15，顺序刚好相反，使用时要注意。

4）CMPM 用于比较两数是否相等，如果相等，TC 置 1，否则清 0；该指令与 BITF 的不同之处是，CMPM 检测是否与立即数相等，而后者是与立即数相与后再检测，使用时要注意区分。

5）CMPR 用于比较辅助寄存器 ARx 内容与 AR0 内容。比较由条件 CC（条件代码）值决定。如果满足条件，TC 置 1，否则清 0，见表 4-24。

【例 4-27】 测试指令示例。

BIT *AR5+, 15-12 ;测试 AR5 所指单元的第 12 位，将此位复制到 TC，AR5 的值加 1

	指令执行前		指令执行后
AR5	0100	AR5	**0101**
TC	0	TC	1
数据存储器			
0100h	7688	0100h	7688

BITF 5, #0800h ;测试由立即数规定的位域，将 0205h 所指向的存储单元的值与立即数相与，结果为 0，则 TC=0，否则 TC=1

	指令执行前		指令执行后
TC	x	TC	0
DP	004	DP	004
数据存储器			
0205h	0F7F	0205h	0F7F

BITT*AR7+0 ;测试由 T 寄存器规定的位，把 AR7 所指向的存储单元的值 Smem 的第 15-T(3-0)复制到 ST0 的 TC 位，然后将 AR0 的值加至 AR7

	指令执行前		指令执行后
T	C	T	C
TC	0	TC	1
AR0	0008	AR0	0008
AR7	0100	AR7	**0108**
数据存储器			
0100h	0008	0100h	0008

CMPM *AR4+,#0404h ;将由 AR4 指向的存储单元的值与常数比较，若相等，TC=1，否则 TC=0，AR4 寻址结束后自加 1

	指令执行前		指令执行后
TC	1	TC	0
AR4	0100	AR4	**0101**
数据存储器			
0100h	4444	0100h	4444

CMPR 2,AR4 ;比较辅助寄存器 AR4 内容与 AR0 内容，CC=2，测试 AR4 是否大于 AR0，如果满足条件，TC 置 1，否则清 0。

	指令执行前		指令执行后
TC	1	TC	0
AR0	FFFF	AR0	FFFF
AR4	7FFF	AR4	7FFF

4.3.3 程序控制指令

程序控制指令用于控制程序的流程，也就是控制指令的执行顺序。按照功能的不同可以将程序控制指令分为 7 组：分支转移（跳转）指令、调用指令、中断指令、返回指令、重复指令、堆栈操作指令和其他程序控制指令。分别叙述如下。

1．分支转移（跳转）指令

分支转移（跳转）指令可以改变程序指针 PC 的值，使程序从一个地址跳转到另一个地址执行。这种跳转可以是无条件的跳转，也可以是有条件的跳转。分支转移指令共有 6 条，见表 4-25。

表 4-25　分支转移（跳转）指令

语　法	表 达 式	说　明	字数	周期（非延迟/延迟）
B[D] pmad	PC = pmad(15–0)	无条件分支转移	2	4/2
BACC[D] src	PC = src(15–0)	用指定的累加器（A 或 B）的低 16 位作为地址转移	1	6/4
BANZ[D] pmad, Sind	if (Sind ≠ 0) then PC = pmad(15–0)	辅助寄存器内容不为 0，转移到指定程序地址	2	4/2 条件满足 2/2 不满足
BC[D] pmad, cond [, cond [, cond]]	if (cond(s)) then PC = pmad(15–0)	条件分支转移	2	5/3 条件满足 3/3 不满足
FB[D] extpmad	PC = pmad(15–0), XPC = pmad(22–16)	无条件远程分支转移	2	4/2
FBACC[D] src	PC = src(15–0), XPC = src(22–16)	按累加器规定的地址远程分支转移	1	6/4

TMS320C54x 提供的分支转移指令分别为 B[D]、BACC[D]、BANZ[D]、BC[D]、FB[D]、FBACC[D]。其中：

1）B[D]和 BACC[D]为近程无条件转移指令，B[D]用于将 pmad 指定的程序存储器地址赋值给程序计数器 PC，实现分支转移，pmad 可以是符号也可以是数字。BACC[D]用于将 src 的低 16 位所确定的地址赋给 PC。如果指令是延迟方式的（带有扩展名 D），紧跟分支转移语句之后的 2 条单字指令或者 1 条双字指令被取出执行，然后程序才跳转到目的地址。注意，该指令不能被重复执行。

2）BANZ[D]和 BC[D]为近程条件转移指令，BANZ[D]为辅助寄存器不为 0 时的分支转移，若当前辅助寄存器 ARx 不为 0，则程序指针转移到指定 pmad；否则 PC 指针加 2。BC[D] 指令在满足特定条件时，指令就转移到 pmad 上；否则 PC 加 2 且紧接着该指令的两个字继续执行。

3）FB[D]和 FBACC[D]为远程无条件转移。FB[D]指令将 extpmad 的高 7 位（22~16）确定的页码赋值给程序计数扩展寄存器 XPC，将 extpmad 的低 16 位（15~0）赋值给 PC，实现长跳转。FBACC[D]指令将 src 的高 7 位（22~16）赋值给 XPC，将 src 的低 16 位（15~0）赋值给 PC，实现长跳转。

【例 4-28】 分支转移（跳转）指令示例。

```
B 2000h        ;将当前程序直接跳转到 2000h 处
```

	指令执行前		指令执行后
PC	1F45	PC	**2000**

BACC A　　　;将当前程序跳转到 A 的低 16 位所确定的地址

	指令执行前		指令执行后
A	00 0000 2000	A	00 0000 2000
PC	1F45	PC	**2000**

BANZ　1FFFh，*AR3-　; AR3 不为 0，程序跳转到 1FFFh 处，AR3 寻址结束后自动减 1

	指令执行前		指令执行后
PC	1000	PC	**1FFF**
AR3	0004	AR3	**0003**

BD 2000h，AGT　;当累加器 A 的值大于 0 时，将当前程序直接跳转到 2000h 处，否则 PC 加 2

	指令执行前		指令执行后		指令执行前		指令执行后
A	00 0000 0053	A	00 0000 0053	A	FF FFFF FFFF	A	FF FFFF FFFF
PC	1000	PC	**2000**	PC	1000	PC	**1002**

FB　012000h　　;将 012000h 的高 7 位（22~16）确定的页码赋值给程序计数扩展寄存器 XPC，
将 012000h 的低 16 位（15~0）赋值给 PC，实现长跳转

	指令执行前		指令执行后
PC	1000	TC	**2000**
XPC	00	AR0	**01**

FBACC　A　　;将 A 的高 7 位（22~16）赋值给 XPC，将 A 的低 16 位（15~0）赋值给 PC，实现长跳转

	指令执行前		指令执行后
A	00 0001 3000	A	00 0001 3000
PC	1000	PC	**3000**
XPC	00	XPC	**01**

2. 调用指令

调用指令同样可以改变程序指针 PC 的值，使程序从一个地址跳转到另一个地址执行。但与跳转指令不同的是，DSP 在执行完被调用的程序段后要返回起跳处继续执行原来的程序。调用指令共有 5 条，见表 4-26。

表 4-26　调用指令

语　法	表 达 式	说　明	字数	周期（非延迟/延迟）
CALA[D] src	– –SP, PC + 1[3] = TOS, PC = src(15–0)	按累加器规定的地址调用子程序	1	6/4
CALL[D] pmad	– –SP, PC + 2[4] = TOS, PC = pmad(15–0)	无条件调用子程序	2	4/2
CC[D] pmad, cond [, cond [, cond]]	if (cond(s)) then – –SP, PC + 2[4] = TOS, PC = pmad(15–0)	条件调用子程序	2	5/3 条件满足 3/3 不满足
FCALA[D] src	– –SP, PC + 1 [3] = TOS, PC = src(15–0),　XPC = src(22–16)	按累加器规定的地址远程调用子程序	1	6/4

（续）

语　法	表 达 式	说　明	字数	周期（非延迟/延迟）
FCALL[D] extpmad	−−SP, PC + 2[4] = TOS, PC = pmad(15–0),　XPC = pmad(22–16)	无条件远程调用子程序	2	4/2

TMS320C54x 提供的调用指令分别为 CALA[D]、CALL[D]、CC[D]、FCALA[D]和 FCALL[D] 。其中：

1）CALA[D]和 CALL[D]为近程无条件调用指令，CALA[D]用于将 src 的低 16 位所确定的地址赋给 PC。CALL[D]指令首先将返回地址压入堆栈，然后将 pmad 值赋给 PC。如果指令是延迟方式的（带有扩展名 D），紧跟指令语句之后的 2 条单字指令或者 1 条双字指令被取出执行，然后程序才跳转到目的地址。注意，该指令不能被重复执行。

2）CC[D]为近程条件调用指令，如果条件满足，该指令将 pmad 赋给 PC，执行调用；如果条件不满足，PC 加 2，不做调用，继续执行后面的指令。

3）FCALA[D]和 FCALL[D]为远程无条件调用指令，FCALA[D]将返回地址 PC 和 XPC 压入堆栈，将 src 的高 7 位（22~16）赋值给 XPC，将 src 的低 16 位（15~0）赋值给 PC。FCALL[D]指令首先将返回地址 PC 和 XPC 压入堆栈，然后将 extpmad 的高 7 位（22~16）赋值给 XPC，将 extpmad 的低 16 位（15~0）赋值给 PC。

【例 4-29】 调用指令示例。

CALA　A　　　;将当前程序跳转到 A 指定的地址，堆栈指针减 1，同时把原来正常进行的程序地址压栈至当前堆栈中

	指令执行前	指令执行后
A	00 0000 3000	00 0000 3000
PC	0025	**3000**
SP	1111	**1110**
数据存储器		
1110h	4567	**0026**

CALL[D]　3333h　　;将当前程序跳转到 3333h，堆栈指针减 1，同时把原来正常进行的程序地址压栈至当前堆栈中

CALL　3333h

	指令执行前	指令执行后
PC	0025	**3333**
SP	1111	**1110**
数据存储器		
1110h	4567	**0027**

CALLD　3333h

	指令执行前	指令执行后
PC	0025	**3333**
SP	1111	**1110**
数据存储器		
1110h	4567	**0029**

CC　2222h，AGT　;当累加 A 的值大于 0 时，将当前程序直接跳转到 2222 处，执行调用，否则 PC 加 2，不做调用，继续执行后面的指令。

	指令执行前	指令执行后
A	00 0000 3000	00 0000 3000
PC	0025	**2222**
SP	1111	**1110**
数据存储器		
1110h	4567	**0027**

FCALA A ;将返回地址 PC 和 XPC 压入堆栈，将 A 的高 7 位（22~16）赋值给 XPC，将 A 的低 16 位（15~0）赋值给 PC

	指令执行前		指令执行后
A	00 007F 3000	A	00 007F 3000
PC	0025	PC	3000
XPC	00	XPC	7F
SP	1111	SP	110F
数据存储器			
1110h	4567	1110h	0026
110Fh	4567	110Fh	0000

FCALL 013333h ;先将返回地址 PC 和 XPC 压入堆栈，然后将 013333h 的高 7 位（22~16）赋值给 XPC，将 013333h 的低 16 位（15~0）赋值给 PC

	指令执行前		指令执行后
PC	0025	PC	3333
XPC	00	XPC	01
SP	1111	SP	110F
数据存储器			
1110h	4567	1110h	0027
1110Fh	4567	1110Fh	0000

3. 中断指令

中断指令同样可以改变程序指针 PC 的值，使程序从一个地址跳转到另一个地址执行。但与调用指令一样，DSP 在执行完中断服务程序后要返回发生中断的地方继续执行原来的程序。中断指令共有 2 条，见表 4-27。

表 4-27 中断指令

语 法	表 达 式	说 明	字数	周期
INTR K	– –SP, + + PC = TOS, PC = IPTR(15–7) + K << 2, INTM = 1	不可屏蔽的软件中断，关闭其他可屏蔽中断	1	3
TRAP K	– –SP, + + PC = TOS, PC = IPTR(15–7) + K << 2	不可屏蔽的软件中断，不影响 INTM 位	1	3

TMS320C54x 提供的中断指令 INTR 和 TRAP 都是使程序指针 PC 指向由 K 所确定的中断向量，允许用户应用软件执行任何中断服务程序。指令执行时，PC 值加 1 后压入栈顶，然后由 K 确定的中断向量赋值给 PC，执行相应的中断服务程序。另外，INTR 和 TRAP 这两条指令的区别是，执行 INTR 的同时中断标志寄存器 IFR 中的对应位被清 0，INTM 置 1，关闭所有可屏蔽中断，该指令不受中断屏蔽寄存器（IMR）影响，并且无论 INTM 如何取值，INTR 都能执行；而执行 TRAP 不会关闭可屏蔽中断，不受 INTM 状态的影响，也不影响 INTM。

【例 4-30】 中断指令示例。

INTR 3 ;PC 值加 1 后压入栈顶，由 K 确定的中断向量 FF8C（IPTR(15–7) +3 << 2）赋值给 PC，INTM = 1

	指令执行前		指令执行后
PC	0025	PC	**FF8C**
INTM	0	INTM	**1**
IPTR	01FF	IPTR	01FF
SP	1000	SP	**0FFF**
数据存储器			
0FFFh	9653	0FFFh	**0026**

TRAP 10h ;PC 值加 1 后压入栈顶，由 K 确定的中断向量 IPTR(15–7)+10h << 2，即 FFC0h 赋给 PC，不影响 INTM

	指令执行前		指令执行后
PC	1233	PC	**FFC0**
IPTR	01FF	IPTR	01FF
SP	03FF	SP	**03FE**
数据存储器			
03FEh	9653	03FEh	**1234**

4．返回指令

返回指令用于在执行完被调用的程序段或中断服务程序后，返回到调用指令或发生中断的地方，使 DSP 能继续执行原来的程序。返回指令共有 6 条，见表 4-28。

表 4-28 返回指令

语 法	表 达 式	说 明	字数	周期（非延迟/延迟）
FRET[D]	XPC = TOS, ++ SP, PC = TOS,++SP	远程返回	1	6/4
FRETE[D]	XPC = TOS, ++ SP, PC = TOS,++SP, INTM = 0	开中断，从远程返回	1	6/4
RC[D] cond [, cond [, cond]]	if (cond(s)) then PC = TOS, ++SP	条件返回	1	5/3 条件满足 3/3 不满足
RET[D]	PC = TOS, ++SP	返回	1	5/3
RETE[D]	PC = TOS, ++SP, INTM = 0	开中断，从中断返回	1	5/3
RETF[D]	PC = RTN, ++SP, INTM = 0	开中断，从中断快速返回	1	3/1

TMS320C54x 提供的返回指令分别为 FRET[D]、FRETE[D]、RC[D]、RET[D]、RETE[D]和 RETF[D]。其中：

1）FRET[D]和 FRETE[D]为远程无条件返回指令，两条指令均为将栈顶单元的低 7 位值赋值给 XPC，将下一个单元的 16 位值赋值给 PC，实现远程返回，然后堆栈指针加 1。如果指令是延迟方式的（带有扩展名 D），紧跟指令语句之后的 2 条单字指令或者 1 条双字指令被取出执行，然后程序才返回到目的地址。注意，指令不能被重复执行。所不同的是，FRET[D]指令对 ST1 中的中断屏蔽位 INTM 无影响，而 FRETE[D]指令自动将 INTM 清 0。

2）RC[D]为近程条件返回指令，如果满足给定的条件，堆栈顶部的数据弹出到 PC 中，SP 加 1，实现返回，若不满足条件，指令仅执行 PC 加 1。该指令不能被重复执行。

3）RET[D]、RETE[D] 和 RETF[D]为近程无条件返回指令。RET[D]指令将栈顶的 16 位数值弹出到 PC 中，实现返回操作，然后 SP 加 1。 RETE[D] 指令除了执行 RET[D]指令的操作外，还会将 INTM 位自动清 0，使能中断。RETF[D]指令将 RTN 寄存器的 16 位数值弹出到 PC 中，实现中断的快速返回操作，然后 SP 加 1。RTN 寄存器中保存着中断服务程序的返回地址，因此返回时 PC 值不是从堆栈得到，而是从 RTN 寄存器中得到，该指令也将 INTM 位自动清 0，允许产生中断。这些指令不能被重复执行。

【例 4-31】 返回指令示例。

FRET ；将栈顶单元的低 7 位值赋值给 XPC，将下一个单元的 16 位值赋值给 PC，实现远程返回，然后堆栈指针加 1

	指令执行前		指令执行后
PC	2112	PC	**1000**
XPC	01	XPC	**05**
SP	0300	SP	**0302**
数据存储器			
0300h	0005	0300h	0005
0301h	1000	0301h	1000

FRETE ；将栈顶单元的低 7 位值赋值给 XPC，将下一个单元的 16 位值赋值给 PC，实现远程返回，然后堆栈指针加 1，INTM 清 0

	指令执行前		指令执行后
PC	2112	PC	**1000**
XPC	01	XPC	**05**
ST1	xCxx	ST1	**x4xx**
SP	0300	SP	**0302**
数据存储器			
0300h	0005	0300h	0005
0301h	1000	0301h	1000

RC AGEQ,ANOV ；如果累加器 A 的值为正数，并且 OVA 位为 0，则堆栈顶部的数据弹出到 PC 中，SP 加 1，执行返回

	指令执行前		指令执行后
PC	0807	PC	**2002**
OVA	0	OVA	0
SP	0308	SP	**0309**
数据存储器			
0308h	2002	0308h	2002

RET ；利用 RET 指令结束子程序，PC 指针回到调用子程序时保存在堆栈中的程序地址，然后堆栈指针加 1

	指令执行前		指令执行后
PC	2112	PC	**1000**
SP	0300	SP	**0301**
数据存储器			
0300h	1000	0300h	1000

RETE ；中断返回指令，将栈顶的 16 位数值弹出到 PC，实现返回操作，然后堆栈指针加 1，INTM 清 0

	指令执行前		指令执行后
PC	01C3	PC	**0110**
SP	2001	SP	**2002**
ST1	xCxx	ST1	**x4xx**
数据存储器			
2001h	0110	2001h	0110

RETF ;将 RTN 寄存器的 16 位数值弹出到 PC 中，实现中断的快速返回操作，然后 SP 加 1，INTM 清 0

	指令执行前		指令执行后
PC	01C3	PC	**0110**
SP	2001	SP	**2002**
ST1	xCxx	ST1	**x4xx**
数据存储器			
2001h	0110	2001h	0110

5. 重复指令

重复指令可以使 DSP 重复执行一条指令或一段指令。重复指令共有 5 条，见表 4-29。

表 4-29 重复指令

语　法	表 达 式	说　明	字数	周期
RPT Smem	Repeat single, RC = Smem	重复执行下一条指令（Smem）+1 次	1	1
RPT # K	Repeat single, RC = #K	重复执行下一条指令 K+1 次	1	1
RPT # lk	Repeat single, RC = #lk	重复执行下一条指令 lk+1 次	2	2
RPTB[D] pmad	Repeat block, RSA = PC + 2[4], REA = pmad, BRAF = 1	块重复指令	2	4/2
RPTZ dst, # lk	Repeat single, RC = #lk, dst = 0	重复执行下一条指令 lk+1 次，目的累加器清 0	2	2

TMS320C54x 提供的重复指令分别为 RPT、RPTB[D]和 RPTZ。其中：

1）RPT 用于将紧随该指令之后的指令重复执行 n+1 次。循环次数 n 由数据存储器 Smem、常数 K 或 lk 确定，并放入循环计数器 RC 中。

2）RPTB[D]用于循环执行某个指令块，循环次数由块循环计数器 BRC 确定，BRC 在指令执行之前被赋值。指令执行时，块循环开始地址寄存器 RSA 用 PC+2（若使用扩展名 D 时为 PC+4）装载，循环结束地址寄存器 REA 用程序存储器地址 pmad 装载。单指令循环也可以看做是一种块循环。该指令可以被中断，也可以通过将 BRAF 位清 0 来终止块循环。

3）RPTZ 用于将 dst 清 0，并重复执行下一条指令 lk+1 次，常数 lk 存放在循环计数器 RC 中。

【例 4-32】 重复指令示例。

RPT #1111h ;将下一条指令重复执行 1112h 即 4370 次

	指令执行前		指令执行后
RC	0	RC	**1111**

ST #0063h,BRC

RPTB end_block-1 ;利用 ST 和 RPTB 指令设置循环参数

	指令执行前		指令执行后
PC	1000	PC	**1002**
BRC	1234	BRC	**0063**
RSA	5678	RSA	**1002**
REA	9ABC	REA	**end_block**

RPTZ A, 1023　　　　；重复执行下一条指令 1024 次
STL A, *AR2+

	指令执行前		指令执行后
A	0F FE00 8000	A	**00 0000 0000**
RC	0000	RC	**03FF**

6. 堆栈操作指令

堆栈操作指令可以对堆栈进行压入（PUSH）和弹出（POP）操作，相应的操作数可以是数据存储单元 Smem 或存储映射寄存器 MMR。堆栈操作指令共有 5 条，见表 4-30。

表 4-30　堆栈操作指令

语　法	表 达 式	说　明	字数	周期
FRAME K	SP = SP + K	把短立即数 K 加到 SP 中	1	1
POPD Smem	Smem = TOS, ++SP	把堆栈数据弹出到 Smem 数据存储单元中，然后 SP 加 1	1	1
POPM MMR	MMR = TOS, ++SP	把栈顶数据弹出到 MMR，然后 SP 加 1	1	1
PSHD Smem	− −SP, Smem = TOS	SP 减 1 后将数据压入堆栈	1	1
PSHM MMR	− −SP, MMR = TOS	SP 减 1 后将 MMR 压入堆栈	1	1

TMS320C54x 提供的堆栈操作指令分别为 FRAME、POPD、POPM、PSHD 和 PSHM。其中：

1）FRAME 用于将短立即数偏移量 K 累加到 SP 中。

2）POPD 和 POPM 为弹出堆栈操作，指令将由堆栈指针 SP 寻址的数据存储器内容复制到 Smem 或指定的存储器映射寄存器 MMR 中，然后 SP 加 1。

3）PSHD 和 PSHM 为压入堆栈操作，首先堆栈 SP 减 1，然后将 Smem 或指定的存储器映射寄存器 MMR 的内容压入堆栈。

【例 4-33】 堆栈操作指令示例。

FRAME 10h　　　;将短立即数偏移量 10h 累加到 SP 中

	指令执行前		指令执行后
SP	1000	SP	**1010**

POPM　AR5　　;将由堆栈指针 SP 寻址的数据存储器内容复制到存储器映射寄存器 AR5 中，然后 SP 加 1

	指令执行前		指令执行后
AR5	0055	AR5	**0060**
SP	03F0	SP	**03F1**
数据存储器			
03F0h	0060	03F0h	0060

PSHD *AR3+　　;堆栈指针 SP 减 1，然后 AR3 所指向的存储单元的值 Smem 压入堆栈，AR3 加 1

	指令执行前		指令执行后
AR3	0200	AR3	**0201**
SP	8000	SP	**7FFF**
数据存储器			
0200h	07FF	0200h	07FF
7FFFh	0092	7FFFh	**07FF**

7. 其他程序控制指令

其他程序控制指令共有 7 条，见表 4-31。

表 4-31　其他程序控制指令

语　法	表 达 式	说　明	字数	周期
IDLE K	idle(K)	保持空转状态，直到非屏蔽中断和复位	1	4
MAR Smem	If CMPT = 0, then modify ARx If CMPT = 1 and ARx ≠ AR0, then modify ARx, ARP = x If CMPT = 1 and ARx = AR0, then modify AR(ARP)	修改辅助寄存器的值。CMPT=1，修改 ARx 的内容及修改 ARP 值为 x；CMPT=0，只修改 ARx 的内容，而不改变 ARP 的值	1	1
NOP	无	空操作，除了执行 PC+1 外不执行任何操作	1	1
RESET	软件复位	非屏蔽的软件复位	1	3
RSBX N, SBIT	STN (SBIT) = 0	对状态寄存器 ST0、ST1 的特定位清 0。N 指定修改的状态寄存器，SBIT 指定修改的位。状态寄存器中的域名能够用来代替 N 和 SBIT 作为操作数	1	1
SSBX N, SBIT	STN (SBIT) = 1	对状态寄存器 ST0、ST1 的特定位置 1	1	1
XC n , cond [, cond[, cond]]	如果满足条件，则执行下面的 *n* 条指令；*n*=1 或 2	条件执行指令	1	1

TMS320C54x 提供的其他程序控制指令分别为 IDLE、MAR、NOP、RESET、RSBX、SSBX 和 XC。其中：

1）IDLE 指令迫使程序进入等待状态，直到产生非屏蔽中断或者复位操作。K=1 或 2 或 3。K=1 时，处理器保持空闲状态直到产生一个复位或非屏蔽中断；K=2 时，处理器保持空闲状态直到产生一个复位或外部非屏蔽中断；K=3 时，处理器保持空闲状态直到产生一个复位或外部非屏蔽中断。

2）MAR 指令修改由 Smem 所确定的辅助寄存器的内容，执行方式由兼容模式位 CMPT 的取值决定。如果 CMPT＝1，指令修改 ARx 和 ARP。如果 CMPT=0，只修改辅助寄存器 ARx 的内容而不修改 ARP。

3）NOP 为空指令，该指令除了 PC 执行加 1 操作以外不执行任何操作。这在建立流水和执行延迟方面比较有用。

4）RESET 实现了一个非屏蔽的软件复位。

5）位清 0 指令 RSBX 和位置 1 指令 SSBX 只能对 ST0 和 ST1 的特定位进行操作。N 指明被修改的状态寄存器，SBIT 确定被修改的位。这两条指令常常用于系统的初始化编程，在程序设计中是非常有用的。

6）XC 指令为条件执行指令，该指令的执行是由 *n* 的值和所选择的条件决定的。

【例 4-34】 其他程序控制指令示例。

MAR *AR3 ;修改辅助寄存器的值

	指令执行前	指令执行后
CMPT	1	1
ARP	0	**3**
AR0	0008	0008
AR3	0100	0100

SSBX SXM ;SXM 对应 N=1，SBIT=8

	指令执行前	指令执行后
ST1	34CD	**35CD**

XC 1, ALEQ ; *n*=1 且 A 小于等于 0，则紧随该指令之后的 1 条单字长指令被执行
MAR *AR1+
ADD A, DAT100

	指令执行前	指令执行后
A	FF FFFF FFFF	FF FFFF FFFF
AR1	0032	**0033**

4.3.4 加载和存储指令

加载和存储指令用于完成数据的读入和保存。加载指令是将存储器内容或立即数赋给目的寄存器；存储指令是把源操作数或立即数存入存储器或寄存器。在计算机的工作过程中，存在着大量数据存取操作，数据的加载和存储指令在应用程序中占有很大比例。TMS320C54x 为用户提供了非常灵活、方便的数据加载和存储指令，按照功能的不同可以将加载和存储指令分为 8 组：加载指令、存储指令、条件存储指令、并行加载和存储指令、并行加载和乘法指令、并行存储和加/减法指令、并行存储和乘法指令以及其他加载和存储指令。分别叙述如下。

1．加载指令

加载指令用于将数据存储单元内的值、立即数或源累加器的值装入目的累加器、临时寄存器等，也就是给目的累加器和临时寄存器等赋值。加载指令共有 21 条，见表 4-32。

表 4-32 加载指令

语 法	表 达 式	说 明	字数	周期
DLD Lmem, dst	dst = Lmem	双精度/双 16 位长字加载目的累加器	1	1
LD Smem, dst	dst = Smem	把数据存储器操作数加载到累加器	1	1
LD Smem, TS, dst	dst = Smem << TS	操作数按 TREG（5-0）移位后加载到累加器	1	1
LD Smem, 16 , dst	dst = Smem << 16	操作数左移 16 位后加载累加器	1	1
LD Smem [, SHIFT], dst	dst = Smem << SHIFT	操作数 Smem 移位后加载累加器	2	2
LD Xmem, SHFT, dst	dst = Xmem << SHFT	Xmem 移位后加载累加器	1	1
LD # K, dst	dst = #K	短立即数 K 加载累加器	1	1
LD # lk [, SHFT], dst	dst = #lk << SHFT	长立即数移位后加载累加器	2	2
LD # lk, 16, dst	dst = #lk << 16	长立即数左移 16 位后加载累加器	2	2

（续）

语　法	表 达 式	说　明	字数	周期
LD src, ASM [, dst]	dst = src << ASM	源累加器按 ASM 移位后加载目的累加器	1	1
LD src [, SHIFT], dst	dst = src << SHIFT	源累加器移位后加载目的累加器	1	1
LD Smem, T	T = Smem	操作数加载 T 寄存器	1	1
LD Smem, DP	DP = Smem(8–0)	9 位操作数加载 DP	1	3
LD # k9, DP	DP = #k9	9 位立即数加载 DP	1	1
LD # k5, ASM	ASM = #k5	5 位立即数加载 ASM	1	1
LD # k3, ARP	ARP = #k3	3 位立即数加载 ARP	1	1
LD Smem, ASM	ASM = Smem(4–0)	操作数低 5 位加载 ASM	1	1
LDM MMR, dst	dst = MMR	将 MMR 加载到目的累加器	1	1
LDR Smem, dst	dst (31-16)= rnd(Smem)	操作数舍入加载累加器高位	1	1
LDU Smem, dst	dst = uns(Smem)	无符号操作数加载 dst 低端（15～0），dst 保护位和高端（39～16）清 0	1	1
LTD Smem	T = Smem, (Smem + 1) = Smem	操作数加载到 T 寄存器和紧跟着的较高地址的数据单元	1	1

TMS320C54x 提供的加载指令分别为 DLD、LD、LDM、LDR、LDU 和 LTD。其中：

1）DLD 指令将 32 位 Lmem 数值加载到 dst 中，ST1 的 C16 位决定了指令的执行方式。若 C16=0，指令以双精度模式执行，Lmem 加载到 dst 中。若 C16=1，指令以双 16 位模式执行，Lmem 的高 16 位加载到 dst 的高 24 位，同时 Lmem 的低 16 位加载到 dst 的低 16 位。

2）以累加器 A 或 B 为目标操作数的 LD 指令是将数据存储器操作数或立即数 K、lk 或累加器 A、B 中的内容先移位或者不移位，然后传送到目标操作数 A 或 B 中去，而源操作数的内容不变。当标志位 SXM＝1 时，进行有符号数的加载，否则，进行无符号数的加载；当加载指令中带有 SHIFT 或 ARM 移位时，OVM 会影响指令的结果，且当操作的结果有溢出时，OVA 或 OVB 被置 1。

3）以暂存器 T 或 ST0、ST1 的 DP、ASM 及 ARP 字段为目标操作数的 LD 指令为状态寄存器的有关位赋值，多用于程序的初始化设计，指定直接寻址的数据页指针 DP 值，当前辅助寄存器指针 ARP 的值及移位位数 ASM 值等。这些指令不会影响其他的状态位，也不受任何控制位的影响。

4）LDM 指令将存储器映射寄存器 MMR 中的值加载到 dst 中。无论 DP 的当前值或 ARx 的高 9 位为何值，都将有效地址的最高 9 位清 0，以便限制在第 0 页内寻址。

5）LDR 指令将 Smem 左移 16 位之后加载到累加器 dst 的 31~16 位。Smem 值加上 2^{15} 进行舍入操作，dst 的低 15 位（0~14 位）清 0，第 15 位置 1。

6）LDU 指令将 Smem 内容加载到累加器 dst 的低 16 位（15~0 位），dst 的保护位和高端部分（39~16 位）清 0。数据被当作无符号数，无论 SXM 如何取值，都不做符号扩展。

7）LTD 指令将 Smem 的内容复制到 T 寄存器中，也复制到下一个数据单元中，Smem 的内容保持不变。该指令用于实现数字信号处理的 Z 延迟。

【例 4-35】 加载指令示例。

```
DLD    *AR3+, B    ;将 AR3 指向的 32 位内容存放到累加器 B 中，执行后 AR3 加 2
```

	指令执行前		指令执行后
B	00 0000 0000	0000	**00 6CAC BD90**
AR3	0100	AR3	**0102**
数据存储器			
0100h	6CAC	0100h	6CAC
0101h	BD90	0101h	BD90

LD * AR3, A ;当 SXM=0 时，进行无符号数的加载

	指令执行前		指令执行后
A	00 0000 0000	A	**00 0000 95A6**
SXM	0	SXM	0
AR1	0200	AR1	0200
数据存储器			
0200h	FEDC	0200h	FEDC

LD * AR3, A ;当 SXM=1 时，进行有符号数的加载

	指令执行前		指令执行后
A	00 0000 0000	A	**FF FFFF 95A6**
SXM	1	SXM	1
AR1	0200	AR1	0200
数据存储器			
200h	95A6	200h	95A6

LD A, 8, B ;将累加器左移 8 位后加载到累加器 B

	指令执行前		指令执行后
A	00 7FFD 0040	A	00 7FFD 0040
B	00 0000 FFFF	B	**7F FD00 4000**
OVB	0	OVB	**1**
SXM	1	SXM	1
数据存储器			
0200h	FEDC	0200h	FEDC

LDU *AR1，A ；将 AR1 所指向的数据存储单元的内容 Smem 加载到累加器 A 的低 16 位，A 的保护位和高端部分清 0

	指令执行前		指令执行后
A	00 0000 0000	A	**00 0000 FEDC**
AR1	0200	AR1	0200
数据存储器			
0200h	FEDC	0200h	FEDC

2. 存储指令

存储指令用于将源累加器、立即数或临时寄存器等的值保存到数据存储单元或存储映射寄存器。存储指令共有 14 条，见表 4-33。

TMS320C54x 提供的存储指令分别为 DST、ST、STH、STL、STLM 和 STM。其中：

1）DST 指令将 src 的内容存入 32 位的 Lmem 存储单元中。

2）ST 指令将 T 寄存器、TRN 寄存器或一个 16 位常数 lk 存入数据存储器的 Smem 中。

表 4-33　存储指令

语　法	表 达 式	说　明	字数	周期
DST src, Lmem	Lmem = src	累加器存入长字单元中	1	2
ST T, Smem	Smem = T	存储 T 寄存器值	1	1
ST TRN, Smem	Smem = TRN	存储 TRN 寄存器值	1	1
ST # lk, Smem	Smem = #lk	存储长立即数	2	2
STH src, Smem	Smem = src << –16	存储累加器高位（31～16）	1	1
STH src, ASM, Smem	Smem = src << (ASM – 16)	累加器按 ASM 移位后存储累加器高位	1	1
STH src, SHFT, Xmem	Xmem = src << (SHFT – 16)	累加器按 SHFT 移位后存储累加器高位	1	1
STH src [, SHIFT], Smem	Smem = src << (SHIFT – 16)	累加器按 SHIFT 移位后存储累加器高位	2	2
STL src, Smem	Smem = src	存储累加器低位（15～0）	1	1
STL src, ASM, Smem	Smem = src << ASM	累加器按 ASM 移位后存储累加器低位	1	1
STL src, SHFT, Xmem	Xmem = src << SHFT	累加器按 SHFT 移位后存储累加器低位	1	1
STL src [, SHIFT], Smem	Smem = src << SHIFT	累加器按 SHIFT 移位后存储累加器低位	2	2
STLM src, MMR	MMR = src	累加器低位存储到 MMR	1	1
STM # lk, MMR	MMR = #lk	长立即数存储到 MMR	2	2

3）STH 指令将 src 的高位部分（31~16 位）存储到数据存储器 Smem 中。src 存储之前需要左移，移位的位数由 ASM、SHFT 或者 SHIFT 决定，并且移位后的 31~16 位存储到数据存储器 Smem 或 Xmem 中。

4）STL 指令将 src 的低位部分（15~0 位）存储到数据存储器 Smem 中。操作数 src 需要左移，移位的位数由 ASM、SHFT 或 SHIFT 确定，移位后的 15~0 位存储到数据存储器 Smem 或 Xmem 中。如果移位的位数是正数，低位补 0。

5）STLM 指令将 src 的低位部分（15~0 位）存储到存储器映射寄存器 MMR 中。无论当前辅助寄存器 ARx 的高 9 位或 DP 为何值，有效地址的高 9 位都被清 0。

6）STM 指令将 16 位常数存储到 MMR 或者数据页 0 的存储单元中，但不改变状态寄存器 ST0 的 DP 字段。

【例 4-36】 存储指令示例。

DST　B,*AR3 +　;将累加器 B 的内容存入 AR3 指向的 32 位内容中，执行后 AR3 加 2

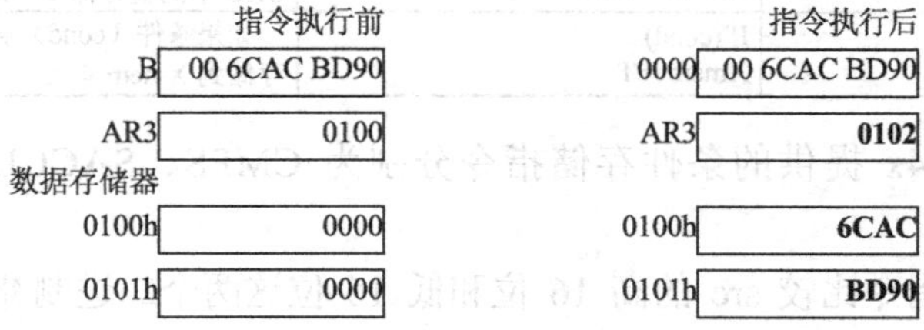

ST　T,*AR7-　;将 T 寄存器的内容存入到 AR7 指向的存储单元中去，执行后 AR7 减 1

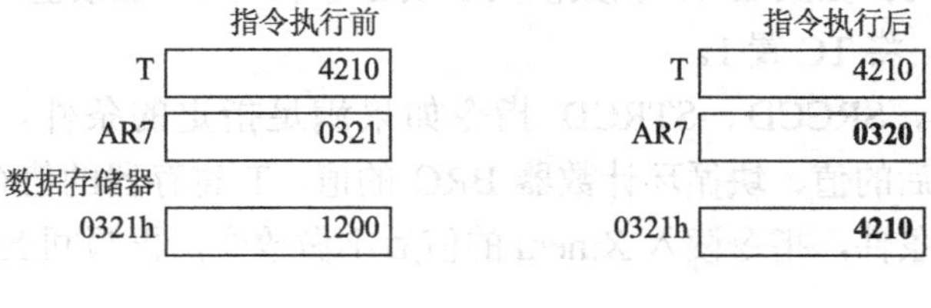

STH　B,–8,*AR7–　;累加器 B 右移 8 位，把高 16 位送入 AR7 指向的数据存储单元中，执行后 AR7 减 1

	指令执行前		指令执行后
B	FF 8421 1234	B	FF 8421 1234
AR7	0321	AR7	**0320**
数据存储器			
0321h	ABCD	0321h	**FF84**

STL　B,–8,*AR7–　;累加器 B 右移 8 位，把低 16 位送入 AR7 指向的数据存储单元中，执行后 AR7 减 1

	指令执行前		指令执行后
B	FF 8421 1234	B	FF 8421 1234
SXM	0	SXM	0
AR7	0321	AR7	**0320**
数据存储器			
0321h	0099	0321h	**2112**

STLM　B,AR1　;将 B 的低位部分（15~0 位）存储到存储器映射寄存器 AR1 中

	指令执行前		指令执行后
B	FF 8421 1234	B	FF 8421 1234
AR1	0099	AR1	1234

3. 条件存储指令

条件存储指令共有 4 条，见表 4-34。

表 4-34　条件存储指令

语　法	表 达 式	说　明	字数	周期
CMPS src, Smem	If src(31–16) > src(15–0) Then Smem = src(31–16) If src(31–16) ≤ src(15–0) Then Smem = src(15–0)	比较源累加器的高 16 位和低 16 位，把较大值存入单数据存储单元	1	1
SACCD src, Xmem, cond	If (cond) Xmem = src << (ASM – 16)	如果条件（cond）满足，累加器按 ASM 移位后的高位存储到 Xmem 单元	1	1
SRCCD Xmem, cond	If (cond) Xmem = BRC	如果条件（cond）满足，把块循环计数器 BRC 中的值存储到 Xmem 单元	1	1
STRCD Xmem, cond	If (cond) Xmem = T	如果条件（cond）满足，把 TREG 中的值存储到 Xmem 单元	1	1

TMS320C54x 提供的条件存储指令分别为 CMPS、SACCD、SRCCD 和 STRCD。其中：

1）CMPS 指令比较 src 的高 16 位和低 16 位这两个二进制补码数值的大小，将较大的 16 位数值放入 Smem 中。如果 src 中的高 16 位数值大，则将寄存器 TRN 左移 1 位，最低位补 0，将 TC 清 0；如果低 16 位数值大于或者等于高 16 位数值，则将寄存器 TRN 左移 1 位，最低位补 1，将 TC 置 1。

2）SACCD、SRCCD、STRCD 指令如果满足指定的条件，分别为将 src 内容左移（ASM-16）位之后的值、块循环计数器 BRC 的值、T 寄存器的值存入 Xmem 指定的存储单元，如果不满足条件，指令读入 Xmem 的值后不做改变，再写回 Xmem 中。

【例 4-37】 条件存储指令示例。

CMPS　A, *AR4+　　;比较 A 的高 16 位和低 16 位这两个二进制补码数值的大小，将较大的 16 位数值放入 AR4 指向的数据单元中，由于低 16 位数值大于高 16 位数值，则将寄存器 TRN 左移 1 位，最低位补 1，将 TC 置 1，AR4 加 1。

	指令执行前		指令执行后
A	00 2345 7899	A	00 2345 7899
TC	0	TC	**1**
AR4	0100	AR4	**0101**
TRN	4444	TRN	**8889**
数据存储器			
0100h	0000	0100h	**7899**

SRCCD *AR5-, AGT　　;满足累加器 A 大于 0 的条件，将块循环计数器 BRC 的值存入 AR5 指定的存储单元中，执行后 AR5 减 1

	指令执行前		指令执行后
A	00 70FF FFFF	A	00 70FF FFFF
AR5	0202	AR5	**0201**
BRC	4321	BRC	4321
数据存储器			
0202h	1234	0202h	**4321**

4．并行加载和存储指令

并行操作指令包括并行加载和存储指令、并行加载和乘法指令、并行存储和加/减法指令、并行存储和乘法指令。并行操作指令的数据传输与各种运算同时进行，充分利用了 TMS320C54x 的流水线特性，代码和时间效率高。但这类指令的前后指令应注意流水线冲突问题。所有并行操作指令都是单字单周期指令，且都工作在累加器的高位，同时某些并行操作与 ASM 有关，在并行操作指令中只能采用间接寻址方式寻址 Xmem 或 Ymem。

并行加载和存储指令共有两条，见表 4-35。

表 4-35　并行加载和存储指令

语　法	表 达 式	说　明	字数	周期
ST src, Ymem ‖ LD Xmem, dst	Ymem = src << (ASM − 16) ‖ dst = Xmem << 16	源累加器按 ASM 移位后高位存储到 Ymem 单元中，同时并行执行把 Xmem 单元中的值加载到目的累加器高位	1	1
ST src, Ymem ‖ LD Xmem, T	Ymem = src << (ASM − 16) ‖ T = Xmem	源累加器按 ASM 移位后高位存储到 Ymem 单元中，同时并行执行把 Xmem 单元中的值加载到 T 寄存器	1	1

TMS320C54x 提供的并行加载和存储指令 ST‖LD 用于存储累加器内容，并行执行加载操作，该并行指令将 src 左移（ASM-16）位后存储到 Ymem 中，同时把 16 位的双数据存储器操作数 Xmem 值加载到 dst 或 T 寄存器中。如果 src 和 dst 为同一个累加器，则存储到 Ymem 中的值是指令执行前 src 的值，该指令受状态位 OVM 和 ASM 的影响，执行结果影响状态位 C。

【例 4-38】 并行加载和存储指令示例。

ST　A, *AR3

||LD *AR4,T　　　；将 A 左移（ASM-16）位后存储到 AR3 指向的存储单元中，同时把 AR4 指向的存储单元值加载到 T 寄存器中

	指令执行前	指令执行后
A	FF 8421 1234	FF 8421 1234
T	3456	**80FF**
ASM	1	1
AR3	0200	0200
AR4	0100	0100
数据存储器		
0200h	0001	**0842**
0100h	80FF	80FF

5. 并行加载和乘法指令

并行加载和乘法指令共有 4 条，见表 4-36。

表 4-36　并行加载和乘法指令

语　法	表 达 式	说　明	字数	周期
LD Xmem, dst || MAC Ymem, dst_	dst = Xmem << 16 || dst_ = dst_ + T * Ymem	双数据存储器操作数左移 16 位加载累加器高位，并行乘累加运算	1	1
LD Xmem, dst || MACR Ymem, dst_	dst = Xmem << 16 || dst_ = rnd(dst_ + T * Ymem)	双数据存储器操作数左移 16 位加载累加器高位，并行乘累加运算（带舍入）	1	1
LD Xmem, dst || MAS Ymem, dst_	dst = Xmem << 16 || dst_ = dst_ – T * Ymem	双数据存储器操作数左移 16 位加载累加器高位，并行乘法减法运算	1	1
LD Xmem, dst || MASR Ymem, dst_	dst = Xmem << 16 || dst_ = rnd(dst_ – T * Ymem)	双数据存储器操作数左移 16 位加载累加器高位，并行乘法减法运算（带舍入）	1	1

TMS320C54x 提供的并行加载和乘法指令分别为 LD||MAC[R]和 LD||MAS[R]，其中：

1）LD||MAC[R]指令用于加载累加器，同时并行地执行累加器的乘法（舍入操作可选），一方面将 16 位双数据存储器操作数 Xmem 左移 16 位后放入 dst 的第 31~16 位；同时另一个双数据存储器操作数 Ymem 与 T 寄存器内容相乘，乘积与 dst_内容相加后存入 dst_。如果使用了扩展名 R，还需要对乘法累加结果进行凑整操作，方法是与 2^{15} 相加，将结果的第 15~0 位清 0，存储到 dst_。

2）LD||MAS[R]指令用于加载累加器，同时并行地执行乘减指令（舍入操作可选），一方面将 16 位双数据存储器操作数 Xmem 左移 16 位后放入 dst 的第 31~16 位；同时另一个双数据存储器操作数 Ymem 与 T 寄存器内容相乘，从 dst_中减去该乘积后再存入 dst_。如果使用了扩展名 R，还需要对减法结果进行凑整操作，方法是与 2^{15} 相加，将结果的第 15~0 位清 0，存储到 dst_。

上述指令受状态位 SXM、FRCT 和 OVM 的影响，执行结果影响状态位 OVdst_。

【例 4-39】 并行加载和乘法指令示例。

LD *AR4+,A

||MAC *AR5+,B　;将 AR4 指向的存储单元内容左移 16 位后放入 A 的第 31~16 位；同时将 AR5 指向的存储单元内容与 T 寄存器内容相乘，乘积与 B 内容相加后存入 B，指令执行后 AR4 加 1，AR5 加 1

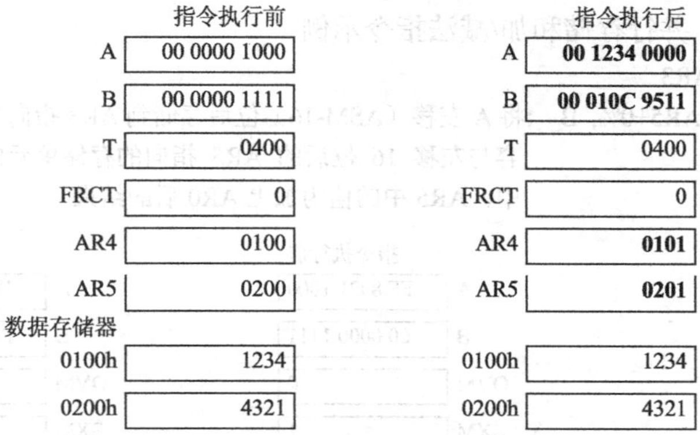

LD *AR4+,A

||MASR *AR5+, B ; 将 AR4 指向的存储单元内容左移 16 位后放入 A 的第 31~16 位；同时将 AR5 指向的存储单元内容与 T 寄存器内容相乘，B 内容与乘积相减后存入 B，指令执行后 AR4 加 1，AR5 加 1

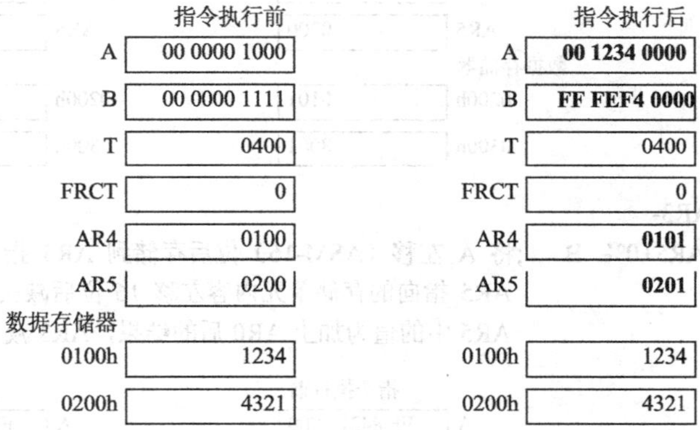

6．并行存储和加/减法指令

并行存储和加/减法指令共有两条，见表 4-37。

表 4-37　并行存储和加/减法指令

语　法	表 达 式	说　明	字数	周期
ST src, Ymem || ADD Xmem, dst	Ymem = src << (ASM − 16) || dst = dst_ + Xmem << 16	按 ASM 移位后存储累加器高位并行加法运算	1	1
ST src, Ymem || SUB Xmem, dst	Ymem = src << (ASM − 16) || dst = (Xmem << 16) − dst_	按 ASM 移位后存储累加器高位并行减法运算	1	1

TMS320C54x 提供的并行存储和加/减法指令分别为 ST||ADD 和 ST||SUB，其中：

1）ST||ADD 指令用于保存累加器内容，并行执行加法运算。该指令将 src 左移（ASM-16）位后存储到 Ymem 中；同时将 dst_的内容与左移 16 位后的 Xmem 相加，加法结果存储到 dst 中。如果 src 和 dst 为同一个累加器，则存储到 Ymem 中的值是指令执行前 src 的值。

2）ST||SUB 指令用于保存累加器内容，并行执行减法运算。该指令将 src 左移（ASM-16）位后存储到 Ymem 中；同时并行地 Xmem 的内容左移 16 位后减去 dst_的内容，结果存入 dst 中。如果 src 和 dst 为同一个累加器，则存储到 Ymem 中的值是指令执行前 src 的值。

上述指令受状态位 OVM、SXM 和 ASM 的影响，执行结果影响状态位 C 和 OVdst。

【例 4-40】 并行存储和加/减法指令示例

```
ST A, *AR3
||ADD *AR5+0%, B   ;将 A 左移（ASM-16）位后存储到 AR3 指向的存储单元中，同时将 B 的内
                    容与左移 16 位后的 AR5 指向的存储单元内容相加，加法结果存储到 B
                    中。AR5 中的值为加上 AR0 后的结果
```

	指令执行前		指令执行后
A	FF 8421 1000	A	FF 8421 1000
B	00 0000 1111	B	**FF 0422 1000**
OVM	0	OVM	0
SXM	1	SXM	1
ASM	1	ASM	1
AR0	0002	AR0	0002
AR3	0200	AR3	0200
AR5	0300	AR5	**0302**
数据存储器			
0200h	0101	0200h	**0842**
0300h	8001	0300h	8001

```
ST A, *AR3-
||SUB *AR5+0%, B   ;将 A 左移（ASM-16）位后存储到 AR3 指向的存储单元中，同时并行地
                    AR5 指向的存储单元内容左移 16 位后减去 B 的内容，结果存入 B 中。
                    AR5 中的值为加上 AR0 后的结果，AR3 减 1
```

	指令执行前		指令执行后
A	FF 8421 1000	A	FF 8421 1000
B	00 1000 0001	B	**FF FBE0 0000**
ASM	01	ASM	01
SXM	1	SXM	1
AR0	0002	AR0	0002
AR3	01FF	AR3	**01FE**
AR5	0300	AR5	**0302**
数据存储器			
0200h	0101	0200h	**0842**
0300h	8001	0300h	8001

7．并行存储和乘法指令

并行存储和乘法指令共有 5 条，见表 4-38。

表 4-38 并行存储和乘法指令

语　法	表 达 式	说　明	字数	周期
ST src, Ymem || MAC Xmem, dst	Ymem = src << (ASM − 16) || dst = dst + T * Xmem	按 ASM 移位后存储累加器高位并行乘法累加运算	1	1
ST src, Ymem || MACR Xmem, dst	Ymem = src << (ASM − 16) || dst = rnd(dst + T * Xmem)	按 ASM 移位后存储累加器高位并行加法运算（带舍入）	1	1

（续）

语　法	表 达 式	说　明	字数	周期
ST src, Ymem ‖ MAS Xmem, dst	Ymem = src << (ASM – 16) ‖ dst = dst – T * Xmem	按 ASM 移位后存储累加器高位并行乘法减法运算	1	1
ST src, Ymem ‖ MASR Xmem, dst	Ymem = src << (ASM – 16) ‖ dst = rnd(dst – T * Xmem)	按 ASM 移位后存储累加器高位并行乘法减法运算（带舍入）	1	1
ST src, Ymem ‖ MPY Xmem, dst	Ymem = src << (ASM – 16) ‖ dst = T * Xmem	按 ASM 移位后存储累加器高位并行乘法运算	1	1

TMS320C54x 提供的并行存储和乘法指令分别为 ST||MAC[R]、ST||MAS[R] 和 ST||MPY，其中：

1）ST||MAC[R]指令用于存储累加器内容，并行执行乘法累加运算（舍入操作可选），该指令将 src 左移（ASM-16）位之后存储到 Ymem；同时并行地将 T 寄存器内容与 Xmem 存储单元内容相乘，乘积与 dst 内容相加后存入 dst。如果使用了扩展名 R，还需要对乘法累加结果进行凑整操作，方法是与 2^{15} 相加，将结果的第 15~0 位清 0，存储到 dst。

2）ST||MAS[R] 指令用于存储累加器内容，并行执行乘减运算（舍入操作可选），该指令将 src 左移（ASM-16）位之后存储到 Ymem；同时并行地将 T 寄存器内容与 Xmem 存储单元内容相乘，用 dst 减去该乘积后再存入 dst。如果使用了扩展名 R，还需要对减法结果进行凑整操作，方法是与 2^{15} 相加，将结果的第 15~0 位清 0，存储到 dst。

3）ST||MPY 指令用于存储累加器内容，并行执行乘法运算，该指令将 src 左移（ASM-16）位之后存储到 Ymem；同时并行地将 T 寄存器内容与 Xmem 存储单元内容相乘，乘积存入 dst。

上述指令中如果 src 与 dst 为同一个累加器，则存储到 Ymem 中的值是指令执行前 src 的值。指令受状态位 OVM、SXM、FRCT 和 ASM 的影响，执行结果影响状态位 C 和 OVdst。

【例 4-41】 并行存储和乘法指令示例。

```
ST A, *AR4-
||MAC *AR5, B     ;将 A 左移（ASM-16）位之后存储到 AR4 指向的存储单元中；同时并行地将 T
                   寄存器内容与 AR5 指向的存储单元内容相乘，乘积与 B 内容相加后存入 B。
                   指令执行后 AR4 减 1
```

	指令执行前	指令执行后
A	00 0011 1111	00 0011 1111
B	00 0000 1111	**00 010C 9511**
T	0400	0400
ASM	5	5
FRCT	0	0
AR4	0100	**00FF**
AR5	0200	0200
数据存储器		
100h	1234	**0222**
200h	4321	4321

```
ST A, *AR3+
||MPY *AR5+, B    ;将 A 左移（ASM-16）位之后存储到 AR4 指向的存储单元中；同时并行地将 T
                   寄存器内容与 AR5 指向的存储单元内容相乘，乘积存入 B。指令执行后 AR3
                   和 AR5 都加 1
```

	指令执行前	指令执行后
A	FF 8421 1234	FF 8421 1234
B	xx xxxx xxxx	**00 2000 0000**
T	4000	4000
ASM	00	00
FRCT	1	1
AR3	0200	**0201**
AR5	0300	**0301**
数据存储器		
0200h	1111	**8421**
0300h	4000	4000

8. 其他加载和存储指令

除了上述加载和存储指令外，还有一些其他的加载和存储指令，它们可以实现两个数据存储单元间数据的交换，两个存储映射寄存器间数据的交换等。其他加载和存储指令共有 12 条，见表 4-39。

表 4-39 其他加载和存储指令

语 法	表 达 式	说 明	字数	周期
MVDD Xmem, Ymem	Ymem = Xmem	数据存储器内部传送数据。Xmem 存储单元的值复制到 Ymem 存储单元中	1	1
MVDK Smem, dmad	dmad = Smem	数据存储器内部指定地址传送数据。把单数据存储器操作数寻址的 Smem 单元的内容复制到由 16 位立即数 dmad 寻址的数据存储单元中	2	2
MVDM dmad, MMR	MMR = dmad	把由 16 位立即数 dmad 寻址的数据存储单元的内容复制到 MMR	2	2
MVDP Smem, pmad	pmad = Smem	数据存储器向程序存储器传送数据。把单数据存储器操作数寻址的 Smem 单元的内容复制到由 16 位立即数 pmad 寻址的程序存储单元中	2	4
MVKD dmad, Smem	Smem = dmad	数据存储器内部指定地址传送数据。把 16 位立即数 dmad 寻址的数据存储单元的内容复制到单数据存储器操作数寻址的 Smem 单元中	2	2
MVMD MMR, dmad	dmad = MMR	MMR 向数据存储器指定地址传送数据	2	2
MVMM MMRx, MMRy	MMRy = MMRx	MMRx 向 MMRy 传送数据	1	1
MVPD pmad, Smem	Smem = pmad	程序存储器向数据存储器传送数据	2	3
PORTR PA, Smem	Smem = PA	从 PA 口读入数据。从外部 I/O 口（PA-16 位立即数地址）把数据读到 Smem 单元中	2	2
PORTW Smem, PA	PA = Smem	向 PA 口输出数据。把 Smem 单元中的 16 位数据写到外部 I/O 口 PA 中去	2	2
READA Smem	Smem = A	按累加器 A 寻址读程序存储器并存入数据存储器	1	5
WRITA Smem	A = Smem	把数据存储单元中的值写到由累加器 A 寻址的程序存储器中	1	5

TMS320C54x 提供的其他加载和存储指令在 4.1 节寻址方式中已经进行了说明，在此不再做详细赘述。

【例 4-42】 其他加载和存储指令示例。

MVDD *AR3+，*AR5+ ;把 AR3 指向的数据存储单元的内容传送至 AR5 指向的数据存储单元中去，然后 AR3 和 AR5 都自加 1

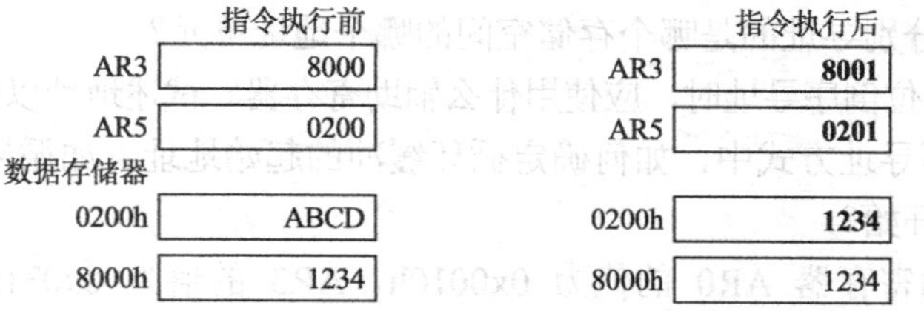

READA　6　;将累加器 A 指定的程序存储器单元中的数据复制到 0206h 指向的数据存储单元中去

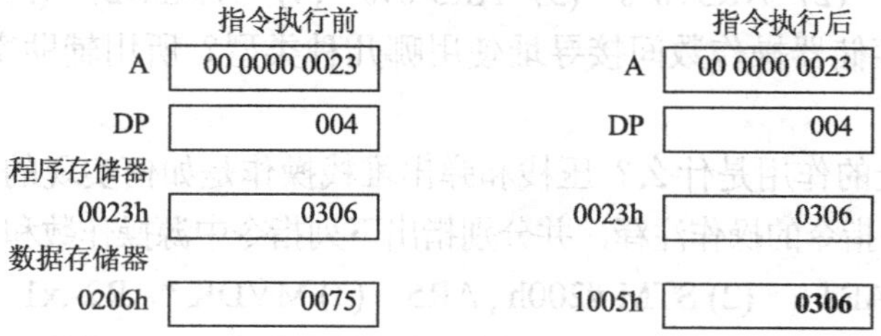

4.4　本章小结

本章以助记符指令系统为入手点，详细介绍了 TMS320C54x 的寻址方式、指令的表示方法、指令的分类及基本功能。通过本章的学习，要求读者深刻理解寻址方式并学会使用它们，重点掌握直接寻址和间接寻址，熟悉指令的表示方法，掌握算术运算、逻辑运算、程序控制、加载和存储 4 种基本类型的指令并能够熟练使用。

1）TMS320C54x 指令系统的数据寻址方式分为 7 种，分别为立即数寻址、绝对寻址、累加器寻址、直接寻址、间接寻址、存储器映射寄存器寻址和堆栈寻址方式。掌握各种寻址方式的特点和应用场合，通过选择合理的寻址方式可以获得编程的灵活性和高效性。由于寻址方式种类较多，并且由于其中的直接寻址和间接寻址方式的多样性，给读者在理解上带来一定的难度，因此这部分需要读者多投入一些精力。

2）TMS320C54x 的助记符指令由操作码和操作数两部分组成，按照指令的功能，TMS320C54x 指令可以分为算术运算指令、逻辑运算指令、程序控制指令和加载和存储指令 4 种基本类型，每种基本类型下又根据功能分成若干个组。由于指令系统种类繁多，因此读者在学习的过程中应以理解为主，不需要刻意地去记忆，在实际的汇编程序编写或调试过程中，遇到忘记的指令、不理解的参数意义、调试环境出错或语法出错时，可以继续参考相关书籍或技术手册。

深刻理解 TMS320C54x 的寻址方式并掌握 TMS320C54x 指令的表示方法和指令系统，对于读者进行软件编程、提高编写程序的运行效率有着重要意义。

4.5　习题

1．TMS320C54x 提供哪几种数据寻址方式？各有什么特点？应该应用在什么场合？

2．绝对地址寻址有哪几种？它们可以访问哪些地址空间？有什么特点？其中的长立即数寻址方式的指令能不能与循环指令 RPT 和 RPTZ 一起使用？

3．直接寻址方式有两种方式，它们是什么？如何控制？当 SP=2000h，DP＝2，偏移地址为 25h 时，分别寻址的是哪个存储空间的哪个地址单元？

4．当使用位倒序寻址时，应使用什么辅助寄存器？试述地址以位倒叙方式产生的过程。

5．在循环寻址方式中，如何确定循环缓冲的起始地址？如循环缓冲大小为 32，其起始地址必须从哪开始？

6．若辅助寄存器 AR0 的值为 0x0010h，AR3 的值为 0x0310h，循环缓冲起始地址为 0300h，BK=31，请分别给出下列寻址方式修改后的辅助寄存器的值。

(1) *AR3+%　(2) *AR3+0%　(3) *AR3-0%　(4) *+AR3(-2)　(5) *AR0(0100H)

7．双数据存储器操作数间接寻址使用哪几种类型？所用辅助寄存器只能是哪几个？其特点是什么？

8．堆栈寻址的作用是什么？压栈和弹出堆栈操作是如何实现的？

9．写出每条指令的操作注释，并分别指出下列指令中源操作数和目的操作数的寻址方式。

(1) ST #10,*AR1+　(2) STM #200h , AR5　(3) MVDK *AR2-,x1　(4) PSHM AR7

(5) POPD 20　(6) MVKD 100h,*AR1　(7) WRITA 8　(8) ADD *AR3+,*AR4+,A

10．已知(SP)=1000h，(T)=1234h，(AR6)=5678h，(AR1)=0100h，数据单元(0100h)=2244h，试画出执行下列指令后堆栈区、SP 内容及数据单元 0100h 的变化示意图。

PSHM T

PSHM AR6

POPD *AR1

11．代码“ADDS *AR2-,B”，操作前各地址内容如下，操作后地址内容是什么？

	指令执行前		指令执行后
B	00 0000 0003	B	
C	x	C	
AR2	0100	AR2	
数据存储器			
0104h	F006	0104h	

12．已知(A)=00 0000 05F4h，x1 数据单元中内容为 0735h，C=1，TC=0，写出下列每条指令单独执行后的结果。

(1) AND x1, A　(2) OR x1, A　(3) XOR A,A　(4) ROR A　(5) ROLTC A

13．分别用乘法指令或移位指令完成乘法：$y=20x$

14．代码“STH A, 10” 操作前各地址内容如下，操作后地址内容是什么？

	指令执行前		指令执行后
A	FF 8765 4321	A	
DP	004	DP	
数据存储器			
020Ah	1234	020Ah	

15．用哪些指令可以将累加器 A 的内容送入 B?

16．可重复操作指令的特点是什么？其最多重复次数是多少？

17．存储区中哪部分定义为堆栈，为什么？

18．举例说明下列 3 条指令的区别是什么？各应用在什么场合？

LD　Smem, dst

LDR Smem, dst

LDU Smem, dst

19．分别使用重复指令 RPT 或 BANZ 编程，将数据存储区 0060h~006Fh 中的内容减1。比较两种方法编程各占用多少字存放指令代码？执行时间是多少？

20．编程将程序存储空间 1000h~107Fh 的内容复制到数据存储空间从 0100h 开始的地址空间中去。

21．已知(65h)= 50h，AR2=70h，AR3=60h，AR4=80h。程序段如下：

MVKD 65h，*AR2

MVDD *AR2,*AR3

MVDM *AR3,AR4

运行该段程序后，(65h)、(70h)、*AR3 和*AR4 的值分别等于多少？

22．已知（60h）= 55h，（61h）= 80h。运行下列程序后，B 等于多少？

LD 60h，16，A

ADD 61h，A, B

ADD #5, 4, B

SUB 60h, 2, B

第5章　TMS320C54x的软件开发与设计

进行 DSP 的软件开发和设计首先要选择合适的编程语言和开发工具。编程语言可选用C、汇编或混合编程；开发工具可采用传统的 DOS 下使用的分立工具集或集成开发环境CCS，这些都是 TMS320C54x 的软件开发与设计的重要组成部分。

本章主要讨论以下内容：TMS320C54x 应用软件开发的整体流程及一些关键步骤，包括在开发过程中，对源代码的汇编、链接的控制方法；开发用的汇编语言、嵌入式 C 编程以及 C 与汇编混合编程的基础知识等。希望读者通过本章的学习，能够掌握简单的 TMS320C54x 的软件开发与设计过程。

5.1　TMS320C54x 应用软件开发过程

当数字信号处理系统的算法和硬件结构确定以后，并选定 TMS320C54x 作为核心处理器时，TMS320C54x 的应用软件开发首要关注两个方面：编程语言和开发环境。

首先是编程语言，TMS320C54x 提供了两种编程语言：汇编语言和 C/C++语言开发（C++语言开发目前对硬件资源要求很高，因此还是 C 语言开发比较实用）。对于初学者，最好先以汇编语言作为入门编程工具来学习，这样易于深刻理解 DSP 的工作原理。对TMS320C54x 比较熟悉后，在大部分实际工程应用中，则优先考虑 C/C++语言开发，这样可大大提高开发效率。但某些实际应用中也存在特殊情况，例如在对 CPU 运行时间要求苛刻或对执行频率要求非常高的程序代码编写中，也必须使用手工汇编，剔除冗余代码，这样就会用到 C 与汇编混合编程。

另外，好的开发工具和开发环境能为开发调试提供诸多便利，大大压缩开发时间，节约开发者的精力。TMS320C54x 目前提供了两种开发环境：一种是比较早期的 DOS 环境下分立的开发工具集，另一种是目前广泛使用的 Windows 下集成开发环境 Code Composer Studio，简称 CCS。CCS 集成了分立的开发工具集的所有功能，并提供了可视化的分析工具等诸多功能，大大方便了开发过程。

在开发过程中，读者可以根据自己的实际情况及待解决的具体问题选择编程语言及开发工具，下面首先对 TMS320C54x 的软件开发流程进行简要介绍。

5.1.1　TMS320C54x 软件开发流程

为了便于理解，本节以分立的开发工具集为例，分步介绍 TMS320C54x 软件开发所必需的步骤。具体说来，TMS320C54x 软件开发过程包括以下几个阶段：C 编译阶段、汇编阶段、链接阶段、调试阶段。

如果程序是采用汇编语言编写的，则无需经过 C 编译阶段。如果程序是采用 C 语言编写的，则需要通过 C 编译器先将其翻译成汇编语言程序（生成.asm 文件），然后再将所有汇编程序通过汇编器进行汇编生成 COFF 格式的中间目标代码，接着调用链接器进行链接，生成在 TMS320C54x 上可执行的 COFF 格式的目标代码（或可进一步通过格式转换工具，将其转换为十六进制文件.hex 或二进制文件.bin，供 EPPROM/FLASH 烧写使用，如将该代码固化到 EPROM 中或加载到用户的应用系统中，可使 DSP 目标系统脱离计算机单独运行），最后利用调试工具对可执行代码进行调试。TMS320C54x 的软件开发流程如图 5-1 所示，其中阴影部分是最常用的软件开发流程，其他部分为可选项。

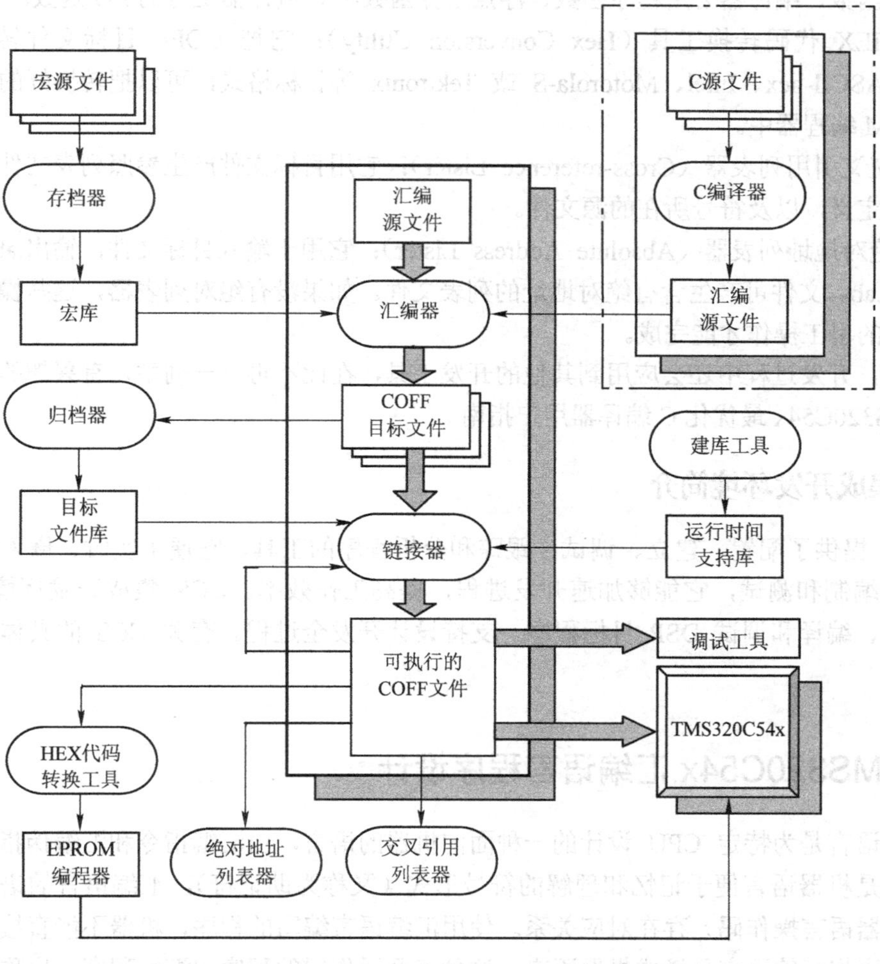

图 5-1　TMS320C54x 的软件开发流程图

下面简要说明图 5-1 中使用的开发工具名称及其功能。

1）C 编译器（C Compiler）：用于把 C 语言源程序自动地编译为 TMS320C54x 的汇编语言源程序。

2）汇编器（Assembler）：用于把汇编语言源文件翻译成机器语言目标文件，机器语言格式为公用目标格式（COFF）。

3）链接器（Linker）：用于把多个目标文件组合成单个可执行目标模块。它一边创建可执行模块，一边完成重定位以及决定外部参考。链接器的输入是可重定位的目标文件和目标库文件。

4）归档器（Archiver）：用于把一组文件收集到一个归档文件中。利用归档器，可以方便地删除、替换、提取或添加库文件。

5）建库工具（Library-build Utility）：用来建立用户自己用的、C 语言编写的支持运行的库函数。

6）运行时间支持库（Runtime-support Libraries）：它包括 C 编译器所支持的 ANSI 标准运行支持函数、编译器公用程序函数、浮点运算函数和 C 编译器支持的 I/O 函数。

7）HEX 代码转换工具（Hex Conversion Utility）：它把 COFF 目标文件转换成 TI-Tagged、ASCII-hex、Intel、Motorola-S 或 Tektronix 等目标格式，可以把转换好的文件下载到 EPROM 编程器中。

8）交叉引用列表器（Cross-reference Lister）：它用目标文件产生参照列表文件，可显示符号及其定义，以及符号所在的源文件。

9）绝对地址列表器（Absolute Address Lister）：它用于输入目标文件，输出.abs 文件，通过汇编.abs 文件可产生含有绝对地址的列表文件。如果没有绝对列表器，这些操作将需要冗长乏味的手工操作才能完成。

此外，开发过程中还会应用到其他的开发工具，在此不再一一列举，有兴趣的读者可以查阅 TMS320C54x 最优化 C 编译器用户指南。

5.1.2 集成开发环境简介

CCS 提供了配置、建立、调试、跟踪和分析程序的工具，它便于实时、嵌入式信号处理程序的编制和测试，它能够加速开发进程，提高工作效率。CCS 集成开发环境（IDE）允许编辑、编译和调试 DSP 目标程序，支持设计开发全过程。有关 CCS 的具体介绍参见第 6 章。

5.2 TMS320C54x 汇编语言程序设计

汇编语言是为特定 CPU 设计的一种面向机器的语言，由汇编指令和汇编伪指令组成。汇编语言是机器语言便于记忆和理解的符号形式（又称为助记符），汇编语言的语句与机器语言（机器语言操作码）存在对应关系。使用汇编语言编写的程序，机器不能直接识别，要由一种程序将汇编语言翻译成机器语言，这种起翻译作用的程序叫汇编程序，也称汇编器。汇编器把汇编语言翻译成机器语言的过程称为汇编。

汇编语言程序设计是 TMS320C54x 的软件设计的基础，主要任务是利用 TMS320C54x 提供的汇编指令和伪指令编写源代码完成特定功能。TMS320C54x 提供了两种汇编指令：助记符指令和代数指令，它们具有同样的功能。代数指令有点类似于高级语言，本节不再详细介绍，请感兴趣的读者自行查阅相关资料。

汇编语言程序的编写必须符合一定的格式，以便于汇编器将源文件翻译成目标文件，源文件可以包含汇编语言指令、汇编伪指令、宏伪指令和规定的字符与数字。本节将介绍汇编源程序的编写方法。

5.2.1 汇编语言的语句格式

TMS320C54x 汇编语言程序是文本格式文件，由汇编语言指令、汇编伪指令、宏伪指令构成，按照语句语法书写。

1．语句语法

汇编格式包含 4 部分：标号区、指令区、操作数区和注释区。指令语法格式如下。

助记符指令语法格式：

```
[标号区][：]    助记符指令区    [操作数区]    [；注释区]
```

代数指令语法格式：

```
[标号区][：]    代数指令区    [；注释区]
```

其中，[ ]内为可选项。

代数指令只有 3 个区域，其中的助记符区与操作数区合并成为指令区。指令各个部分之间可用空格或〈Tab〉键隔开。一条语句占源程序的一行，长度可以是源文件编辑器格式允许的长度，但汇编器每行最多读 200 个字符。因此，语句的执行部分必须限制在 200 个字符以内。

【例 5-1】 助记符指令示例。

```
SYM1        .set      2             ;符号 SYM1=2
Begin:      LD        SYM1, AR1     ;将立即数 SYM1 装入寄存器 AR1 中
            .word     016h          ;初始化字（016h）
```

【例 5-2】 代数指令示例。

```
SYM1        .set      2             ;符号 SYM1=2
   mainasm  AR1=#SYM1               ;将立即数 SYM1 装入寄存器 AR1 中
            .data
            .word     016h          ;初始化字（016h）
```

2．标号区

所有汇编指令和大多数汇编伪指令前面都可以带有标号，使用它必须从语句第一列开始。标号最多可达 32 个字符，由 A～Z、a～z、0～9、_以及$符号组成，且第一个字符不能是数字，标号的大小写必须一致。标号后可带冒号“:”，但冒号并不作为标号的一部分，如例 5-1 中的“Begin”。如果标号后不使用冒号，则语句第一列必须为空格、星号或分号，如例 5-2 中的“mainasm”。

3．助记符指令区和操作数区

在助记符编程语言中，标号区后面为助记符指令和操作数。

如例 5-1 中的汇编指令语句“LD　SYM1, AR1”。其中 LD 是助记符指令，SYM1、AR1 是它的操作数，该语句的功能是将立即数 SYM1 装入寄存器 AR1 中。

注意：

1）助记符区不能从第一列开始，否则被认为是标号。

2）操作数区是一个操作数列表，可以是常数、符号或常数与符号构成的表达式。操作数间需用“,”号隔开。

4. 注释区

注释是用来说明指令功能的文字，便于用户阅读。注释区可以从任何一列开始，可以包含 ASCII 字符和空格。注释可位于句首或句尾，位于句首时，以“*”或“;”开始，位于句尾时，以分号“;”开始。注释可单独一行或数行；注释是任选项。

5. 汇编语言编程的示例

【例 5-3】 语言编程控制 TMS320C54x CPU 外引脚 XF 交替输出高低电平示例。

源代码：

```
        .title "demo"
        .mmregs
        .global RESET

SP_INT      .set     0400h
MAIN_PRG        .set      1000h

V_TBL           .sect       "vectors"
RESET:      B           START
            RET

        .text
START:      LD          #0,DP
            STM         #SP_INT,SP
            SSBX        INTM                    ;disable all interrupt
LOOP:       RSBX        XF                      ;reset XF
            CALL        DEALY
            SSBX        XF                      ;set XF
            CALL        DEALY
            B           LOOP

DEALY:
            RPT         #(0fff0h)
            NOP
            RET

.END
```

5.2.2 汇编语言中的伪指令

汇编伪指令是汇编语言程序设计中的一项重要内容，它给程序提供数据并控制汇编过程。伪指令会对汇编起某种控制作用，其格式与通常的操作指令一样，并可加在汇编程序的任何地方，但它们并不产生机器指令。许多伪指令要求带参数，这在定义伪指令时由“表达式”域指出，任何数值与表达式均可以作为参数。汇编伪指令主要完成以下工作：

1）将数据和代码汇编进指定的段。

2）控制产生清单文件。

3）初始化存储器。

4）汇编条件代码块。

5）声明全局变量。

6）在存储器中为未初始化的变量保存空间。

7）为汇编器指定库。

伪指令和它所带的参数必须书写在一行。除了汇编伪指令，TMS320C54x 汇编语言还支持以下的伪指令：

1）声明全局变量。

2）在存储器中为未初始化的变量保存空间。

3）为汇编器指定库。

下面分别对一些常用的伪指令进行介绍，其他伪指令的详细说明请参考 TI DSP 技术手册“TMS320C54x Assembly Language Tools User’s Guide”。常用的汇编伪指令见表 5-1。

表 5-1 常用的汇编伪指令

汇编伪指令	作 用	说明及示例
.title	紧跟其后的是用双引号括起的源程序名	.title "example.asm"
.end	结束汇编命令，汇编程序将忽略此后的任何源语句，所以它应是程序的最后语句	放在汇编语言源程序的最后
.text	紧跟其后的是汇编语言程序正文	.text 段是源程序正文。经汇编后，紧随.text 后的是可执行程序代码
.data	紧跟其后的是已初始化数据，通常含有数据表或预先初始化的数值	有两种数据形式：.int 和.word
.int	.int 用来设置一个或多个 16 位无符号整型数常数	table: .word 1,2,3,4 .word 8,6,4,2
.word	.word 用来设置一个或多个 16 位带符号整型数常数	表示在程序存储器标号为 table 开始的 8 个单元中存放初始化数据 1、2、3、4、8、6、4 和 2
.bss	.bss 为未初始化变量保留的存储空间	.bss x , 4 表示在数据存储器中空出 4 个存储单元存放变量 x1、x2、x3 和 x4
.sect	建立包含代码和数据的自定义段	.sect " vectors " 定义向量表，紧随其后的是复位向量和中断向量，名为 vectors
.usect	为未初始化变量保留存储空间的自定义段	STACK .usect "STACK",10h 在数据存储器中留出 16 个单元作为堆栈区，名为 STACK

1．段定义伪指令

段定义伪指令指定汇编程序的段（有关段的知识请参考 5.5.1 节 COFF 文件中的段），它们包括：

① .bss。用于为未初始化的段预留空间。

② .data。用于指定后续的代码为数据段，通常包含初始化的数据。

③ .sect。用于自命名的初始化段，通常包含可执行代码和数据。

④ .text。用于指定后续的代码为文本段，通常包含可执行代码。

⑤ .usect。用于为未初始化的命名段预留空间。

【例 5-4】 段定义伪指令示例。

```
.data                              ;表示从这里开始数据段，后续数据顺序存放在数据段中
coeff  .word  044h,055h,066h       ;3 个 word 型数据连续放入.data 段
```

2. 初始化常数伪指令

初始化常数伪指令可以在当前段内指定常数值：

① .byte、.ubyte、.char。这些伪指令用于指定数值用 8 位表示，并将其连续存储在当前段。

② .float 和.xfloat。用于指定数值用单精度（32 位）IEEE 浮点表示，并将其存储在当前段的连续两个字中，先存最高有效位。.float 存储时会自动对准长字边界，.xfloat 不会。

③ .int、.uint、.half、.short、.ushort、.word、.uword。这些伪指令用于指定数值用 16 位表示，并将其连续存储在当前段。

④ .long、.ulong、.xlong。这些伪指令用于指定数值用 32 位表示，并将其存储在当前段中 2 个连续的字中。.long 和.ulong 存储时会自动对准长字边界，.xlong 不会。

⑤ .double 和.ldouble。用于指定数值用双精度（32 位）IEEE 浮点表示。

⑥ .bes 和.space。用于在当前段预留指定的存储空间。

【例 5-5】 初始化常数伪指令示例。

```
.byte     18              ;表示将一个值 18 放入当前段的连续字节中
.word     012Ch           ;表示将一个 16 位位值 012Ch 放入当前段的连续字中
```

3. 段程序计数器（SPC）定位伪指令

有一些伪指令可以指定当前段在内存中地址对齐：

① .align。用于指定起始位置对准在 1～128 字的边界。操作数为 1 表示对准到字边界；操作数为 2 表示对准到长字/双字边界；操作数为 128 表示对准到页边界。

② .even。用于指定起始位置对准到下一个字的边界。它等效于.align 伪指令的操作数为 1；使用.even 操作数为 2 时，表示对齐到下一个长字的边界。

任何在当前字中没有使用的位都填充 0。

4. 输出列表格式伪指令

输出列表格式伪指令可以指定格式化的清单列表文件输出：

① .length。用于控制清单列表文件页面的长度。

② .page。用于控制清单列表文件中加入新页。

③ .tab。用于定义制表键（tab）的长度。

④ .title。用于控制在清单列表文件每页顶部打印标题。

⑤ .list 和.nolist。用于控制打开或关闭清单列表文件的输出。

⑥ .option。用于控制清单列表的某些功能，该伪指令有以下操作数：

A：允许列出所有的伪指令和数据，并展开宏和循环。

B：将.byte 伪指令的列表限制在一行。

D：将伪指令的列表限制在一行，关闭某些伪指令的列出。

H：将.half .short 伪指令的列表限制在一行。

L：将.long 伪指令的列表限制在一行。

M；关闭宏扩展的列出。

N：关闭清单列表文件的输出。

O：打开清单列表文件的输出。

R：复位选项。

X：产生符号交叉引用清单。

5．文件引用伪指令

文件引用伪指令可以引用其他文件中的信息：

① .copy 和.include。用于指定从其他文件读取源代码程序语句。

② .def。用于指定在当前文件中定义但可被其他文件中引用的符号。

③ .global。用于指定符号为全局符号。

④ .ref。用于指定在当前文件中使用但在其他文件中定义的符号。

6．条件汇编伪指令

条件汇编伪指令用于指示对某些代码按照表达式的计算结果，决定是否对其汇编。有两组伪指令用于条件汇编：

① .if、.elseif、.else、.endif。这些语句用于通知汇编器按照表达式的计算结果，对某段代码块进行条件汇编。

② .loop、.break、.endloop。这些语句用于通知汇编器按照表达式的计算结果重复汇编一个代码块。要求表达式和伪指令必须完全在同一行指定。

5.2.3 汇编语言中的常数及字符串

汇编器可支持 7 种类型的常数（常量）：二进制整数、八进制整数、十进制整数、十六进制整数、浮点数常量、字符常量和字符串，见表 5-2。

表 5-2 常数的类型

数 据 类 型	举 例	说 明
二进制	1110001b 或 1110001B	
八进制	226q 或 572Q	
十进制	1234 或+1234 或-11234	默认型
十六进制	0A40h 或 0A40H 或 0xA40	
浮点数	1.62E-23	仅用于 C 语言
字符	‘D’	
字符串	“this is a string”	

1．二进制整数

二进制整型常量最多由 16 位二进制数字（0 或 1）组成，扩展名为 B（或 b）。如果数字少于 16 位，汇编器将其右边对齐，并在前面补 0。

【例 5-6】 二进制整数示例。

10001000B	136（十进制）或 88（十六进制）
0111100b	60（十进制）或 3C（十六进制）
10b	2（十进制）或 2（十六进制）
10001111B	143（十进制）或 8F（十六进制）

2．八进制整数

八进制整型常量最多由 6 位的八进制数字（0 到 7）组成，扩展名为 Q（或 q）或前缀为 0（零）。

【例 5-7】 八进制整数示例。

100011Q　　32777（十进制）或 8009（十六进制）

124q　　84（十进制）或 54（十六进制）

八进制常数也可使用 C 语言的记号，即加前缀 0。

0100011　　32777（十进制）或 8009（十六进制）

0124　　84（十进制）或 54（十六进制）

3．十进制整数

十进制整型常量由十进制数字串组成，无扩展名。取值范围为-32 768～32 767 或 0～65 535。

【例 5-8】 十进制整数示例。

2118　　2118（十进制）或 846（十六进制）

65535　　65535（十进制）或 0FFFF（十六进制）

-32768　　-32768（十进制）或 8000（十六进制）

4．十六进制整数

十六进制整型常量最多由 4 位十六进制数字组成，带扩展名 H（或 h）。它必须以数字（0～9）开始，也可以加前缀 0x。

【例 5-9】 十六进制整数示例。

0DH　　14（十进制）或 000D（十六进制）

12BCH　　4796（十进制）或 12BC（十六进制）

十六进制常数也可用 C 语言记号，即加前缀 0x。

0x0D　　14（十进制）或 000D（十六进制）

0x12BC　　4796（十进制）或 12BC（十六进制）

5．浮点数

浮点整型常量由一串十进制数字组成，可以带小数点、分数和指数部分。

浮点数的表示方法：

[±][n]．[n] [E | e] [±] [n]

n 为一串十进制数，浮点数前可带加减号（＋或－），且小数点必须指定。

【例 5-10】 浮点数示例。

99.e9　　有效的数

99e9　　非法

合法：.314 ，3.14 ， -.314e-19。

6．字符常数

字符常数是包括在单引号内的字符。若单引号之间没有字符，则值为 0。每个字符在内部表示为 8 位 ASCII 码。

【例 5-11】 字符常数示例。

‘A’　　内部表示为 61 h

‘B’　　　内部表示为 42 h

7．字符串

字符串是由双引号括起来的一串字符，最大长度是可以变化的，由要求字符串的伪指令来设置。字符在内部用 8 位 ASCII 码来表示。

【例 5-12】 字符串示例。

“example”　　定义了一个长度为 7 的字符串：example。

字符串可用于下列伪指令中：

① .copy。作为复制伪指令中的文件名。

② .sect。作为命名段伪指令中的段名。

③ .setsect。作为该伪指令中的段地址。

④ .byte。作为数据初始化伪指令中的变量名。

⑤ .string。作为该伪指令的操作数。

注意，字符常数与字符串的差别在于字符常数代表单个整数值，而字符串只是一串字符。

5.2.4 汇编语言中的表达式

表达式可以是常数、符号，或者是由算术运算符连接的一些常数和符号、并可直接计算得到一个常数结果值的运算式。表达式值的有效范围从－32 768～32 767。

对于运算式形式的表达式，影响其计算结果值的主要因素有：

1）圆括号（ ）。圆括号内的表达式最先计算。

2）优先级。TMS320C54x 表达式中使用与 C 语言相似的优先级，优先级高的先计算。

3）从左到右运算顺序。在具有相同的优先级的运算式中，按从左到右的顺序计算。

1．汇编源程序中的运算符

TMS320C54x 汇编器使用与 C 语言相似的优先级，见表 5-3。

表 5-3　汇编源程序中的运算符

序　号	符　号	运 算 操 作	求 值 顺 序
1	+- ～ !	取正、取负、按位求补、逻辑负	从右至左
2	*/%	乘法、除法、求模	从左至右
3	+ -	加法、减法	从左至右
4	^	指数	从左到右
5	<< >>	左移、右移	从左至右
6	<　<=	小于、小于等于	从左至右
7	>　>=	大于、大于等于	从左至右
8	!=　==	不等于、等于	从左至右
9	&	按位与运算	从左至右
10	∧	按位异或运算	从左至右
11	|	按位或运算	从左至右

2. 条件表达式

TMS320C54x 汇编器支持以下关系运算符，可以用于任何表达式。

= 等于 == 等于 != 不等于

>= 大于或等于 <= 小于或等于

> 大于 < 小于

3. 有效定义的表达式

有效定义的表达式是指不包含变量，表达式中的符号在表达式之前就已经被定义，表达式的计算结果值必须是绝对的常数值。

4. 表达式上溢和下溢

汇编时执行了算术操作以后，汇编器检查上溢和下溢的条件，当出现上溢或下溢时，汇编器会发出一个值被截断了的警告。

5.3 汇编器的使用

当汇编语言源程序编写好以后，可利用 TMS320C54x 的汇编器 ASM500，对一个或多个源程序分别进行汇编，并生成列表文件.lst 和中间目标文件.obj。使用命令如下：

asm500 [input file [object file [listing file]]] [−options]

说明：

① asm500。表示运行汇编程序 asm 500.exe 的命令。

② input file。表示汇编源文件名，默认扩展名为.asm。

③ object file。表示汇编程序生成的 TMS320C54x 目标文件，扩展名为.obj。

④ listing file。表示汇编器产生的列表文件名，默认扩展名为.lst。

⑤ options。表示汇编器的选项，汇编器使用的各种选择，具体选项见表 5-4。

表 5-4 汇编器的选项

选 项	功 能
-@	-@filemane（文件名）可以将文件名的内容附加到命令行上。使用该选项可以避免命令行长度的限制。如果在一个命令文件、文件名或选项参数中包含了嵌入的空格或连字号，则必须使用引号括起来，例如：“this-file.asm”
-a	建立一个绝对列表文件。当选用-a 时，汇编器不产生目标文件
-c	使汇编语言文件中大小写没有区别
-d	为名字符号设置初值。格式为-d name[=value]时，与汇编文件被插入 name .set[=value]是等效的。如果 value 被省略，则此名字符号被置为 1
-f	抑制汇编器给没有.asm 扩展名的文件添加扩展名的默认行为
-g	允许汇编器在源代码中进行代码调试。汇编语言源文件中每行的信息输出到 COFF 文件中。注意：用户不能对已经包含.line 伪指令的汇编代码使用-g 选项（例如由 C/C++编译器运行-g 选项产生的代码）
-h, -help, -?	这些选项的任一个将显示可供使用的汇编器选项的清单
-hc	将选定的文件复制到汇编模块。格式为-hc filename 所选定的文件包含到源文件语句的前面，复制的文件将出现在汇编列表文件中
-hi	将选定的文件包含到汇编模块。格式为-hi filename 所选定的文件包含到源文件语句的前面，所包含的文件不出现在汇编列表文件中
-i	规定一个目录。汇编器可以在这个目录下找到.copy、.include 或.mlib 命令所命名的文件。格式为-i pathname，最多可规定 10 个目录，每一条路径名的前面都必须加上-i 选项

（续）

选 项	功 能
-l	（小写 L）生成一个列表文件
-mf	指定汇编调用扩展寻址方式
-mg	源文件是代数式指令
-q	抑制汇编的标题以及所有的进展信息
-r, -r[num]	压缩汇编器由 num 标识的标志。该标志是报告给汇编器的消息，这种消息不如警告严重。若不对 num 指定值，则所有标志都将被压缩
-pw	对某些汇编代码的流水线冲突发出警告
-u	-u name 取消预先定义的常数名，从而不考虑由任何-d 选项所指定的常数
-v	-v value 确定使用的处理器，可用 541、542、543、545、5451p、5461p、548、549 等值中的一个
-s	把所有定义的符号放进目标文件的符号表中。汇编程序通常只将全局符号放进符号表。当利用-s 选项时，所定义的标号以及汇编时定义的常数也都放进符号表内
-x	产生一个交叉引用表，并将它附加到列表文件的最后，还在目标文件上加上交叉引用信息。即使没有要求生成列表文件，汇编程序总还是要建立列表文件的

【例 5-13】 汇编命令操作示例。

```
asm500    file1.asm    −s    −1    −x
```

把源文件 file1.asm 编译成中间目标代码，将程序所有定义的符号放在目标文件的符号表中、生成一个列表文件.lst、生成一个交叉汇编表。

5.4 链接器和命令文件

链接器的主要任务是根据链接命令文件（.cmd），将一个或多个 COFF 目标文件链接起来，生成存储器映射文件（.map）和可执行的输出文件（.out）。在链接过程中，链接器将各个目标文件合并，并完成以下工作：

1）将各个段配置到目标系统的存储器。

2）对各个符号和段进行重新定位，并给它们指定一个最终的地址。

3）解决输入文件之间未定义的外部引用。

5.4.1 链接器及其调用

TMS320C54x 链接器的运行命令格式为

```
lnk500    [-options]    filename 1 … filename n
```

① lnk500：运行链接器命令。

② filenames：文件名。可以是目标文件、链接命令文件或文件库。所有文件扩展名的默认值为.obj。

③ -options：链接命令选项。可以出现在命令行或链接命令文件的任何位置。所有选项前面必须加一短画线“-”。选项之间可以用空格分开。最常用选项为-m 和-o，分别表示输出的地址分配表映射说明文件名和输出可执行文件名，具体选项见表 5-5。

表 5-5 链接命令选项

选　项	含　义
-a	生成一个绝对地址的、可执行的输出模块。所建立的绝对地址输出文件中不包含重新定位信息。如果既不用-a 选项，也不用-r 选项，链接器就像规定-a 选项那样处理
-ar	生成一个可重新定位、可执行的目标模块。这里采用了-a 和-r 两个选项（可以分开写成-a -r，也可以连在一起写作-ar），与-a 选项相比，-ar 选项还在输出文件中保留有重新定位信息
-e global_symbol	定义一个全局符号，这个符号所对应的程序存储器地址，就是使用开发工具调试这个链接后的可执行文件时程序开始执行时的地址（称为入口地址）。当加载器将一个程序加载到目标存储器时，程序计数器（PC）被初始化到入口地址，然后从这个地址开始执行程序
-f fill_vale	对输出模块各段之间的空单元设置一个 16 位数值（fill_value），如果不用-f 选项，则这些空单元都置 0
-i dir	更改搜索文档库算法，先到 dir（目录）中搜索。此选项必须出现在-l 选项之前
-l filename	命名一个文档库文件作为链接器的输入文件；filename 为文档库的某个文件名。此选项必须出现在-i 选项之后
-m filename	生成一个.map 映像文件，filename 是映像文件的文件名。.map 文件中说明存储器配置、输入、输出段布局以及外部符号重定位之后的地址等
-o filename	对可执行输出模块命名。如果默认，则此文件名为 a.out
-r	生成一个可重新定位的输出模块。当利用-r 选项且不用-a 选项时，链接器生成一个不可执行的文件

【例 5-14】 有两个源文件各自经过汇编成的两个中间目标代码为 file1.obj、file2.obj，需要将它们合并链接成一个可执行的最终目标代码 link.out，需要的链接命令为

```
lnk500   file1.obj   file2.obj   -o   link.out
```

lnk500 后的 file1.obj、file2.obj 指明了进行需要链接的中间目标代码；-o 表明需要指定生成的最终目标代码文件名为 link.out。

5.4.2 链接器命令文件的编写与使用

控制链接过程还有另一种方法，需将链接的目标文件、链接命令选项以及存储器配置要求等编写到链接命令文件中，运行链接器的运行命令 lnk500 时直接指定链接命令文件。

例如同样达到上面的效果，可以编写链接命令文件 linker.cmd。

linker.cmd 应包含如下内容：

```
file1.obj
file2.obj
-o link.out
```

运行“lnk500 linker.cmd” 即可达到同样的效果。

链接器可对多个目标文件进行链接，链接文件中还可以使用 MEMORY 和 SECTIONS 命令，将多个目标文件中的各个部分组合，将其配置到指定的存储器中，形成可执行的目标模块。详细使用说明请参考下一节 COFF 文件中段的原理及 5.5.3 节链接器对段的处理。

5.5 公共目标文件格式

汇编器和链接器生成的目标文件，是一个可以由 TMS320C54x 器件执行的文件。这些目标文件的格式称为公共目标文件格式（Common Object File Format，COFF）。由于在编写

汇编语言程序时采用代码段和数据段形式的模块化编程，使编程和管理变得更加方便。这些代码段和数据段简称为段。段是 COFF 文件中最重要的概念，每个目标文件都分成若干段。汇编器和链接器也会提供一些伪指令来建立和管理各种各样的段。

COFF 文件有 3 种类型：COFF0、COFF1、COFF2。每种类型的 COFF 文件，其标题格式都有所不同，但数据部分是相同的。TMS320C54x 汇编器和 C 编译器产生的是 COFF2 文件。

5.5.1 COFF 文件中的段

段是存储器中占据相邻空间的代码或数据块。一个目标文件中的每个段都是分开的且各不相同。在 COFF 目标文件中都包含了汇编程序中以下 3 种形式的段：

1）.text 段（文本段）。它通常包含可执行代码。

2）.data 段（数据段）。它通常包含初始化数据。

3）.bss 段（保留空间段）。它通常为未初始化变量保留存储空间。

此外，还有命名段（named sections）。

按照段内数据是否被初始化，这些段可以分为两大类：初始化段（initialized sections）和未初始化段（uninitialized sections）。

初始化段中包含有数据或程序代码，主要有：

1）.text 段。已初始化段。

2）.data 段。初始化段。

3）.sect 段。已初始化段，由汇编器伪指令建立的自定义段。

未初始化段在存储空间中为未初始化数据保留存储空间，包括：

1）.bss 段。未初始化段。

2）.usect 段。未初始化段，由汇编命令建立的命名段（自定义段）。

在编译过程中，汇编器和链接器可以将数据和代码各个部分与段对应，并将其分配/定位到存储空间。一般说来，汇编器的任务是在汇编过程中，根据汇编命令用适当的段将各部分程序代码和数据连在一起，构成目标文件。链接器的任务是分配存储单元，将目标文件中的段重新定位到目标系统的存储器中，这一过程称为定位或分配。

目标文件中的段与目标存储器之间的关系如图 5-2 所示。

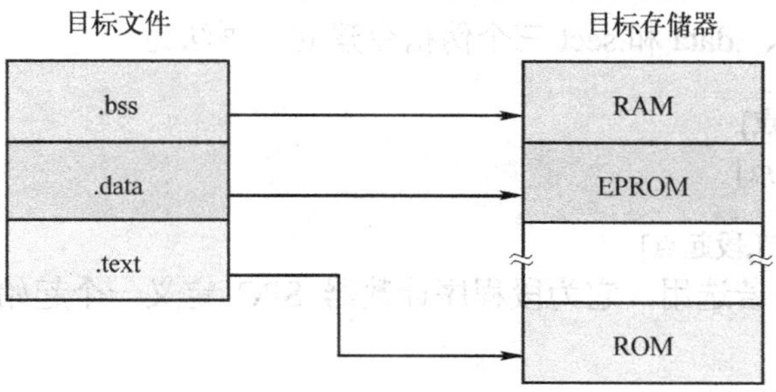

图 5-2　目标文件中的段与目标存储器之间的关系

5.5.2 汇编器对段的处理

汇编器对段的处理是通过段伪指令来区别各个段的，并将段名相同的语句汇编在一起。

每个程序都是由几个段结合在一起形成的。汇编器有 5 条伪指令可识别汇编语言程序的各个部分：

- .bss。定义未初始化段。
- .usect。定义未初始化段。
- .text。定义已初始化段。
- .data。定义已初始化段。
- .sect。定义已初始化段。

1. 未初始化段

未初始化段就是仅仅在 TMS320C54x 存储器中保留空间，供程序运行时的临时变量或者临时存储空间使用，在目标文件中，这些段中没有确切的内容，通常它们被定位在 RAM 区。

未初始化段分为默认的和命名的两种，分别由汇编器伪指令.bss 和.usect 产生。

① .bss 伪指令，用于在 bss 段中保留若干个空间。.bss 伪指令格式为

```
.bss    符号  ，  字数
```

符号对应于保留的存储空间第一个字的变量名称。可以让其他段引用，也可以用.global 命令定义为全局符号。

字数表示在 bss 段或标有名字的段中保留若干个存储单元。

每调用一次.bss 伪指令，汇编器在相应的段保留更多的空间。

② .usect 伪指令，用于为指定的命名段保留若干个空间。.usect 伪指令格式为

```
符号    .usect  "段名"，    字数
```

段名程序员为未初始化的命名段定义的名字。

每调用一次.usect 伪指令，汇编器在指定的命名段保留更多的空间。

2. 已初始化段

已初始化段中包含有可执行代码或初始化数据，这些段中的内容都在目标文件中，当加载程序时放到 TMS320C54x 的存储器中。每个已初始化段都是可以重新定位的，并且可以引用其他段中所定义的符号。链接器在链接时会自动地处理段间的相互引用。

已初始化段由.text、.data 和.sect 三个伪指令建立，语法为

```
.text     [段起点]
.data     [段起点]

.sect     "段名"[,段起点]
```

段起点是任选项。若选用，它为段程序计数器 SPC 定义一个起始值；若默认，则 SPC 从 0 开始。

3. 汇编器对段的处理

当汇编器遇到.text 或.data 或.sect 命令时，将停止对当前段的汇编（相当于一条结束当前段汇编的命令），然后将紧接着的程序代码或数据汇编到指定的段中，直到再遇到另一条.text、.data 或.sect 等段命令为止。

当汇编器遇到.bss 或.usect 命令时，并不结束当前段的汇编，只是暂时从当前段脱离出

来，并开始对新的段进行汇编。.bss 和.usect 命令可以出现在一个已初始化段的任何位置，而不会对它的内容发生影响。

【例 5-15】 段命令应用示例，本程序中定义了多个数据段。

```
        .data                             ;开始数据段
coeff   .word   044h,055h,066h            ;3 组数据连续放入.data 段
        .bss    buffer, 8                 ;在.bss 段保留 8 个单元
prt     .word   0456h                     ;0456h 放入.data 段
        .text                             ;开始文本段
add:    LD      0Dh, A                    ;1 字指令
aloop:  SUB     #1, A                     ;2 字指令
        BC      aloop, AGEQ               ;2 字指令
        .data                             ;继续数据段
ivals   .word   0CCh, 0DDh, 0EEh          ;3 组数据连续放入.data 段
var2    .usect "newvars", 2               ;建立 newvars 命名段,保留 2 个单元
inbuf   .usect "newvars", 8               ;在 newvars 段保留 8 个单元
        .text       ;继续文本段
mpy:    LD     0Ah, B                     ;1 字指令
mloop:  MPY    #0Ah, B                    ;2 字指令
        BC     mloop, BNOV                ;2 字指令
        .sect "uservars"                  ;建立 uservars 命名段
        .word 044h, 088h                  ;2 组数据放入 uservars 命名段
        .sect     "vectors"               ;建立 vectors 命名段
        B         add                     ;跳转到 add 函数去执行
```

汇编语言源程序经过汇编后，共建立了 6 个段，如图 5-3 所示。

1）.text 段。文本段，段内有 10 个字可执行的程序代码。

2）.data 段。已初始化的数据段，段内有 7 个字的数据。

3）uservars 段。用.sect 命令生成的命名段，段内有 2 个字的初始化数据。

4）.bss 段。未初始化的数据段，在存储器中为变量保留 8 个存储单元。

5）newvars 段。用.usect 命令建立的命名段，为变量保留 10 个存储单元。

6）vectors 段。中断向量区。

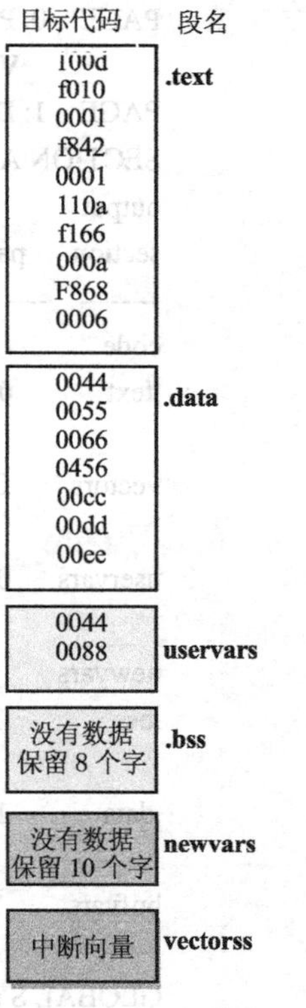

图 5-3　汇编后段结构图

用到的链接命令文件：

```
asm.obj
-o ZX54X.out
-m ZX54X.map
MEMORY   {
        PAGE 0:
                PARAM:   org = 100h      len = 0e00h
                VEC:       org = 3f80h   len =    80h
        PAGE 1:
```

```
                DARAM:    org = 1000h    len = 2f00h
        }
SECTIONS{
        .text : >           PARAM       PAGE 0
        .code : >           PARAM       PAGE 0
        vectors:>           VEC         PAGE 0
        uservars:>          VEC         PAGE 0
        .bss : >            DARAM       PAGE 1
        .data : >           DARAM       PAGE 1
        newvars : >         DARAM       PAGE 1
        }
```

编译生成的 MAP 文件：

```
************************************************************************
        TMS320C54x COFF Linker PC v4.1.0
************************************************************************
>> Linked Fri Feb 25 17:12:55 2011
OUTPUT FILE NAME:    <ZX54X.out>
ENTRY POINT SYMBOL: "_c_int00"   address: 00000000
MEMORY CONFIGURATION
                name                origin      length      used      attr
        --------------------     --------   ---------   --------   ----   --------
PAGE  0: PARAM                    00000100    00000e00   0000000a   RWIX
        VEC                       00003f80    00000080   00000004   RWIX
PAGE  1: DARAM                    00001000    00002f00   00000019   RWIX
SECTION ALLOCATION MAP
output                                        attributes/
section    page     origin       length       input sections
--------   ----   ----------   ----------    ----------------
code          0     00000100     00000000      UNINITIALIZED
.text         0     00000100     0000000a
                    00000100     0000000a      asm.obj (.text)
vectors       0     00003f80     00000002
                    00003f80     00000002      asm.obj (vectors)
uservars      0     00003f82     00000002
                    00003f82     00000002      asm.obj (uservars)
newvars       1     00001000     00000000      UNINITIALIZED
.bss          1     00001000     00000008      UNINITIALIZED
                    00001000     00000008      asm.obj (.bss)
.data         1     00001008     00000007
                    00001008     00000007      asm.obj (.data)
bufvars       1     0000100f     0000000a      UNINITIALIZED
                    0000100f     0000000a      asm.obj (bufvars)
GLOBAL SYMBOLS: SORTED ALPHABETICALLY BY Name
address      name
```

```
--------    ----
00001000    .bss
00001008    .data
00000100    .text
ffffffff    ___binit__
00001000    ___bss__
ffffffff    ___c_args__
ffffffff    ___cinit__
00001008    ___data__
0000100f    ___edata__
00001008    ___end__
0000010a    ___etext__
ffffffff    ___pinit__
00000100    ___text__
00000000    __lflags
UNDEFED _c_int00
ffffffff    binit
ffffffff    cinit
0000100f    edata
00001008    end
0000010a    etext
ffffffff    pinit
GLOBAL SYMBOLS: SORTED BY Symbol Address
address     name
--------    ----
00000000    __lflags
00000100    ___text__
00000100    .text
0000010a    ___etext__
0000010a    etext
00001000    ___bss__
00001000    .bss
00001008    .data
00001008    end
00001008    ___end__
00001008    ___data__
0000100f    edata
0000100f    ___edata__
ffffffff    cinit
ffffffff    pinit
ffffffff    binit
ffffffff    ___cinit__
ffffffff    ___c_args__
ffffffff    ___pinit__
UNDEFED _c_int00
ffffffff    ___binit__
```

[21 symbols]

5.5.3 链接器对段的处理

链接器是开发 TMS320C54x 器件必不可少的开发工具之一，它对段处理时有两个主要任务：一个是将一个或多个 COFF 目标文件中的各种段作为链接器的输入段，经链接后在一个执行的 COFF 输出模块中建立各个输出段；另一个是在程序装入时对其重新定位，为各个输出段选定存储器地址。有 2 条伪指令支持上述任务：

MEMORY 伪指令：用来定义目标系统的存储器配置空间，包括对存储器各部分命名，以及规定它们的起始地址和长度。

SECTIONS 伪指令：用来指定链接器将输入段组合成输出段方式，以及输出段在存储器中的位置，也可用于指定子段。

若未使用伪指令，则链接器将使用目标处理器默认的方法将段放入存储空间。

1. 默认的存储器分配

链接器可对多个目标文件进行链接。若链接文件中不使用 MEMORY 和 SECTIONS 命令，则为默认方式。每个目标文件都有.text 段、.data 段、.bss 段和命名段。若采用默认链接，链接器将对多个目标文件中的各个段进行组合，形成各自的对应段，并将各个段配置到所指定的存储器中，形成可执行的目标模块，如图 5-4 所示。默认的方式下，链接器将从存储器的 0080h 开始，对组合后的各段进行存储器配置。默认的存储器分配：

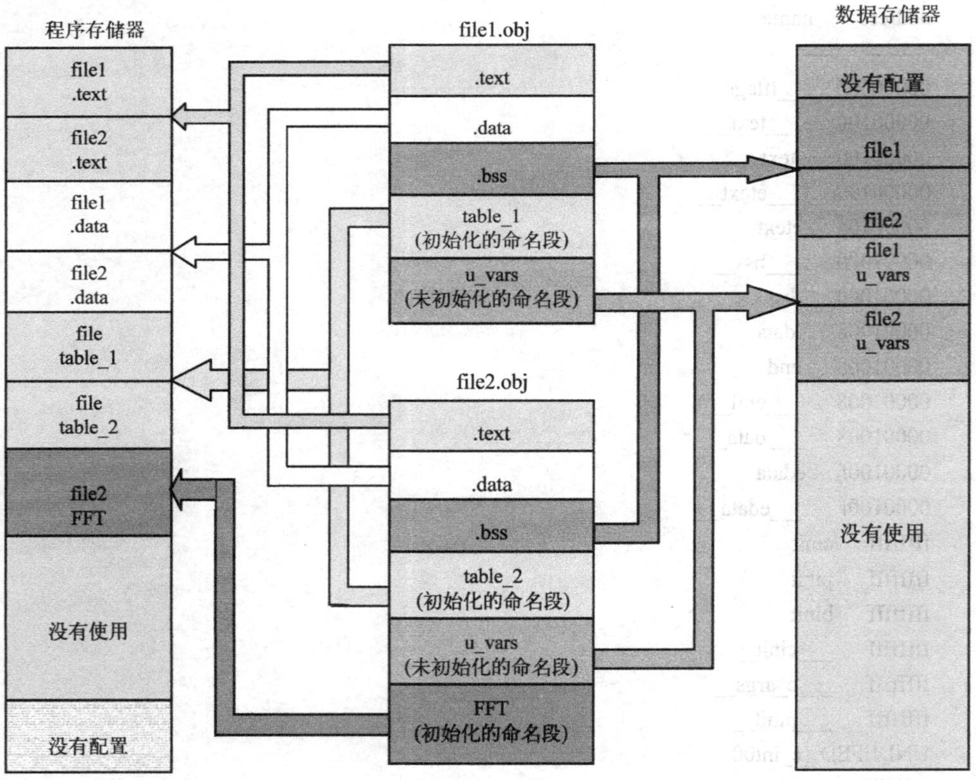

图 5-4　链接器将多个输入段组合成一个可执行的目标模块

1）将所有.text 段组合在一起，形成一个.text 段，并分配到程序存储器中。

2）将多个目标文件中的.data 段组合在一起，分配到紧接着.text 段的程序存储空间中。

3）将.bss 段组合，配置到数据存储器中。

4）组合命名段。初始化的命名段按顺序分配到紧随.data 段的程序存储器，而未初始化命名段将被配置到紧随.bss 段的数据存储器中。

2. 段放入存储器空间

若不希望链接器将所有的.text 段结合在一起形成单个的.text 段，就不能采用默认的方式。由于 DSP 硬件系统中可能配置多种类型的存储器，若要把某一段分配到特定类型的存储器中，或将命名段配置特定的地址，则需采用 MEMORY 和 SECTIONS 伪指令来配置。若不采用默认的方式，通常需要建立一个链接命令文件，在命令文件中用 MEMORY 和 SECTIONS 伪指令定义存储器和配置段地址。

3. 链接命令文件

链接器通过链接命令文件来控制对段的处理，命令文件为 ASCⅡ文件，可包含以下内容：

① 控制链接的输入文件名、指定目标文件、存档库或其他命令。

② 链接器选项，它们在命令文件中的使用方法与在命令行中相同。

③ MEMORY 和 SECTIONS 链接伪指令，用来指定目标存储器结构和地址分配。

（1）功能示例

【例 5-16】 需要完成链接任务（lnk500 a.obj b.obj -m prog.map -o prog.out），编写该命令操作的链接器命令文件 link.cmd。

该命令功能是将两个目标文件 a.obj 和 b.obj 进行链接，生成一个映射文件 prog.map 和一个可执行的输出文件 prog.out。

链接命令文件的内容如下：

```
 a.obj              /*第一个输入文件名*/
 b.obj              /*第二个输入文件名*/
 -m   prog.map      /*指定 map 文件的选项*/
 -o   prog.out      /*指定输出文件的选项*/
MEMORY              /*MEMORY 伪指令*/
{
 PAGE 0:   ROM: origin=1000h, length=0100h
 PAGE 1:   RAM: origin=0100h, length=0100h
}
SECTIONS            /*SECTIONS 伪指令*/
{
.text   : >ROM
.data   : >ROM
.bss    : >RAM
}
```

MEMORY 和 SECTIONS 伪指令控制生成代码存放的存储空间。

（2）MEMORY 用法

MEMORY 用于指定系统硬件存在的物理存储器所占用的空间，指令的句法：

```
MEMORY
{
PAGE0：name 1[(attr)]：origin=constant, length=constant;
PAGEn：name n[(attr)]：origin=constant, length=constant;
}
```

说明以大写 MEMORY 指令字开始，并由一对大括号括起来的存储器区间说明。系统存储空间说明的格式如下：

存储区间：存储页面 区间名称 区间属性 起始地址 区间长度

其中：

① PAGE：指定存储器空间页面，最多为 255 页，取决于目标存储器的配置。每一个 PAGE 代表一个完全独立的地址空间。通常，PAGE 0 用于程序存储器；PAGE 1 用于数据存储器。若没有规定 PAGE，则链接器默认为 PAGE 0。

② name：存储器区间名称。可由字母、$、_等组成。存储器区间为内部记号，因此不需要保留在输出文件或者符号表中。不同 PAGE 上的存储器区间可以取相同的名字，但在同一 PAGE 内的名字不能相同，且不许重叠配置。

③ attr：为任选项，用来为命名的存储器区间规定 1～4 个属性。当对输出段定位时，可利用属性限制输出段分配到一定的存储区间。属性选项共有 4 项：

- R：规定可以对存储器执行读操作。
- W：规定可以对存储器执行写操作。
- X：规定存储器可以装入可执行的程序代码。
- I：规定可以对存储器进行初始化。

④ origin：用来指定存储区间的起始地址，可简写为 org 或 o，其值以字为单位，可以用十进制、八进制或十六进制数表示。

⑤ Length：用来指定存储器空间的长度，可简写为 len 或 l，其值以字为单位，可以用十进制、八进制或十六进制数表示。

例如在链接命令文件 link.cmd（见例 5-16）中的代码段：

```
MEMORY                          /*MEMORY  伪指令*/
    {
     PAGE 0:    ROM：origin=1000h, length=0100h
     PAGE 1:    RAM：origin=0100h, length=0100h
    }
```

表示系统存在两块可用的物理存储空间：

程序存储器：256 字 ROM，起始地址为 1000h，取名为 ROM。

数据存储器：256 字 RAM，起始地址为 0100h，取名为 RAM。

（3）SECTIONS 用法

SECTIONS 用来控制段的构成与地址分配，主要是指明把程序编译的各种段分别存放到物理存储空间的什么位置。它在功能上描述了如何将输入段组合成输出段；在可执行程序中定义输出段；规定输出段在存储器中的存放位置；允许重新命名输出段。

```
SECTIONS
{
 name：[property, property, property, …]
 name：[property, property, property, …]
 name：[property, property, property, …]
}
```

说明以大写 SECTIONS 指令字开始，并由一对大括号括起来的输出段说明语句说明。输出段说明语句的格式如下：

段名 属性 属性 属性

- 段名：定义输出段的名称。
- 属性：定义该段的内容和存储器的分配。

例如在链接命令文件 link.cmd（见例 5-16）中的代码段：

```
SECTIONS                    /*SECTIONS 伪指令*/
    {
    .text  : >ROM
    .data  : >ROM
    .bss   : >RAM
    }
```

输出段说明语句包含三条说明：第一条 .text : >ROM 中，.text 是段名，>ROM 是属性，指明链接后生成的段.text 被存放到 MEMORY 指定的物理存储器 ROM 空间中。其余两条类似。

属性用来定义输出段的内容和存储地址的分配，可以指定以下内容：

- 装入存储器分配。
- 运行存储器分配。
- 输入段。
- 段的类型。
- 充填值。

1）装入存储器分配，用于定义段装入时的存储器地址。

语法格式： load=allocation

或 allocation

或 > allocation

allocation：关于段地址的说明，即给段分配存储单元。

【例 5-17】 定义段装入时的存储器地址示例。

```
.text: load=0x1000                    //将.text 段定位到一个特定的地址
.text: >ROM
或 .text: load>ROM                     //将.text 段定位到命名为 ROM 的存储区
```

2）运行存储器分配，用于定义段运行时的存储器地址。

语法格式： run=allocation

或 run> allocation

链接器为段在目标存储器中分配两个地址：

加载的地址，是由装入存储器分配完成。

执行程序的地址，是由运行存储器分配完成。

通常，这两个地址是相同的，若要想把程序的加载区分开，先将程序加载到 ROM，然后在 RAM 中运行，则用 SECTIONS 命令让链接器对这个段定位两次即可。

【例 5-18】 定义段运行时的存储器地址。

```
.myfun:   load=ROM，run=RAM
.myboot:  load=0x1F00 , run=0x100
```

3）输入段，用于定义组成输出段的输入段，用文件名和段名来规定输入段。

语法格式： {input_sections}

【例 5-19】 段的多文件组合示例。

```
SECTIONS
        {
            .text:                  /*创建 .text 输出段*/
            {
              f1.obj(.text)         /*链接来自 f1.obj 文件中的.text 段*/
              f2.obj                /*链接来自 f2.obj 文件中的所有段*/
            }
        }
```

（4）MEMORY 和 SECTIONS 命令的默认使用

如果没有明确使用 MEMORY 和 SECTIONS 命令，链接器就按默认处理。默认处理会把所有的.text 输入段链接成一个.text 输出段，并配置到 PAGE 0 上的存储器；将所有的.data 输入段组合成.data 输出段，定位到 PAGE 0 上的存储器；将所有的.bss 输入段组合成一个.bss 输出段，配置到 PAGE 1 上的存储器。若包含已初始化的命名段，则配置到程序存储器，紧随.data 段之后。若包括未初始化的命名段，则配置到数据存储器，紧随.bss 段之后。

5.5.4 重新定位

1．链接时重新定位

汇编器对每个段汇编时都是从本段内以 0 地址开始存放的，而所有需要重新定位的符号（标号）在段内都是相对于它的。但事实上，所有段都不可能从物理存储器的 0 地址单元开始，因此链接器必须对各个段进行重新定位。此过程会涉及以下几方面问题：

1）将各个段配置到存储器中，使每个段都有一个合适的起始地址。

2）将符号变量调整到相对于新的段地址的位置。

3）将引用调整到重新定位后的符号，这些符号反映了调整后的新符号值。

2．运行时间重新定位

在实际运行中，有时需要将代码装入存储器的一个地方，而在另一个地方运行。如：一些关键的执行代码必须装在系统的 ROM 中，但运行时希望在较快的 RAM 中进行。则可利用 SECTIONS 伪指令选项让链接器对其定位 2 次，其方法为

1）使用装入关键字设置装入地址。

2）使用运行关键字设置它的运行地址。

5.5.5 程序装入

链接器产生可执行的 COFF 目标文件。可执行的目标文件模块与链接器输入的目标文件具有相同的 COFF 格式。为了运行程序，在可执行模块中的数据必须传输或装入目标系统存储器中。

TMS320C54x 调试工具（debugging tools），包括软件模拟器、XDS 仿真器和集成开发系统 CCS。它们都具有内部的装入器，这些工具都包含调用装入器的 LOAD 命令。装入器读取可执行文件，将程序复制进目标系统的存储器中。

采用 Hex 转换工具（Hex conversion utility）可以将编译后的目标代码转化成程序写片仪可识别的二进制代码，通过写片仪烧写程序 FLASH，这样可以使 DSP 脱离计算机开发环境独立运行。

5.5.6 COFF 文件中的符号

COFF 文件中有一个符号表，主要用来存储程序中有关符号的信息。链接器在执行程序定位时，要使用符号表提供的信息，而调试工具也要使用该表来提供符号调试。

外部符号是指在一个模块中定义而在另一个模块中引用的符号。它可以用伪指令.def、.ref 或.global 来定义。

1）.def。在当前模块中定义，并可在别的模块中使用的符号。

2）.ref。在当前模块中使用，但在别的模块中定义的符号。

3）.global。可以是上面的任何一种情况。

每当遇到一个外部符号，无论是定义的还是引用的，汇编器都将在符号表中产生一个条目。汇编器还产生一个指到每段的专门符号，链接器使用这些符号将其他引用符号重新定位。

5.6 TMS320C54x C 语言编程

使用 C 语言开发 DSP 应用软件程序比使用汇编语言开发具有诸多优点，它的代码的可读性和可移植性都好，程序升级修改也极为方便，可以明显加快开发速度，并得到了越来越广泛的使用。掌握 C 语言开发，逐渐成为掌握 TMS320C54x 开发的一项基本技能。

C++语言具有更多的开发优势，但目前受到处理器处理速度、内存容量等硬件条件的限制，实用性并不如 C 语言。本小节介绍使用 C 语言开发 TMS320C54x 应用程序的编程方法。

5.6.1 相关基础知识

使用 C 语言开发 TMS320C54x 应用程序，与在 PC 上开发标准 C 程序方法基本一致，

但有一些细微区别，具体表现在以下几个方面。

1．TMS320C54x 的 C 语言中的数据类型

TMS320C54x CPU 是 16 位的，TMS320C54x 提供的编译环境中的数据格式与标准 ANSI C 编程略有不同，见表 5-6。

表 5-6　C 语言中的数据类型

类　型	长度/bits	格　式	最 小 值	最 大 值
signed char	16	ASCII	−32 768	32 767
char, unsigned char	16	ASCII	0	65 535
short, signed short	16	2s complement	−32 768	32 767
unsigned short	16	Binary	0	65 535
int, signed int	16	2s complement	−32 768	32 767
unsigned int	16	Binary	0	65 535
long, signed long	32	2s complement	−2 147 483 648	2 147 483 647
unsigned long	32	Binary	0	4 294 967 295
Enum	16	2s complement	−32 768	32 767
Float	32	IEEE 32-bit	1.175 494e−38	3.40 282 346e+38
Double	32	IEEE 32-bit	1.175 494e−38	3.40 282 346e+38
long double	32	IEEE 32-bit	1.175 494e−38	3.40 282 346e+38
pointers	16	Binary	0	0xFFFF

特别注意：TMS320C54x 的字节（Byte）为 16 位。

2．TMS320C54x C 扩展的 C 语言关键字

TMS320C54x C 编译器支持标准的 const（常数）和 volatile（可变的）关键字，此外 TMS320C54x C 还扩展了标准 C，支持 interrupt（中断）、ioport（I/O 端口）、near（近）、far（远）关键字。

（1）const 关键字

TMS320C54x C 支持标准 C 的 const 关键字。在标准 C 中该关键字可以对变量或数组进行限定，保证他们的值在程序执行过程中不被改变。在 TMS320C54x C 中还常用来定义大的常数表并把它们分配到系统的 ROM。例如：

```
const int Coefficient[ ]={0,1,2,3,4,5,6,7,8,9};
```

（2）volatile 关键字

一个定义为 volatile 的变量是说这变量可能会被意想不到地改变，这样，每次使用它的时候必须从其地址中读取，而不能被编译器进行代码优化。换句话说，C 编译时的优化器在用到这个变量时必须每次都小心地重新读取这个变量的值，而不是使用保存在寄存器里的备份。

（3）near、far 关键字

TMS320C54x C 拓展了标准 C 语言，增加了 near、far 关键字，用于指定函数调用的方式。例如：

```
far int SubFunction( );
```

```
near int sub_function( );
```

当使用 near 限定的函数时，编译将使用 CALL 指令产生调用；当使用 far 限定的函数时，编译将使用 FCALL 指令产生调用。注意，near、far 关键字仅影响函数的调用，对函数指针没有任何影响。

（4）interrupt 关键字

TMS320C54x C 拓展了标准 C 语言，增加了 interrupt 关键字，用于指定函数作为中断处理函数。中断处理函数与普通函数的区别在于采用了特殊的寄存器保护规则和返回序列。当中断发生时，中断处理函数必须保护所有寄存器，在返回时要恢复所有保护的寄存器，使用语法如下：

【例 5-20】 中断服务程序定义示例。

```
interrupt void int_handler( )
{
……        //中断程序体
}
```

在用 C 语言编写中断程序时，应注意以下几点：

1）中断的使能和屏蔽由程序员自己来设置。这一点可以通过内嵌汇编语句来控制中断的使能和屏蔽，即通过内嵌汇编语句来设置中断屏蔽寄存器 IMR 及 INTM，也可通过调用汇编程序函数来实现。

2）中断程序不能有入口参数，即使声明，也会被忽略。

3）中断子程序即使被普通的 C 程序调用，也是无效的，因为所有的寄存器都已经被保护了。

（5）ioport 关键字

ioport 关键字允许访问 TMS320C54x 的 I/O 存储空间，使用语法：

```
ioport    type    port hex_num
```

其中，ioport 是关键字；type 必须是 char、short、int 或 unsigned int 之一；port hex_num 指明了端口地址；hex_num 必须是十六进制数的描述。

【例 5-21】 ioport 关键字使用示例。

```
// 把 I/O 空间 0x100 地址的端口映射为 C 语言中 unsigned 变量并命名为 port100
    ioport  unsigned  port100;
    int fun( )
    {……
    port100=0x10;           //将 0x10 写入 0x100 地址处的 I/O 端口
    ……
    a= port100;             //读入 0x100 地址处的 I/O 端口，数据存入 a 变量
}
```

3．C 语言开发需要的支持

TMS320C54x 在用 C 语言开发时，必须添加 C 开发运行库的支持。在 C 代码编译生成

的目标代码执行 main 函数代码之前，有许多工作要做，才能保证程序的正确运行，这都需要开发库提供解决方案。

从 C 编译过程如图 5-5 所示，C 编译过程必须要有 C 运行库的支持。

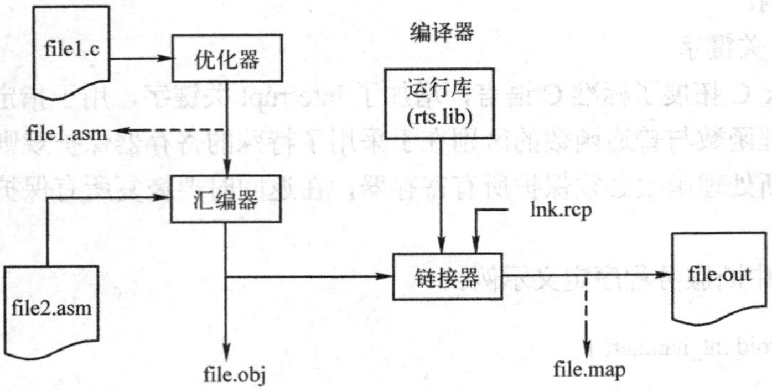

图 5-5　C 编译过程示意图

实际用户生成最终代码，最先被执行的函数并非 main 函数，而是 C 开发库提供的_c_int00，它是 rts.lib 库里的一个函数，完成初始化全局和静态变量、初始化 C 环境变量、设置堆栈（SP）、呼叫主函数等很多具体的工作，它建立起程序的运行环境，才能保障 C 程序的正确运行。因此，在建立的 C 开发工程里写 main（）函数，首先一定要添加 C 开发库文件，即创建工程以后，在工程中添加 C:\CCStudio_v3.3\C5400\cgtools\lib\rts.lib，其中 C:\CCStudio_v3.3\ 是 CCS 的安装路径。

另外，C 生成最终代码如果需要脱离计算机开发环境，从而实现独立运行时，则必须指定 DSP 的复位中断向量。让它指向整个程序运行的最开始位置_c_int00。例如添加 cvectors.asm 汇编文件：

```
;cvectors.asm
.ref    _c_int00
.sect "vectors"
rsv:  B    _c_int00
```

这样在复位的时候，指定 CPU 从_c_int00 处开始执行。

4．一些与标准 ANSI C 保持一致的常用语法

1）限定词：可由字母、数字和下画线组成。限定词必须以字母或下画线开头。区分大小写。

2）常量：常量包括整型常量（八进制、十进制、十六进制、长整型），字符常量，实型常量（小数形式、指数形式），字符串常量，表达式，算术表达式（整型表达式、实型表达式），逻辑表达式，字位表达式，强制类型转换表达式，逗号表达式（顺序表达式），赋值表达式，条件表达式，指针表达式。

3）数据变量定义格式：存储类别　数据类型　变量列表;

4）函数定义：

存储类别　数据类型　函数名（形参列表）

函数体

5）语句语法：包括表达式语句、函数调用语句、控制语句、复合语句、空语句。其中控制语句包括 if 语句、while 语句、for 语句和 switch 语句以及 break 语句、continue 语句、return 语句等。

6）预处理命令：主要是指 define 和 include 语句等。

5.6.2 应用 C 语言编程的示例

【例 5-22】 I/O 引脚 XF 控制输出 C 源代码示例（完整示例操作可参考 7.2 节）。

```
#include "zx54x.h"
volatile WORD *p;
int main(void)
{WORD x;
 p=(volatile WORD *)0x0;            //close interruption
 *p=0x0;

 while(1)
 {
  p=(volatile WORD *)0x7;
 *p&=0x0dfff;                       //set XF to 0
 for(x=0;x<0x0ffff;x++);            //delay
 p=(volatile WORD *)0x7;
 *p|=0x02000;                       //set XF to 1
 for(x=0;x<0x0ffff;x++);            //delay
 }
 return 0;
}
```

这是 C 控制 TMS320C54x CPU 外引脚 XF 交替输出高低电平示例，需要添加 C 运行支持库。如要在脱离计算机开发环境时运行，系统复位 PC 首先指向复位向量地址 0FF80h。在编写 C 程序时，应注意在这个地址上，写一条“B _c_int00”指令，程序马上跳转到 C 初始化程序，完成初始化后开始执行用户主程序 main 函数。

5.6.3 C 程序目标文件的段存储结构

C 源代码经过编译链接后，生成的目标文件是以段为单位组织的，在 C 源代码中也可以人为修订段的分配与组合。在默认情况下，C 语言程序编译后：

1）在已初始化段中包含数据表和可执行代码，常用的有 3 个：.test 段、.cinit 段和.const 段。

- .text 段中包含所有可执行的代码以及常量。
- .cinit 段中包含赋有初始值的数据表。
- .const 段中则包含已用 const 声明的外部或静态数据表以及字符串常量。

2）未初始化段在存储器（通常为 RAM）中，用于程序运行时创建和存储变量，常用的有两个：.bss 段和.stack 段。

- .bss 段用于为全局和静态变量保留空间，在程序开始执行时，由 C 引导程序将.cinit 段中的已初始化数据复制到.bss 段中。
- .stack 段用做 C 的系统堆栈，向被调函数传递参数，并为局部变量分配空间。

在上述 5 个常用段中，.text 段和.cinit 段被固定链接至程序存储空间，存储器类型可以是 ROM 或 RAM（一般为 ROM，具体取决于编译时 RAM 或 ROM 方式的选择）；.bss 段和.stack 段则被固定链接至数据存储空间，存储器类型只能是 RAM。而.const 段的使用则较为灵活。.const 段被固定链接至数据空间，但存储器类型可以是 ROM 或 RAM。这就有别于.cinit 段：.cinit 段被链接至程序空间，程序执行时，再被复制到数据空间中的.bss 段中。这样，一张未用 const 声明的数据表要同时占用程序（.cinit 段）和数据空间（.bss 段）的一部分。与之相比较，如果系统支持数据 ROM，则该数据表改用 const 声明后，只需占用数据空间（.const 段）的一部分。如果直接使用了汇编，还可能用到.data 段以及自命名的已初始化（代码）段和未初始化（变量）段。

以下列举了一些 C 语言编译过程中常用的段，见表 5-7。

表 5-7　C 语言编译过程中常用的段

段　名	使 用 对 象	存储器种类
.text:	可执行代码	程序 ROM
.cinit:	全局 inits	程序 ROM
.bss:	变量	数据 RAM
.stack:	用于 SP	数据 RAM
Vectors	向量	程序 ROM （0xFF80）
.switch	为.const 语句建立的表格	数据 ROM
.const	const int x=25;	数据 ROM
.sysmem	堆，动态内存	数据 RAM

在程序编译中，源代码与编译后生成段的关系示意图，如图 5-6 所示。

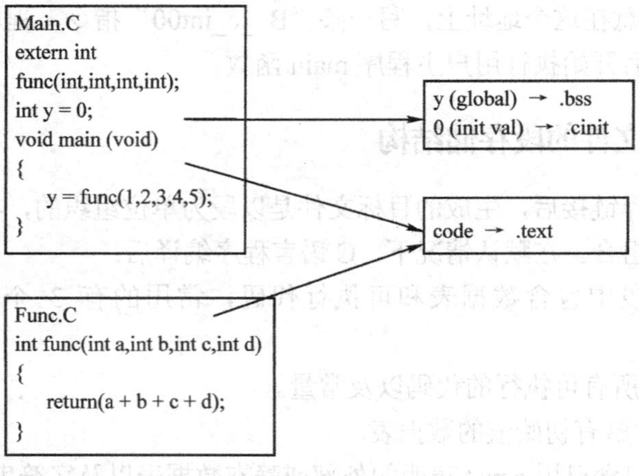

图 5-6　源代码与编译后生成段的关系示意图

5.6.4 C 语言编程链接命令文件的设计

在 C 语言开发环境中支持链接命令文件，可以根据系统实际的物理存储空间，编写 C 编译后段分配的链接命令文件。它包含 3 部分内容，读者可参考 5.5.3 节。

特别要注意一点，在命令文件（.cmd）中，有一条命令：

```
-e 程序标号
```

它是软件模拟器的入口地址命令，目的是在软件仿真时，PC 自动设置为程序标号位置，从此位置开始仿真。

5.7 用 C 语言和汇编混合编程

虽然 C 编译器的优化功能可以使 C 代码的效率大大增加，但是在某些特定情况下，C 代码的效率还是无法与手工编写的汇编代码的效率相比，毕竟即使是最佳的 C 编译器，也无法在所有的情况下都能够最佳合理地利用处理器所提供的各种资源；相反，汇编编程方式代码效率高，程序执行速度快，可以充分合理地利用处理器提供的硬件资源，但程序编写比较繁琐，可读性较差，可移植性较差，软件的修改和升级困难。因此在很多特定的情况下，DSP 应用程序往往需要用 C 语言和汇编语言的混合编程方法来实现，以达到最佳地利用 DSP 软硬件资源的目的。

例如：用 C 语言编写的中断程序，虽然可读性很好，但由于在进入中断程序后有时不管程序中是否用到，中断程序也对寄存器进行保护，从而大大降低中断程序的效率。此外，用 C 语言实现 DSP 的某些硬件控制有时也不如汇编程序方便。

C 语言和汇编语言的混合编程有以下几种方法：

1）独立编写汇编程序和 C 程序模块，分别汇编形成各自的中间目标代码模块，再将 C 模块和汇编模块链接起来形成最终代码。这种方法用户必须自己维护各汇编模块的入口和出口代码，自己计算传递的参数在堆栈中的偏移量，工作量较大，但好处是灵活性较大，能做到对程序的绝对控制。

2）在 C 程序与汇编程序中相互调用变量和常量。

3）在 C 程序中直接内嵌汇编语句。此种方法主要是应用在 C 程序中实现一些硬件控制功能（C 语法不好实现的），例如修改中断控制寄存器、中断标志寄存器等。

下面一起讨论 C 语言与汇编混合编程的问题。

5.7.1 C 模块和汇编模块的数据相互访问

C 程序与汇编相互访问变量或常数时，必须保证相同的命名规则，以便找到同一个数据。C 编译成汇编时，自动对符号命名（包括变量命名）前加下画线“_”。特别是在 C 语言中，变量的命名是一个标识符（identifier），用来指明一块内存区域，代表的是地址起始值，对变量的操作实际就是操作了内存中对应的区域（area）。

因此，C 和汇编混合编程时必须保持一致的命名方式。在汇编中命名符号前面可加一个下画线“_”，才可以被 C 识别；同理 C 中的命名符号，在汇编中被引用也需要前面加下画线“_”。

例如：在C语言中定义符号 max，在汇编中被引用名应为 _max；在汇编语言中定义符号 _min，在C中被引用名应为min。

1．从C程序中访问汇编程序变量

从C程序中访问在汇编程序中定义的变量或常数时，需要根据变量或常数定义的方式一般采取3种不同的方法，分别为变量在.bss块中定义、变量不在.bss块中定义、常数。

对于访问在.bss命令定义的变量或直接用.usect定义的变量，可用如下方法实现：

- 采用.bss或.usect命令定义变量。
- 用.global命令声明为外部变量。
- 在变量名前加一下画线“_”。
- 在C程序中将变量说明为外部变量。

采用上述方法后，在C程序中就可以访问这个变量。

【例5-23】 C访问汇编变量示例。

汇编程序：

```
.global   _var          ;说明为外部变量
;.bss 须以双字对齐
 .bss     _var,1        ;定义变量
 .bss     _Lvar,2       ;定义变量
 .bss     x,1           ;定义变量
 .bss     _LW,1         ;定义变量
;或
;_var  .usect  "comm1",1  ;注意标号_var 顶行写，不能有空格等符号
```

C程序：

```
extern int var;             /*外部变量*/
extern long int Lvar;       //长整型不以双字对齐会产生在双字块内折叠存放现象
extern long int LW;         //长整型以双字对齐，不会产生在双字块内折叠存放现象
int main(void)
{
var=5;                      /*访问变量*/
Lvar=0x11223344;
LW=0x55667788;
LW*=2;
return 0;
}
```

1）对于访问不在.bss块中定义的变量，例如：在汇编中定义的常量表，在这种情况下，把汇编中的符号映射成C语言中的一个指向该变量的指针，会比较方便，在C程序中利用指针间接地访问这些变量。在汇编中定义一常量表时，可定义为一个独立的块，或在现有的块中定义都可以，然后说明一个指向该表起始的全局标号。如果定义为一个独立的块，则可以在链接时将它分配到任意可用的存储器空间。在C程序中访问该表时，必须另外说明一个指向该表的指针。

【例 5-24】 C 访问汇编常量表示例。

汇编程序：

```
.global _sine                     ;定义外部变量
.sect "sine_tab"                  ;定义一个独立块
_sine:
    .float    0.0
    .float    0.01
    .float    0.02
    .float    0.03
```

C 程序：

```
extern    float sine[];                    /*定义外部变量*/
void main( void )
{
      float f;
      float     *sine_pointer=sine;        /*定义一个 C 指针*/
      f=sine_pointer[3];                   /*访问 sine_pointer[3]*/
      f=2*f;
}
```

2）对于在汇编中有.set 和.global 命令定义的全局常数，也可以从 C 程序中访问。

在 C 或汇编中定义的变量，变量符号表本质上指的是变量在内存中的地址，而非变量值本身。但在汇编中定义的常数，符号表包含的是常数值。编译器不区分符号表中哪些是变量值，哪些是变量的地址。因此，在 C 程序中可以把访问汇编中的常数当作一个变量的地址值看待，在常数名之前加一个地址操作符&，取到常数值。如在汇编中的常数变量名为_x，则在 C 程序中要取到这个常数值的方法应为&x。

【例 5-25】 C 访问汇编常量示例。

汇编程序：

```
_table_size   .set   500          ;常数定义
 .global   _table_size            ;定义为全局
```

C 程序：

```
extern int table_size;
void main(void)
{
int i;
int a=((int)(&table_size));
//……….
for(i=0;i<a;++i);
//i=i++;//……….
}
```

2．从汇编程序中访问 C 程序变量

编写独立的汇编程序时，也经常需要访问在 C 程序中定义的全局变量或数组。需要特别注意的是在 C 中的命名符号，在汇编中被引用要在前面加下画线“_”。

（1）访问在 C 程序中定义的全局变量

【例 5-26】 汇编访问 C 变量示例。

C 程序：

```
extern int asmfunc();
int gvar;                    /*C 中定义的变量*/
void main(void)
{
int i=5;
gvar=2;
i=asmfunc(i);
}
```

汇编程序：

```
    .global _gvar
    .global _asmfunc
_asmfunc:
    ADD *(_gvar),A        ;汇编中使用
    STL A,*(_gvar)
    RET
```

（2）访问在 C 程序中定义的全局数组

【例 5-27】 汇编访问 C 全局数组示例。

C 程序：

```
int h[4]={1,2,3,4};          /*C 中定义的变量*/
int s[4];                    /*C 中定义的变量*/
void main(void)
{
transmit();
}
```

汇编程序：

```
.global _h                   ;汇编中使用
 .global _s                  ;汇编中使用
 .global _transmit
 .mmregs
_transmit:                   ;h 中的内容传给 s
 STM #_h,AR2
 STM #_s,AR3
 ;***********
 ;RPT #(4-1)
```

```
;MVDD *AR2+,*AR3+
;***********
;或
;***********
STM #4-1,BRC
RPTB L1-1
LD *AR2,A
MVDD *AR2+,*AR3+
;***********
L1:
RET
```

5.7.2 C 模块和汇编模块的函数相互调用

1. C 语言函数的调用规则

C 程序与汇编混合编程还必须保证函数的相互调用，这也要求 C 与汇编共同遵循一定的调用规则。C 的调用规则由 C 编译器决定，人为不能修改，所以通常来说，汇编要遵循 C 的规则即可保证 C 和汇编函数的相互调用。下面对 C 语言的函数调用规则进行说明，并以一个实例进行过程分析。

（1）寄存器规则

在 TMS320C54x C 环境中，定义了严格的寄存器规则。寄存器规则明确了编译器如何使用寄存器，并规定了在函数的调用过程中如何保护寄存器。在调用函数时，有些寄存器不必由调用者来保护，而是由被调用函数负责保护。如果调用者需要使用没有保护的寄存器，则调用者必须在调用函数前对这些寄存器予以保护。因此在编写汇编语言和 C 语言的接口程序时，这些规则非常重要。如果编写过程中不遵守寄存器的使用规则，C 环境将可能会被破坏，造成不可预测的结果。

1）调用过程中寄存器使用保护规则概括见表 5-8。被调用的函数需保存表 5-8 中第三列注明为“是”的寄存器，同样，主调函数需保存表 5-8 中第四列注明为“是”的寄存器。例如：辅助寄存器中 ARl、AR6、AR7 由被调用函数负责保护，即在被调函数执行过程中可修改，但在函数返回时必须恢复。在 TMS320C54x C 中，ARl 和 AR6 常用做寄存器变量。其中 AR1 被用做第一个寄存器变量，AR6 被用做第二个寄存器变量，顺序是不能改变的。另外 5 个辅助寄存器 AR0、AR2、AR3、AR4、AR5 则由调用函数负责保护，在被调函数中可以自由使用（在执行过程中可对它们自由修改），函数返回前也不必恢复。

表 5-8　调用过程中寄存器使用保护规则

寄　存　器	用　　途	被调函数保护	主调函数保护
AR0	指针和表达式	否	是
AR1	指针和表达式	是	否
AR2 ～ AR5	指针和表达式	否	是
AR6	指针和表达式	是	否
AR7	指针、表达式、页指针	是	否

（续）

寄 存 器	用 途	被调函数保护	主调函数保护
A	表达式、函数调用第一参数、函数调用返回参数	否	是
B	表达式	否	是
T	乘法和移位表达式	否	是
BRC	块循环次数计数	否	是

2）堆栈指针 SP 在函数调用时必须保护，但这种保护在 C 中是通过堆栈自动完成的，在返回时，压入堆栈的内容都将被弹出恢复。

3）ARP 在函数进入和返回时，其值必须为 0，即指明当前辅助寄存器为 AR0，而函数执行时则可以是其他值。

4）OVM 在默认情况下，编译器总认为 OVM 是 0。因此，若在汇编程序中将 OVM 置为 1，则在返回 C 环境时，必须将其恢复为 0。

5）其他状态位和寄存器可以任意使用，不必保存与恢复。

（2）调用函数执行过程

调用函数执行以下几项任务：

1）保护寄存器。

2）参数传递。在函数调用前，将参数以逆序压入运行堆栈。逆序是指最右边的参数最先压入栈，然后自右向左将参数依次压入栈，直至第二个参数入栈完毕。但对第一个参数，则不需压入堆栈，而是放入累加器 A 中，由 A 进行传递。

若参数是长整型和浮点数时，则低位字先压入栈，高位字后压入栈。若参数中有结构，则调用函数先给结构分配空间，而该空间的地址则通过累加器 A 传递给被调用函数。

3）返回地址压入堆栈，调用被调函数。

（3）被调函数执行过程

被调用函数依次执行以下几项任务：

1）寄存器保护。如果被调用函数中使用修改寄存器（如 AR1、AR6、AR7），则必须将它们压栈保护。

2）局部变量分配。当被调用函数需分配内存来建立局部变量及参数区时，SP 向低地址移动一个常数（即 SP 减去一个常数），该常数的计算方法如下：

常数=局部变量长度+参数区中调用其他函数的参数长度

3）函数执行。

4）恢复函数入口所保护的寄存器，释放局部变量，设置好返回值，弹出返回地址，返回被调函数。

（4）函数调用过程分析

【例 5-28】 函数调用过程。

一个典型的函数调用过程如图 5-7 所示，函数调用前 SP 指到当前局部变量区顶部；调用时，主调函数首先传递参数，参数传递的方法是第一个参数放入累加器 A 中，接着在当前堆栈中把剩余参数以逆序压入堆栈，形成调用者参数区；然后将返回地址也压入堆栈；接着在堆栈区开辟出一个空间用以存放调用过程中需要保护的信息及被调函数的局部变量；最后执行被调函数。图 5-7 列举了一个函数调用，用 C/汇编混合显示的示例。函数调用过程源代码用 C/汇编混合显示，如图 5-8 所示。

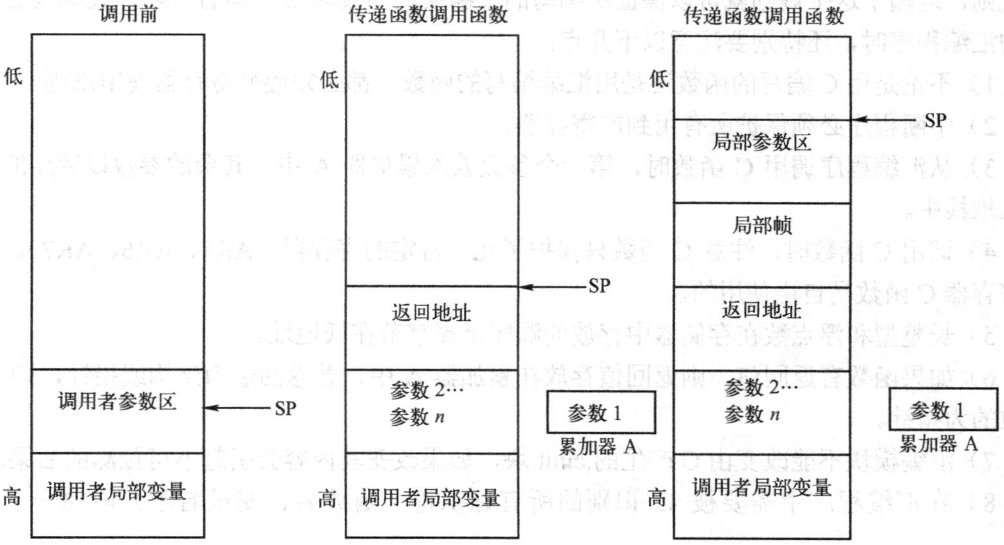

图 5-7　函数调用过程中堆栈的变化示意图

```
int main()
{
0000:0100          main
0000:0100 EEF7         FRAME -9
0000:0101 F495         NOP
int x=1,y=2,m=3,n=4;
0000:0102 7604         ST     #1h,4h
0000:0104 7605         ST     #2h,5h
0000:0106 7606         ST     #3h,ST0
0000:0108 7607         ST     #4h,ST1
gavr=subfun(x,y,m,n);
0000:010A 1005         LD     5h,A
0000:010B 8000         STL    A,IMR
0000:010C 1006         LD     ST0,A
0000:010D 8001         STL    A,IFR
0000:010E 1007         LD     ST1,A
0000:010F 8002         STL    A,2h
0000:0110 1004         LD     4h,A
0000:0111 F074         CALL   subfun
0000:0113 80F8         STL    A,*(.bss)
return 0;
0000:0115 E800         LD     #0h,A
}
0000:0116 EE09         FRAME 9
0000:0117 FC00         RET
int subfun(int x,int y,int m,int n)
{
0000:0118          subfun
0000:0118 EEFF         FRAME -1
0000:0119 F495         NOP
0000:011A 8000         STL    A,IMR
return x+y+m+n;
0000:011B 1002         LD     2h,A
0000:011C 0000         ADD    IMR,A
0000:011D 0003         ADD    3h,A
0000:011E 0004         ADD    4h,A
}
0000:011F EE01         FRAME 1
0000:0120 FC00         RET
```

图 5-8　函数调用 C/汇编混合显示示例

2. 独立的C和汇编模块接口

编写独立的汇编模块，最重要的是必须遵守C编译器所定义的函数调用规则和寄存器使用规则，遵循了这个规则就可以保证所编写的汇编模块不破坏C的运行环境。在编写各自独立的汇编程序时，还特别要注意以下几点：

1）不论是用C编写的函数还是用汇编编写的函数，都必须遵循寄存器使用规则。

2）中断程序必须保护所有用到的寄存器。

3）从汇编程序调用C函数时，第一个参数放入累加器A中，其余的参数以逆序的次序压入堆栈中。

4）调用C函数时，注意C函数只保护了几个特定的寄存器（AR1、AR6、AR7），而其他寄存器C函数是自由使用的。

5）长整型和浮点数在存储器中存放的顺序是高字节在低地址。

6）如果函数有返回值，则返回值存放在累加器A中，若返回值为结构或指针，则A中存放的为指针。

7）汇编模块不能改变由C产生的.cinit块，如果改变其内容会引起不可预测的后果。

8）在汇编程序中需要被C识别的所有标识符（函数名、变量名等）前加一下画线“_”。

9）任何在汇编中定义的对象或函数，如果需要在C中访问或调用，则必须用汇编指令.global定义。同样，如果在C中定义的对象或函数，需要在汇编中访问或调用，在汇编程序中也必须用.global指令定义。

3. 从C程序中调用汇编函数

函数的调用规则在之前已经介绍过，这里不再详细说明。其中需要特别注意的是，如果在函数的调用过程中由于传递多个参数可能会改变SP正常值，一定注意保护返回指针值，否则破坏了堆栈平衡，程序执行就不可预知了。

（1）单参数传入、单值返回

在前面的变量调用中已说明，单参数调用时传递的参数是放在累加器A中的；若函数有返回值时，返回值也是放在累加器A中。

【例5-29】 C程序中调用汇编函数示例（单参数传入、单值返回情况）。

C程序：

```
extern int asmfunc()   /*汇编函数*/
int gvar;
void main(void)
{
int i=5;
gvar=2;
i=asmfunc(i); /*返回时累加器A中的值传给i*/
}
汇编程序：
    .global _gvar
    .global _asmfunc
_asmfunc:
```

```
ADD *(_gvar),A   ；传递的参数 i=5 值放在 A 中，累加后 A=7
STL A,*(_gvar)
RET
```

（2）多参数传入，单返回值

多参数传入时，第一参数是放在累加器 A 中的，其余参数按逆序压入堆栈。此时应特别注意，传递的参数压栈完成后系统才将返回指针压栈（之后去执行被调函数），所以调用的汇编函数中应确保返回指针在函数返回时在堆栈中处于合适的位置，否则函数返回时弹出的指针出错会造成堆栈不平衡，导致程序运行状态不可知。下面的例子在汇编函数执行相应功能前先将返回指针保存在 AR4 中，在 RET 返回前再将返回指针 AR4 压入栈中。

【例 5-30】 C 程序中调用汇编函数示例（多参数传入、单值返回情况）。

C 程序：

```
extern int manypara();          /*汇编函数*/
void   main(void)
{
    int a=manypara(25,6,7,8);
}
```

汇编程序：

```
.global _manypara
_manypara:
POPM AR4              ;弹出函数返回指针
POPM AR2              ;第一个参数 25 放入 A 中，取第二个传递参数 6
LDM AR2,B
ADD B,A
POPM AR2              ;取第三个传递参数 7
LDM AR2,B
ADD B,A
POPM AR2              ;取第四个传递参数 8
LDM AR2,B
ADD B,A               ;返回值放入 A 中
PSHM AR4              ;将函数返回指针压栈，供返回 RET 时使用
RET
```

（3）传数组指针给汇编程序

实现原理是将数组的指针地址传给累加器 A。

【例 5-31】 C 程序中调用汇编函数示例（数组指针用做参数的情况）。

C 程序：

```
int h[4]={1,2,3,4};
extern int transmitarray();   /*汇编程序，将数组累加，返回和*/
void main(void)
{
  int a=transmitarray(h);
```

```
}
```

汇编程序：

```
.global _transmitarray
        .mmregs
_transmitarray:
        STL A,AR3
        LD #0,B
        STM #3, BRC
        RPTB L2-1
        ADD *AR3+,B
L2:
        LD B,A
        RET
```

（4）从汇编程序中传回返回值（数据块指针）

汇编程序中将数据块的首地址指针送给累加器 A 中，C 程序中将其赋给对应的数组指针。

【例 5-32】 C 程序中调用汇编函数示例（返回值为数据指针的情况）。

C 程序：

```
extern int *transmitarray();
void main(void)
{
int s[4];
int h[4]={2,3,6,7};
int *p=s;
p=transmitarray(h);
}
```

汇编程序：

```
.global _transmitarray
.mmregs
        .bss var,4
_transmitarray:
        STM #var, AR2
        STL A,AR3
        LD #0,B
        STM #3,BRC
        RPTB L2-1
        ADD *AR3+,B
        STL B,*AR2+
L2:
        LD #var,A
        RETC
```

4．从汇编程序中调用 C 函数

（1）传入一个参数，返回一个参数的情况

依据函数命名规则，C 语言里定义的 add 函数，在汇编里引用时，声名为_add。传递参数只有一个，是由寄存器 A 负责传递的。

【例 5-33】 汇编程序中调用 C 函数（单输入参数，单返回值情况）。

C 程序中定义的函数：

```
int add(int x);
add(x)
{
return (x+10);
}
```

汇编程序中调用：

```
.global _add
.global reset
reset
      LD #5,A          ;需要传递的参数放入累加器 A 中
      CALL _add        ;调用 C 函数，返回值放在累加器 A 中
RET
```

（2）传递多个参数，返回一个值

将第一个参数放入累加器 A 中，其余的参数按逆序的顺序压入堆栈中，结果值存于累加器中。

【例 5-34】 汇编程序中调用 C 函数（多输入参数，单返回值情况）。

汇编程序：

```
.sect "fix_table"
_sine:
      .word 5
      .word 6
      .word 7
      .word 8
.global callcmanypara
callcmanypara:                ;将数据块_sine 中的数据传给 C 函数累加，返回累加值
    STM #_sine,AR2
    LD *AR2,A                 ;A 中放入值 5
    LDM AR2,B
    ADD #3,B
    STLM B,AR3
    NOP
    RPT #3-1
    PSHD *AR3-                ;逆序方式压栈 8、7、6
    CALL _addmany             ;调 C 函数，结果放入累加器 A 中
    RET
```

C 程序：

```
int addmany(int x,int y,int z,int w);
addmany(x,y,z,w)                    /*被调用后 x=5,y=6,z=7,w=8*/
{
return (x+y+z+w);
}
```

5.7.3 在C程序中直接嵌入汇编语句

在 C 程序中直接嵌入汇编语句也是一种 C 调用汇编的接口方法。嵌入汇编语句的方法比较简单，只需在汇编语句的左右加上一对双引号，用小括弧将汇编语句括住，在括弧前加上“asm”标识符即可。

【例 5-35】 C 程序中直接嵌入汇编语句示例。

```
asm("   ;*** this is an assembly language comment    ");
asm("   STM #0ffffh , IFR   ");
asm ("   SSBX   INTM   ");
```

采用这种方法主要是实现一些用 C 语言难以实现的硬件控制功能，如更改中断控制寄存器、中断使用或无效、读取状态寄存器和中断标志寄存器等。但这种方法一个最大的缺点就是比较容易破坏 C 环境，可能会导致不可预测的运行结果。

因此在使用中注意，不要破坏 C 环境，在编译时也不要使用优化功能；尽量避免插入的汇编代码中的跳转指令；用 ASM 语句时不要改变 C 变量的值。

5.8 本章小结

本章讲述了 TMS320C54x 的应用软件开发过程及所涉及的一些关键问题。应用软件开发编写的源程序代码，可以选用汇编或者 C 语言编写；源代码必须经过汇编、链接之后才能生成可执行的二进制代码。汇编编程、C 编程、混合编程以及汇编过程控制、链接过程控制都是本章需要掌握的重点知识。

本章首先简介 TMS320C54x 应用软件开发过程，然后依次介绍汇编、链接过程控制，以及开发用的编程语言：汇编语言、嵌入式 C 编程及它们混合编程的方法。希望读者通过这一章的学习，简单掌握实用的开发过程。为了方便读者理解，以下对本章的各个知识点进行简要概述：

1）TMS320C54x 的应用软件开发过程，经过几个阶段：源代码编写、汇编生成中间目标文件、链接生成最终代码、调试修改过程。可选用分立开发工具，也可以使用集成开发环境 CCS。

2）汇编语言程序设计是 TMS320C54x 的软件设计的基础，主要任务是利用 TMS320C54x 提供的汇编指令和伪指令编写源代码完成特定功能，读者需要掌握汇编语言编写的格式、伪指令、数据及表达式的表示形式、汇编器的使用，以便于能够独立编写汇编程序。

3）链接过程是将一个或多个由汇编器生成的中间目标文件及库文件链接为一个可执行文件。链接过程中可以配置代码/数据在存储器中的存储位置，读者需要理解配置的方法、掌握链接命令文件的书写格式。

4）汇编器和链接器生成的目标文件是以 COFF 格式表示的，COFF 中段的组织结构在本质上表征了最终可执行代码在存储器中的存储模式。读者需要了解汇编/链接过程对 COFF 的处理过程，以便在实际应用中可以根据需要调整最终代码存储器中的存储方式。

5）用 TMS320C54x C 语言开发 DSP 应用程序比汇编语言开发更具有诸多优势，目前应用 TMS320C54x C 开发已成为一项主流的开发设计技能。读者需要掌握 TMS320C54x C 的特点及其开发的基本技能，包括 TMS320C54x C 开发的数据结构特点、TMS320C54x 对标准 C 的扩充、库函数的支持以及 TMS320C54x C 开发中链接命令文件的编写，希望读者通过学习达到能够独立编写 C 应用程序的能力。在此基础上，还讨论了 C 语言与汇编混合编程的技巧，分别讨论了 C 语言如何引用汇编变量及函数，和汇编如何引用 C 变量及函数。希望读者通过学习达到能够熟悉 C 语言与汇编混合编程的方法。

学好 DSP 的软件开发是掌握 DSP 应用技术的重要环节，因此本章的重点在于 DSP 应用开发过程及汇编与 C 语言的编程方法，为以后打下基础。希望读者通过本章的学习能够对 TMS320C54x 的应用开发有一个全面的了解。

5.9 习题

1．简述 TMS320C54x 应用软件开发过程。

2．简述汇编器、链接器的功能。

3．简述 COFF 文件中段的结构。

4．链接器对段是如何处理的？

5．链接命令文件有什么作用？在产生 DSP 代码过程中何时发挥作用？

6．有一段数据必须被安排在 0x8000 的内存块中，所以在该汇编代码中，使用下面的命令，定义一个代码段：.sect “dft_vars”，请编写一个.cmd 文件来实现。

7．有一段代码必须被安排在 0x3800 的内存块中，所以在该汇编代码中，使用下面的命令，定义一个代码段：.sect “dft_code”，请编写一个.cmd 文件来实现。

8．假设 TMS320C54x 有一个外设，硬件实现上可通过 INT0 引脚触发 TMS320C54x 的中断，处理过程代码是一个普通函数 void IsrSever(void)实现的，试编写一个中断服务程序，实现在中断触发时调用 IsrSever( )函数。

9．假设 TMS320C54x 有一个外设寄存器接口映射到了 I/O 空间 0x4000 处，试编写一段代码实现读取此端口数据功能。

10．试解释链接命令“lnk500　file1.obj　file2.obj　–o　link.out　–m　lm.map”完成的功能。

11．请看下面一段 C 程序：

```
int gavr;
int subfun(int x,int y,int m,int n);
int main( )
```

```
{
int x=1,y=2,m=3,n=4;
gavr=subfun(x,y,m,n);
return 0;
}
```

试使用汇编语言实现函数 subfun，其功能为将所有输入参数求和作为结果值返回。

12. 试编写 C 语言、汇编混合编程的代码，实现在汇编程序中引用在 C 程序内的变量。

13. TMS320C54x C 程序中定义了字符型变量 x（char x;），请问 sizeof（x）=？如果定义了整型变量 y（int y;），请问 sizeof（y）=？

14. 编写一段程序，将程序存储器中的 10 个数据首先传送到数据存储器中（以 DATA1 开始），再将 DATA1 开始的 10 个单元内容传送到 DATA2 开始的数据存储器中。

第6章　CCS集成开发环境及其使用

伴随着 DSP 技术的发展及其应用领域的日益广泛，DSP 软硬件的开发以及系统的集成成为人们日益关注的问题。DSP 开发需要一整套完整的软硬件开发工具，早期的 DSP 开发工具没有集成化，需要在 DOS 环境下键入比较复杂的命令，使用起来不方便，调试、开发的效率也不高，基于此，不同的 DSP 厂商根据本公司的 DSP 纷纷推出了相应的集成开发环境。Code Composer Studio（简称 CCS）是 TI 公司推出的用于开发 DSP 的集成开发环境，它采用 Windows 风格界面，集编辑、编译、链接、软件模拟、硬件仿真调试以及实时跟踪等功能于一体，支持汇编语言与 C 语言及二者的混合编程，极大地方便了 DSP 的开发与设计。CCS 集成开发环境是目前使用最为广泛的 DSP 开发软件之一，所有 TI 公司的 DSP 都可以在该环境里进行开发。CCS 自推出以来发展出了多个版本，本章以 CCS v3.3 为例介绍 CCS 的安装和设置、CCS 的应用界面，并以 CCS 工程开发实例来详细介绍 CCS 集成开发环境的使用。

6.1　CCS集成开发环境简介

CCS 是 TI 公司为 TMS320 系列 DSP 软件开发推出的集成开发环境。CCS 工作在 Windows 操作系统下，类似于 Visual C++的集成开发环境，采用图形接口界面，提供了环境配置、工程管理工具、源文件编辑、程序调试、跟踪和分析等工具，可以帮助用户在一个软件环境下完成编辑、编译、链接、调试和数据分析等工作。

CCS 有两种工作模式：第一种是软件模拟器模式，即脱离 DSP，在 PC 上模拟 DSP 的指令集和工作机制，主要用于前期算法实现和调试；第二种是硬件在线编程模式，即实时运行在 DSP 上，与硬件开发板相结合在线编程和调试应用程序。

6.1.1　CCS的组成

CCS 的构成及接口如图 6-1 所示，CCS 由以下 5 部分组件构成：

1）代码生成工具。它是 CCS 所提供的开发环境的基础，用来对 C 语言、汇编语言或混合语言编程的 DSP 源程序进行编译汇编，并链接成为可执行的 DSP 程序。主要包括汇编器、链接器、C/C++编译器和建库工具等。

2）CCS 集成开发环境。CCS 集成开发环境集编辑、编译、链接、软件模拟、硬件在线仿真调试和实时跟踪等功能于一体，包括编辑工具、工程管理工具和调试工具等。

3）DSP/BIOS 实时内核插件及其应用程序接口 API。它们主要为实时信号处理应用而设计，包括 DSP/BIOS 的配置工具、实时分析工具等。

4）实时数据交换的 RTDX 插件和相应的程序接口 API。它们可对目标系统数据进行实时监视，实现 DSP 与其他应用程序的数据交换。

5）由 TI 公司以外的第三方提供的应用模块插件。

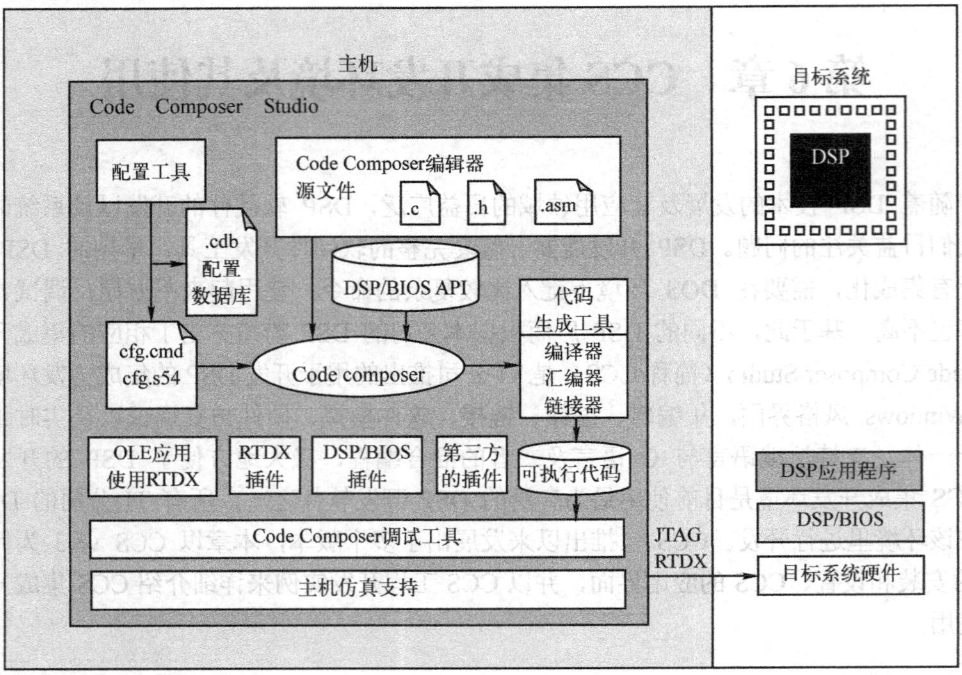

图 6-1　CCS 构成及接口

6.1.2　CCS 的主要功能

CCS 是一种可视化集成开发工具，它集代码的编辑、编译、链接和调试等诸多功能于一体，具有强大的应用开发功能，其主要功能如下：

1）具有集成可视化代码编辑界面，可通过其界面直接编写汇编语言和 C 语言程序、.h 头文件和.cmd 命令文件等。

2）含有集成代码生成工具，包括汇编器、优化 C 编译器、链接器等，将代码的编辑、编译、链接和调试等诸多功能集成到一个软件环境中。

3）具有各种调试工具，包括加载执行文件（.out 文件）、运行、单步操作、设置断点、查看寄存器、存储器、反汇编、变量窗口，评估程序的执行时间等功能，支持 C 源代码级调试，并支持多 DSP 的调试。

4）断点和探针工具，断点工具能在调试程序的过程中，完成硬件断点、软件断点和条件断点的设置；探针工具可将 PC 数据文件中的数据传送到 DSP，或者将 DSP 中的数据传送到 PC 数据文件中，以便实现各种算法仿真和数据监视。

5）图形显示工具，可以将 DSP 程序生成的数据绘制成时域/频域图、眼图、星座图和图像等，以便于观察和分析，并能进行自动刷新。

6）提供通用扩展语言（General Extension Language，GEL）工具，利用 GEL 扩展语言，用户可以编写自己的控制面板/菜单，设置 GEL 菜单选项，方便直观地修改变量，配置参数等。

7）提供 DSP/BIOS 工具，增强了对代码的实时分析能力，如分析代码执行的效率、调度程序执行的优先级、方便管理或使用系统资源，从而减少开发人员对硬件资源熟悉程序的依赖性。

8）支持实时数据交换（Real-Time Data Exchange，RTDX）技术，可以在不中断目标系统运行的情况下，实现 DSP 与其他应用程序的数据交换，为用户提供实时和连续的可视环境，看到系统工作的真实过程。

9）开放式的插入架构技术，只需安装相应的驱动程序，就能够集成第三方的专业插件。

10）高性能编辑器支持汇编文件的动态语法加亮显示，使用户很容易阅读代码，发现语法错误。

11）工程项目管理工具可对用户程序实行项目管理。在生成目标程序和程序库的过程中，建立不同程序的跟踪信息，通过跟踪信息对不同的程序进行分类管理。

由于 CCS 的内容十分丰富，受篇幅限制，本章仅对 CCS 的主要内容进行介绍。

6.2 CCS 的安装和设置

到目前为止，TI 公司已经为其 DSP 先后推出了 v1.0、v1.2、v2.0、v2.1、v2.2、v3.0、v3.1、v3.3、v4.0、v4.1、v4.2 等版本的 CCS。各个版本的 CCS 软件功能大体一致。v3.0 以前的 CCS 版本，只支持 TI 公司的一个 DSP 系列，每个系列都有对应的 CCS 版本，如 TMS320C5000 CCS v2.0、TMS320C6000 CCS v2.0 等，开发不同系列的 DSP 要安装对应的 CCS 软件。v3.0 及其后续版本 CCS 支持所有 DSP 系列，安装一个软件即可开发所有系列 DSP，用户可以根据需要安装、配置 CCS 以面向特定的目标 DSP。目前使用较为广泛的是 CCS v3.3 版本，本章以 CCS v3.3 为例对 CCS 的使用进行介绍。

6.2.1 CCS 的安装

CCS v3.3 对计算机系统的配置要求如下：

硬件配置：对 PC 的最低要求为奔腾 500MHz 以上处理器、128MB 内存、600MB 剩余硬盘空间、SVAG 800×600 以上分辨率显示器、一条空余 ISA 插槽。建议使用奔腾 2GHz 以上处理器和 512MB 内存。

操作系统：Microsoft Windows 2000 / XP。

进行 CCS 安装时，将 CCS v3.3 安装光盘放入到计算机的 CD-ROM 光盘驱动器中，运行 CCS 安装程序 Setup.exe，按照安装向导的提示将 CCS 安装到 C:\CCStudio_v3.3（系统默认）安装目录下。CCS v3.3 安装时支持 3 种安装形式。

1）典型安装。CCS 推荐的安装模式，安装的 CCS 基本上支持 TI 公司现有的 DSP 作为目标 DSP 进行软件开发。

2）调试版本软件安装。属于最小化安装，安装的 CCS 集成开发环境可以对现有的 DSP 程序进行调试，推荐高级用户使用。

3）自定义安装。推荐高级用户使用，用户可以根据实际需要自定义 CCS 安装，可以添加一些典型安装不具备的功能，同时也可以删除一些不需要的功能。当选择自定义安装时，弹出如图 6-2 所示的对话框，可以对 CCS 功能进行自定义。

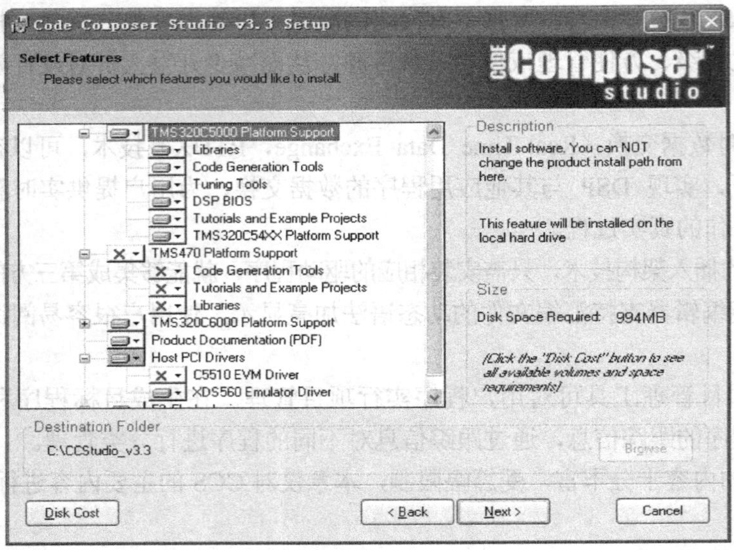

图 6-2　CCS 自定义安装界面

安装完成后，安装程序将自动在计算机桌面上创建如图 6-3 所示的“CCStudio v3.3”和“Setup CCStudio v3.3”两个快捷方式图标，其中“CCStudio v3.3”快捷方式图标对应 CCS 应用程序，“Setup CCStudio v3.3”快捷方式图标对应 CCS 的配置程序。第一次使用 CCS 前，必须运行“Setup CCStudio v3.3”程序对 CCS 进行配置，选择需要使用的 DSP 开发平台。若需要使用新的 DSP 开发平台时，可以重新运行“Setup CCStudio v3.3”对 CCS 进行相应的配置。

图 6-3 “CCStudio v3.3”和“Setup CCStudio v3.3”快捷方式图标

CCS 集成了 TI 公司的软件模拟器（Simulator）和硬件仿真器（Emulator）的驱动程序。若用户选用硬件仿真器进行在线仿真调试，则除了安装 CCS 软件之外，还需要安装硬件仿真器生产厂商提供的相应的仿真器驱动程序。TI 公司提供了 XDS510 和 XDS560 系列的硬件仿真器，它们支持所有 TI 公司的 DSP 的实时 JTAG 仿真。需要注意的是，使用硬件仿真器必须将 PC、硬件仿真器、目标板（带 DSP 的应用电路板）连接才能正常工作。

6.2.2　CCS 的配置

当使用 CCS 时，首先要对 CCS 进行 DSP 开发平台配置，通过 CCS 的配置，建立 CCS 与用户的目标板或软件模拟器之间的通信，然后才能进入 CCS 并利用该开发平台对目标 DSP 进行程序设计、调试及运行。配置时双击桌面上的“Setup CCStudio v3.3”快捷方式图标，启动 CCS 配置程序，其界面如图 6-4 所示。根据实际应用确定 DSP 开发平台后，在该软件的 Family 下拉列表框中选择相应的目标 DSP 系列，例如 C28xx、C54xx、C67xx 等，通过 Platform 下拉列表框选择开发平台，例如 Simulator、xds510 Emulator、xds560 Emulator 等，在 Available Factory Boards 的列表中选择需要的配置，双击或拖动到左侧 System Configuration 系统配置区域即可。图 6-4 中显示目前已经为 CCS 配置了两个 DSP 开发平台。

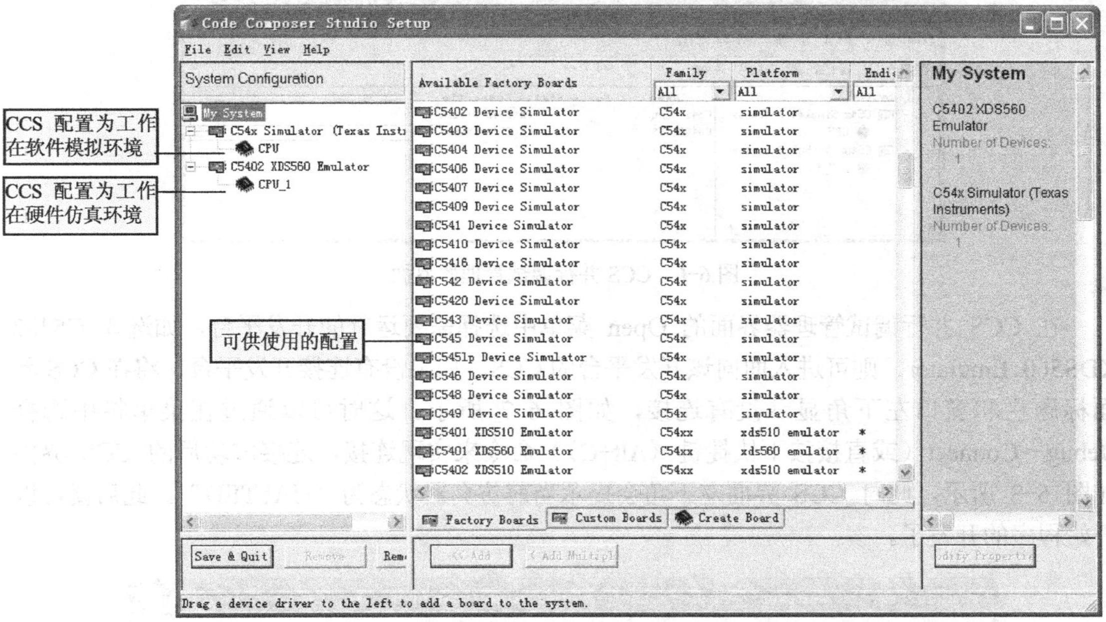

图 6-4　“Setup CCStudio v3.3” CCS 配置对话框

如果初学者没有硬件开发平台，可以配置软件模拟器 Simulator，用于 CCS 软件学习，以及 DSP 程序算法仿真。由于 Simulator 采用计算机 CPU 模拟 DSP 运行，所以不能使用 DSP/BIOS 等功能。

6.2.3　CCS 的启动

CCS 配置程序配置好 DSP 开发平台后，保存配置并退出，软件将询问是否进入 CCS 开发环境，选择“是”即可运行 CCS，也可通过双击“CCStudio v3.3”快捷方式图标运行 CCS 应用程序。

CCS 程序运行时，首先检测在 CCS 配置程序中配置的 DSP 开发平台是否已经准备好，如果 DSP 开发平台没有和计算机正确连接或上电，将弹出如图 6-5 所示的对话框进行提示。

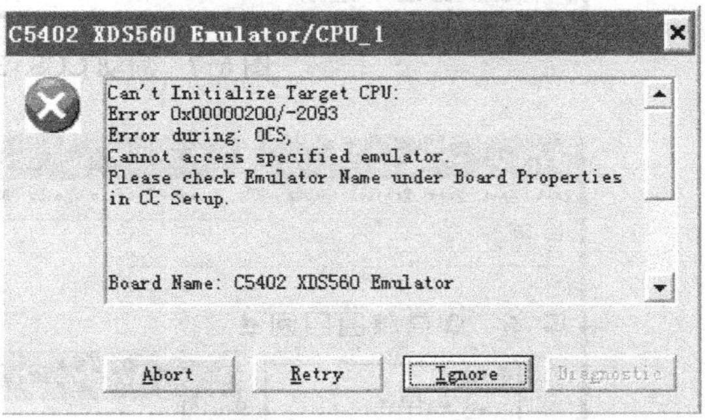

图 6-5　CCS 检测目标开发平台出错时的对话框

此时，单击 Retry 按钮，可以重新检测已配置的 DSP 开发平台；单击 Abort 按钮，可以终止运行 CCS；单击 Ignore 按钮，将忽略不能连接的开发平台进入 CCS。如果选用被忽略的开发平台作为 CCS 应用的开发平台，此时的 CCS 功能受限，不能向目标 DSP 下载程序，不能进行 DSP 程序的调试。

当 CCS 配置程序配置两个以上开发平台时，CCS 启动后显示如图 6-6 所示的 CCS 并行调试管理器界面。在 CCS 并行调试管理器中，在菜单栏中选择 File→Load Program 命令，可以向选中的开发平台加载 DSP 程序并运行，从而可对该 DSP 程序进行调试。

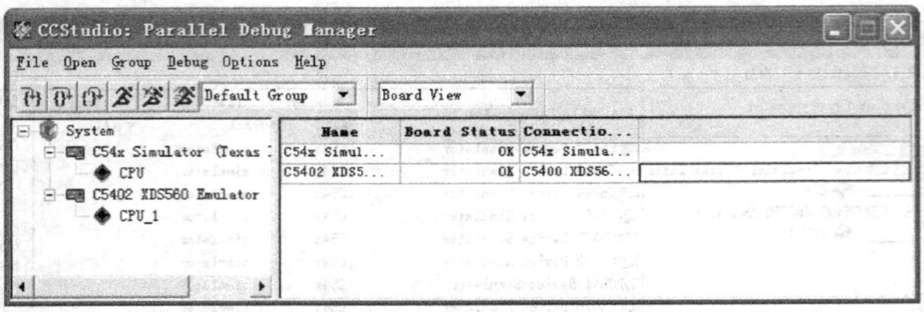

图 6-6　CCS 并行调试管理器界面

在 CCS 并行调试管理器界面的 Open 菜单中选择需要运行的开发平台，如选择 C5402 XDS560 Emulator，则可进入面向该开发平台的 CCS。如果没有连接开发平台，将在 CCS 界面标题栏和窗口左下角显示没有连接，如图 6-7 所示。这时可以通过在菜单栏中选择 Debug→Connect（或直接按下快捷键〈Alt+C〉）命令来实现连接，连接成功后的 CCS 界面如图 6-8 所示，此时 CCS 界面左下角会提示当前仿真器状态为“HALTED”。此后就可以开始程序的开发了。

图 6-7　启动 CCS v3.3 后的初始界面

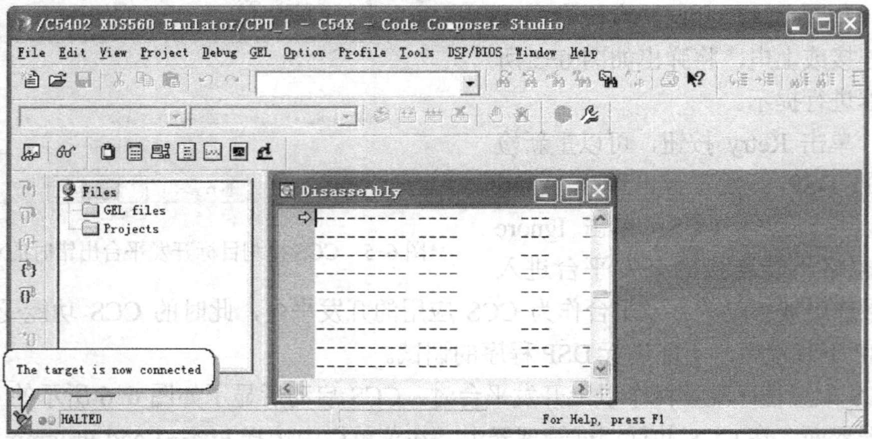

图 6-8　连接开发平台成功后的 CCS v3.3 界面

6.3 CCS 的应用界面

6.3.1 CCS 应用界面

CCS 启动后，就可以打开 CCS 应用程序，在 CCS 集成开发环境下完成工程定义，程序的编辑、编译、链接和调试，以及程序运行结果的分析和评估等工作。如图 6-9 所示是一个典型的 CCS 集成开发环境应用界面示例。该示例界面由菜单栏、工具栏、工程视图窗口、源程序编辑窗口、反汇编窗口、图形显示窗口、存储器窗口、CPU 寄存器窗口、输出窗口、状态栏等构成。具体功能介绍如下。

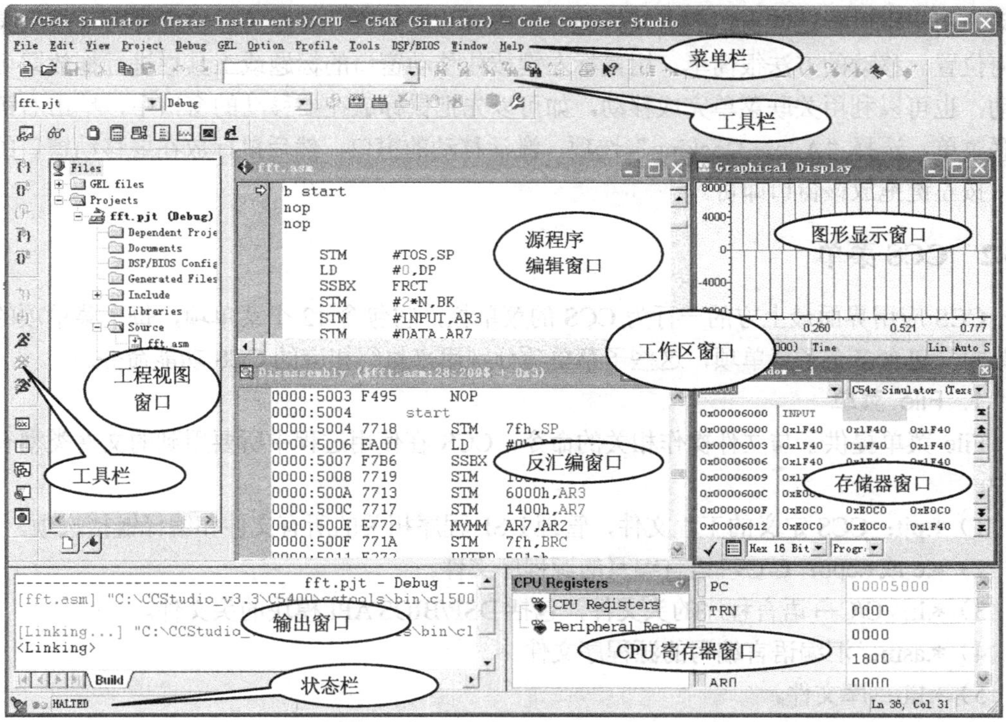

图 6-9 CCS 集成开发环境应用界面示例

1）菜单栏：CCS 的主菜单共有 12 项，CCS 所有操作都可以在这些菜单中找到对应项。此外，CCS 的所有窗口都含有一个关联菜单，或称快捷菜单，只要在各窗口中单击鼠标右键就可以打开关联菜单。关联菜单中菜单项与主菜单中对此窗口可用的菜单项相关联，用户可以通过关联菜单提供的选项和命令，对窗口进行设置，完成特定功能。在实际应用中，灵活使用关联菜单可以快速调用 CCS 功能。

2）工具栏：CCS 的常用工具栏由一些常用命令组成，用户可以直接单击工具栏上的图标按钮调用相应的 CCS 命令。

3）工程视图窗口：CCS 的工程视图窗口用来组织用户的若干程序并由此构成一个项目，用户可以从工程列表中选择需要编辑和调试的程序，可以在工程中添加文件。

4）源程序编辑窗口：在该窗口中，用户既可以编辑源程序，又可以设置断点和探针调试程序。

5）反汇编窗口：用来帮助用户查看机器指令，查找错误。

6）图形显示窗口：可以根据用户需要，以图形的方式显示数据。

7）存储器窗口：用来查看、编辑内存单元。

8）CPU 寄存器窗口：用来查看、编辑 CPU 寄存器。

9）输出窗口：CCS 信息输出窗口，该窗口采用分窗口显示方式，在窗口下边包括窗口切换按钮，用于显示编译、链接、DSP 程序输出等信息。

10）状态栏：显示 CCS 当前工作状态信息，可以通过 View 菜单的 Status Bar 命令开关。

用户可通过主菜单选项管理各窗口。除源程序编辑窗口外，其余所有窗口和工具栏均可移动，用户可以将这些窗口或工具栏拖放到所喜欢的位置，甚至可以移出界面，放到桌面的任何位置。移动的方法很简单，用鼠标左键按住移动窗口的标题或工具栏进行拖放即可完成移动；也可以利用关联菜单完成移动，如可以先把鼠标放在要移动的窗口中，单击右键弹出关联菜单，选择“Allow Docking”选项，激活移动的窗口，然后鼠标放在要移动窗口的标题上，按左键拖放该窗口即可。

6.3.2 CCS 菜单

CCS 应用界面最上方的一行为 CCS 的菜单栏，它包含 12 个菜单项，每个菜单项的下拉菜单中又包含多个子菜单项，这些子菜单项分别用来执行相应的 CCS 功能命令。

1. File 菜单

File 菜单提供了与文件操作相关的命令，CCS 在使用过程中所要用到的文件类型有以下几种：

1）*.pjt：CCS 定义的工程文件，管理 DSP 程序相关的所有文件和编译链接选项。

2）*.c 或*.cpp：C/C++语言编写的源程序文件。

3）*.h：C/C++语言程序的头文件，包括 DSP/BIOS API 模块的头文件。

4）*.asm：汇编语言编写的源程序文件。

5）*.lib：库文件。

6）*.cmd：链接命令文件，对 DSP 的存储空间进行配置。

7）*.cdb：CCS 的配置数据库文件，是使用 DSP/BIOS API 模块所必需的。当保存配置文件时，将产生链接器命令文件（*cfg.cmd）、头文件（*cfg.h54）和汇编语言源文件（*cfg.s54）。

8）*.obj：由源文件经编译汇编后生成的目标文件，是 COFF 文件。

9）*.out：完成编译、汇编、链接后所形成的可执行的 COFF 文件，可加载到目标 DSP（实际目标板或仿真目标板 Simulator）的程序空间，在 CCS 监控下进行调试和执行。

10）*.wks：工作区文件，可用来保存 CCS 用户界面的当前信息。

File 菜单的具体下拉菜单内容如图 6-10 所示，除 Open、Save、Print 等常见命令外，其主要的菜单项命令如下：

1）New→Source File：新建一个源文件，包括扩展名为*.c、*.asm、*.h、*.cmd、*.gel、*.map、*.inc 等文件。

2）New→DSP/BIOS Configuration：新建一个 DSP/BIOS 配置文件。

3）Load Program：将 DSP 可执行的 COFF 文件（*.out）中的数据和符号加载到目标 DSP（实际目标板或仿真目标板 Simulator）中。

4）Reload Program：重新加载可执行的 COFF 文件。如果程序未做更改，则只加载该 DSP 程序代码而不加载符号表。

5）Load Symbols：当调试器不能或无需加载目标代码（如目标代码存放于 ROM 中）时，仅将符号信息加载到目标板。此命令只清除符号表，不更改存储器内容和设置程序入口。

6）Load GEL：加载通用扩展语言文件到 CCS 中，在调用 GEL 函数之前，应将包含该函数的 GEL 文件加入 CCS 中，从而将 GEL 函数先调入内存。当加载的文件修改后，应先卸掉该文件，再重新加载该文件，从而使修改生效。加载 GEL 函数时将检查文件的语法错误，但不检查变量是否已定义。

7）Data→Load：将主机文件中的数据加载到目标 DSP，可以指定存放的地址和数据长度。数据文件的格式可以是 COFF 格式，也可以是 CCS 所支持的数据格式。

8）Data→Save：将目标 DSP 存储器中的数据保存到主机上的文件中，该命令和 Data→Load 是一个相反的过程。

2．Edit 菜单

Edit 菜单提供的是与编辑相关的命令，其具体下拉菜单内容如图 6-11 所示，除了 Undo、Redo、Cut、Copy、Delete、Paste 和 Find 等常用的文件编辑命令外，还有如下编辑命令：

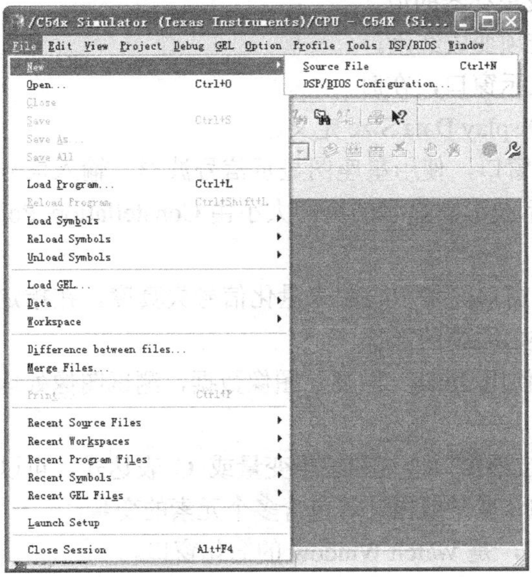

图 6-10 File 菜单

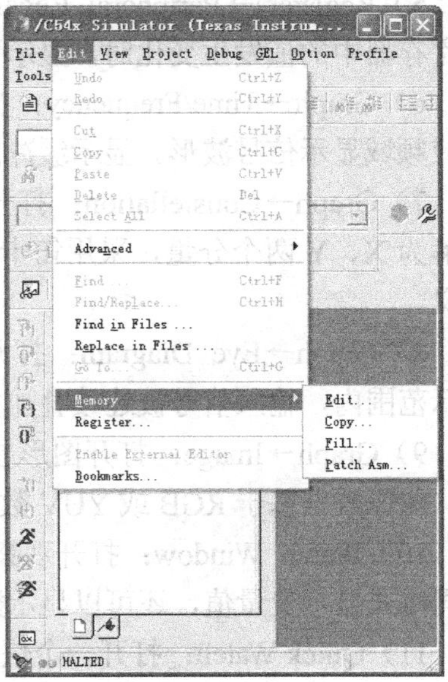

图 6-11 Edit 菜单

1）Find in Files：在多个文本文件中查找特定的字符串或表达式。

2）Go To：快速定位并跳转到源文件中的某一指定的行或书签处。

3）Memory→Edit：编辑存储器的某一存储单元。

4）Memory→Copy：将某一存储块的数据（利用起始地址和长度）复制到另一存储块中。

5）Memory→Fill：将某一存储块全部填入一个固定的值。

6）Memory→Patch Asm：在不重新编译程序的情况下，直接修改目标 DSP 中可执行程序指定地址的汇编代码。

7）Register：编辑指定寄存器（CPU 寄存器和外设寄存器）的值。由于 Simulator 不支持外设寄存器，因此不能在 Simulator 下监视和管理外设寄存器的内容。

3. View 菜单

在 View 菜单中，可以选择是否显示各种工具栏和各种窗口，View 菜单的的具体下拉菜单内容如图 6-12 所示。在 DSP 程序调试过程中，常用命令如下：

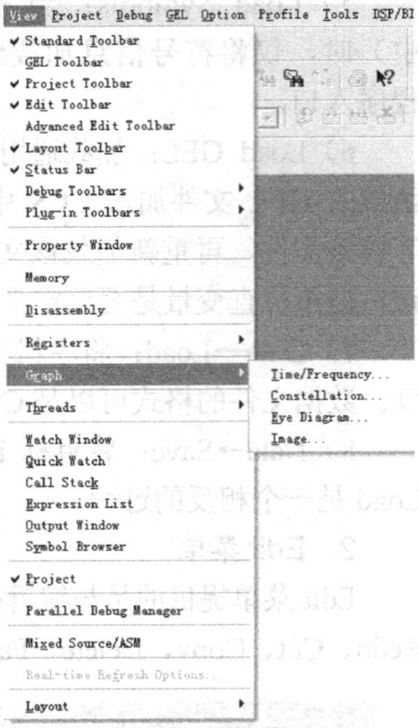

图 6-12　View 菜单

1）View 菜单中从 Standard Toobar 命令至 Plug-in Toolbars 命令，若选择某个命令，则此项前端标记“√”，表示在 CSS 界面显示该工具栏，否则不显示该工具栏。

2）Memory：显示指定的存储器中的内容。

3）Disassemble：当加载 DSP 可执行程序后，CCS 将自动打开一个反汇编窗口，显示相应的反汇编指令和符号信息，可通过选择该命令来显示或关闭反汇编窗口。

4）Registers→CPU Registers：显示 CPU 寄存器中的值，当 CPU 寄存器中的值发生变化时，显示窗口中对应项变成红色。

5）Registers→Peripheral Regs：显示外设寄存器的值，当寄存器中的值发生变化时，显示窗口中对应项变成红色。

6）Graph→Time/Frequency：打开图形显示窗口，在时域或频域显示信号波形。显示缓冲的大小由 Display Data Size 定义。

7）Graph→Constellation：打开图形显示窗口，使用星座图显示信号波形。输入信号被分解为 X、Y 两个分量，采用笛卡儿坐标显示波形。显示的缓冲大小由 Constellation Points 定义。

8）Graph→Eye Diagram：打开图形显示窗口，使用眼图来量化信号失真度。在指定的显示范围内，输入信号被连续叠加并显示为类似眼睛的形状。

9）Graph→Image：打开图形显示窗口，使用 Image 图显示图像数据，测试图像处理算法。图像数据基于 RGB 或 YUV 数据流显示。

10）Watch Window：打开观察窗口，通过该窗口检查和编辑变量或 C 表达式，可以以不同格式显示变量值，还可以显示数组、结构体变量或指针等包含多个元素的变量。

11）Quick Watch：打开一个快速观察窗口，是 Watch Window 的简化窗口。

12）Call Stack：检查所调试程序的函数调用情况。此功能调试 C 程序时有效。

13）Expression List：所有的 GEL 函数和表达式都采用表达式求值程序来估值。

14）Mixed Sourse/ASM：选择该命令，CCS 同时显示 C 语言代码及与之对应的汇编代码。

4. Project 菜单

CCS 使用工程（Project）来管理设计文档。CCS 不允许直接对 DSP 汇编代码或 C 语言源文件生成 DSP 可执行代码。只有建立在工程文件的基础上，在菜单或工具栏上运行 Build

命令时才生成可执行代码。一个工程包括建立一个 DSP 程序的全部信息，包括源程序文件、COFF 文件、库文件以及这些文件的关联文件等，也包括工程的编译链接选项信息。工程文件被存盘为*.pjt 文件。所有与工程有关的操作命令都可以在 Project 菜单中找到。Project 菜单的具体下拉菜单内容如图 6-13 所示，主要命令如下：

1）New：建立新的工程。

2）Open：打开已有的工程文件。

3）Add Files to Project：CCS 根据文件的扩展名将文件添加到工程的相应子目录中。工程中支持 C 源文件（*.c*）、汇编源文件（*.a*、*.s*）、库文件（*.o*、*.lib*）、头文件（*.h）和链接命令文件（*.cmd）。其中 C 和汇编源文件可以被编译和链接，库文件和链接命令文件只能被链接，CCS 会自动将头文件添加到工程中。

4）Compile File：对 C 语言或汇编语言源文件进行编译。

5）Build：重新编译和链接 C 语言或汇编语言源文件。对应那些没有修改的源文件，CCS 将不重新编译。

6）Rebuild All：对工程中所有文件重新编译，并链接生成 DSP 可执行的 COFF 格式的文件。

7）Build Options：用来设定编译器、汇编器和链接器的参数。

8）Scan All File Dependencies：扫描当前活动工程中的关联文件，并显示在窗口中当前工程树形列表中，例如 C 语言的头文件是不能通过 Add Files to Project 命令加入工程的，但可通过此命令显示已加入工程。当编译链接当前活动工程时，所有关联文件会自动显示在当前工程中。

5. Debug 菜单

Debug 菜单包含的是常用的调试命令，其具体下拉菜单内容如图 6-14 所示，主要调试命令如下。

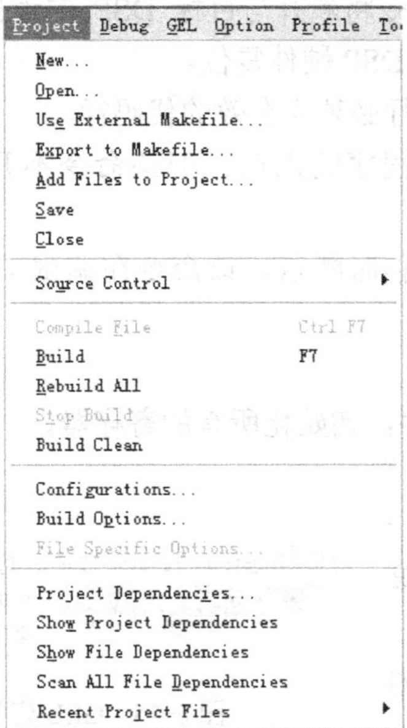

图 6-13 Project 菜单

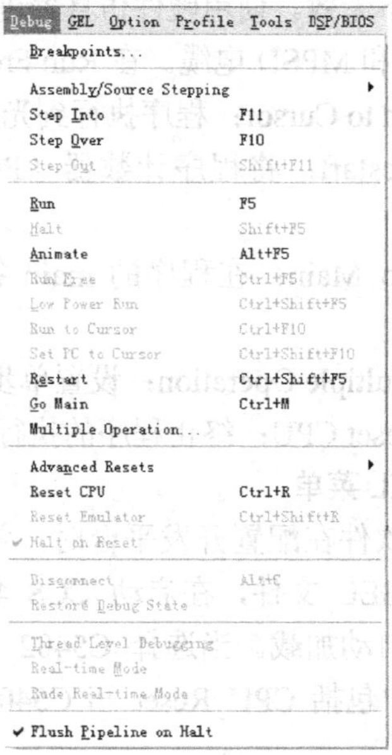

图 6-14 Debug 菜单

1）Breakpoints：设置/取消断点命令。程序执行到断点时将停止运行。当程序停止运行时，可检查程序的状态，查看和更改变量值，查看堆栈等。在设置断点时应注意以下两点：

① 不要将断点设置在任何延迟分支或调用指令处。

② 不要将断点设置在 repeat 块指令的倒数 1、2 行指令处。

值得一提的是，CCS 的 v3.3 版本与其之前的版本相比，在 Debug 菜单项里缺少了设置探针（Probe Points）命令，这是因为在 CCS v3.3 版本中的断点就包含了探针功能。探针设置后，允许更新观察窗口并在算法的指定处（设置探针处）将 PC 文件数据读至存储器或将存储器数据写入 PC 文件中，此时应设置 File I/O 属性。

2）Step Into：单步执行。如果运行到调用函数处将跳入函数单步运行。

3）Step Over：执行一条 C 指令或汇编指令。与 Step Into 不同的是，为保护处理器流水线，该指令后的若干条延迟分支或调用将同时被执行。如果运行到函数调用处将执行完该函数而不跳入函数执行，除非在函数内部设置了断点。

4）Step Out：如果程序运行在一个子程序中，执行 Step Out 将使程序执行完该子程序后回到调用该函数的地方。在 C 源程序模式下，根据标准运行 C 堆栈来推断返回地址，否则根据堆栈顶的值来求得调用函数的返回地址。因此，如果汇编程序使用堆栈来存储其他信息，则 Step Out 命令可能工作不正常。

5）Run：从当前程序计数器（PC）执行程序，碰到断点时程序暂停执行。

6）Halt：中止程序运行。

7）Animate：动画运行程序。当碰到断点时程序暂时停止运行，在更新未与任何探针相关联的窗口后程序继续执行。该命令的作用是在每个断点处显示处理器的状态，可以在 Option 菜单的 Customize 下选择 Animate Speed 来控制其速度。

8）Run Free：忽略所有断点，从当前程序计数器（PC）处开始执行程序。该命令在 Simulator 下无效。使用硬件仿真器进行仿真时，该命令将断开与目标 DSP 的连接，因此可移走 JTAG 和 MPSD 电缆。在 Run Free 时还可对目标 DSP 硬件复位。

9）Run to Cursor：程序执行到光标处，光标所在行必须为有效的代码行。

10）Restart：将程序计数器（PC）的值恢复到程序的入口，但该命令不开始程序的执行。

11）Go Main：在程序的 main 符号处设置一个临时断点。该命令在调试 C 程序时起作用。

12）Multiple Operation：设置单步执行的次数。

13）Reset CPU：终止程序的执行，复位 DSP 程序，初始化所有的寄存器。

6．GEL 菜单

CCS 软件在配置开发平台时，常常会同时设置一个对应的 GEL 文件，在启动 CCS 集成开发环境时该 GEL 文件自动加载。当选择 C5402 为目标 DSP 时，GEL 菜单中包括 CPU_Reset 和 C5402_Init 命令，如图 6-15 所示。

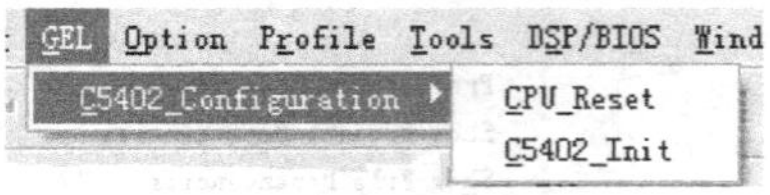

图 6-15　GEL 菜单

1）C5402_Configuration→CPU_Reset：复位目标 DSP、复位存储器映射、禁止存储器映

射及初始化寄存器。

2）C5402_Configuration→C5402_Init：复位目标 DSP，与 CPU_Reset 命令不同的是，该命令使能存储器映射，同时复位外设和初始化寄存器。

7. Option 菜单

Option 菜单用于设置 CCS 集成开发环境的选项，包括字体、反汇编选项、存储空间映射模式以及自定义 CCS 命令窗口等功能。Option 菜单的具体下拉菜单内容如图 6-16 所示，主要命令如下：

1）Font：设置 CCS 编辑、显示环境的字体、字形、大小。

2）Disassembly Style：设置反汇编窗口显示模式，包括反汇编成助记符或代数符号，直接寻址与间接寻址，用十进制、二进制或十六进制显示。

3）Memory Map：定义调试时哪些存储空间可以访问，哪些存储空间不可以访问，对于不同的 DSP 程序会由于对应 CMD 文件不同而发生变化。

4）Customize：打开自定义对话框，通过该对话框可以对 CCS 默认的环境设置进行修改，要修改某类环境设置，按〈Tab〉键或鼠标单击切换到该页即可。

8. Profiler 菜单

剖析（Profiling）是 CCS 的一个重要功能，它可以在调试程序时，统计某一块程序执行所需要的 CPU 时钟周期数、程序分支数、子程序被调用数和中断发生次数等统计信息。Profile Point 和 Profile Clock 作为统计代码执行的两种机制，常常一起配合使用。Profile 菜单的具体下拉菜单内容如图 6-17 所示，主要命令如下：

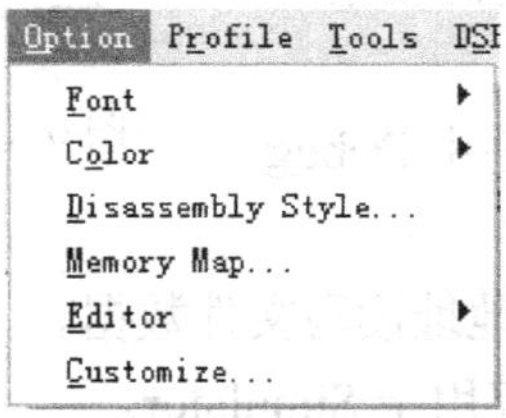

图 6-16 Option 菜单

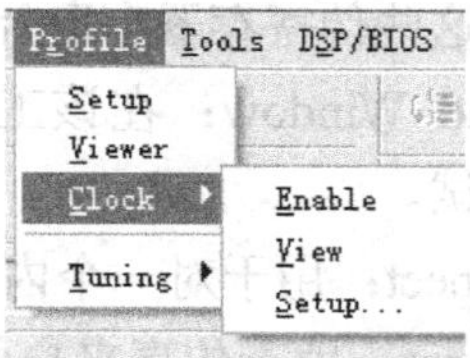

图 6-17 Profiler 菜单

1）Clock→Enable：为了获得指令的周期及其他事件的统计数据，必须使能剖析时钟（Profile Clock）。当剖析时钟被禁止时，将只能计算到达每个剖析点的次数，而不能计算统计数据。

剖析时钟作为一个变量（CLK）通过 Clock 窗口被访问。CLK 变量可在 Watch 窗口观察，并可在 Edit Varible 对话框中修改其值。CLK 还可以在用户定义的 GEL 函数中使用。

指令周期的计算方式与 DSP 的驱动程序有关，对使用 JTAG 扫描路径进行通信的驱动程序，指令周期通过处理器的片内分析功能进行计算，其他驱动程序则可以使用其他类型的定时器。Simulator 使用模拟的 DSP 片内分析接口来统计剖析数据。当时钟使能时，CCS 调试器将占用必要的资源以实现指令周期的计算。

2）Clock→View：在 CCS 主界面的右下角打开“Clock”窗口，以显示 CLK 变量的值。双击“Clock”窗口内的内容可直接复位 CLK 变量（使 Clock＝0）。

3）Clock→Setup：时钟设置。单击该命令将出现如图 6-18 所示的 Clock Setup 对话框。

图 6-18　Clock Setup 对话框

在 Count 域内选择剖析的事件，对某些驱动程序而言，CPU Cycles 可能是唯一的选项。对于使用片内分析功能的驱动程序而言，可以剖析其他事件，比如中断次数、子程序或中断返回次数、分支数或子程序调用次数等。使用 Reset Option 参数可以决定如何计数。如选择 Manual 选项，则 CLK 变量将不断累计指令周期数；如选择 Auto 选项，则在每次 DSP 运行前自动将 CLK 设置为 0。因此，CLK 变量显示的是上一次运行以来的指令周期数。

9．Tools 菜单

Tools 菜单提供了常用的工具集，其具体下拉菜单内容如图 6-19 所示，常用工具如下：

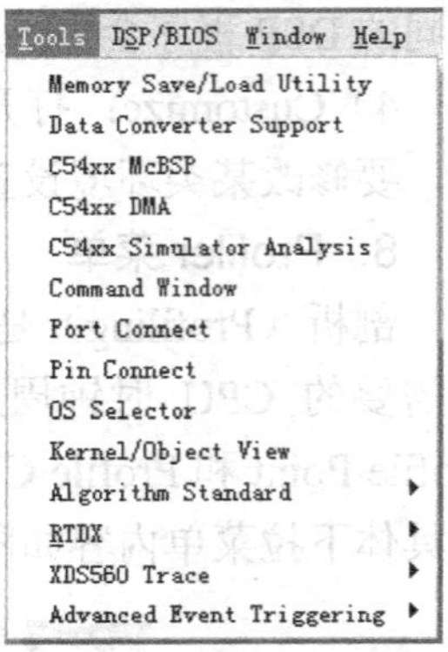

图 6-19　Tools 菜单

1）Data Converter Support：用于快速地配置与 DSP 相连接的数据转换器件。

2）C54xx McBSP：用于观察、编辑 McBSP 寄存器内容。

3）C54xx DMA：用于观察、编辑 DMA 寄存器内容。

4）C54xx Simulator Analysis：用于设置和监视事件的发生，并为加载调试器使用的特定伪寄存器集提供了一个透明的观察手段，调试器使用这些伪寄存器存取片内分析模块。

5）Command Window：在该工具窗口中，可以使用 Debug 命令进行程序调试。

6）Port Connect：用于对一个内部存储地址或端口地址读写文件数据。

7）Pin Connect：用于仿真来自外部的中断信号，仅用于 Simulator。

8）RTDX：用于在不打断程序运行的情况下实时分析 DSP 程序的运行。

10．DSP/BIOS 菜单

DSP/BIOS 菜单提供利用 TI 公司准实时操作系统 DSP/BIOS 开发 DSP 程序时进行调试分析的工具，使开发者能对程序进行实时跟踪和分析，其具体下拉菜单内容如图 6-20 所示。

1）RTA Control Panel：打开实时分析工具控制面板，可以设置实时分析的相关参数，使能各种跟踪器。

2）Execution Graph：调用执行图分析工具，打开执行图窗口，该窗口显示程序中各线程的运行情况。

3）Statistics View：打开统计视图窗口，该窗口显示统计模块的实时数据。

4）Message Log：打开信息日志窗口，该窗口显示日志模块传送的信息。

5）Kernel/Object View：打开内核/模块窗口，该窗口显示当前程序中各种 BIOS 模块的实时配置、状态等信息；显示的模块包括 KNL 模块、TSK 模块、MBX 模块、SEM 模块、MEM 模块、SWI 模块。

6）Host Channel Control：打开主机信道控制窗口，该窗口显示当前程序中定义的主机信道模块的相关信息。

7）CPU Load Graph：打开 CPU 负载图窗口，该窗口显示目标板 CPU 的正在处理的负载信息。

11．Help 菜单

Help 菜单即帮助菜单，用户可以通过该菜单调用帮助文档，便于解决一些在 CCS 中的常见问题。Help 菜单的具体下拉菜单内容如图 6-21 所示。

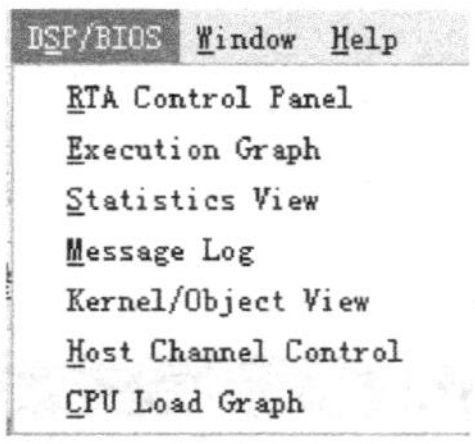

图 6-20　DSP/BIOS 菜单

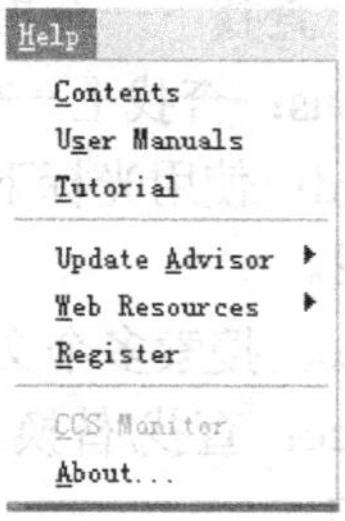

图 6-21　Help 菜单

1）Contents：将打开 CCS 随软件附带的帮助，介绍了 CCS 集成开发环境的所有操作。

2）Use Manuals：打开一个网页，页面上包括 TI 公司与 CCS 相关的所有用户手册，在 CCS 安装时需要选择安装用户手册。

3）Tutorial：打开一个 CHM 文件，介绍 CCS 的特点和怎样使用 CCS 集成开发环境，在该文件中包括 CCS 应用介绍的视频动画。

4）Web Resources：可以选择 CCS 帮助信息的 Internet 网址，通过 Internet 查看帮助信息。

12．Window 菜单

与所有的 Windows 应用程序一样，Window 菜单用于管理所有打开的文档窗口，可以采用层叠、平铺方式在工作区显示各个窗口，也可以直接选择某个窗口作为当前活动窗口。

6.3.3　CCS 工具栏

CCS 除了提供上述菜单命令外，还提供了 6 种工具栏，分别为 Standard Toolbar、Edit Toolbar、Project Toolbar、Debug Toolbar、GEL Toolbar 和 Plug-in Toolbar。当把鼠标停留在工具栏的某个工具按钮上时，鼠标旁就会出现该按钮的名称，用鼠标单击工具按钮就可以完成和菜单命令同样的功能。这些工具栏可在 View 菜单下选择是否显示。

1．Standard Toolbar（标准工具栏）

如图 6-22 所示，标准工具栏包括以下常用工具：

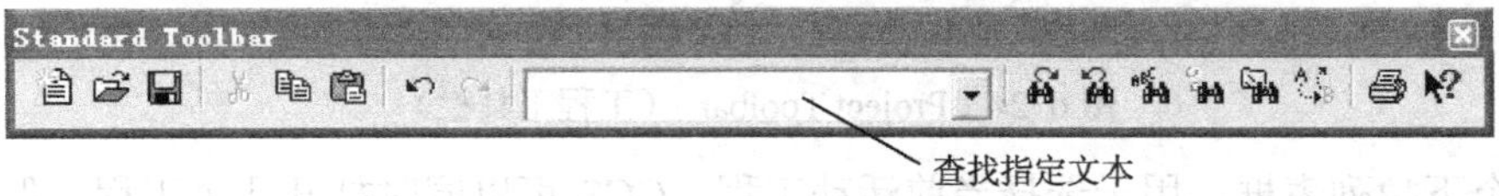

图 6-22　Standard Toolbar（标准工具栏）

New File：新建一个文档。

Open：打开一个已存在的文档。

Save：保存一个文档，如尚未命名，则打开 Save As 对话框。

Cut：剪切。

Copy：复制。

Paste：粘贴。

Undo：取消上一次编辑操作。

Redo：恢复上一次编辑操作。

Find Next：查找下一个指定要搜索的字符串。

Find Previous：查找上一个指定要搜索的字符串。

Search Word：使用光标下的字作为搜索文本。

Find：查找。

Find in Files：搜索多个文件中指定的文本。

Find/Replace：查找/替换。

Print：打印。

Help：获取特定对象的帮助。

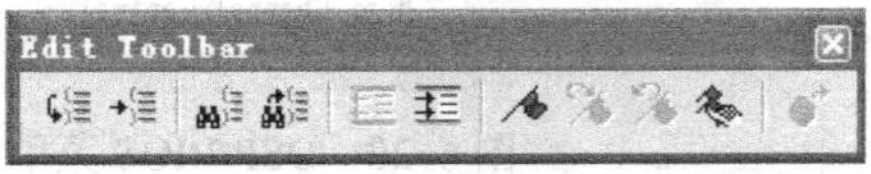

图 6-23 Edit Toolbar （编辑工具栏）

2. Edit Toolbar（编辑工具栏）

如图 6-23 所示，编辑工具栏提供了一些常用的编辑命令及书签命令。

Mark To Matching：将光标放在括号前面，再单击此命令，将标记此括号内所有文本。

Mark To Next：查找下一个括号对，并标记其中的文本。

Find Match：将光标放在括号前面，单击此命令，光标跳至与之配对的括号处。

Find Next Opening：将光标跳至下一个括号处（左括号）。

UnIndent：将所选文本向左移一个 Tab 宽度。

Indent： 将所选文本向右移一个 Tab 宽度。

Toggle Bookmark：在光标处定义或取消一个书签。

Next Bookmark：查找当前书签处的下一个书签。

Previous Bookmark：查找当前书签处的上一个书签。

Edit Bookmarks：打开书签管理对话框，可以进行定位、编辑书签等操作。

Enable the external editor：设置是否启用外部编辑器，当没有设置外部编辑器时，该工具图标灰显，不能使用。

3. Project Toolbar（工程工具栏）

如图 6-24 所示，工程工具栏提供了与工程项目和断点设置有关的命令。

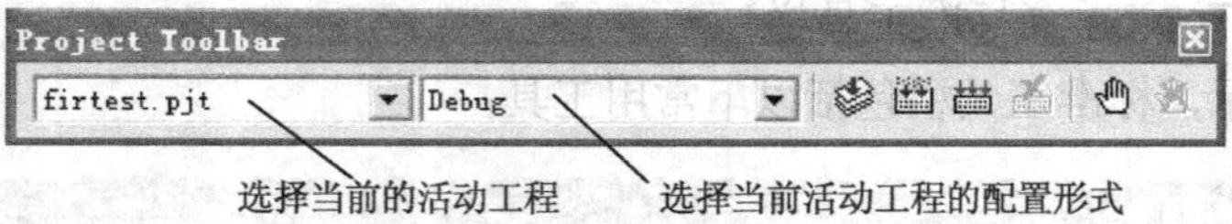

图 6-24 Project Toolbar （工程工具栏）

第一个下拉列表框：用于选择当前活动工程，CCS 可以同时打开几个工程，但有且仅有一个活动工程，CCS 可以对该工程进行编译链接，生成可执行程序。

第二个下拉列表框：用于选择当前工程的配置形式，默认有 Debug 和 Release 两种形式。Debug 形式用于工程调试，编译链接后，将在当前工程文件夹下生成一个 Debug 文件夹，用于存放生成的可执行 COFF 文件。Release 形式用于工程最终目标代码输出，屏蔽调试命令，编译链接后将在当前工程文件夹下生成一个 Release 文件夹，用于存放生成的可执行 COFF 文件，一般来说，这个 COFF 文件所占字节要少。

Compile File：编译当前的源文件，但不进行链接。

Incremental Build：对所有修改过的文件重新编译，再链接生成可执行文件。

Rebuild All：全部重新编译链接生成可执行文件。

Stop Build：停止编译链接当前工程操作。

Debug:Toggle Breakpoint：在鼠标当前位置设置断点。

Debug:Remove All Breakpoints：清除所有的断点。

4．Debug Toolbar（调试工具栏）

如图 6-25 所示，调试工具栏由 5 个工具栏组成，从左到右分别为 Context-Sensitive Stepping Toolbar、ASM/Source Stepping Toolbar、Target Control Toolbar、Debug Window Toolbar、Multiple Operations Toolbar。每个工具栏提供若干常用的调试命令。

图 6-25　Debug Toolbar （调试工具栏）

1）Context-Sensitive Stepping Toolbar 各项说明如下：

Single Step：单步执行。与 Debug 菜单中的 Step Into 命令一致。

Step Over：单步执行，当遇到函数调用时跳过函数调用过程，程序暂停在函数调用的下一条源程序。与 Debug 菜单中的 Step Over 命令一致。

Step Out：跳出函数调用命令，执行该命令，程序完成当前函数调用返回后暂停。与 Debug 菜单中的 Step Out 命令一致。

2）ASM/Source Stepping Toolbar 各项说明如下：

Source-Single Step：在 C 或者汇编源代码中单步执行指令，然后暂停。与 Debug→Assembly/Source Stepping 菜单中的 Source Step Into 命令一致。

Source-Step Over：在 C 或者汇编源代码中单步执行指令，然后暂停，当遇到调用子程序指令或者函数调用时，则在调用结束后暂停在下一条源代码处。与 Debug→Assembly/Source Stepping 菜单中的 Source Step Over 命令一致。

Step Out：与 Debug 菜单中的 Step Out 命令一致。

Assembly-Single Step：单步执行命令，每次执行一条汇编指令后暂停。与 Debug→Assembly/Source Stepping 菜单中的 Assembly Step Into 命令一致。

Assembly-Step Over：在汇编模式下执行单步运行指令，如果遇到调用子程序指令，则调用子程序后暂停在下一条指令处。在源文件模式下，由于一条源代码可能代表多条汇编指令，所以该命令可能不会立刻移动鼠标到下一条源代码指令处。与 Debug→Assembly/Source Stepping 菜单中的 Assembly Step Over 命令一致。

3）Target Control Toolbar 各项说明如下：

Run to Cursor：设置光标在源程序中的位置，单击该工具按钮后程序运行到光标所在位置暂停。与 Debug 菜单中的 Run to Cursor 命令一致。

Set PC to Cursor：设置程序计数器（PC）到当前光标处。与 Debug 菜单中的 Set PC to Cursor 命令一致。

Run：运行程序。从当前 PC 位置开始执行程序，直到遇到断点后停止。

Halt：中止程序运行。

Animate：动画运行。这是一个在断点支持下调试程序的命令。在执行前先设置好各断点，每单击一次该按钮，就会从当前程序位置执行到下一个断点处。连续单击按钮就可以实现动画运行。

4）Debug Window Toolbar 各项说明如下：

Register Window：打开 CPU 寄存器窗口，观察和修改 CPU 寄存器和外设寄存器值。

View Memory：打开存储器窗口，查看指定地址存储器的值。与 View 菜单中 Memory 命令一致。

View Stack：打开堆栈信息窗口，查看堆栈值。与 View 菜单中 Call Stack 命令一致（在 C 程序中使用）。

View Disassembly：打开程序相应的反汇编程序窗口。

Breakpoint Manager：打开断点管理窗口。

5）Multiple Operations Toolbar 各项说明如下：

Step Type：即左边的文本显示栏，选择多步操作的类型。

Iterations：即中间的文本显示栏，选择多步操作的步数，即单次执行的行数。

Execute：执行多步操作。

5. GEL Toolbar（GEL 工具栏）

GEL 工具栏提供了执行 GEL 函数的一种快捷方法，如图 6-26 所示。在工具栏的左侧文本输入框中键入 GEL 函数名，再单击右侧的执行按钮即可执行相应的函数。例如：

1）在 GEL 工具栏中输入 CCS 内嵌 GEL 命令：GEL_Run( )。

2）单击 GEL 工具栏中的运行按钮。

3）CCS 将执行 GEL_Run( )函数，运行当前加载的可执行程序。

6. Plug-in Toolbar（Plug-in 工具栏）

如图 6-27 所示，Plug-in 工具栏由两个工具栏组成，从左到右分别为 Watch Window Toolbar、DSP/BIOS Toolbar。

图 6-26 GEL Toolbar（GEL 工具栏）

图 6-27 Plug-in Toolbar（Plug-in 工具栏）

1）Watch Window Toolbar 各项说明如下：

Watch Window：打开 Watch 窗口观察或修改变量。

Quick Watch：打开 Quick Watch 窗口观察或修改变量，还可方便地将变量加入 Watch 窗口中。

2）DSP/BIOS Toolbar 各项说明如下：

Open Message Log：打开信息日志，与 DSP/BIOS 菜单中的 Message Log 命令一致。

Open Statistics View：打开统计观察窗，与 DSP/BIOS 菜单中的 Statistics View 命令一致。

Open Host Channel Control：打开主机通道控制，与 DSP/BIOS 菜单中的 Host Channel Control 命令一致。

Open RTA Control Panel：打开 RTA 控制台，与 DSP/BIOS 菜单中的 RTA Control Panel 命令一致。

Open Execution Graph：打开执行图表，与 DSP/BIOS 菜单中的 Execution Graph 命令一致。

Open CPU Load Graph：打开 CPU 负载图表，与 DSP/BIOS 菜单中的 CPU Load Graph 命令一致。

Open Kernel/Object View：打开内核/目标观察窗，与 DSP/BIOS 菜单中的 Kernel/Object View 命令一致。

6.4 CCS 集成开发环境的使用

CCS 集成开发环境为用户提供了环境配置、源文件编辑、程序调试、跟踪和分析等工具，极大地方便了 DSP 程序的设计与开发。利用 CCS 集成开发环境，用户可以在一个开发环境下完成工程定义、程序编辑、编译链接、调试和数据分析等工作。利用 CCS 集成开发环境开发应用程序的流程如图 6-28 所示。具体开发步骤如下：

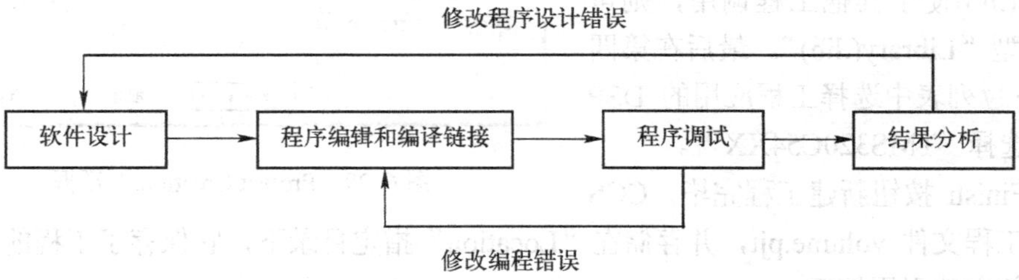

图 6-28　利用 CCS 开发应用程序的流程

1）软件设计：主要包括程序模块的划分、算法和流程的确定以及执行结果的预测等工作。

2）程序编辑和编译链接：主要进行工程文件的创建，编写头文件、配置文件和源程序，使用汇编和 C 编译器进行编译，排除语法、变量定义等错误。

3）程序调试：利用 CCS 软件的调试工具，采用单步执行、设置断点等手段对应用程序进行调试。

4）结果分析：利用 CCS 软件提供的分析工具，对应用程序运行的结果进行分析，如图形显示数据或统计运行时间等。若算法不能满足要求，则需重新进行软件设计。

充分利用 CCS 所提供的功能，可以帮助用户高效地开发 DSP 应用系统。

下面以一个简单的 DSP 程序为例，介绍使用 CCS 开发 DSP 应用程序的几个基本过程：创建、生成、调试和测试。同时还将介绍 Build 参数的设置、Watch 窗口、断点、探针、图形及动画等基本概念和使用方法。

6.4.1 创建一个新工程

CCS 集成开发环境要求对应于每一个 DSP 开发应用项目，都要创建一个扩展名为*.pjt 的工程文件，以便于对开发应用项目的设计文档进行管理。具体操作步骤如下：

1）双击桌面“CCStudio v3.3”快捷方式图标，运行 CCS。如果在 CCS 的配置程序中安装并配置了多个开发平台，则运行 CCS 将启动 CCS 并行调试管理器界面。以 6.2 节的图 6-6 所示 CCS 并行调试管理器界面为例，在该界面的 Open 菜单中，选择 C54x Simulator，则可启动 Simulator 进入 CCS 集成开发环境。如果在配备有目标板、硬件仿真器及其驱动程序的情况下，也可直接启动 Emulator 进入 CCS 集成开发环境。

2）在 CCS 主界面的菜单栏中选择 Project→New 命令，将弹出如图 6-29 所示的 Project Creation 对话框。在对话框的第一行“Project”文本框中输入工程名：volume，此时第二行“Location”文本框中会同步在原始目录路径上自动添加 volume 目录，该目录在工程创建完毕后自动生成，本例的工程目录为“C:\CCStudio_v3.3\myprojects\volume”。如果想改变工程目录，可单击“Location”文本框后的浏览按钮打开路径选择对话框，可以选择目标路径，其选定的路径出现在 Location 的文本框中，也可以直接在文本框中输入工程要保存的路径，如果路径不存在将自动创建。在第三行“Project”下拉列表中有两个工程类型选择项：“Executable(.out)”和“Library(.lib)”，本例选择可执行工程类型“Executable(.out)”。如果要生成库文件(.lib)便于其他工程调用，则可选择库工程类型“Library(.lib)”。最后在第四行“Target”下拉列表中选择工程应用的 DSP 类型，本例中选择“TMS320C54XX”。

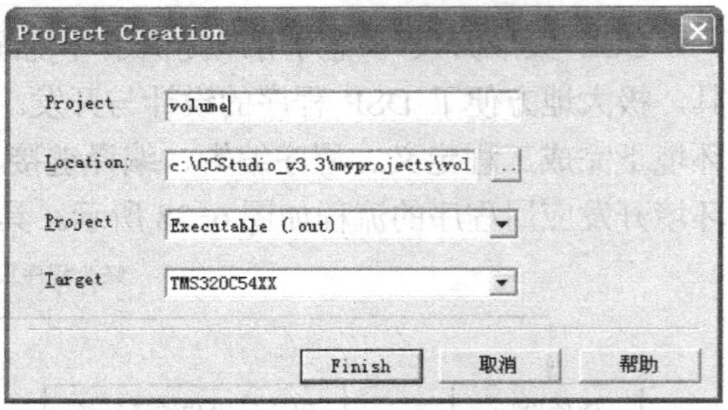

图 6-29　Project Creation 对话框

3）单击 Finish 按钮新建工程完毕，CCS 就会产生一个工程文件 volume.pjt，并存储在“Location”指定目录下，它保存了工程的设置信息及工程中的文件引用情况。

6.4.2 创建源文件

工程建立完后，就可以创建源文件了。CCS 中可以创建的源文件包括源代码文件（C 或汇编）、链接器命令文件、头文件、文本文件、DSP/BIOS 配置文件等。创建源文件的具体操作步骤如下：

1）在 CCS 主界面的菜单栏中选择 File→New→Source File 命令，或单击标准工具栏上的创建文件按钮，新建一个编辑窗口。

2）在新建的编辑窗口中输入源代码（源程序），同时在编辑窗口标题的文件名后面出现星号“*”，表示该源文件已被修改，存盘后星号将自动消失。

3）编写完毕后，选择 File 菜单中的 Save 或 Save As 命令，出现“保存为”对话框。也可单击标准工具栏上的保存文件按钮。在该对话框中选择保存文件的目录，输入文件名和扩展名，也可通过“保存类型”框下拉列表选择所编写源文件的文件类型，如图 6-30 所示。单击“保存”按钮，完成文件的保存。

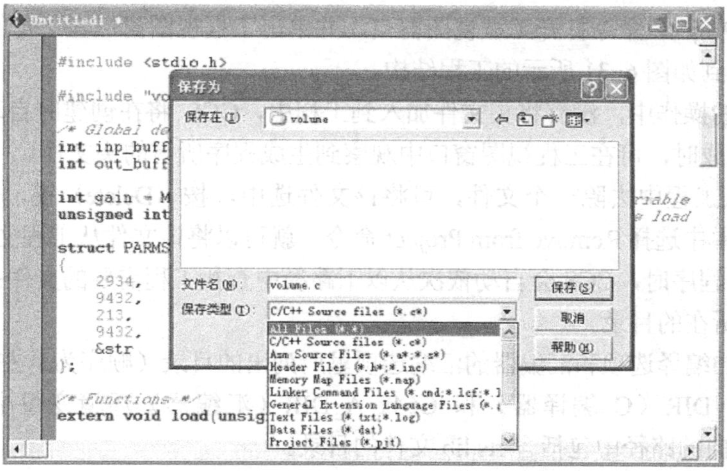

图 6-30　保存新建的源文件

要创建多个源文件，可重复以上步骤。重复以上 3 步操作，完成 volume.c、vectors.asm、load.asm、volume.cmd、volume.h 和 sine.dat 六个文件的创建，并将所创建的源文件保存到工程目录 C:\CCStudio_v3.3\myprojects\volume 下。也可以将本书配套程序中 sim54xx\ volume1\目录下对应的 volume.c、vectors.asm、load.asm、volume.cmd、volume.h 和 sine.dat 这六个文件直接复制到 C:\CCStudio_v3.3\myprojects\volume 工程目录下，同样能够达到实现创建源文件的目的。

6.4.3　在工程中添加源文件

各源文件创建好之后，需要将这些文件及工程所用的库文件添加到工程中。具体操作步骤如下：

1）在 CCS 主界面的菜单栏中选择 Project→Add Files to Project 命令（或在工程视图窗口中用鼠标右键单击工程文件，在弹出的快捷菜单中选择 Add Files to Project 命令），打开“文件加载”对话框。在“文件加载”对话框中，选择工程目录下的 volume.c 文件，单击“打开”按钮将 volume.c 添加到工程中。

2）用同样的方法将 vectors.asm 添加到工程中。vectors.asm 中包含的是将 RESET 中断指向 C 程序入口 c_int00 的汇编指令和其他中断的入口指令。如果调试的程序较为复杂，则可在 vectors.asm 中定义更多的中断矢量。

3）将 volume.cmd 添加到工程文件中。该文件的作用是将段（Sections）分配到存储器中。

4）将 load.asm 添加到工程文件中。该文件包含一个简单的汇编循环程序，被 C 程序调用。调用时带有一个参数（argument），执行此程序共需约 1000×argument 个指令周期。

5）将 C:\CCStudio_v3.3\C5400\cgtools\lib 下的 rts.lib 加入到工程文件中。该文件是采用 C 语言开发 DSP 应用程序的运行支持库文件。

6）在工程视图窗口中双击所有“+”号，可看到整个工程的结构，如图 6-31 所示。如果没有看到工程视图窗口，则需在菜单栏

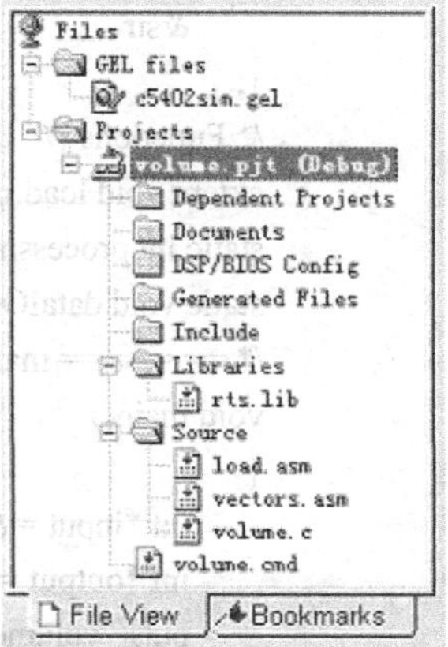

图 6-31　工程视图

中选择 View→Project 命令打开工程视图窗口，并单击工程视图窗口左下角的 File View 图标，以确保观察到如图 6-31 所示的工程结构。

7）在以上的操作中，没有将头文件加入到工程中，CCS 将在创建时自动查找所需的头文件。当创建完成时，可在工程视图窗口中观察到生成程序所需的头文件。

如果需要从工程中去除一个文件，可将该文件选中，按〈Delete〉键，也可单击鼠标右键，在弹出的菜单中选择 Remove from Project 命令，就可以将该文件从工程文件中移走。

当创建一个程序时，CCS 会自动依次从以下路径中查找工程需要的文件：

1）源文件所在的目录。

2）编译器的编译选项和汇编器的汇编选项里所列出的目录（顺序为从左到右）。

3）C54x_C_DIR（C 编译器）和 C54x_A_DIR（汇编器）环境变量中声明的路径，C54x_C_DIR 指向的路径中包括含 rts.lib 文件的目录。

6.4.4　查看源代码

双击工程视图窗口中的 volume.c，将在右边的源程序编辑窗口中看到文件源代码。如想使窗口更大一些，以便能够及时地看到更多的源代码，可以在菜单栏中选择 Option→Font 命令来选择字体大小，选择小号字体将使窗口具有更小的字型。volume.c 源代码如下：

```
#include <stdio.h>
#include "volume.h"
/* Global declarations */
int inp_buffer[BUFSIZE];                          /* processing data buffers */
int out_buffer[BUFSIZE];
int gain = MINGAIN;                               /* volume control variable */
unsigned int processingLoad = BASELOAD;   /* processing routine load value */
struct PARMS str =
{
        2934,
        9432,
        213,
        9432,
        &str
};
/* Functions */
extern void load(unsigned int loadValue);
static int processing(int *input, int *output);
static void dataIO(void);
/* ======== main ======== */
void main()
{
        int *input = &inp_buffer[0];
        int *output = &out_buffer[0];
        puts("volume example started\n");
        /* loop forever */
```

```
    while(TRUE)
    {
        /*  Read input data using a probe-point connected to a host file.
         *  Write output data to a graph connected through a probe-point.*/
        dataIO();
        #ifdef FILEIO
        puts("begin processing")            /* deliberate syntax error */
        #endif
        /* apply gain */
        processing(input, output);
    }
}
/* ======== processing ========*
 * FUNCTION: apply signal processing transform to input signal.
 * PARAMETERS: address of input and output buffers.
 * RETURN VALUE: TRUE.  */
static int processing(int *input, int *output)
{
    int size = BUFSIZE;
    while(size--){
        *output++ = *input++ * gain;
    }
    /* additional processing load */
    load(processingLoad);
    return(TRUE);
}
/* ======== dataIO ========*
 * FUNCTION: read input signal and write processed output signal.
 * PARAMETERS: none.
 * RETURN VALUE: none.  */
static void dataIO()
{
    /* do data I/O */
    return;
}
```

从以上代码可以看出，主程序显示一条提示信息后，进入一个无限循环，在此循环中，不断调用 dataIO( )和 processing( )两个函数。processing( )函数将输入 buffer 中的数与增益 gain 相乘，并将结果送给输出 buffer，它还调用汇编循环例程 load.asm，根据传给例程的参数 processingLoad 的值计算指令周期的时间。dataIO( )函数是一个空函数，它不执行任何实质操作。它没有使用 C 代码执行 I/O 操作，而是通过 CCS 中的探针工具（CCS v3.3 版本中的断点工具就包含了探针功能），从 PC 文件中读取数据到 inp_buffer 缓存区中，作为 processing()函数的输入参数。

如果 FILEIO 未定义，此程序将只能在屏幕上显示“volume example started”信息。如果 FILEIO 已定义，程序还将在每次循环的开始显示“begin processing”信息。

6.4.5　编译与链接

如果工程文件已经创建，工程所需的源文件也已经编辑好，并且已经添加到工程文件中，这时就要对该工程的所有文件进行编译与链接，生成可执行的目标程序（*.out）。编译与链接在这里就是指编译、汇编和链接 3 个步骤按顺序联合运行。在 DOS 命令行下，这些步骤需要手工分步执行。在 CCS 下，执行一个编译命令“Compile”（选择 Project→Compile File 命令或单击工程工具栏上的按钮）就可以完成编译和汇编两个独立步骤，每个文件被编译汇编成 COFF 格式的扩展名为.obj 的文件，但不进行链接，不生成.out 文件。在 CCS 下，执行一个编译链接命令“Build”（选择 Project→Build 命令或单击工程工具栏上的按钮）就可以自动完成编译、汇编和链接 3 个独立步骤，生成.out 可执行文件。注意此命令编译时只编译上次编译链接后修改过的源文件，先前编译过，且没有修改的源文件不再编译。

在 CCS 主界面的菜单栏中选择 Project→Rebuild All 命令或单击工程工具栏上的按钮，CCS 将重新对工程中所有文件进行编译与链接，重新生成.out 可执行文件，该文件默认存放在工程目录下的 Debug 目录内，同时在 CCS 主界面下方的输出窗口中将显示进行编译与链接的相关信息。

在执行编译链接过程中必须设置编译链接选项，CCS 已经对编译链接选项做了默认配置，用户可以利用这些默认选项完成工程的编译链接，但很多情况下需要用户根据需要进行修改定制。用户可以通过在菜单栏中选择 Project→Build Options 命令，或在工程视图窗口的工程文件名 volume.pjt 上单击鼠标右键，打开关联菜单，选择 Build Options 命令，调出编译链接选项窗口进行相应设置，其中编译链接选项窗口如图 6-32 所示。图中最上部文本框中显示编译、链接的信息，支持手动输入编译链接选项字符串，使用时推荐利用图中下部的选项区中给出的各提示选项生成该字符串。

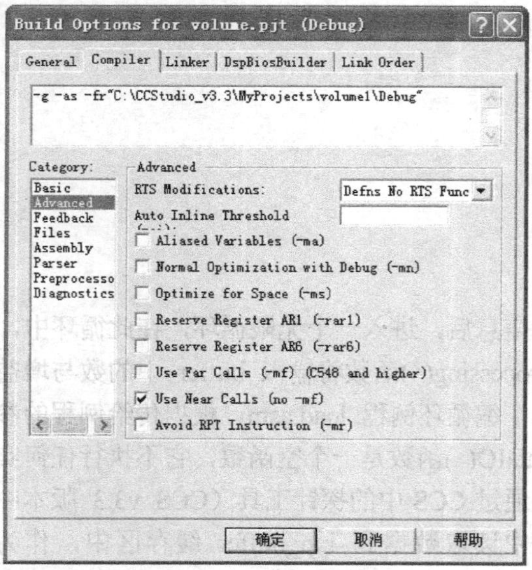

a)

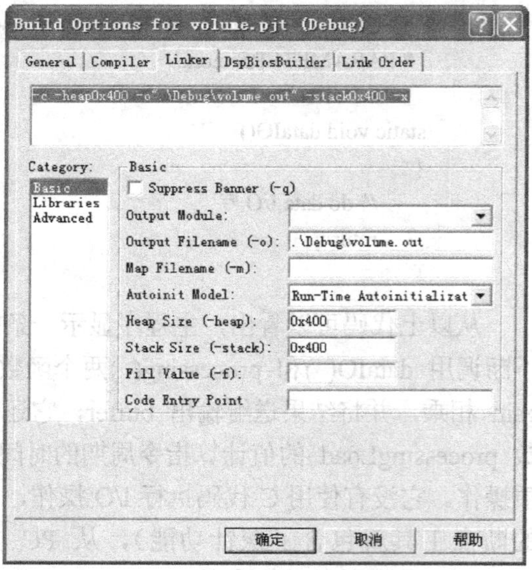

b)

图 6-32　Build Options 窗口

a) 编译选项窗口　b) 链接选项窗口

1）在编辑选项窗口中，如图 6-32a 所示，主要定义了 8 类选项：Basic、Advanced、Feedback、Files、Assembly、Parser、Preprocessor、Diagnostics，各类选项页主要功能如下：

① Basic 选项页，可以设置基本的编译选项，主要选项如下：

Processor Version：指定处理器类型，可以输入 541、542、543、545、545、5451p、5461p、548、549 等。一般不用填写，需要的话可在文本框输入 548 等，将在上部显示的编译选项字符串中加入-v548 字符串。

Opt Level：定义优化方式，Debug 版本为默认 None 项，Release 版本为默认 Function 项，具体选项功能如下。

- None：不进行优化。
- Register(-o0)：将变量分配到寄存器实现优化。
- Local(-o1)：除使用-o0 优化外，执行去除未使用的赋值等优化。
- Function(-o2)：除使用-o1 优化外，执行循环优化、去除全局未使用的赋值等优化。
- File(-o3)：除使用-o2 优化外，执行去除未调用函数等优化。

Program Level Opt：定义程序级的优化方式，Debug 版本和 Release 版本都默认是 None 项，各选项功能如下。

- None：不执行程序级优化。
- No External Refs：没有从外部可调用的函数和变量。
- No External Func Refs：有从外部可以修改的变量，没有从外部可调用的函数。
- No External Var Refs：没有从外部可以修改的变量，有从外部可调用的函数。
- External Func/Var Refs：有外部可调用的函数和变量。

② Advanced 选项页，可以设置一些高级的编译选项，主要选项如下：

RTS Modifications 具有 3 种模式。

- Defns no RTS Funcs：用户源文件中不能声明或改变运行时支持库中的函数。
- Contains RTS Funcs：通知优化器用户文件声明了一个与标准库函数同名的函数。
- Alters RTS Funcs：通知优化器用户文件改变一个标准库函数。

Auto Inline Threshold(-oi)：文本框中填写一个数字，该数字指定一个门限，编译器将长度小于该门限的函数认作内联函数。编译时，编译器将调用内联函数的语句用该内联函数的函数体直接代替，执行可以减少调用时间，本质上是用存储空间来换取执行时间的方法。

Optimize for Space(-ms)：选中则优化代码空间。

Use Far Calls(-mf）(C548 and higher)：使用远调用，当使用 rts_ext.lib 时必须选中。

Use Near Calls(no -mf)：默认选项，使用 rts.lib 时选中，不支持远调用。

③ Assembly 选项页，设置汇编选项，主要选项如下：

Keep Generated .asm Files(-k)：选中后，可以保留编辑器产生的汇编文件，否则在汇编完成后自动删除汇编文件。

Generate Assembly Listing Files(-al)：选中后，编译器产生一个汇编列表文件，扩展名为.lst。

Keep Labels as Symbols(-as)：选中后，编译器将标号放入符号表中。

Make Case Insensitive in Asm Source(-ac)：选中后，汇编时对汇编源文件中大小写不敏感。

Algebraic assembly(-amg)：选中后，汇编源文件中用代数语言指令。

Pre-Define NAME(-ad)：在文本框中设置符号名，相当于在汇编文件开始插入 name.set[value]，若 value 默认，则置为 1。

Undefine NAME(-au)：取消预定义的常量名。

.copy File(-ahc)：汇编器将指定的文件复制到汇编模块。

.include File(-ahi)：汇编器将指定的文件包含到汇编模块。

④ Preprocessor 选项页，设置预处理的相关选项，主要选项如下：

Include Search Path(-i)：指定包含文件的路径，设置多个路径时要用分号分隔。当包含文件没有在当前路径找到时，编译器开始从这些路径以从左到右的顺序搜索该文件。如果还没有寻找到该文件，编译器到 C_DIR 环境变量定义的路径继续进行搜索。

Pre-Define Symbol(-d)：为预处理器定义指定的常量，这等价于在 C 源文件开始处用 #define 宏指令定义的常量。

Undefine Symbol(-u)：取消指定的预定义常量。

⑤ Diagnostics 选项页，用于设置诊断信息的相关选项，主要选项如下：

Output Diagnostics to .err File (-pdf)：选中后，编译器将诊断信息输出到一个扩展名为.err 的文件。

Display Diagnostic Identifiers (-pden)：选中后，输出显示诊断的数字标识符及文本信息。

Warn on Pipeline Conflicts(-aw)：选中后，可以显示流水线冲突信息。

2）在链接选项窗口中，如图 6-32b 所示，主要定义了 3 类选项：Basic、Libraries、Advanced，这些选项页下包含的主要选项如下。

Output Filename(-o)：指定输出文件名称，默认使用工程文件名。

Map Filename(-m)：指定 map 文件名称，默认使用工程文件名。

Heap Size(-heap)：指定堆的大小。

Stack Size(-stack)：指定栈的大小。

Fill Value(-f)：指定输出文件中空余处的填充值。

Include Libraries(-l)：指定链接时要使用的库文件。

6.4.6 可执行文件的加载与运行

执行编译链接命令“Build”后生成一个默认和工程名一致的可执行文件后，就可以加载与运行可执行文件了，具体操作步骤如下：

1）在 CCS 主界面的菜单栏中选择 File→Load Program 命令，在弹出的对话框中，找到工程目录下的 Debug 目录，选择编译链接后生成的可执行文件 volume.out 并打开，将可执行文件加载到目标 DSP 中。CCS 将自动打开一个反汇编窗口，显示加载程序的反汇编指令，如图 6-33 所示。在反汇编窗口中从左到右依次为程序行地址、操作码、汇编指令和操作数，语句前的箭头（绿色）表示程序计数器（PC）当前所在的位置。在反汇编窗口中单击汇编指令，按〈F1〉键将切换至在线帮助窗口，显示光标所在行的关键词的帮助信息。例如，将光标放在_c_int00 行下的 STM 处，按〈F1〉键将显示 STM 汇编指令的帮助信息。如果选择 View→Mixed Source/ASM 命令，源程序编辑窗口变为混合模式窗口，C 源代码与其汇编结果将同时显示。

需要注意的是，如果用户使用的DSP的型号与CCS配置的DSP型号不符合，或者链接命令文件中配置不正确，使用了无法写入的地址，或者出现内存溢出等问题，此时就不能加载可执行程序，CCS系统就会在屏幕上提示系统设置错误的信息。

2）可执行文件加载成功后，在CCS主界面的菜单栏中选择Debug→Run命令或单击调试工具栏上的Run按钮，让程序全速执行。由于运行支持库（rts.lib）中包括有C的输出puts()函数，因此可在输出窗口Stdout栏看到“volume example started”信息，表明程序已经运行，如图6-34所示。由于该程序是个无限循环，可在菜单栏选择Debug→Halt命令或单击调试工具栏上的Halt按钮，中止正在执行的程序。

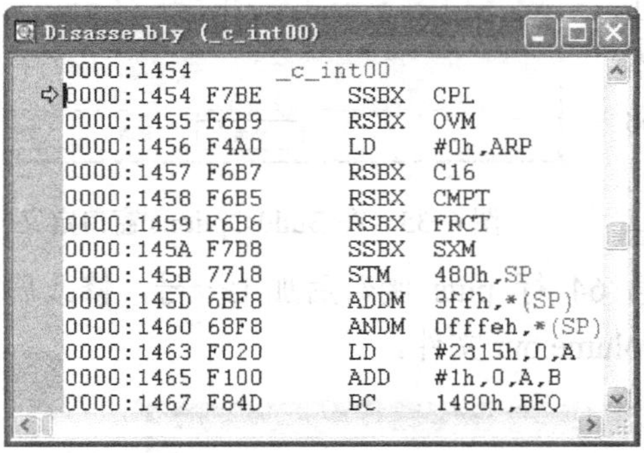

图6-33　反汇编窗口

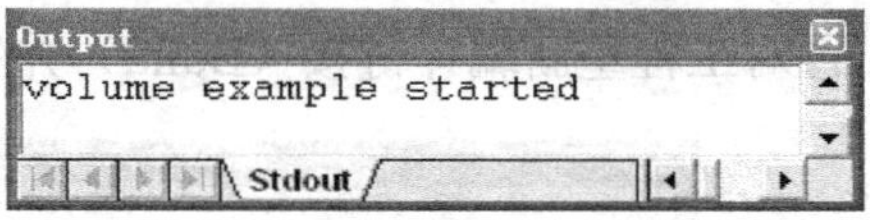

图6-34　在输出窗口显示程序运行结果

此外，也可以利用CCS提供的多种单步运行操作调试每一条指令，并分析其执行的结果，如Step Into、Step Over、Step Out、Source-Single Step、Source-Step Over、Assembly-Single Step、Assembly-Step Over、Run to Cursor、Set PC to Cursor命令等，或利用自由运行Run Free命令、动画执行Animate命令等完成程序的运行。

如果在调试工程中出现一些异常情况，需要中止或运行程序，这就需要复位。CCS提供了3种复位操作。第一种是复位CPU，在菜单栏选择Debug→Reset CPU命令，就可以停止运行程序，并初始化所有寄存器的内容，PC指向FF80h。第二种是重新启动，在菜单栏选择Debug→Restart命令，可停止运行程序，并将PC恢复到当前载入程序的入口地址。第三种是运行到主程序函数main( )入口位置，选择Debug→Go Main命令，在当前加载程序的函数main( )处设置一个临时断点，然后开始执行程序。当程序中止或遇到一个断点时，临时断点被删除。此命令为C程序员提供了一种快捷运行用户程序的方法。

6.4.7　修改Build选项并更正语法错误

由于volume.c程序文件中FILEIO没有定义，因此在编译时将忽略程序中的部分代码，这样链接生成的DSP程序中也不包括这部分代码。下面通过更改程序选项来定义FILEIO，从而将这部分代码生成到执行程序中，并更正源代码中存在的语法错误。具体操作步骤如下：

1）在CCS主界面的菜单栏中选择Project→Build Options命令，弹出Build Options窗口。

2）单击Compiler栏，在Category列表中选择Preprocessor选项，然后在右侧的Pre-Define Symbol(-d)域中输入FILEIO，与_DEBUG用分号隔开，定义符号FILEIO。此时单击Build

Options 最上方的编译参数文本框，可以看到-d “FILEIO”，如图 6-35 所示。在定义 FILEIO 之后，C 编译器的编译范围将包括对应 FILEIO 预编译部分的源代码。单击“确定”按钮保存选项设置。

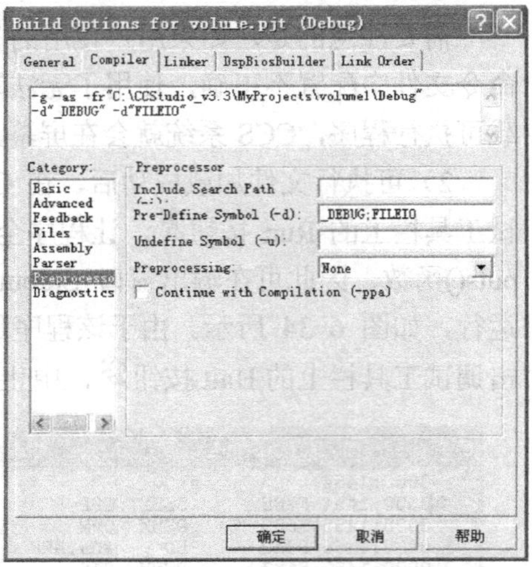

图 6-35 在 Build Options 窗口定义

3）在 CCS 主界面的菜单栏中选择 Project→Rebuild All 命令或单击工程工具栏上的按钮，重新对工程中所有文件进行编译链接。此时输出窗口将显示编译错误信息，如图 6-36 所示。用户可以在此窗口中翻阅错误、警告信息，并可通过双击红色出错信息提示，使光标跳转到出错的程序行。本例提示源代码中存在语法错误，错误出现在第 68 行，并提示该处需要一个分号，用鼠标双击此红色出错信息提示，光标跳转到 volume.c 程序行。根据 C 语言语法可知，上一行应该添加一个分号。在第 64 行 puts 函数后加上分号，修改后存盘。再对工程重新编译链接（Build）并生成新的 volume.out 文件。

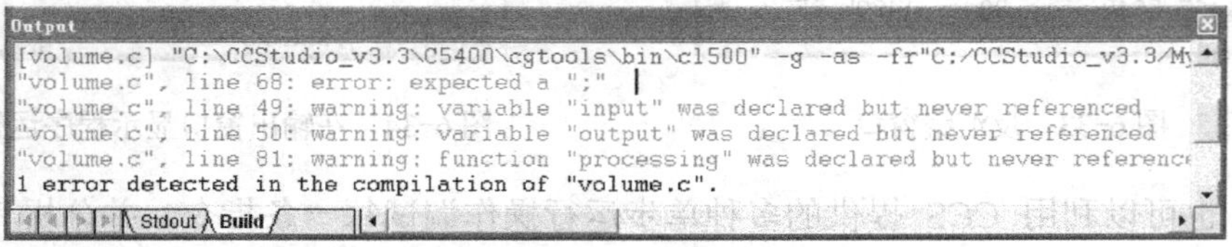

图 6-36 编辑错误提示

6.4.8 使用断点调试程序

设置断点是调试程序的必备工具。在调试程序的过程中，通过设置断点，可以暂停程序的运行，以便于检查、分析程序的运行情况，观察和修改中间变量、寄存器或存储单元的数值。CCS 提供了两类断点：软件断点和硬件断点。如果采用 Simulator 软件模拟器，就使用软件断点；如果利用 Emulator 硬件仿真器，就采用硬件断点。程序执行到断点后，还可以使用单步执行命令。下面对使用断点调试程序的方法进行介绍。

1）在 CCS 主界面的菜单栏中选择 File→Reload Program 命令重新加载程序。

2）在菜单栏中选择 Debug→Go Main 命令，此时源程序编辑窗口左侧黄色箭头显示在 main 函数体开始处。将光标放在第 64 行“puts（“begin processing”）;”上，单击工程工具栏上的 Debug:Toggle Breakpoint 按钮、或按〈F9〉键、或双击源程序编辑窗口该行的左侧灰色部分，将在当前光标所在行设置断点，断点设置完毕后该位置出现红色圆点。

3）在菜单栏中选择 Debug→Run 命令或单击调试工具栏上的 Run 按钮或按〈F5〉键，运行程序。此时黄色箭头将停在断点处，输出窗口 Stdout 栏显示上一条信息“volume example started”。在菜单栏中选择 Debug→Step Over 命令或单击调试工具栏上的 Step Over 按钮或按〈F10〉键，单步执行程序，“begin processing”将出现在输出窗口。在调试程序时，单步执行是非常有用的一种调试手段。CCS 调试工具栏中提供了多种单步执行操作，如 Single Step 即 Step Into、Step Over、Step Out、Run to Cursor 等，可通过选择调试工具栏上的各单步执行操作按钮熟悉各种调试方式。

4）在菜单栏中选择 Debug→Animate 命令或单击调试工具栏上的 Animate 按钮或按〈Alt+F5〉组合键，程序在断点处略作停顿则继续运行。输出窗口不断出现“begin processing”。执行菜单命令 Debug→Halt 或单击调试工具栏上的 Halt 按钮或按〈Shift+F5〉组合键，中止程序运行。

5）将光标放在断点所在行，单击工程工具栏上的 Debug:Toggle Breakpoint 按钮，可消除此断点。单击工程工具栏上的 Debug:Remove All Breakpoints 按钮，全部断点都被清除。

6.4.9 使用 Watch 窗口观察变量

通过 Watch 窗口可以检查和编辑变量或 C 表达式，可以以不同格式显示变量值，还可显示数组、结构体变量或指针等包含多个元素的变量。下面对使用 Watch 窗口观察变量的方法进行介绍：

1）在 CCS 主界面的菜单栏中选择 View→Watch Window 命令或单击 Plug-in 子工具栏 Watch Window 中 Watch Window 按钮，CCS 主界面下方就会弹出一个变量观察窗口，观察窗口默认显示 Watch Locals 栏，该栏显示当前程序停止处的局部变量。

2）单击变量观察窗口左下方的 Watchl 按钮，窗口中就会出现一蓝色亮条。单击此亮条左侧的“Name”列，在空白处输入变量名称并回车，即可向窗口中添加一个观察变量，回车或单击该窗口空白处即可观察该变量的值。在打开的一个变量观察窗口中，可以加入若干个需要观察的变量。一个变量观察窗口不够用，还可以打开多个观察窗口。变量观察窗口设定之后，随着程序的运行（单步、设置断点运行），变量数值的变化都将自动地显示在观察窗口中。在“Name”列输入“dataIO”和“str”。运行程序，显示出 dataIO( )是一个函数，该函数存放的首地址是 0x00001457。在 str 的左边有一个“+”标志，表明 str 是一个结构体。单击“+”将看到 str 结构体中包含的元素，双击每个元素可以更改其值大小，如图 6-37 所示。str 声明为 PARMS 结构体，在 volume.h 中定义。其中 Link 为一个指向结构体的指针，其地址值每次显示可能不同。单击 Link 左边的“+”号可以发现其无穷嵌套的特点。观察变量地址时，如果是数组元素，只需输入该数组名即可，如果是单个变量，则要在该变量名前加&符号。

3）在 Watchl 窗口中选择一个变量，单击 “Radix”列名，弹出如图 6-38 所示下拉菜单，通过该菜单可以改变所选变量的数据显示格式，如用十六进制（hex）显示、十进制显示（dec）等。

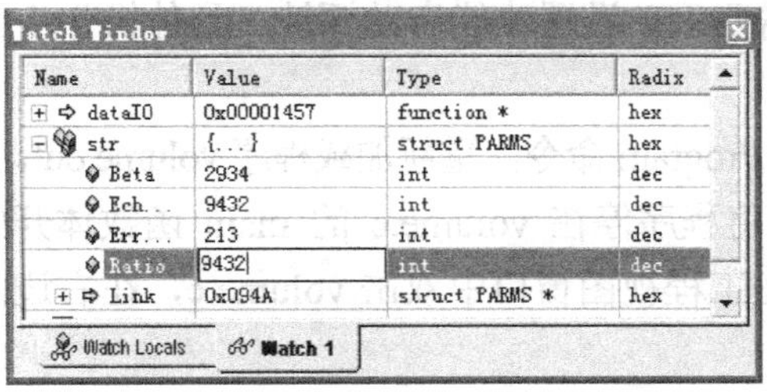

图 6-37 在 Watch1 窗口添加需观察的变量

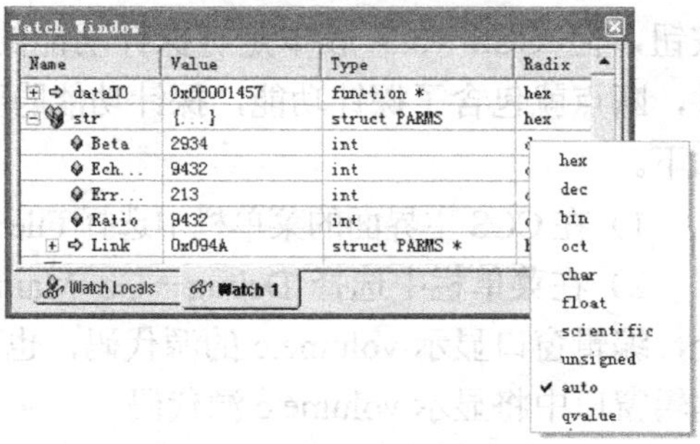

图 6-38 在 Watch1 窗口选择数据显示模式

4）如果要删除观察窗口的某个变量，可用鼠标选中变量所在行，该行变成蓝色亮条，再按〈Delete〉键即可。若要删除整个变量观察窗口，只要用鼠标右键单击该窗口，从快捷菜单中选择 Close 选项即可。

6.4.10 为 I/O 文件添加探针断点

CCS 允许的数据格式有两种：一种是 COFF 格式，即二进制的公共目标文件格式，可执行的 DSP 程序（*.out）即采用 COFF 格式；另一种是 CCS 数据文件。CCS 数据文件为字符格式文件，由文件头和数据两部分构成。文件头指明文件类型、数据类型、起始地址和长度等信息，相邻信息间以空格隔开。紧接文件头后面的为数据，每个数据占一行，数据类型可以为十六进制、整数、长整数和浮点数。

CCS 数据文件文件头格式如图 6-39 所示。

文件类型	数据类型	起始地址	数据页号	数据长度

图 6-39 CCS 数据文件文件头格式

本例中使用的数据文件 sine.dat 就是 CCS 数据文件格式的文件。

CCS 允许将数据导入或导出目标 DSP，这种方法便于在算法开发阶段验证程序的正确性。CCS 提供的数据文件输入/输出功能是和探针断点一起使用的。

探针断点（简称探针）可以从 PC 的文件中存取数据，它是开发算法的一个有用工具，其使用方法如下：

1）将 PC 文件中的数据传送到目标 DSP 的缓冲区中，以供算法使用。

2）将目标 DSP 的缓冲区中的输出数据传送到 PC 文件中以供分析。

3）用新的数据更新一个窗口，如由数据绘出的图形窗口。

探针和断点都会中断程序的运行，但探针与断点在以下几个方面不同：

1）探针只是暂时中断程序运行，当程序执行到探针时会更新与之相连接的窗口，然后自动继续执行程序。

2）断点中断程序之后，将更新所有打开的窗口，但只能用人工干预的方法恢复程序运行。

3）探针可与 FILE I/O 配合，在目标 DSP 与 PC 文件之间传送数据，断点则无此功能。

下面介绍如何使用探针将 PC 文件数据传送到目标 DSP 中作为测试数据使用。同时使用断点在到达探针时自动更新所有打开的窗口，这些窗口包括输入和输出数据的图形窗口。

在前面已经提到，在 CCS v3.3 版本的菜单栏和工具栏中并没有专门的探针设置命令和按钮，但 CCS v3.3 版本是有探针功能的，和以前版本不一样的是此版本将探针和断点合并，断点就包含了探针功能，探针功能隐藏了，需要手动设置才能启动探针。具体操作步骤如下。

1）在 CCS 主界面的菜单栏中选择 File→Reload Program 命令，重新加载程序 volume.out。

2）在菜单栏中选择 Debug→Go Main 命令，将程序停在 volume.c 的 main 函数体开始处，编辑窗口显示 volume.c 的源代码，也可直接在工程视图窗口中双击 volume.c，在右边的编辑窗口中将显示 volume.c 源代码。

3）将光标放在第 61 行“dataIO( )”上，单击工程工具栏上的 Debug:Toggle Breakpoint

按钮、或按〈F9〉键、或双击源程序编辑窗口该行的左侧灰色部分，将在当前光标所在行设置一个普通的断点。下面就要设置该断点使之成为一个探针。

4）在菜单栏中选择 Debug→Breakpoints 命令或在调试工具栏上单击 Breakpoint Manager 按钮，在主界面的下方显示 Breakpoint Manager 窗口，可以看到刚才设置的断点就在这个 Breakpoint Manager 里面。在 Breakpoint Manager 窗口中，单击 Action 列下的文本，弹出一下拉菜单，如图 6-40 所示。在此下拉菜单中选择 Read Data from File 命令，弹出一个 Parameter 对话框。

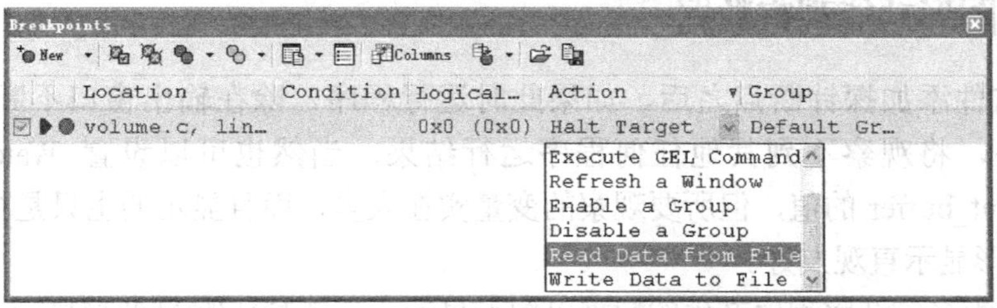

图 6-40　Breakpoint Manager 窗口

5）在 Parameter 对话框中，单击 File 栏的空白部分，在弹出的对话框中选择工程目录下的 sine.dat 文件并打开；在 Wrap Around 栏中单击复选框，使该项变为 True；在 Start Address 栏中输入 inp_buffer；在 Length 栏中填入 100，如图 6-41 所示。

Parameter 对话框几部分的含义如下：

① Start Address 栏指示的是从文件中读取的数据将要存放的地址。inp_buffer 是在 volume.c 中定义的整型数组，其长度为 BUFFSIZE（在 volume.h 中定义的一个常数）。

② Length 栏指示的是每次到达探针时从数据文件中读取多少个样点，这里取值为 100 是因为 BUFFSIZE 常数已由 volume.h 设置为 100(0x64)，即每次取 100 个样值存放在输入缓冲中，如果 Length 超过 100 则可能导致其他数据丢失。

③ Wrap Around 复选框选中表明读取数据的循环特性，每次读至文件结尾处后将自动从文件头开始重新读取数据，这样将从数据文件中读取一个连续（周期性）的数据流。

6）Parameter 对话框设置好之后，单击 OK 按钮，此时将弹出一个控制窗口，如图 6-42 所示。可以在运行程序时使用这个窗口来控制数据文件的开始、停止、前进、后退等操作。

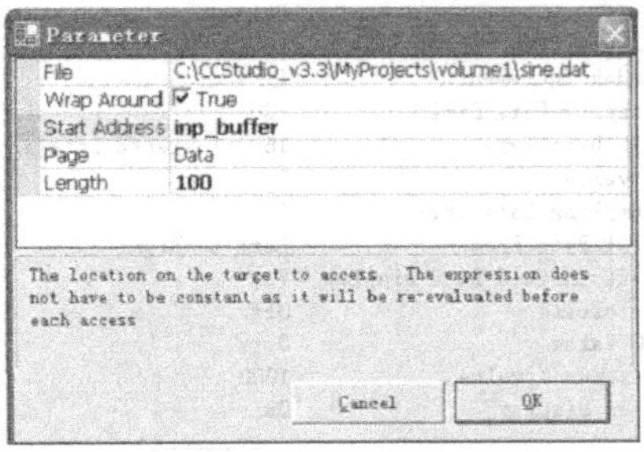

图 6-41　Parameter 对话框设置

图 6-42　I/O 文件控制窗口

7）I/O 文件控制窗口的出现表明探针已经与 sine.dat 文件相关联。在源程序设置断点处，原来用红色圆点表示的断点图标改为探针图标，同时探针显示在 Breakpoint Manager 窗口中，如图 6-43 所示。至此为 I/O 文件成功添加了一个探针断点。

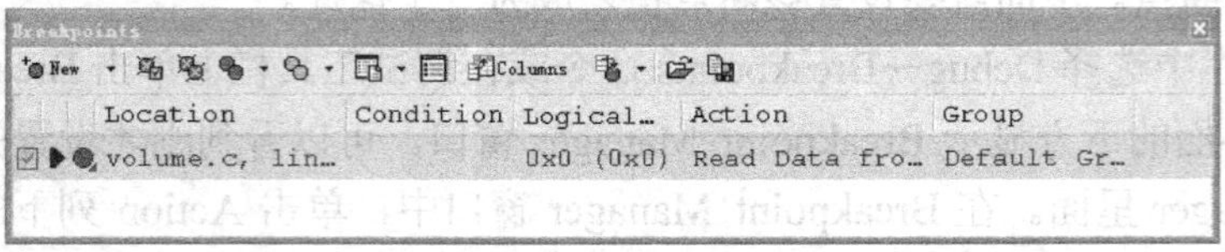

图 6-43　添加探针后的 Breakpoint Manager 窗口

6.4.11　利用图形功能观察数据

为 I/O 文件添加探针断点之后，如果此时运行程序，除在输出窗口不断输出“begin processing”外，将观察不到其他任何程序运行结果。当然也可以设置 Watch 窗口显示 inp_buffer 和 out_buffer 的值，但所要观察的变量实在太多，而且显示的也只是枯燥的数字信息，远不如图形显示直观友好。

CCS 提供很多方法将程序产生的数据以图形显示，包括时域/频域波形显示、星座图、眼图及图像显示。下面使用频域/时域波形显示功能观察一个时域波形，具体操作步骤如下：

1）在 CCS 主界面的菜单栏中选择 View→Graph→Time/Frequency 命令，弹出 Graph Property 对话框。

2）在 Graph Property 对话框中，更改 Graph Title（图形标题）、Start Address（起始地址）、Acquisition Buffer Size（采集缓冲区大小）、Display Date Size（显示数据大小）、DSP Date Type（DSP 数据类型）、Autoscale（自动升缩属性）及 Maximum Y-value（最大 Y 值），如图 6-44a 所示。

3）单击 OK 按钮，将出现一个显示 inp_buffer 波形的图形窗口。

4）在图形窗口中单击鼠标右键，从弹出菜单中选择 Clear Display 命令，清除已有显示波形。

5）再次在 CCS 主界面的菜单栏中选择 View→Graph→Time/Frequency 命令。

6）此次将 Graph Title（图形标题）修改为 Output Buffer，Start Address（起始地址）修改为 out_buffer，其他设置不变，如图 6-44b 所示。

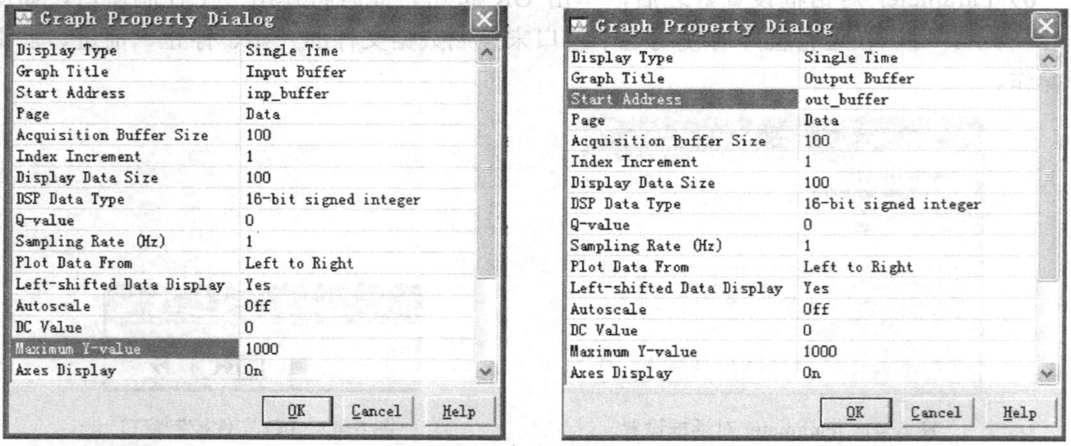

a)　　　　b)

图 6-44　更改图形属性

7）单击 OK 按钮，出现一个显示 Out_buffer 波形的图形窗口，同样在此图形窗口中单击鼠标右键，从弹出菜单中选择 Clear Display 命令，清除已有显示波形。

6.4.12 动态显示程序和图形

至此，已经设置了一个探针。它将临时中断程序运行，将 PC 上的数据传给目标 DSP，然后继续执行程序。但是探针不会更新图形显示内容。下面，将通过设置一个断点，使图形显示窗口自动更新。使用 Animate 命令，使程序到达断点并更新窗口后能自动继续执行。具体操作步骤如下：

1）在 CCS 主界面的菜单栏中选择 Debug→Breakpoints 命令或单击调试工具栏上的 Breakpoint Manager 按钮，在主界面的下方显示 Breakpoint Manager 窗口。

2）在 Breakpoint Manager 窗口中，单击该窗口左上角 New Software Breakpoint 图标 New 。弹出一个 New Software Breakpoint 对话框，在该对话框 Location 后的文本框中输入“dataIO”，如图 6-45 所示，单击 OK 按钮，建立一个新的断点，此时 Breakpoint Manager 窗口如图 6-46 所示。

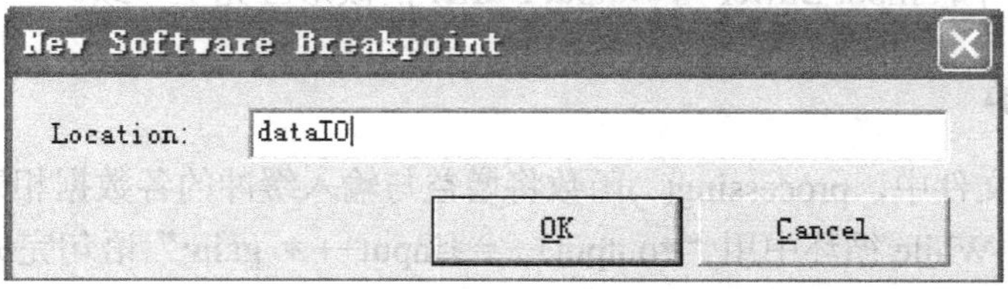

图 6-45 New Software Breakpoint 对话框

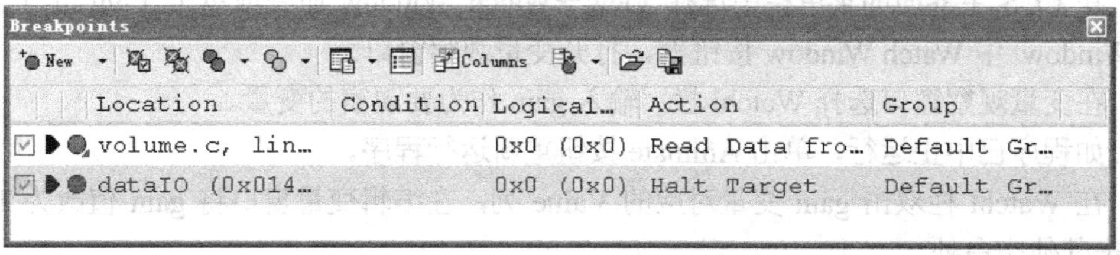

图 6-46 建立新断点后的 Breakpoint Manager 窗口

3）重新调整窗口以便能同时看到两个图形窗口。

4）在菜单栏中选择 Debug→Animate 命令或单击调试工具栏上的 Animate 按钮或按〈Alt+F5〉组合键。此命令将运行程序，碰到断点后临时中断程序运行，更新窗口显示，然后继续执行程序。与 Run 不同的是，Animate 会继续执行程序直到碰到下一个断点。只有人为干预时，程序才会真正停止运行。可以将 Animate 命令理解为一个“运行——中断——继续”的操作。此时，在 Input、Output 图形窗口上可以看到程序动态执行的情况。

5）每次碰到探针时，CCS 将从 sine.dat 文件中读取 100 个样值，并将它们写至输入缓冲 inp_buffer。由于 sine.dat 文件保存的是 40 个采样值的正弦波形数据，因此每个图包括 2.5 个 sine 周期波形，如图 6-47 所示。

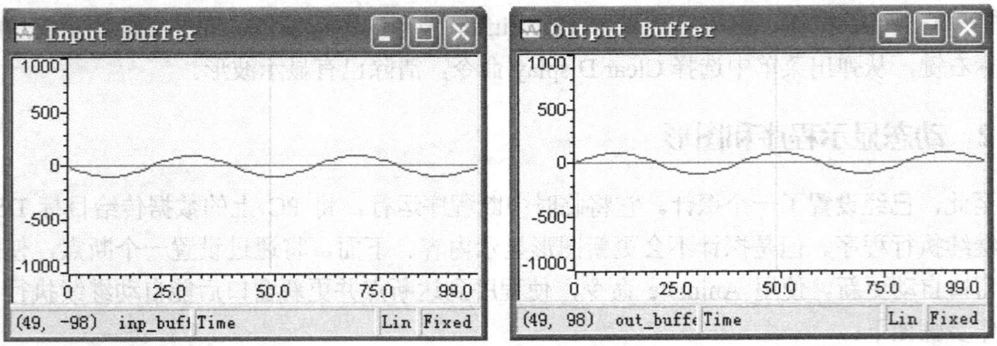

图 6-47　gain=1 时的输入/输出图形显示

6）在菜单栏中选择 Debug→Halt 命令或单击调试工具栏上的 Halt 按钮，停止程序运行。

从图 6-47 可以看出，Input Buffer 与 Output Buffer 的波形是反相的。这是因为 Input Buffer 中包含的数据是从 sine.dat 读来的，而 Output Buffer 的数据则是函数处理的最后一组值。使用图 6-42 所示的 I/O 文件控制窗口可以控制数据文件的开始、停止、前进、后退等操作。在停止状态下，Input Buffer 与 Output Buffer 的波形应完全一致。

6.4.13　增益调节

在 volume.c 文件中，processing( )函数将增益与输入缓冲的各数据相乘并将结果送至输出缓冲中，在一个 While 循环中用“*output++ = *input++ * gain;”语句完成此功能。

增益 gain 被初始化为 MINGAIN，在 volume.h 中定义为 1。要改变输出值，需改变增益，修改 gain 值的一种方法是使用观察（Watch）功能。

1）在 CCS 主界面的菜单栏中选择 View→Watch Window 命令或单击 Plug-in 子工具栏 Watch Window 中 Watch Window 按钮，打开变量观察窗口。

2）在变量观察窗口选择 Watchl 栏，输入 gain 作为要观察的变量。

3）如程序已中止运行，单击 Animate 按钮重新运行程序。

4）在 Watchl 栏双击 gain 变量对应的 Value 列，在编辑变量窗口将 gain 值改为 10，回车或单击其他空白处。

5）注意到输出缓冲图中的幅度值已经增大为原来的 10 倍，如图 6-48 所示。

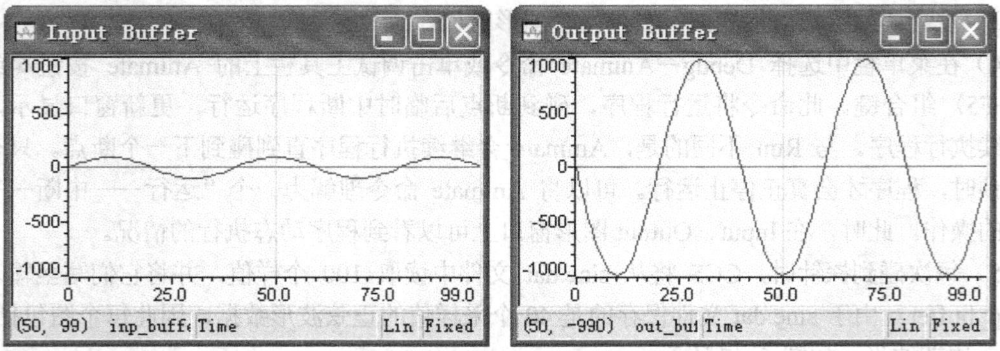

图 6-48　gain=10 时的输入/输出图形显示

6.4.14 观察可视范围外变量

上面已经提到，使用 Watch 窗口可以观察变量并改变变量的值。但当要查看的变量的作用域不在当前设置的断点范围内时，则可使用访问堆栈（Call Stack）命令来查看。

1）在 CCS 主界面的菜单栏中选择 Debug→Halt 命令或单击调试工具栏上的 Halt 按钮或按〈Shift+F5〉组合键，中断程序运行。

2）查看 volume.c 程序文件的源代码，注意到*input 在 main 和 processing 两函数中定义，在 dataIO 函数中没有定义。

3）将光标放在 dataIO 函数中 return 行。

4）单击工程工具栏上的 Debug:Toggle Breakpoint 按钮、或按〈F9〉键、或双击源程序编辑窗口该行的左侧灰色部分设置断点。由于该行不是一个有效行，因此 CCS 自动将断点设在下一个有效行。

5）按〈F5〉键或单击调试工具栏上的 Run 按钮运行程序。程序将运行到 dataIO 函数结尾处的断点时停止运行。

6）在 Watchl 窗口输入*input，指示变量为一个未知的标识符，这是因为*input 在 dataIO 函数中没有定义。

7）在菜单栏中选择 View→Call Stack 命令，将在 Watch 窗口左侧看到 Call Stack 窗口。在 Call Stack 窗口单击 main( )，观察到*input 在 main 函数的值为 0，如图 6-49 所示。如果读者更改 sine.dat 文件，则其值可能改变。

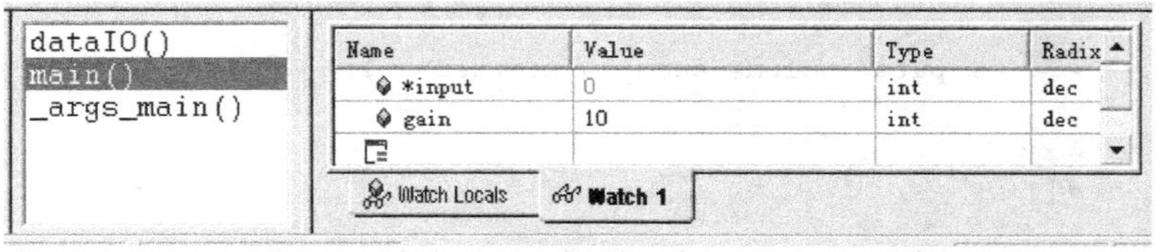

图 6-49　单击 Call Stack 窗口 main( )查看 Watch 窗口

8）单击 Call Stack 窗口的最后一行“_args_main()”，如图 6-50 所示，可见 gain 为一个全局变量，但*input 不是。

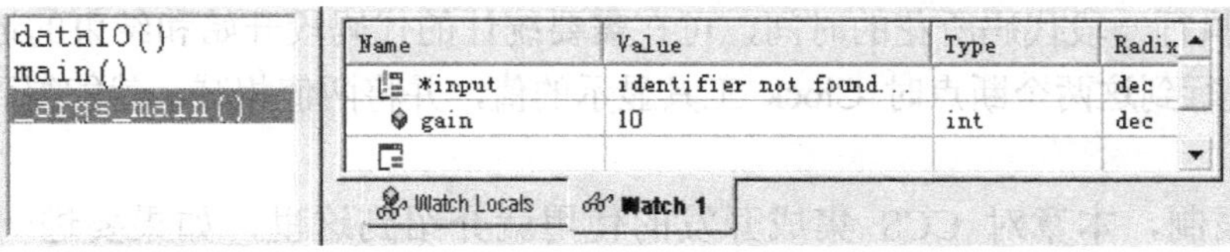

图 6-50　单击 Call Stack 窗口最后一行查看 Watch 窗口

9）在 Call Stack 窗口中单击鼠标右键，在弹出菜单中选择 Hide 命令。

10）移去第 4 步中设置的断点（将光标放在 datalO 函数中 return 行后，单击工程工具栏按钮或按〈F9〉键）。

6.4.15 统计代码执行时间

CCS 中的 Profiler（分析器）能够对程序中的某段指令或某个函数的执行时间进行分

析。下面简单介绍统计代码执行时间的方法，具体操作步骤如下：

1）在 CCS 主界面的菜单栏中选择 File→Reload Program 命令，重新加载程序 volume.out。

2）在菜单栏中选择 View→Mixed Source/ASM 命令，将代码的阅读模式设置成源代码和汇编同时显示的模式。

3）在菜单栏中选择 Profile→Clock→Enable 命令，使能 Clock 功能。

4）在菜单栏中选择 Profile→Clock→View 命令，在 CCS 主界面的状态栏上会出现一个类似于秒表的工具图标 : 0，它旁边显示的数字为 0，表示程序尚未执行。

5）在 volume.c 文件第 49 行代码“int *input=&inp_buffer[0];”处单击工程工具栏上的断点按钮设置断点，然后单击调试工具栏上的 Run 按钮运行程序。这样程序就会停在此行代码前面，黄色指针指向源程序，绿色指针指向汇编，如图 6-51 所示。此时 Clock 工具图标处显示为 : 706，数字 706 的单位是“CPU Cycles”，即 CPU 的时钟周期。这就是从开始执行到断点设置行所花费的时间。当然不同软硬件环境显示的数字应该是不一样的。

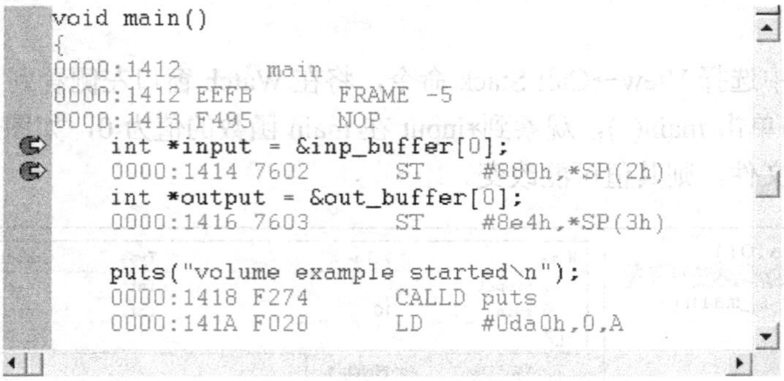

图 6-51 源代码和汇编同时显示的编辑窗口视图

6）统计汇编指令的执行时间，可通过单击调试工具栏上的 Assembly-Single Step 按钮，汇编指令下移一行，在 Clock 工具图标处显示 : 711，也就是代码“int *input=&inp_buffer[0];”执行了 1 个 CPU 的时钟周期。

7）统计执行一段代码所花的时间，可在需要统计的代码段开始和结束的地方分别设置断点。记录执行到这两个断点时 Clock 工具显示的值，并将两值相减，就能得到这段代码段的执行时间。

因篇幅限制，本章对 CCS 集成开发的使用就介绍到这里，如果要进一步学习有关 DSP/BIOS 插件、RTDX 仿真和实时数据交换等部分的知识，可参照 CCS 中的在线帮助或参看 CCS 用户指南。

6.5 本章小结

本章主要介绍 TI 公司的 DSP 程序集成开发环境 CCS（Code Composer Studio）的版本 v3.3 的基本应用方法。首先对 CCS 集成开发环境的组成和功能进行了概述，然后详细介绍

CCS 的安装与设置、CCS 的应用界面（包括菜单、工具栏和各窗口等），最后通过对一个 DSP 应用实例的分析，详细介绍了使用 CCS 集成开发环境进行 DSP 软件开发时经常使用的各种基本方法和工具，如工程建立、编译参数设置、调试工具、变量观察、数据输入及图形显示等。通过本章的学习，要求读者了解 CCS 集成开发环境的组成、功能及软件开发流程，能够操作 CCS 的窗口、菜单和工具栏，掌握 CCS 工程管理的概念及其基本使用方法，能够完成简单程序的编辑、汇编、链接和调试，并掌握探针和显示图形等工具的使用。

下面对本章的各个知识点进行简要概述：

1）CCS 是一种可视化集成开发工具，它集代码的编辑、编译、链接和调试等诸多功能于一体，具有强大的应用开发功能。CCS 集成开发环境由代码生成工具、CCS 集成开发环境、DSP/BIOS 实时内核插件及其应用程序接口 API、实时数据交换的 RTDX 插件和相应的程序接口 API、由 TI 公司以外的第三方提供的应用模块插件 5 部分组件构成。

2）CCS 的配置用来定义 DSP 和目标板类型。CCS 是一个开放的环境，通过配置不同的驱动，完成对不同环境的支持。可通过运行 CCS 配置程序来建立 CCS 开发环境与目标板之间的通信接口。

3）CCS 集成开发环境为用户提供了十分友好的界面。整个界面主要由主菜单、工具栏和各种窗口构成。学习 CCS 的使用之前，应熟悉 CCS 的界面和各窗口所完成的功能，并掌握主菜单和各工具栏的使用方法。

4）利用 CCS 集成开发环境，可以完成新工程的创建、源文件的创建、在工程中添加源文件、查看源代码、编译与链接、可执行文件的加载与运行、修改 Build 选项并更正语法错误、使用断点调试程序、使用 Watch 窗口观察变量、为 I/O 文件添加探针断点、利用图形功能观察数据、动态显示程序和图形、增益调节、观察可视范围外变量、统计代码执行时间等各项基本工作。在熟悉应用界面的基础上，按照各操作步骤即可完成以上各项基本工作。

熟练掌握 CCS 集成开发环境使用的各种基本方法和工具，对于今后加快开发速度和提高开发效率具有重要的意义。

6.6 习题

1．CCS 集成开发环境由哪几部分构成？它都有哪些功能？与原先的 DSP 开发软件相比有哪些优势？

2．在 CCS 中如何配置一个开发平台，使用户可以应用该开发平台进行 DSP 程序设计？一个 CCS 仅能配置一个开发平台吗？

3．CCS 的 Simulator 和 Emulator 有何区别，在哪些情况下适合使用 Simulator 调试程序，哪些情况下必须使用 Emulator 调试程序？

4．CCS 用户应用界面一般由几部分构成，各个组成部分的功能是什么？

5．CCS 为用户提供哪几种常用的工具栏？

6．在 CCS 的所有窗口中，都含有一个关联菜单，怎样打开这个关联菜单？

7．一个工程项目都包含有哪些文件？怎样建立一个新的工程项目？

8．链接配置文件（*.cmd）的作用是什么？在开发工程中可以不用该文件吗？

9．在 CCS 中如何设置编译、链接选项？选项中设置-mf 的功能是什么？

10．从 Sample.c 源程序到最终的 Sample.out，中间需要经过哪些步骤？

11．如何进行程序的初始化设置？

12．怎样使用 CCS 来调试程序？都有哪些步骤？

13．在调试程序时，经常需要在程序中设置断点，它的作用是什么？怎样设置断点？

14．CCS 中探针的作用有哪些？如何设置探针？动画运行命令与探针结合使用有哪些效果？使用探针工具可以从文件中输入测试数据。同样，可以将一段存储器的数据保存到数据文件，或从数据文件中读入。请尝试 File→Data→Save 命令和 File→Data→Load 命令。

15．编写一个能显示“This is my program”的 DSP 程序。

第 7 章 TMS320C54x 应用实例

DSP 应用系统的设计，在设计思路和资源组织上与一般的 CPU 和 MCU 有所不同。本章从最基本的 DSP 应用系统设计入手，以实例的形式介绍常用的 TMS320C54x DSP 应用系统的软硬件设计思想及实现方案，主要介绍的 5 个实例分别为 TMS320C54x DSP 最小系统硬件设计、TMS320C54x 利用 I/O 控制 LED 实例、在线 FLASH 烧写实例、DSP 高速采样实例和快速傅里叶变换（FFT）设计实现实例。希望通过实例的介绍使读者尽快了解 DSP 应用系统的设计、调试和开发过程。

7.1 TMS320C54x DSP 最小系统硬件设计

本节主要介绍基于 DSP（数字信号处理器）的最小应用系统的整体设计过程。系统选用 TMS320VC5402 作为主控处理器；外部程序存储器扩充了 FLASH 和 SRAM，最终 TMS320VC5402 硬件系统可以脱离计算机开发环境，实现独立自主启动；并预留外围接口，可以外扩各种外设。这些实例作为初学者入门实践设计过程，能使初学者很快熟悉 DSP 系统设计，并提供了一个可进行硬件实验、在线仿真、数字信号处理等算法实践的简单平台。

7.1.1 系统设计要求

DSP 最小系统可以完成一些基本的硬件接口、在线仿真、数字信号处理的算法验证等实验，而且预留外围接口，以便将来可实现各种功能的扩展，例如：外中断处理、A/D 转换、D/A 转换、键盘接口和液晶显示、拓展 FPGA（CPLD）、主控 MCU 等。

一个完整独立的最小系统至少应该包含以下内容：

1）系统上电可以独立运行用户最终程序，不需依赖计算机/仿真器等设备开发。

2）系统至少扩充一定数量的 FLASH，以便升级存储执行代码和存储关键数据防止掉电丢失。

3）系统至少扩充一定数量的 RAM。

4）系统预留各种外设接口，包括外中断、HPI、串口、外部 I/O 接口等，可以外扩数据采集、控制模块等。

7.1.2 系统设计方案

图 7-1 所示是 DSP 最小系统的设计构成框图，图中 FLASH 的作用是存放程序和一些特定关键数据，SRAM 的作用是暂存高速数据，JTAG 用于在线系统调试，指示灯采用 LED，用于信号指示。

系统的工作过程如下：系统加电，TMS320VC5402 复位后，利用存放于外部 FLASH 中的程序进行自启动，然后开始对系统内核、时钟频率、片上外设进行初始化，分配存储器空间，设置中断向量表，控制外部存储器，并完成指定的具体任务。

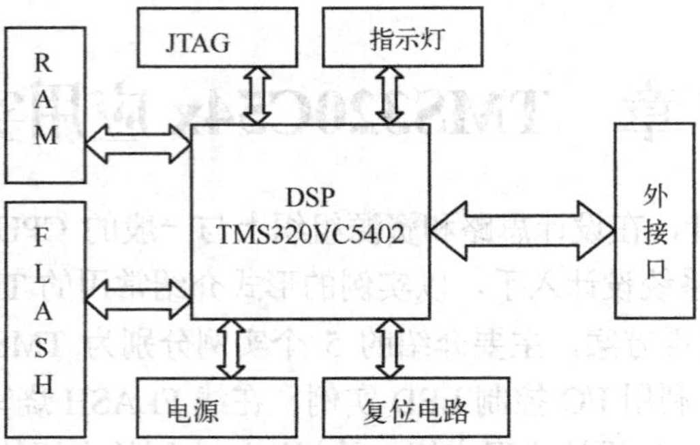

图 7-1　DSP 最小系统的设计构成框图

7.1.3　系统设计与实现

DSP 最小系统的设计中，选用 TMS320VC5402 作为主控 DSP，硬件设计部分主要包括以下 4 个方面。

（1）电源设计

系统选用的核心处理器 TMS320VC5402，内核电压和片上 I/O 接口供电电压分别为 1.8V 和 3.3V，由于系统采用的是 5V 统一供电，因此可通过稳压芯片调节产生内核和 I/O 接口需要的 1.8V 和 3.3V 电压。

（2）FLASH 接口设计

设计 FLASH 与 DSP 接口时，主要解决以下几个问题：

1）通过 DSP 仿真系统，能够将程序和数据写入 FLASH 中。

2）系统独立运行时，能够从 FLASH 读出程序装入 RAM。

3）接口尽量简单。

（3）SRAM 设计

外扩一定数量的 SRAM，合理映射地址空间、配置访问时间，利于 DSP 高效读写暂存数据。

（4）DSP 其他外围设计

DSP 设计主要考虑以下几个方面：

1）DSP 工作时钟。为发挥 DSP 高速数字信号处理的优势，应该仔细考虑其工作主频。

2）复位电路。设计复位电路能够保证上电复位自动执行设计者的启动代码。

3）外部存储器空间分配。

4）外接口扩展。

1．电源设计

由于 DSP 系统工作频率高，数据吞吐量大，功耗也相对较高，因此供电系统的好坏将直接影响到系统的稳定性，所以设计高效率高性能的供电系统具有极其重要的意义。

TMS320VC5402 的内核和片上 I/O 接口供电电压分别为 1.8V 和 3.3V。因此需要考虑它们的配合问题。在加电过程中，如果只有内核获得供电，片上 I/O 接口没有得到供电，对处理器不会产生任何伤害，只是对外没有输入/输出能力而已；相反，如果片上 I/O 接口供电先于内核加电，则有可能会导致内核逻辑和片上 I/O 引脚同时作为输出端，此时如果双方输出的逻辑电平是相反的，那么两输出端就可能会因反向驱动产生一个瞬时大电流，这将影响器件的使用寿命，甚至会损坏器件。同样，在关闭电源时，如果内核先掉电，也有可能产生大电流。因此，在加电过程中，至少要保障内核电源 CVdd 先于片上 I/O 接口电源 DVdd（至少是同时）加电，当然最好是内核电源 CVdd 先加电；相反，关闭电源时，最好先关 DVdd，再关 CVdd。

电源设计图如图 7-2 所示。由图可知，系统采用 5V 供电，并采用线性稳压方式得到 3.3V 和 1.8V 两种电压，采用 LM1117 系列的稳压芯片。该设计方案硬件电路设计简单，成本低，电压谐波小，功耗低。上电时，DSP 内核和片上 I/O 可以同时上电，完全可以满足 DSP 的上电次序要求。

LM1117 系列的低压差线性调压器，在负载电流为 800mA 时压差为 1.2V，并提供过电流保护和热保护，而且输出电流大，线性度高，负载大，市场零售价仅为一元左右，具有极高的性价比。

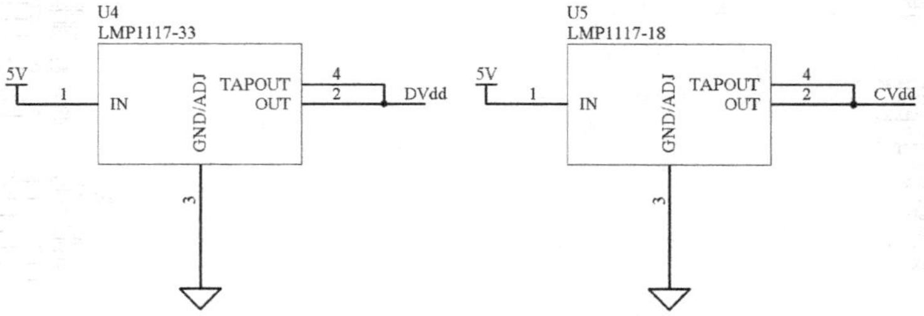

图 7-2　电源设计图

2. DSP 设计

工作时钟的设定：外部输入的时钟经过倍频以后，产生 CPU 的工作时钟以及同步接口所需的时钟信号，时钟信号的好坏直接决定了系统的稳定性，TMS320VC5402 提供了内部和外部两种方式的时钟发生模式。本系统采用的是外部振荡方式，如图 7-3 所示。其中晶体振荡器的频率为 10 MHz，因为 TMS320VC5402 的工作频率为 100MHz，采用倍频系数为 10 的时钟模式。即 CLKMD1、CLKMD2、CLKMD3 分别设置为“0”、“0”、“1”。TMS320VC5402 各时钟模式见表 3-16。

3. SRAM 与 DSP 的接口设计

TMS320VC5402 片内自带了 64K×16bit 的 RAM，其中一部分用来运行程序，另外一部分可以用来存储数据，但在进行大量运算时，片内的 RAM 存储器不能满足数据存储容量的要求，因此还要扩充一部分 RAM。

考虑到本系统所涉及的各软件算法对系统外部存储器容量的要求，以及 SRAM 的访问速度、价格因素等问题，本系统采用 Cypress 公司生产的 CY7C1021 SRAM 芯片作为外部扩充的数据存储器。CY7C1021 的存储器容量为 64K×16bit，基本可以满足各种软件算法对系统外部数据存储器容量的要求。采用 CMOS 工艺，具有自动低功耗模式功能，能高效地降低系统功耗和保证低散热量。工作电压为 3.3V，与 TMS320VC5402 工作电压一样，因此便于电路设计。CY7C1021 读操作时间为 10/12/15ns。激活时功耗最大为 576mW，不处于操作状态时，能自动置于省电模式，省电模式功耗为 18mW。

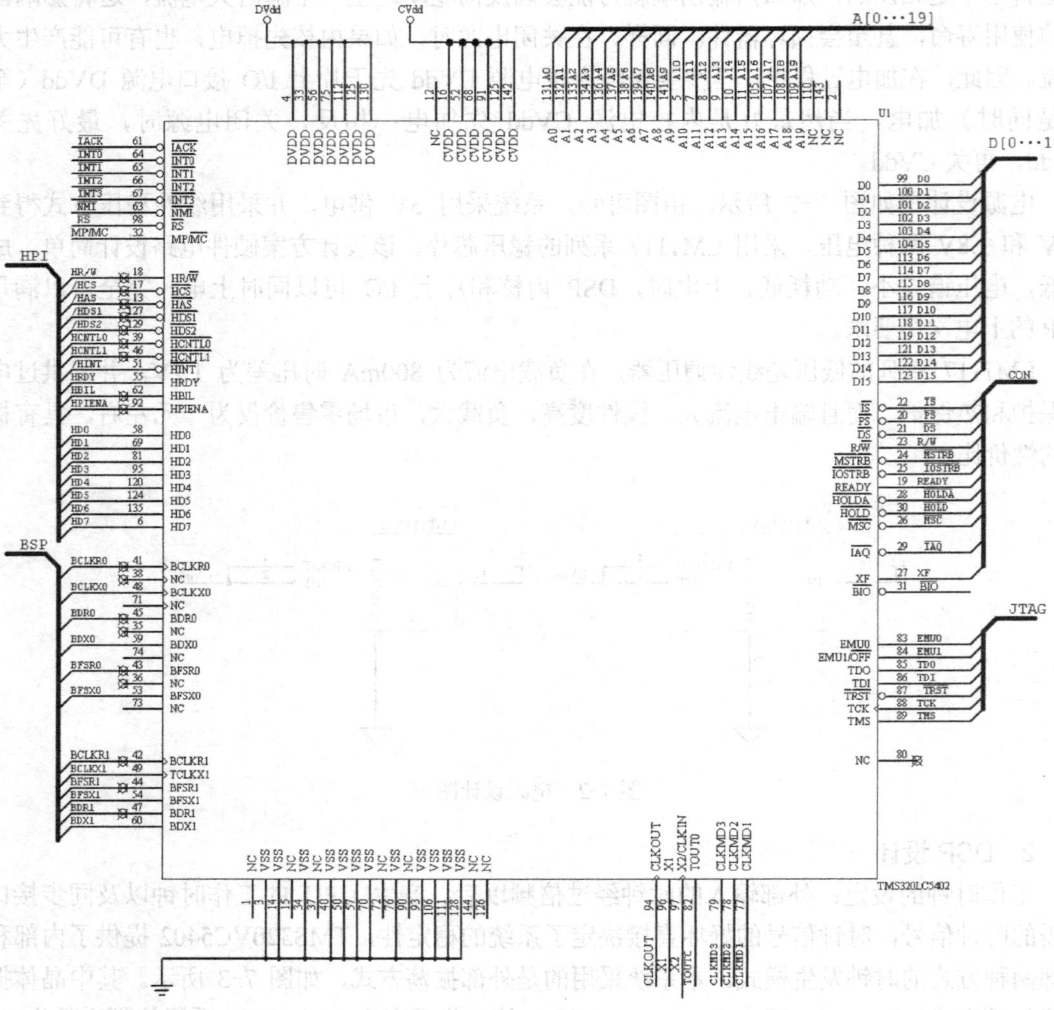

图 7-3　TMS320VC5402 主处理器信号连接图

CY7C1021 存储器的信号定义有别于 TMS320VC5402 的读写信号，其区别关键在于读写控制信号上，两者互联需要重新构造读写控制信号，如图 7-4 所示。

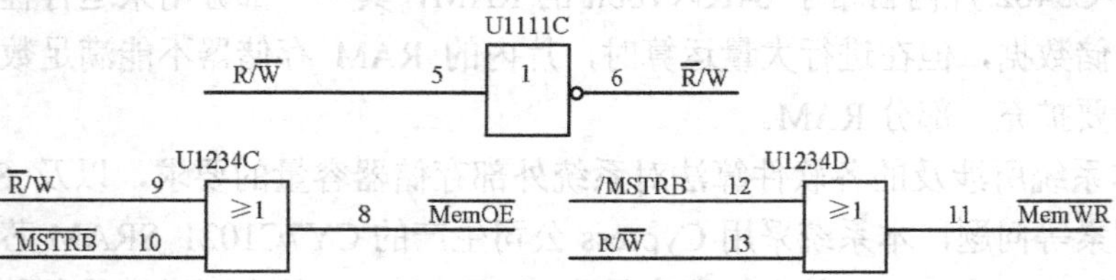

图 7-4　存储器与 TMS320VC5402 接口读写信号连接图

CY7C1021 连接到 TMS320VC5402 作为其外部数据存储器，如图 7-5 所示。CY7C1021

的地址和数据总线连接到 TMS320VC5402 的外部总线。片选信号 $\overline{CE}$ 与 TMS320VC5402 的 $\overline{DS}$ 相连；$\overline{WE}$ 与图 7-4 中的 $\overline{MemWR}$ 连接，当 $\overline{WE}$ 为低电平时，可对 SRAM 进行编程和擦除操作；$\overline{OE}$ 与图 7-4 中的 $\overline{MemOE}$ 相连，当 $\overline{OE}$ 为低电平时，可对 SRAM 进行读操作。

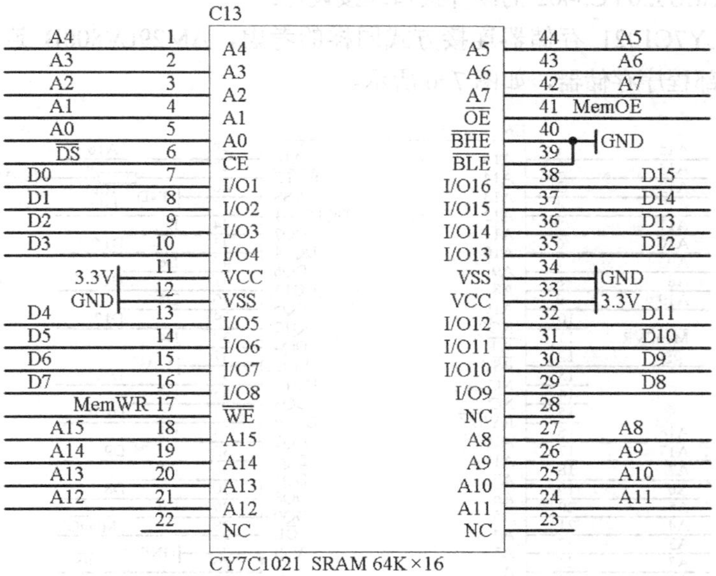

图 7-5　SRAM 与 TMS320VC5402 接口连接图

4. FLASH 与 DSP 的接口设计

在能脱离开发环境独立运行的 DSP 系统中，一定有非掉电丢失数据的存储芯片存在，比如选用 ROM 或 FLASH 存储用户代码，这样才能保障系统在加电后自动装载运行。目前大多采用可重复擦写的 FLASH 器件，方便设计开发。

FLASH 存储器是在 EPROM 和 EEPROM 的基础上发展起来的一种高密度、非易失性的电可擦写存储器，在掉电情况下仍能保证数据不丢失，并能够在不离开电路板或拆卸设备的情况下实施擦除和再编程操作。它具有结构简单、维护便利、存取速度快、对环境适应能力强、抗震性能好等优点，而且单位存储比特的价格比传统的 EPROM 要低。十分适合于低功耗、小尺寸和高性能的便携式系统。对它的编程操作，除了可以采用专用的硬件编程器把代码烧写到 FLASH 中之外，也可以很方便地利用在线编程技术来实现。

接着就要考虑具体 FLASH 存储器型号的选择问题。在考虑到本系统所涉及的各种软件算法对系统外部程序存储器容量的要求、FLASH 与 DSP 运算速度的匹配问题、FLASH 与 DSP 间的电压兼容问题和节约成本等问题的基础上，本设计选择 AMD 公司的 AM29LV800B FLASH 芯片，原因如下：

TMS320VC5402 最高可工作在 120MHz，但系统的测试实例设计工作主频为 100MHz（外部时钟源的频率为 10MHz，内部进行 10 倍频），其指令周期为 10ns，外部存储器寻址需要 2 个指令周期，可软件插入 0～7 个等待周期，所以在不添加硬件等待时序的情况下，读写时间为 20～90ns 的外存储器都可以直接与 DSP 直接相连。

AM29LV800B 的存储器容量为 1M×8bit，基本可以满足各种软件算法对本系统外存储器容量的要求；访问速度为 70ns，可以无需硬件等待时序电路直接与 DSP 连接；供电电压为 3.3V，所以省去了数据和地址线的缓冲和电平变换；市场售价非常便宜，具有很高的性价比。FLASH 在系统中映射为 DSP 的片外程序存储空间数据。

FLASH 与 TMS320VC5402 的硬件接口连接设计：

与之前的 CY7C1021 存储器连接方式同样的考虑，AM29LV800B 连接到 TMS320VC5402 作为其外部程序存储器，如图 7-6 所示。

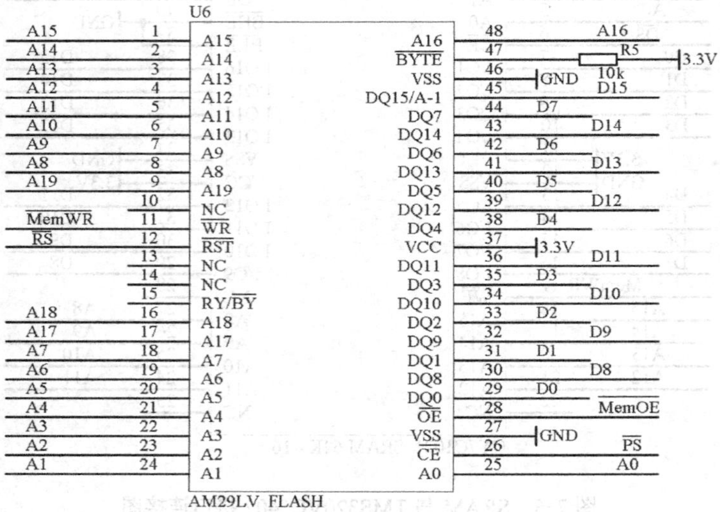

图 7-6　AM29LV800B 与 DSP 连接图

AM29LV800B 的地址和数据总线连接到 TMS320VC5402 的外部总线。片选信号 $\overline{CE}$ 与 TMS320VC5402 的 $\overline{PS}$ 相连；$\overline{WE}$ 与图 7-4 中的 $\overline{MemWR}$ 连接，当 $\overline{WE}$ 为低电平时，可对闪存进行编程和擦除操作；$\overline{OE}$ 与图 7-4 中的 $\overline{MemOE}$ 相连，当 $\overline{OE}$ 为低电平时，可对 FLASH 进行读操作。

5. 复位电路设计

复位电路对 DSP 系统非常重要，为了保证 DSP 在电源未达到要求的电平时不会出现不受控制的状态，就必须在系统中加入复位电路。在系统加电过程中，当内核电压和外围端口电压未达到要求的电平时，复位电路确保 DSP 始终处于复位状态。同时，电源电压一旦降到门限值以下，复位电路就会强制 DSP 进入复位状态，从而确保系统稳定工作。

对于复位电路的设计，一方面应确保复位的低电平时间足够长（一般需要 20ms 以上），保证 DSP 可靠复位；另一方面应确保电路具有良好的稳定性，防止 DSP 误复位。为了使系统能被复位信号正确初始化，复位信号的脉冲宽度必须至少为 10 个指令周期以上，TMS320VC5402 的指令周期为 10ns，则复位时间至少为 10×10ns=100ns。同时要考虑到系统振荡器达到稳定工作状态至少需要 20ms，复位电路至少需要产生 10 个机器周期，约为 21ms 低电平复位脉冲。设计时实际复位时间参数应大于 21ms，复位电路如图 7-7 所示，该电路具备手动和自动复位功能。

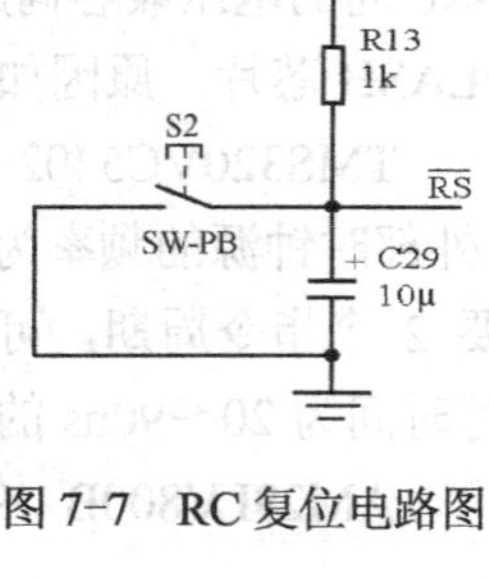

图 7-7　RC 复位电路图

6. JTAG 接口

20 世纪 70 年代末，由于电子技术的发展，PC 的密度增加，芯片封装变小，传统测试的局限性日益显现。在此条件下，人们提出了 IEEE 1149.1，即 JTAG 标准。此后，由于 BGA 封装的广泛使用，JTAG 技术在板级测试中的优势越来越明显，逐渐为各处理器芯片厂商所采用。近年来，由于数据传输技术的进一步发展，JTAG 应用从直流连线网络扩展到交流耦合连线网络，并提出了新的数模混合测试标准口。同时，片上系统（System On a Chip，SOC）的发展和千兆时钟的采用，使得在设计中，信号完整性问题成为瓶颈，噪声和延迟常常导致系统功能降低，以至失效。使用扩展后的 JTAG 技术，对测试信号完整性有很大帮助。此外，JTAG 技术在 SOC 中的重要应用还包括嵌入式仿真器和调试模块的设计。这种设计可以提高内部信号的可控性和可观性，缩短产品开发周期，提高查错效率。

JTAG 硬件电路结合仿真器和仿真软件（Emulator），可以访问 DSP 内部的所有资源，包括片内寄存器以及所有的存储器，从而可提供实时硬件在线仿真与调试的环境，便于开发人员进行系统软件调试。

仿真器通过一个 14 针的接口与 DSP 的 JTAG 端口进行通信。图 7-8 是 JTAG 14 针接口上的信号定义。表 7-1 列出了 JTAG 接口的各信号含义。

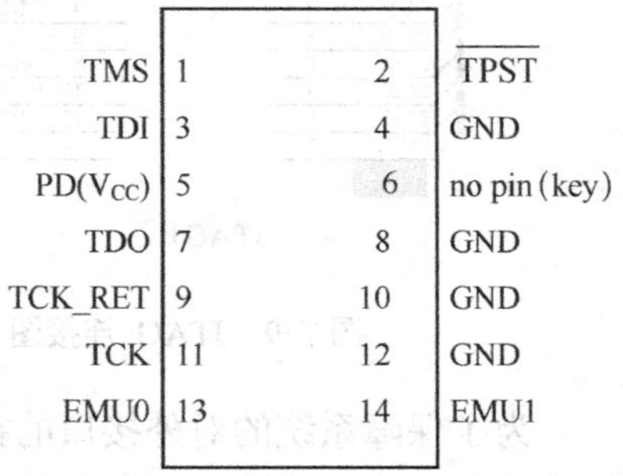

图 7-8 JTAG 14 针接口上的信号定义

表 7-1 JTAG 接口信号含义

信号名称	引脚序号	仿真器信号类型	目标板信号类型	信号含义
TMS	1	输出	输入	JTAG 测试模式选择
TDI	3	输出	输入	JTAG 测试数据输入
TDO	7	输入	输出	JTAG 测试数据输出
TCK	11	输出	输入	JTAG 测试时钟。TCK 是从仿真器输出的 10MHz 时钟信号，这个信号可以用来驱动系统测试时钟
TCK_RET	9	输入	输出	JTAG 测试时钟返回。进入仿真器的测试时钟，此信号是缓冲或非缓冲的 TCK 信号
$\overline{\text{TRST}}$	2	输出	输入	JTAG 测试复位
EMU0	13	输入	输入/输出	仿真引脚 0
EMU1	14	输入	输入/输出	仿真引脚 1
PD(V_{CC})	5	输入	输出	存在检测。这个信号用于指示仿真电缆连接正确，目标系统已加电。在目标系统中，PD(V_{CC})应连接到系统电源 V_{CC} 上
GND	4，8，10，12			接地

TMS320VC5402 提供了片上的 JTAG 接口，为方便仿真调试，只需将 TMS320VC5402 的关键信号 TMS、TDO、TDI、$\overline{\text{TPST}}$、TCK、EMU0、EMU1 共 7 个引脚接出，做成一个如图 7-8 所示的标准的 14 针插座，就可以供仿真器调试目标板。最小系统硬件板上 JTAG 仿真接口实现电路如图 7-9 所示。

需要注意的是，为防止接口插件在连接时出现位置插错的现象，TI 公司 DSP 的 JTAG 连接器要求第 6 引脚是没有插针的（同样道理，仿真器的 JTAG 连接线的连接器头的第 6 引脚没有针孔）。连接器插反会存在将仿真器烧毁的风险。为保障信号的完整性、电路工作的可靠性，TI 公司 DSP 的仿真器 JTAG 连接线的长度有一定的限制，一般不超过 15.24cm（6in）。

7．预留外扩展接口

本系统在 XF 引脚上接了一个 LED 指示灯，可通过编程更改 XF 的电平状态，控制灯的亮与灭，如图 7-10 所示。

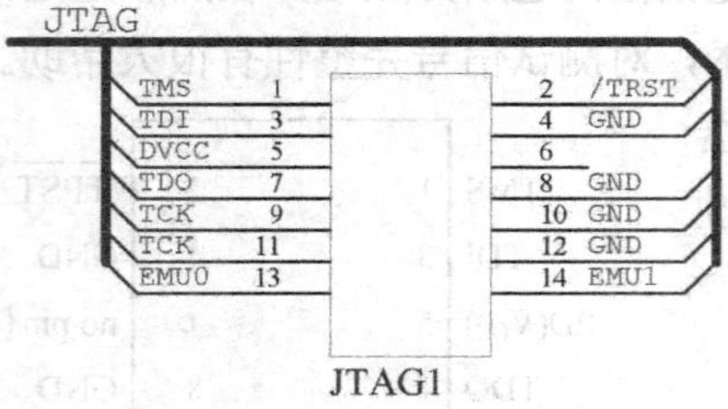

图 7-9　JTAG 连接图

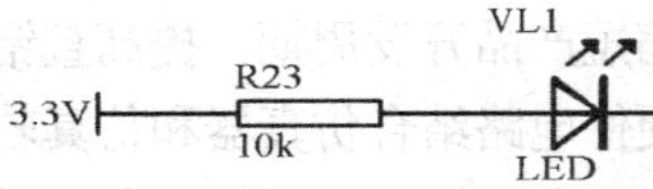

图 7-10　LED 连接图

为了保障系统的对外接口的扩展性，在本系统设计中，把 TMS320VC5402 的所有引脚都连接到了总线插槽上，大大方便了外设扩展设计，如图 7-11 所示。

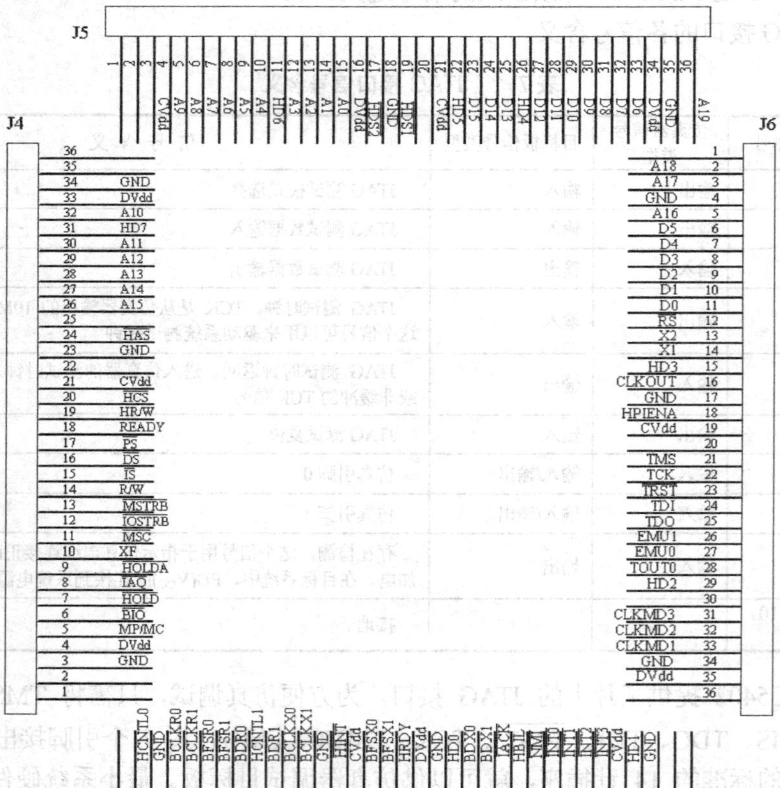

图 7-11　预留外扩端口

8．硬件实物

电路板实物图如图 7-12、图 7-13 所示，经过实际检测，最小系统可以正常运行。

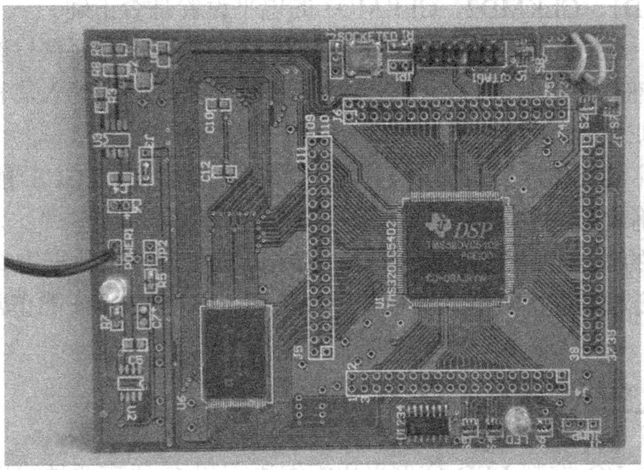

图 7-12　实物正面

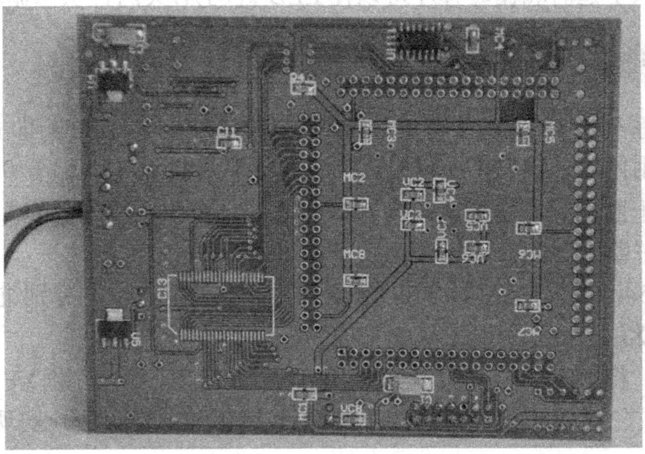

图 7-13　实物反面

7.1.4　硬件测试

电路板制成后，下一步就要进行硬件的测试，需要经过电压测试、DSP 内部测试和 CCS 连接测试 3 个步骤。

1．电压测试

系统上电后，首先用万用表检测系统 5V 供电 VCC 是否正常，之后测试 3.3V 的 CVdd、1.8V 的 DVdd 是否正常，电压全部正常可进行下一步测试，否则先要排除供电故障。

2．TMS320VC5402 外围关键信号测试

有几个外围关键信号对 TMS320VC5402 上电正常工作的影响比较大，要确认一下这些信号是否正常。这些信号包括复位信号、系统时钟、TMS320VC5402 复位配置信号

CLKMD3～1 等。

1）用示波器检查复位信号上电期间电压变化是否正常。

2）检测 CLKMD1、CLKMD2、CLKMD3 的电平设置是否正确。

3）用示波器对 CLKOUT 引脚输出信号进行检测，如果输出频率与设定的一样，由此可知 DSP 部分的硬件部分是正常的；否则需要进一步检测系统时钟输入信号是否正常。

3．CCS 连接测试

将仿真器与硬件系统相连接，加电运行在线仿真软件 CCS，CCS 能够正常识别连接硬件 CPU，由此可以确定 DSP 内部能正常运行了。

在 CCS 主界面的菜单栏中选择 View→Memory，会出现一个数据窗口，在其中设定片内 SRAM 的地址，直接对其进行数值改变操作，经检测，片内 SRAM 能正常读写。

7.2 I/O 控制 LED 实例

本节所要介绍的 I/O 控制 LED 实例采用汇编语言和 C 语言两种编程方式编写程序，通过控制 TMS320VC5402 处理器的 XF 引脚分别置为高/低电平，从而实现对 LED 灯的开关控制。并在程序中加入了延时和循环程序可以使 LED 灯的开/关两种状态循环执行。

7.2.1 XF 输出控制原理

TMS320C54x 系列 DSP 提供了可编程控制的两个通用 I/O 引脚，即 $\overline{\text{BIO}}$ 和 XF。外部标志输出引脚 XF 可用做对外设的指示信号，可由程序软件控制使 XF 清 0 或置位。跳转控制输入引脚 $\overline{\text{BIO}}$ 可用于监测外设执行状态，$\overline{\text{BIO}}$ 与条件选择执行语句结合，也适用于对时间要求苛刻、但不使用中断处理的应用场合。

对 TMS320VC5402 状态寄存器 ST1 的第 13 位（XF 标志位）分别进行清 0 或置位，则在 DSP 的 I/O 引脚 XF 上将分别输出低电平或高电平。

在汇编语言里，将 XF 标志位清 0 可使用指令“RSBX XF”，将 XF 标志位置位可使用指令“SSBX XF”；在 C 语言里，可以用一个指针指向 ST1 寄存器，实现对 XF 标志位的清 0 或置位。

为了便于观察 XF 引脚的电平输出状态，在 XF 引脚上接上了一个 LED 指示灯。XF 的输出控制着 LED 的亮与灭。当 XF 输出高电平时，LED 灯亮，当 XF 输出低电平时，LED 灯灭。电路如图 7-10 所示。

汇编语言控制 XF 标志位程序如下：

```
RSBX    XF          ;XF=0
SSBX    XF          ;XF=1
```

C 语言控制 XF 标志位程序如下：

```
volatile unsigned int *p;
p=(volatile unsigned int *)0x7;     //set *p to ST1
*p&=0x0dfff;                        //set XF to 0
*p | =0x02000;                      //set XF to 1
```

7.2.2　I/O 控制 LED 的实现

I/O 控制 LED 也就是通过对 XF 标志位的清 0 或置位，控制处理器 XF 引脚输出低电平或高电平进而完成对 LED 灯的熄灭和点亮控制。采用汇编语言和 C 语言编写主程序均可完成此项控制任务。I/O 控制 LED 主程序的流程图如图 7-14 所示。

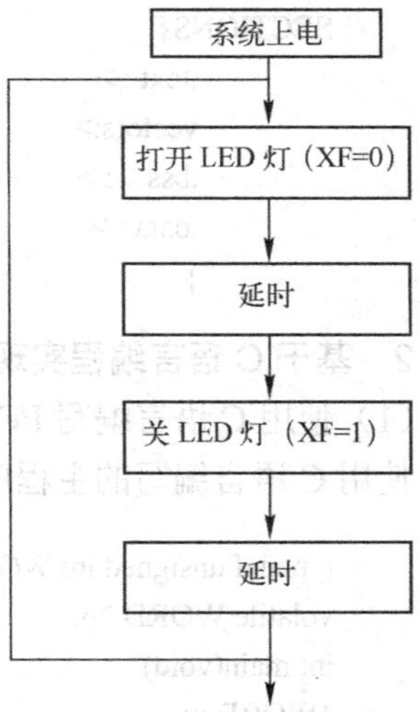

图 7-14　I/O 控制 LED 主程序的流程图

1．基于汇编语言编程实现 I/O 控制 LED

（1）使用汇编语言编写 I/O 控制 LED 灯测试程序的主程序

使用汇编语言编写的主程序 LED1.asm 源代码如下：

```
             .title "LED1"
             .global RESET
             .mmregs
SP_INT          .set      400h
MAIN_PRG        .set    01000h
V_TBL           .sect      "vectors"
RESET        B        START
             STM       #0FFC0H, PMST
             .text
START        LD    #0, DP
             STM #SP_INT, SP
            SSBX    INTM          ;关闭中断
LOOP         RSBX      XF         ;XF=0
             CALL      DEALY
             SSBX      XF         ;XF=1
             CALL      DEALY
             B     LOOP           ;跳转回 LOOP
DEALY
            RPT      #(0fff0h)    ;循环
             NOP
            RET
             .END
```

（2）编写链接命令文件

对应以上汇编程序的链接命令文件 LED1.cmd 源代码如下：

```
LED1.obj
-o LED1.out              ;输出文件命名为 LED1.out
-m LED1.map              ;生成 MAP 文件，并命名为 LED1.map
-e RESET                 ;调试程序入口点
MEMORY   {
        PAGE 0:          ;程序存储空间
                PARAM:  org = 80h     len = 0f80h
```

```
            VEC:      org = 0ff80h      len =80h
    PAGE 1:               ;数据存储空间
            DARAM:   org = 1000h      len = 2000h
    }
SECTIONS{
    .text : >         PARAM    PAGE 0
    vectors:>         VEC    PAGE 0
    .bss   : >        DARAM    PAGE 1
    .data : >         DARAM    PAGE 1
    }
```

2. 基于 C 语言编程实现 I/O 控制 LED

（1）使用 C 语言编写 I/O 控制 LED 灯测试程序的主程序

使用 C 语言编写的主程序 LED2.c 源代码如下：

```
typedef unsigned int WORD;
volatile WORD *p;
int main(void)
{WORD x;
    p=(volatile WORD *)0x0;          //关闭中断
    *p=0x0;
    while(1)
    {p=(volatile WORD *)0x7;
    *p&=0x0dfff;                     //XF=0
    for(x=0;x<0x0ffff;x++);          //循环
    p=(volatile WORD *)0x7;
    *p|=0x02000;                     //XF=1
    for(x=0;x<0x0ffff;x++);          //循环
    }
 return 0;
}
```

注意，由于本实例的主程序是基于 C 语句编写的，因此还需要添加 C 语言运行支持库 rts.lib 。将 C:\CCStudio_v3.3\C5400\cgtools\lib 下的 rts.lib 加入到工程文件中，其中 C:\CCStudio_v3.3\ 是 CCS v3.3 的安装路径。

（2）编写中断向量的汇编文件

编写汇编文件 vectors.asm 源代码如下：

```
        .sect ".vectors"
        .ref _c_int00              ; C 程序入口点
        .align   0x80              ; 必须是页对齐
RESET:                             ; 复位向量
        B _c_int00                 ; 跳转到 C 程序入口点
        STM #3ffeH,SP              ; 设置堆栈长度
nmi:    RETE                       ; 中断返回时同时开放中断
            NOP
            NOP
```

```
            NOP
                                    ；软中断
sint17 .space 4*16
sint18 .space 4*16
sint19 .space 4*16
sint20 .space 4*16
sint21 .space 4*16
sint22 .space 4*16
sint23 .space 4*16
sint24 .space 4*16
sint25 .space 4*16
sint26 .space 4*16
sint27 .space 4*16
sint28 .space 4*16
sint29 .space 4*16
sint30 .space 4*16
int0:   RETE
            NOP
            NOP
            NOP
int1:   RETE
            NOP
            NOP
            NOP
int2:   RETE
            NOP
            NOP
            NOP
tint:   RETE
            NOP
            NOP
            NOP
rint0:  RETE
            NOP
            NOP
            NOP
xint0:  RETE
            NOP
            NOP
            NOP
rint1:  RETE
            NOP
            NOP
            NOP
xint1:  RETE
            NOP
```

```
                NOP
                NOP
int3:     RETE
                NOP
                NOP
                NOP
                .end
```

（3）编写链接命令文件

编写链接命令文件 LED2.cmd 源代码如下：

```
LED2.obj
-o LED2.out
-m LED2.map
MEMORY   {
        PAGE 0:
                PARAM:   org = 80h       len = 0f80h
                VEC:       org = 0ff80h   len =80h
        PAGE 1:
                DARAM:   org = 1000h    len = 3000h
        }
SECTIONS{
        .text : >          PARAM       PAGE 0
        vectors:>          VEC          PAGE 0
        .bss   : >         DARAM      PAGE 1
        .data : >          DARAM       PAGE 1
        }
```

3. CCS 集成开发环境下的操作过程

在运行 CCS 之前，必须先连接好硬件仿真器、DSP 目标板及计算机，连接方法如图 7-15 所示。

图 7-15　DSP 的硬件连接示意图

在图 7-15 中，DSP 目标板可选用上一节设计的 DSP 最小系统板，也可以选用 TI 公司或 TI 第三方提供的 DSP 系统开发板、DSK 板和 EVM 板等，本实例选用上一节设计的 DSP 最小系统板。仿真器可以选用 XDS560 或 XDS510，本实例选用 USB 接口的 XDS560 硬件仿真器。需要注意的是，使用仿真器需要安装相应仿真器的驱动程序。

硬件电路连接好之后，CCS 集成开发环境下的操作过程如下：

1）打开 DSP 目标板电源，并启动计算机。

2）双击桌面上的“Setup CCStudio v3.3”快捷方式图标，启动 CCS 配置程序，将系统配置为 C5402 XDS560 Emulator。保存配置并退出，软件将询问是否进入 CCS 开发环境，选择“是”，即可运行 CCS。

3）如果硬件开发平台尚未连接好，可选择 Debug→Connect 命令来实现连接。

4）在 CCS 上建立 LED1 工程并运行 LED1.out 程序。建立 LED1，将 LED1.asm 和 LED1.cmd 添加到工程中，选择 Project→Rebuild All 命令对汇编程序进行汇编、链接。如果有错误则进行修改、调试，当汇编、链接成功后，加载并运行 LED1.out。也可通过设置断点和单步执行等方法观察 I/O 控制 LED 灯亮灭的情况。注意，将 LED1.asm、LED1.cmd 和 LED1.pjt 工程文件放在同一文件夹下。

5）在 CCS 上建立 LED2 工程并运行 LED2.out 程序。建立 LED2，将 LED2.c、vectors.asm、LED2.cmd 和 rts.lib 添加到工程中，选择 Project→Rebuild All 命令对程序进行编译与链接。如果有错误则进行修改、调试，当编译与链接成功后，加载并运行 LED2.out。也可通过设置断点和单步执行等方法观察 I/O 控制 LED 灯亮灭的情况。注意，将 LED2.c、vectors.asm、LED2.cmd 和 LED2.pjt 工程文件放在同一文件夹下。

经过以上步骤，在系统软硬件运作正常的情况下，本实例可以准确无误地完成 I/O 控制 LED 灯的开关和延时控制功能。

7.3 在线 FLASH 烧写实例

目前嵌入式设计中，FLASH 芯片一般是体积、功耗都比较小的贴片封装，一旦焊接在板上，再拆下来会很繁琐，而且拆卸过程不能保证 FLASH 芯片完好。因此当使用专用编程器对 FLASH 烧写数据时，如果将 FLASH 芯片从板上拆下来烧写程序后再焊接回去，会大大降低硬件的可靠性。因此，在 FLASH 芯片不脱离电路板的情况下，能实现对 FLASH 的在线烧写对于设计开发具有重要的意义。本节主要介绍 7.1 节所述的最小系统所扩充的 FLASH 是如何实现在线烧写的，即不拆卸 FLASH 芯片，保持 FLASH 芯片在最小系统板上的状态，在开发环境 CCS 下通过软件编程的方式，由硬件仿真器模拟专用编程器对 FLASH 的烧写数据过程，从而将数据写入到 FLASH 芯片中。那么首先要先了解一下 FLASH 芯片的烧写工作原理。

7.3.1 AM29LV800B FLASH 芯片的编程方法

AM29LV800B-70ns 是美国 AMD 公司的 512K×16bit（或 1M×8bit）FLASH 存储器，其工作电压为 3.3V，擦写寿命至少 1000000 次，访问时间为 70ns。用户只需向其特定地址写入特定的指令序列，通过这些指令，用户即可启动内部写状态机，使其自动完成指令序列要求的内部操作。这些指令序列包括：复位、整片擦除、块擦除、扇区擦除、操作字写入等。

特别注意的是，由于除了擦除命令可使全部 FLASH 存储内容复位为 1（所有“0”变为“1”）外，编程指令不能使 FLASH 存储的“0”变为“1”，只能使“1”变为“0”，所以正确的顺序应该是先擦除，后写入。

原则上讲，向 FLASH 存储器的特定寄存器写入地址和数据命令，就可对 FLASH 存储器编程，但实现上必须要按照一定的格式顺序操作，下面以写指令为例描述写入数据命令序列的实现。

通过写指令完成对 FLASH 写入数据的操作。完整的过程需要 4 个总线周期，其中前两个是解锁周期，第三个是建立编程命令，最后一个周期完成向编程地址中写入数据，见表 7-2。

表 7-2　写入数据命令操作过程

周期	1（解锁）	2（解锁）	3（建立）	4（编程）
地址	555h	2AAh	555h	PA(编程地址)
数据	0AAh	55h	0A0h	PD(编程数据)

实现流程如图 7-16 所示。

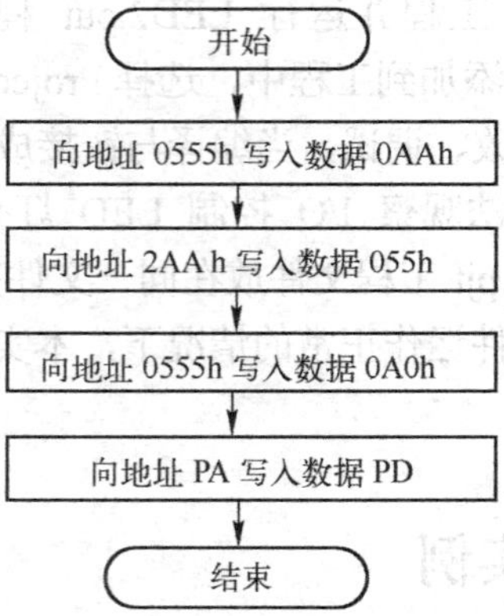

图 7-16　FLASH 烧写命令流程

不同指令有不同的命令序列，见表 7-3。

表 7-3　AM29LV800B 常用命令序列

命令序列			周期	指令周期											
				第一周期		第二周期		第三周期		第四周期		第五周期		第六周期	
				地址	数据	地址	数据	地址	数据	地址	数据	地址	数据	地址	数据
读			1	RA	RD										
复位			1	X	F0										
自动选择	制造商 ID	字	4	555	AA	2AA	55	555	90	X00	1				
		字节		AAA		555		AAA							
	器件 ID（顶启动）	字	4	555	AA	2AA	55	555	90	X01	22DA				
		字节		AAA		555		AAA		X02	DA				
	器件 ID（底启动）	字	4	555	AA	2AA	55	555	90	X01	225B				
		字节		AAA		555		AAA		X02	5B				
	扇区保护校验	字	4	555	AA	2AA	55	555	90	(SA) X02	XX00 XX01				
		字节		AAA		555		AAA		(SA) X04	0 1				
编程		字	4	555	AA	2AA	55	555	A0	PA	PD				
		字节		AAA		555		AAA							
解锁直通		字	3	555	AA	2AA	55	555	20						
		字节		AAA		555		AAA							

（续）

命令序列		周期	指令周期											
			第一周期		第二周期		第三周期		第四周期		第五周期		第六周期	
			地址	数据	地址	数据	地址	数据	地址	数据	地址	数据	地址	数据
整片擦除	字	6	555	AA	2AA	55	555	80	555	AA	2AA	55	555	10
	字节		AAA		555		AAA		AAA		555		AAA	
扇区擦除	字	6	555	AA	2AA	55	555	80	555	AA	2AA	55	SA	30
	字节		AAA		555		AAA		AAA		555			

注：表中的参数说明如下：

X：为任意值。

RA：准备读取的地址单元。

RD：RA 中的内容。

PA：准备编程的地址单元，地址值在最后一个 WE 信号或 CE 信号的下降沿被锁存。

PD：准备编程到 PA 中的数据，数据值在最先一个 WE 信号或 CE 信号的上升沿被锁存。

SA：需要校验或擦除的扇区地址，高位地址线 A12～A18 决定了唯一的扇区号。

7.3.2 在线 FLASH 读写的实现

这里在 7.1 小节中介绍的 TMS320C54x DSP 最小系统硬件设计的基础上，讨论一下如何在开发环境 CCS 下编程实现在线 FLASH 的读写。

因为硬件 FLASH 接在了程序存储空间，需要使用程序存储空间的读写指令来实现表 7-3 中对 FLASH 的具体操作。程序以 C/汇编混合编程实现。汇编实现底层驱动，完成对 TMS320C54x 程序存储空间的读写操作；C 语言则调用汇编子函数完成表 7-3 中的功能操作。

1．使用汇编语言编写实现读写操作的汇编子函数

使用汇编语言编写实现读写操作的汇编子函数的源代码 fcmd.asm 如下：

```
.global _ flash_write
.global _RDCMD
_flash_write:
        POPM AR4   ;弹出函数返回指针
        POPM AR2   ;第一个参数 PA 放入 A 中，取第二个传递参数 PD
        rsbx cpl
        LD    #0H,DP
        NOP
        NOP
        NOP
        STL   A,0ch
        nop
        nop
        nop
        nop
        ST     00aaH,0bh
        LD     #08555H,A
        NOP
        NOP
```

```
        NOP
        WRITA 0bH
        ST      0055H,0bh
        LD      #082aaH,A
        NOP
        NOP
        NOP
        WRITA 0bH
        ST      00A0H,0bh
        LD      #08555H,A
        NOP
        NOP
        NOP
        WRITA 0bH
        MVMD AR2,0bH
        LD      0cH,A
        NOP
        NOP
        NOP
        WRITA 0bH
        nop
        nop
        nop
        nop
        nop
        ssbx cpl
        PSHM AR2
        PSHM AR4    ;将函数返回指针压栈，供返回 RET 时使用
        RET
    _RDCMD:
        POPM AR4    ;弹出函数返回指针
        rsbx cpl
        LD      #0H,DP
        NOP
        rpt #100
        NOP
        READA 08H
        NOP
        NOP
        NOP
        ;LD     0bh,a
        ssbx cpl
        ;STL        A,8H
        PSHM AR4    ;将函数返回指针压栈，供返回 RET 时使用
        RET
```

2. 使用 C 编程调用汇编子函数

使用 C 语言编写声明引用汇编子函数的程序源代码如下：

```
extern void flash_write (WORD PA,WORD PD); //往 FLASH 中 PA 地址写入 PD 数据
extern int RDCMD(WORD PA); //从 FLASH 中 PA 地址读出数据
```

C 语言中调用方法如下：

```
flash_write(wAddress,wData);
RDCMD(wAddress);
```

注意：编程命令序列只有低 12 位地址线有效，高 4 位可以使用任意数值，都不影响操作。上面代码利用了 C 与汇编的混合编程技术，有兴趣者可自行参考第 5 章内容。

7.3.3 在线 FLASH 烧写应用测试

在线烧写完成后，需要检验在线烧写设计是否正确，可以采用先写入一定数据，再读回验证的方法测试。

对于外部 FLASH 的测试，我们可以向外存中写入 0x5555 或 0x0AAAA，然后进行读回校验测试，不一致则必须重新仔细检查各个设计环节。测试实现主要代码如下：

```
WORD    wDataCnt;
BOOL FlashOkFlag;
//写入测试
for(wDataCnt=0x4000; wDataCnt< 0x0ffff ; wDataCnt++ )
            flash_write(wDataCnt, 0x5555);
//回读校验测试
for( wDataCnt=0x4000, FlashOkFlag =true; wDataCnt< 0x0ffff ; wDataCnt++ )
            if ( RDCMD(wDataCnt) != 0x5555)
{ FlashOkFlag =false;
break;
}
```

测试运行结果，如果 FlashOkFlag 值为 false，表示验证出错，需要检查设计排查错误；如果 FlashOkFlag 值为 true，表示本次验证通过。

7.4 DSP 高速采样实例

根据 DSP 典型的应用体系结构，模拟信号经过信号调理电路、抗混频滤波之后，通过 A/D 采样变成数字信号，然后利用数字信号处理算法进行信号处理运算，结果经过 D/A 输出和滤波之后，再还原回模拟信号。本节讨论模拟信号转换成数字信号在 DSP 系统里的一个应用实例。

数字量化是靠 A/D 转换器来完成的。在 A/D 转换器前，首先是按一定的数据速率对模拟信号进行采样，并由保持电路将采样电平保持着，然后再对该电平进行幅值量化，从而在 A/D 转换器输出端得到幅度和时间都是离散的数字信号。

7.4.1 扩展高速 A/D 采样的应用背景

系统采用 7.1 节介绍的 TMS320VC5402 最小系统作为 DSP 目标板，它对外扩展了高速 A/D 采样电路，可完成对工业环境下彩色线阵 CCD 图像三色信号的采集，以便进行后续的数字信号处理。

信号采集要求：三通道模拟信号输入（分别对应三原色——红、绿、蓝模拟信号），每通道 1MHz 的采样率，量化精度 12bit。本节主要介绍外扩高速 A/D 采样电路的设计。

7.4.2 高速 A/D 采样的硬件设计

高速采样硬件设计的重点，一是 DSP 外扩接口；另一个是高速 A/D 采样信号设计。

1. DSP 外扩接口设计

DSP 外扩接口设计中，把 A/D 电路映射为 TMS320VC5402 系统 I/O 空间的外设，以 TMS320VC5402 系统 I/O 空间的总线信号控制 A/D 的工作。TMS320VC5402 外扩接口中汇总了双向数据传输总线 D0～D15、地信号 GND、I/O 空间读写数据有效信号 $\overline{\text{IOSTRB}}$、读写方向信号 $R/\overline{W}$、地址信号 A15、外部中断信号 $\overline{\text{INT3}}$ 等，用于控制 A/D 完成信号采样工作。正常采样时，数据总线、地址总线、读写信号可完成 TMS320VC5402 与 A/D 芯片的数据双向传输；A/D 转化数据帧完成后可通过 $\overline{\text{INT3}}$ 向 TMS320VC5402 提出中断申请。此外，使用外部通用 I/O 控制信号 XF 作为 A/D 采样的开始/停止转换指示信号。两者互联的接口电路如图 7-17 所示。

2. A/D 采样电路设计

A/D 采样电路设计结构如图 7-18 所示，A/D 采样电路是 DSP 的外设，DSP 作为主控 CPU 通过接口控制 A/D 的工作；CPLD 作为辅助逻辑译码，在 TMS320VC5402 开始信号的指示下，为 A/D 采样芯片提供时序驱动信号。

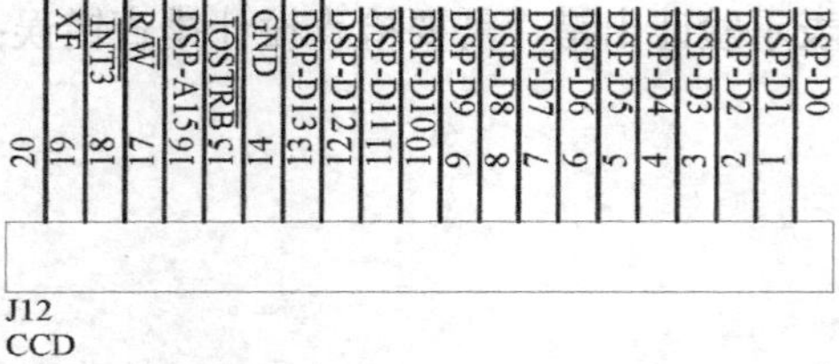

图 7-17　DSP 外扩接口信号

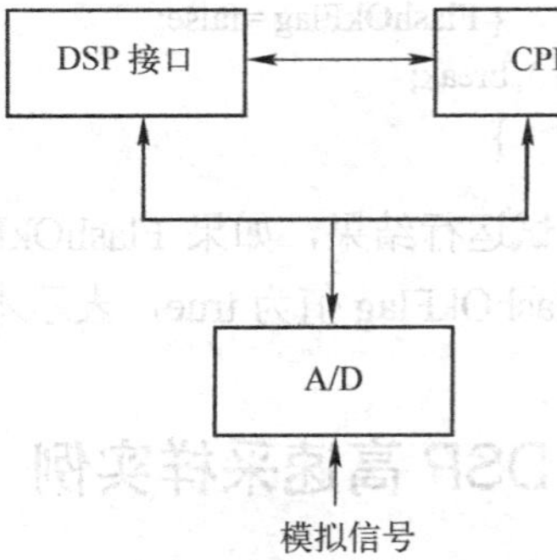

图 7-18　A/D 采样电路设计结构

A/D 转换器选用的是 TI 公司的 THS1206。THS1206 是一个 CMOS、低功耗（最大 216 mW）、12 位、最高可达 6MHz 采样率的模数转换器。THS1206 拥有 4 个独立输入通道，可以被自动连续扫描；也可以编程实现差分输入。THS1206 内置 16 个字深度的 FIFO 缓冲器；兼容 3V 或 5V 数字电平接口；允许内置或外部输入转换基准电压。THS1206 内部有配置寄存器，用户可以根据需要自行配置，使其工作于不同的模式。

在此高速采样设计中，THS1206 有 3 路独立输入，工作于自动连续扫描模式，每路采样率为 1MHz，转换完成后自动存入 FIFO。当 FIFO 中有效数据超过 9 个时，THS1206 向 CPLD 发出数据有效指示，再由 CPLD 向 TMS320VC5402 发出中断申请信号。

THS1206 自动连续扫描 3 路模式下的时序如图 7-19 所示。

转换脉冲 CONV_CLK 周期为 3，在每个周期的第一个下降沿，同时采样保持 3 路模拟信号，第一路数据需要 5 个 CONV_CLK 之后完成。自动连续扫描状态下，模/数转换以流水线方式工作，在每个上升沿保存转换完成的有效数据到 FIFO，所以长时间平均下来，一次转换只需要一个 CONV_CLK 脉冲周期。CPLD 提供的 CONV_CLK 脉冲频率为 3MHz。

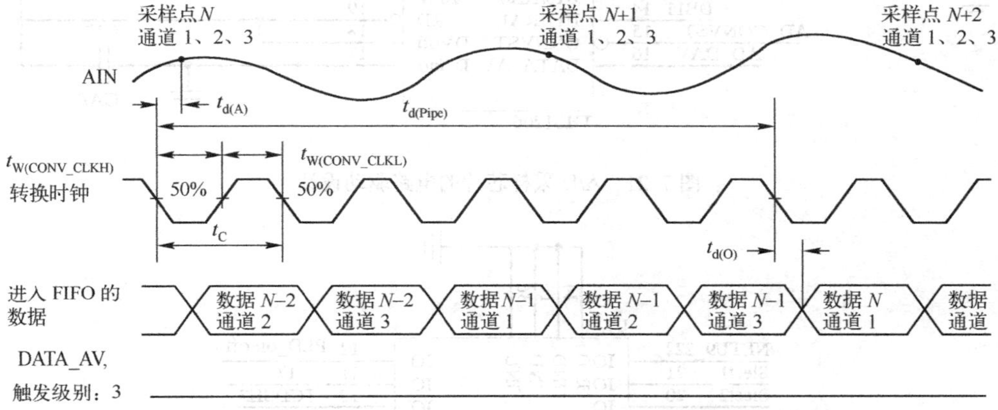

图 7-19　THS1206 自动连续扫描 3 路模式下的时序

图 7-18 中所示三个组成部分的具体硬件设计如图 7-20～图 7-22 所示，三者整合在一起，作为 TMS320VC5402 系统的高速 A/D 采样外设电路。

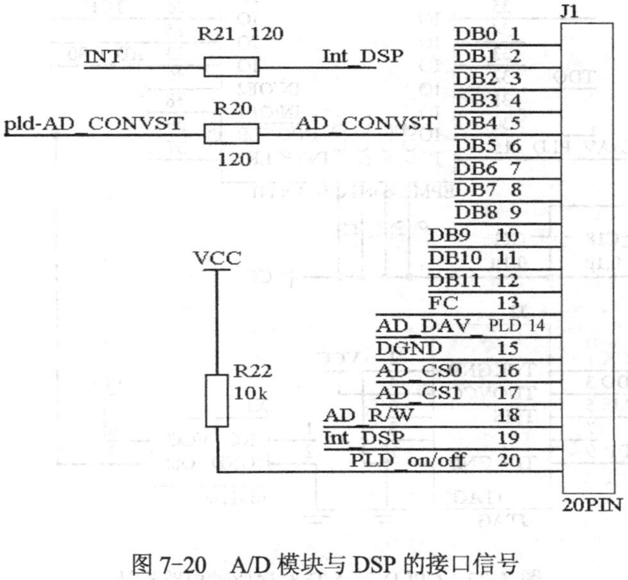

图 7-20　A/D 模块与 DSP 的接口信号

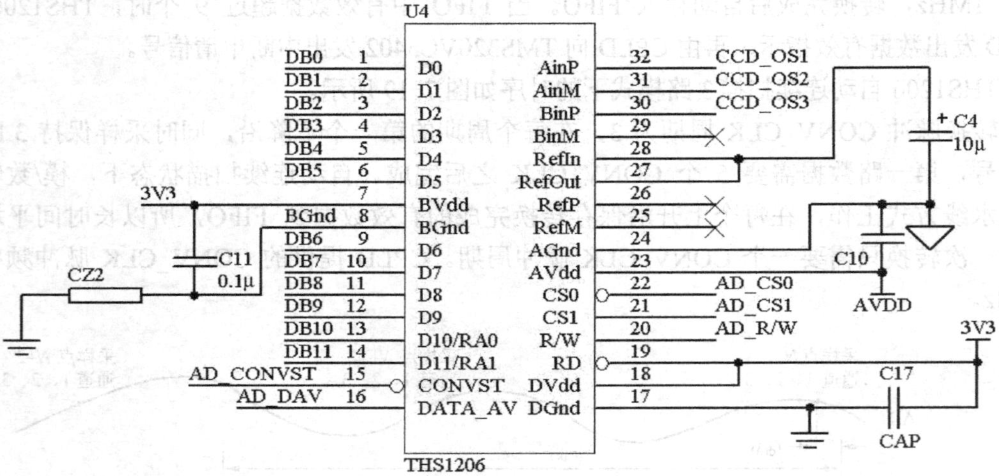

图 7-21　A/D 采样芯片的电路驱动设计

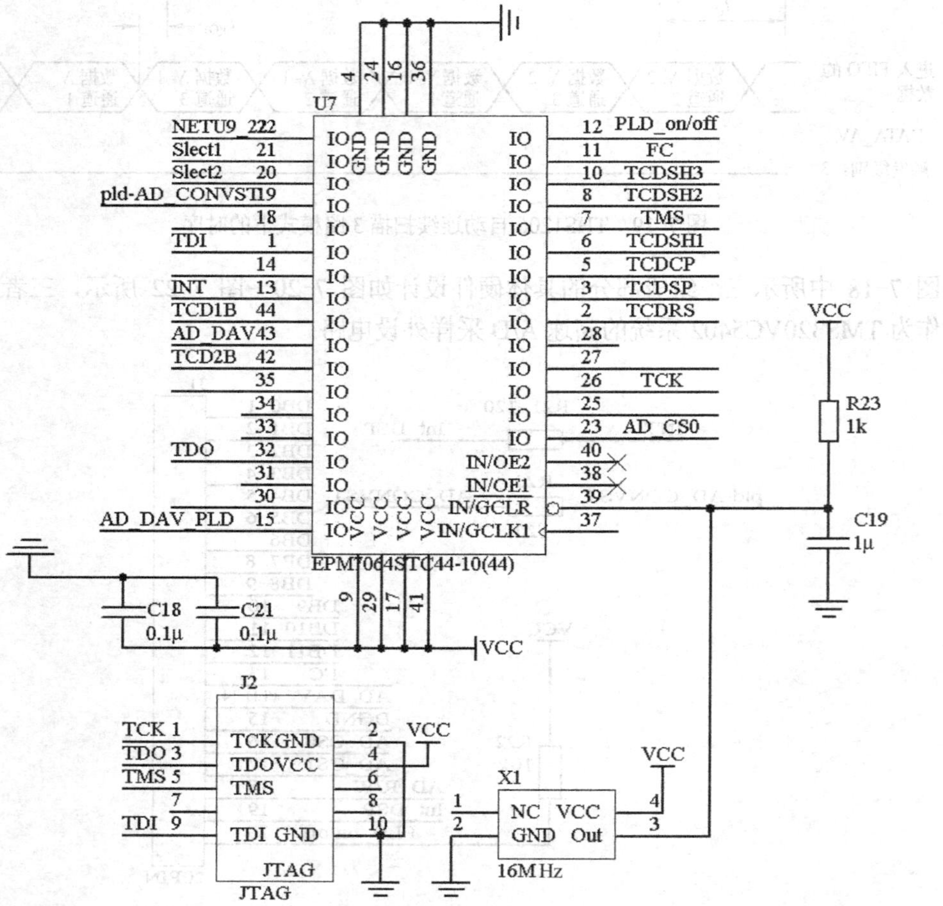

图 7-22　CPLD 对 A/D 时序驱动电路设计

7.4.3 A/D 采样软件设计

当模拟信号由 A/D 转换成数字信号后，往往都需要输入 DSP 作进一步处理。但是，A/D 转换后的数据输出速率一般很难与 DSP 的 I/O 读操作速率精确配合。由于 A/D 采样速率是 3M/s，DSP 外部存储器时钟为 100MHz，为了读到总线上的数据，DSP 外部存储器读写时钟也必须控制在 3MHz，结果只能大大降低了 DSP 的总线使用效率。

同时，再加上 DSP 需要一定的时间集中处理数据所读回的数据，过于频繁的总线操作会持续打断正进行的处理，效率降低。所以，一个较好的解决办法是利用小容量的 FIFO 作为两者之间的接口，对 A/D 采样数据先做一下缓冲，积累到一定数量，再向 DSP 发出中断申请，成批传送给 DSP 处理。恰好 THS1206 内置了一个 FIFO 循环缓冲队列，如图 7-23 所示。

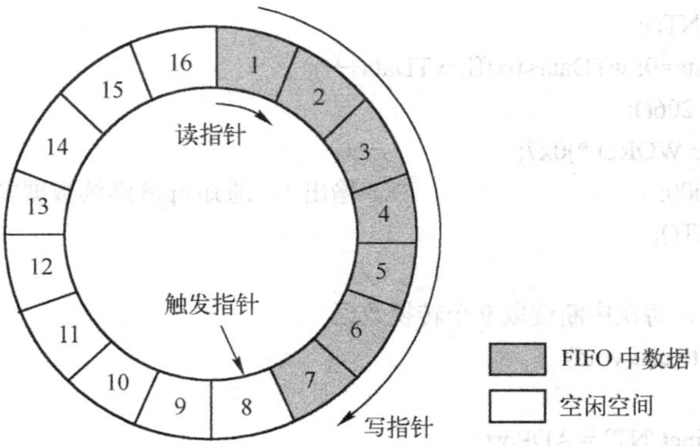

图 7-23　THS1206 内置 FIFO 循环队列

THS1206 内置 FIFO 的读取时间可以达到每次 10ns，读取时序如图 7-24 所示。

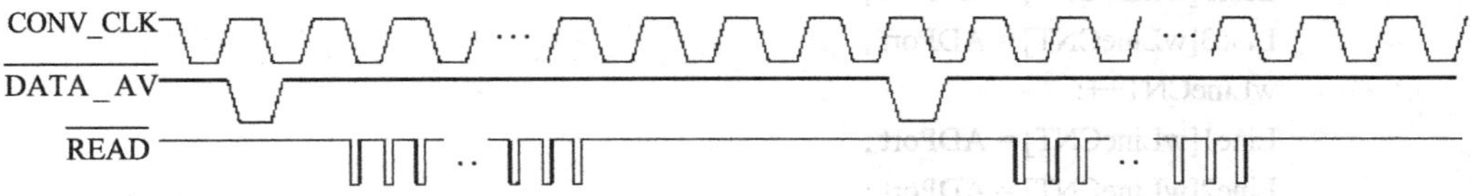

图 7-24　THS1206 内置 FIFO 的读取时序

我们可以事先设置数据有效深度，例如设定为 9，当 THS1206 转换完成 9 个有效数据之后，就会通过 $\overline{\text{DATA\_AV}}$ 信号向 DSP 发出中断申请，DSP 就可以集中连续读取 9 个有效数据。

1．使用 C 编程实现 DSP 高速采样程序

使用 C 语言编写实现 DSP 高速采样的 C 程序源代码 ccd.c 如下：

```
//数据采集端口号为 0x8000
#define ADPort port8000
volatile ioport WORD port8000;
```

```
static void ResetThs1206(void)
{
        //复位  THS1206
        ADPort = 0x401;
        ADPort = 0x400;
        //设置 CR0 寄存器
        ADPort = 0x090;
        //设置  CR1  寄存器
        ADPort = 0x04fa;
}
void InitAD()
{
        p=(volatile WORD *)0x7;
        *p&=0x0dfff;                        //XF 输出 0，通知 cpld 停止数据采集
        CLOSE_INT();
        for( wTData=0; wTData<0xfff; wTData++ );
        ResetThs1206();
        p=(volatile WORD *)0x7;
        *p|=0x02000;                        //XF 输出 1，通知 cpld 继续数据采集
        OPEN_INT();
}
//数据有效中断，每次中断读取 9 个转换数据
void interrupt IntRead(void)
{
        Line1[wLineCNT] = ADPort ;
        Line2[wLineCNT] = ADPort ;
        Line3[wLineCNT] = ADPort ;
        wLineCNT++;
        Line1[wLineCNT] = ADPort ;
        Line2[wLineCNT] = ADPort ;
        Line3[wLineCNT] = ADPort ;
        wLineCNT++;
        Line1[wLineCNT] = ADPort ;
        Line2[wLineCNT] = ADPort ;
        Line3[wLineCNT] = ADPort ;
        wLineCNT++;
}
```

2．使用汇编编程实现 DSP 高速采样子程序

使用汇编语言编写实现 DSP 高速采样的汇编子程序源代码 fcmd.asm 如下：

```
        .global _CLOSE_INT
        .global _OPEN_INT
_CLOSE_INT:
        ssbx 1,11
        ;INTM=1 close intterruption
        RET
```

```
_OPEN_INT:
        stm 0006H,1
        ;clear IFR
        stm 0006H,0
        ;IMR=0000 0000 0000 0110
        ;enable int1,int2
        rsbx 1,11
        ;INTM=0 enable intterruption
        RET
```

3．使用汇编编程实现 DSP 高速采样的中断向量文件

使用汇编语言编写实现 DSP 高速采样的中断向量文件源代码 vector.asm 如下：

```
        .sect ".vectors"
        .ref _c_int00           ; C 程序入口点
        .ref _IntRead           ; C 程序入口点
        .ref _IntFS             ; C 程序入口点
        .align   0x80           ； 必须是页对齐
RESET:                          ； 复位向量
        B _c_int00              ； 跳转到 C 程序入口点
        STM #3ffeH,SP           ； 设置堆栈长度
nmi:    RETE                    ； 中断返回时同时开放中断
                NOP
                NOP
                NOP
; software interrupts
sint17 .space 4*16
sint18 .space 4*16
sint19 .space 4*16
sint20 .space 4*16
sint21 .space 4*16
sint22 .space 4*16
sint23 .space 4*16
sint24 .space 4*16
sint25 .space 4*16
sint26 .space 4*16
sint27 .space 4*16
sint28 .space 4*16
sint29 .space 4*16
sint30 .space 4*16
int0:   RETE
                NOP
                NOP
                NOP
int1:   B _IntFS
                RETE
                NOP
```

```
int2:    B _IntRead
                  RETE
                  NOP
tint:    RETE
                  NOP
                  NOP
                  NOP
rint0:   RETE
                  NOP
                  NOP
                  NOP
xint0:   RETE
                  NOP
                  NOP
                  NOP
rint1:   RETE
                  NOP
                  NOP
                  NOP
xint1:   RETE
                  NOP
                  NOP
                  NOP
int3:    ;B _IntRead
             RETE
                  NOP
                  NOP
                  NOP
                  .end
```

7.5 快速傅里叶变换设计实现

快速傅里叶变换（FFT）是一种高效实现离散傅里叶变化的算法，在数字信号处理系统中，FFT 作为一个非常重要的工具经常被使用，甚至成为 DSP 运算能力的一个考核因素。离散傅里叶变化的目的是把信号由时域变换到频域，从而可以在频域分析处理信号。本节简要介绍 FFT 的原理并利用 DSP 实现对信号频谱的分析。

7.5.1 FFT 原理

离散傅里叶变换（DFT）是可以用数字方式来实现的从时域到频域的变换，FFT 是 DFT 的一种快速算法，它把 N^2 次运算减少为 $\frac{1}{2}\log_2 N$ 次运算。

以基 2 按频率抽取 FFT 算法为例介绍 FFT 原理，对于有限长离散数字信号 $\{x[n]\}$，$0 \leqslant n \leqslant N-1$，其离散谱 $\{x(k)\}$ 可由 DFT 求得。DFT 定义为

$$X(k)=\sum_{n=0}^{N-1}x[n]\mathrm{e}^{-\mathrm{j}2\pi nk/N} \qquad k=0,1,\cdots,N-1 \tag{7-1}$$

式（7-1）可改写成如下形式：

$$X(k)=\sum_{n=0}^{N-1}x[n]W_N^{nk} \qquad W_N=\mathrm{e}^{-\mathrm{j}2\pi/N} \tag{7-2}$$

不难看出，W_N^{nk}是周期性的，且周期为 N，即

$$W_N^{(n+mN)(k+lN)}=W_N^{nk}, \qquad m,l=0,\pm1,\pm2,\ldots$$

W_N^{nk}的周期性是 DFT 的关键性质之一。为了强调起见，常用表达式 W_N取代 W，以便明确地给出 W^{nk}的周期为 N。

对于按频率抽取形式的 FFT，输入序列$\{x[n]\}$要按下述方式分成两个各有 $N/2$ 个样本的序列。第一个序列$\{x1[n]\}$由$\{x[n]\}$的前 $N/2$ 个点组成，而第二个序列$\{x2[n]\}$由$\{x[n]\}$的后 $N/2$ 个点组成。因此

$$x1[n]=x[n] \qquad n=0,1,2,\cdots,N/2-1 \tag{7-3}$$

$$x2[n]=x[n+N/2] \qquad n=0,1,2,\cdots,N/2-1 \tag{7-4}$$

现可将 $x[n]$的 N 点 DFT 写成如下形式：

$$X(k)=\sum_{n=0}^{\frac{N}{2}-1}x[n]W_N^{nk}+\sum_{n=N/2}^{N-1}x[n]W_N^{nk}=\sum_{n=0}^{\frac{N}{2}-1}(x_1[n]+\mathrm{e}^{-\mathrm{j}\pi k}x_2[n])W_N^{nk} \tag{7-5}$$

式（7-5）中用了$W^{Nk/2}=\mathrm{e}^{-\mathrm{j}\pi k}$这一关系。如果现在分别考虑 DFT 的偶数样本和奇数样本，则有如下关系：

$$X(2k)=\sum_{n=0}^{\frac{N}{2}-1}(x_1[n]+\mathrm{e}^{-\mathrm{j}\pi k}x_2[n])(W_N^2)^{nk}=\sum_{n=0}^{\frac{N}{2}-1}(x_1[n]+\mathrm{e}^{-\mathrm{j}\pi k}x_2[n])W_{N/2}^{nk} \tag{7-6}$$

$$X(2k+1)=\sum_{n=0}^{\frac{N}{2}-1}(x_1[n]+\mathrm{e}^{-\mathrm{j}\pi k}x_2[n])W_N^{n(2k+1)}=\sum_{n=0}^{\frac{N}{2}-1}\{(x_1[n]-x_2[n])W_N^n\}W_{N/2}^{nk} \tag{7-7}$$

式（7-6）和式（7-7）表明，N 点 DFT 转换成了 $N/2$ 点 DFT 的问题。

反复运用这一方法，将每个点 DFT 表示成两个点 DFT 的组合，最终直接算出两点 DFT 的简化结果。

7.5.2　FFT 设计实现

FFT 运算时间是衡量 DSP 性能的一个重要指标，因此提高 FFT 的运算速度是非常重要的。在用 DSP 实现 FFT 算法时，应充分利用 DSP 所提供的各种软、硬件资源，如片内 RAM、位倒序寻址方法等。256 点实序列 FFT 变换可以使用汇编语言编程实现，也可以使用 C 语言编程实现。下面给出使用汇编语言编程的源代码。

1．使用汇编语言编写实现 FFT 变换的汇编源程序

使用汇编语言编写实现 256 点实序列 FFF 变换的汇编程序 fft.asm 源代码如下：

```
**************************************
*Radix-2,DIT,Real-input FFT Program *
*              fft.asm              *
**************************************
            .mmregs
            .global reset,start,sav_sin,sav_idx,sav_grp
        .def      start,_c_int00
        .data
DATA        .space   1024
        .copy     "mdata.inc"
                        ; mdata.inc 为模拟输入信号数据，起始地址标号 INPUT
N           .set   128          ;复数点数
LOGN        .set   7            ;蝶形级数
sav_grp     .usect"tempv",3     ;定义组变量值
sav_sin     .set   sav_grp+1    ;定义旋转因子表
sav_idx     .set   sav_grp+2
OUTPUT      .usect"OUTPUT",256  ;信号功率谱
BOS         .usect"stack",0Fh   ;定义堆栈
TOS         .usect"stack",1
          .copy  "twiddle1.inc"
                        ;正弦表系数由 twiddle1.inc 文件给出，起始地址标号 TWI1
            .copy      "twiddle2.inc"
                        ;余弦表系数由 twiddle2.inc 文件给出，起始地址标号 TWI2
            .text
_c_int00
        b start
        nop
        nop
start:
            STM       #TOS,SP
            LD        #0,DP
            SSBX      FRCT
**************
;第一步
;将原始输入的 2N=256 个点的实序列组合成复序列并经位倒序后复制到 DATA 数据区
        STM      #2*N,BK
        STM      #INPUT,AR3     ;AR3 指向原始输入数据
        STM      #DATA,AR7
        MVMM     AR7,AR2        ;AR2 指向 DATA 数据区
        STM      #N-1,BRC
        RPTBD    plend-1
        STM      #N,AR0         ;数据存储区长度的一半 128 送 AR0
        LDM      AR3,A
        READA    *AR2+          ;偶地址做实部
        ADD      #1,A
        READA    *AR2+          ;奇地址做虚部，2N 点的实序列组合成 N 点的复序列
```

```
        MAR        *AR3+0B  ;按位倒序方式修改 AR3，取下一个原始数据
plend:
**************
;第二步    蝶形运算
;每一级的所有输出都除以 2 以防止溢出
;第一级和第二级蝶形运算辅助寄存器定义
;AR0——到下一个蝶形运算的偏移量
;AR2——指向第一个蝶形的输入数据 PR 和 PI
;AR3——指向第二个蝶形的输入数据 QR 和 QI
;AR3——DATA 数据的起始地址
;第一级  蝶形运算   （2 点蝶形运算）
                STM        #0,BK
                LD         #-1,ASM       ;在每一级输出时右移一位，相当于除以 2
                MVMM       AR7,AR2       ;AR2 指向蝶形运算第一个输入的实部（PR）
                STM        #DATA+2,AR3   ;AR3 指向蝶形运算第二个输入的实部（QR）
                STM        #N/2-1,BRC
                LD         *AR2,16,A     ;AH=PR
                RPTBD      s1end-1
                STM        #3,AR0
                SUB        *AR3,16,A,B   ;BH=PR-QR
                ADD        *AR3,16,A     ;AH=PQ+QR
                STH        A,ASM,*AR2+   ;PR'=(PR+QR)/2,AR2 指向第一个输入的虚部（PI）
                ST         B,*AR3+       ;QR'=(PR-QR)/2,AR3 指向第二个输入的虚部（QI）
                ||LD  *AR2,A             ;AH=PI
                SUB        *AR3,16,A,B   ;BH=PI-QI
                ADD        *AR3,16,A     ;AH=PI+QI
                STH        A,ASM,*AR2+0
                           ;PI'=(PI+QI)/2,AR2=AR2+3 指向下一个蝶形运算的第一个输入
                ST         B,*AR3+0%
                           ;QI'=(PI-QI)/2,AR3=AR3+3 指向下一个蝶形运算的第二个输入
                ||LD  *AR2,A             ;AH=PR(下一个蝶形运算第一个输入的实部)
s1end:
;第二级  蝶形运算   （4 点蝶形运算）
                MVMM       AR7,AR2       ;AR2 指向蝶形运算第一个数据的实部（PR）
                STM        #DATA+4,AR3   ;AR3 指向蝶形运算第二个数据的实部（QR）
                STM        #N/4-1,BRC
                LD         *AR2,16,A     ;AH=PR
                RPTBD      s2end-1
                STM        #5,AR0
;第一个蝶形运算
                SUB        *AR3,16,A,B   ;BH=PI-QI
                ADD        *AR3,16,A     ;AH=PR+QR
                STH        A,ASM,*AR2+   ;PR'=(PR+QR)/2,AR2 指向第一个输入的虚部（PI）
                ST         B,*AR3+       ;QR'=(PR-QR)/2,AR3 指向第二个输入的虚部（QI）
                ||LD  *AR2,A             ;AH=PI
                SUB        *AR3,16,A,B   ;BH=PI-QI
```

```
            ADD     *AR3,16,A         ;AH=PI+QI
            STH     A,ASM,*AR2+       ;PI'=(PI+QI)/2
            STH     B,ASM,*AR3+       ;QI'=(PI-QI)/2
;第二个蝶形运算
            MAR     *AR3+             ;AR3 指向虚部
            ADD     *AR2,*AR3,A       ;AH=PR+QI
            SUB     *AR2,*AR3-,B      ;BH=PR-QI
            STH     A,ASM,*AR2+       ;PR'=(PR+QI)/2
            SUB     *AR2,*AR3,A       ;AH=PI-QR
            ST      B,*AR3            ;QR'=(PR-QI)/2
            ||LD  *AR3+,B             ;BH=QR
            ST      A,*AR2            ;PI'=(PI-QR)/2
            ||ADD   *AR2+0%,A         ;AH=PI+QR
            ST      A,*AR3+0%         ;QI'=(PI+QR)/2
            ||LD  *AR2,A              ;AH=PR
s2end:
;第三级到最后一级蝶形运算
;蝶形运算辅助寄存器定义
;AR0——旋转因子索引
;AR1——组个数计数器
;AR4——指向 WR(COSINE 表)
;AR5——指向 WI(SINE 表)
;AR6——蝶形运算次数计数器
;AR7——蝶形级数计数器
            STM     #512,BK
            ST      #128,@sav_sin        ;初始化旋转因子表
            STM     #128,AR0
            STM     #TWI2,AR4            ;AR4 指向 WR(COSINE 表)
            STM     #TWI1,AR5            ;AR5 指向 WI(SINE 表）
            STM     #-3+LOGN,AR7         ;初始化蝶形级数计数器
            ST      #-1+N/8,@sav_grp     ;初始化组：15
            STM     #3,AR6               ;初始化蝶形运算次数计数器
            ST      #8,@sav_idx          ;初始化输入数据索引
stage:
            STM     #DATA,AR2            ;AR2 指向蝶形运算第一个数据的实部（PR）
            LD      @sav_idx,A           ;A=8
            ADD     *(AR2),A             ;A=8+PR
            STLM    A,AR3                ;AR3 指向蝶形运算第一个数据的实部（QR）
            MVDK    @sav_grp,AR1         ;AR1 是组个数计数器，AR1=8
group:
            MVMD    AR6,BRC              ;将每一组中的蝶形结的个数装入 BRC
            RPTBD   bend-1               ;重复执行至 bend-1 处
            LD      *AR4,T
            MPY     *AR3+,A              ;A=QR*WR,AR3 指向 QI
            MACR    *AR5+0%,*AR3-,A      ;A=QR*WR+QI*WI,AR3 指向 QR
            ADD     *AR2,16,A,B          ;B=(QR*WR+QI*WI)+PR
```

```
        ST      B,*AR2              ;PR'=((QR*WR+QI*WI)+PR)/2
        ||SUB*AR2+,B                ;B=PR-(QR*WR+QI*WI),AR2 指向 PI
        ST      B,*AR3              ;QR:=(PR-(QR*WR+QI*WI))/2
        ||MPY   *AR3+,A             ;A=QR*WI   [T=WI],AR3 指向 QI
        MASR    *AR3,*AR4+0%,A      ;A=QR*WI-QI*WR
        ADD     *AR2,16,A,B         ;B:=(QR*WI-QI*WR)+PI
        ST      B,*AR3+             ;QI':=((QR*WI-QI*WR)+PI)/2,AR3 指向 QR
        ||SUB*AR2,B                 ;B=PI-(QR*WI-QI*WR)
        LD      *AR4,T              ;T:=WR
        ST      B,*AR2+             ;PI'=(PI-(QR*WI-QI*WR))/2,AR2 指向 PR
        ||MPY   *AR3+,A             ;A:=QR*WR, AR3 指向 QI
bend:
;更新指针以准备下一组蝶形结的运算
        PSHM    AR0                 ;保存 AR0
        MVDK    sav_idx,AR0         ;AR0 中装入在该步运算中每一组所用的蝶形结
                                     的数目
        MAR     *AR2+0              ;调整 AR2,准备进行下一组的运算
        MAR     *AR3+0              ;调整 AR3,准备进行下一组的运算
        BANZD   group,*AR1-         ;当组计数器减一后步定于零时，延迟跳转至
                                     group 处
        POPM    AR0                 ;恢复 AR0
        MAR     *AR3-               ;修改 AR3 以适应下一组的运算
;更新计数器和其他索引数据以便进入下一个步骤的运算
        LD      sav_idx,A
        SUB     #1,A,B              ;B=A-1
        STLM    B,AR6               ;修改蝶形运算次数计数器
        STL     A,1,sav_idx         ;下一步计算的数据索引翻倍
        LD      sav_grp,A
        STL     A,ASM,sav_grp       ;下一步计算的组偏移量减少一半
        LD      sav_sin,A
        STL     A,ASM,sav_sin       ;下一步计算的旋转因子索引减少一半
        BANZD   stage,*AR7-
        MVDK    sav_sin,AR0         ;AR0=旋转因子表索引值（两字节）
*********
;第三步 分离复数 FFT 的输出为奇部分和偶部分
;所用辅助寄存器定义
;AR0——旋转表的索引值
;AR2——指向 I[k]、RP[k]、IP[k]
;AR3——指向 R[N-k]、I[N-k]、RP[N-k]、IP[N-k]
;AR6——指向 RM[k]、IM[k]
;AR7——指向 RM[N-k]、IM[N-k]
        STM     #DATA+2,AR2         ;AR2 指向 R[k]
        STM     #DATA+2*N-2,AR3     ;AR3 指向 R[N-k]
        STM     #DATA+2*N+3,AR7     ;AR7 指向 RM[N-k]
        STM     #DATA+4*N-1,AR6     ;AR6 指向 RM[k]
        STM     #-2+N/2,BRC
```

```
            RPTBD     p3end-1
            STM       #3,AR0              ;
            ADD       *AR2,*AR3,A          ;A=R[k]+R[N-k]=2*RP[k]
            SUB       *AR2,*AR3,B          ;B=R[k]-R[N-k]=2*RM[k]
            STH       A,ASM,*AR2+          ;在 R[k]处存储 RP[k]
            STH       A,ASM,*AR3+          ;在 R[N-k]处存储 RP[N-k]=RP[k]
            STH       B,ASM,*AR6-          ;在 I[2N-k]处存储 RM[k]
            NEG       B                    ;B=R[N-k]-R[k]=2*RM[N-k]
            STH       B,ASM,*AR7-          ;在 I[N+k]处存储 RM[N-k]
            ADD       *AR2,*AR3,A          ;A=I[k]+I[N-k]=2*IP[k]
            SUB       *AR2,*AR3,B          ;B:=I[k]-I[N-k]=2*IM[k]
            STH       A,ASM,*AR2+          ;在 I[k]处存储 IP[k]
            STH       A,ASM,*AR3-0         ;在 AI[N-k]处存储 IP[N-k]=IP[k]
            STH       B,ASM,*AR6-          ;在 AR[2N-k]处存储 IM[k]
            NEG       B                    ;B:=I[N-k]-I[k]=2*IM[N-k]
            STH       B,ASM,*AR7+0         ;在 AR[N+k]处存储 IM[N-k]
p3end:
            ST        #0,*AR6-             ;RM[N/2]=0
            ST        #0,*AR6              ;IM[N/2]=0
p3test:
**********
;第四步 形成 2N 点复数输出序列
;计算 AR[0],AI[0],AR[N],AI[N]
            STM       #DATA,AR2            ;AR2 指向 AR[0] (temp RP[0])
            STM       #DATA+1,AR4          ;AR4 指向 AI[0] (temp IP[0])
            STM       #DATA+2*N+1,AR5      ;AR5 指向 AI[N]
            ADD       *AR2,*AR4,A          ;A=RP[0]+IP[0]
            SUB       *AR2,*AR4,B          ;B=RP[0]-IP[0]
            STH       A,ASM,*AR2+          ;AR[0]=(RP[0]+IP[0])/2
            ST        #0,*AR2              ;AI[0]=0
            MVDD      *AR2+,*AR5-          ;AI[N]=0
            STH       B,ASM,*AR5           ;AR[N]=(RP[0]-IP[0])/2
;计算最后的输出值 AR[k],AI[k]
            STM       #DATA+4*N-1,AR3      ;AR3 指向 AI[2N-1] (temp PM[1])
            STM       #TWI2+512/N,AR4      ;AR4 指向 cos(k*3.14/N)
            STM       #TWI1+512/N,AR5      ;AR5 指向 sin(k*3.14/N)
            STM       #N-2,BRC
            RPTBD     p4end-1
            STM       #512/N,AR0           ;AR0 中存入旋转因子表的大小
            LD        *AR2+,16,A           ;A=RP[k]||修改 AR2 指向 IP[k]
            MACR      *AR4,*AR2,A          ;A=A+cos(k*3.14/N)*IP[k]
            MASR      *AR5,*AR3-,A         ;A=A-sin(k*3.14/N)*RM[k],修改 AR3 指向 IM[k]
            LD        *AR3+,16,B           ;B=IM[k]||修改 AR3 指向 RM[k]
            MASR      *AR5+0%,*AR2-,B      ;B=B-sin(k*3.14/N)*IP[k],修改 AR2 指向 RP[k]
            MASR      *AR4+0%,*AR3,B       ;B=B-cos(k*3.14/N)*RM[k]
            STH       A,ASM,*AR2+          ;AR[k]=A/2
```

```
        STH     B,ASM,*AR2+         ;AI[k]=B/2
        NEG     B                   ;B=–B
        STH     B,ASM,*AR3-         ;AI[2N-K]=-AI[K]=B/2
        STH     A,ASM,*AR3-         ;AR[2N-K]=AR[K]=A/2
p4end:
power:  STM     #OUTPUT,AR3         ;AR3 指向输出缓冲地址
    STM     #255,BRC                ;块循环计数器设置为 255
    RPTBD   power_end-1             ;带延迟方式的重复执行指令
        STM     #DATA,AR2           ;AR2 指向 AR[0]
    SQUR    *AR2+,A                 ;A=AR*AR
    SQURA   *AR2+,A                 ;A=AR*AR + AI*AI
    STH A,7,*AR3                    ;将 A 中的数据存入输出缓冲中
    ANDM    #7FFFH,*AR3+            ;避免输出数据过大在虚拟示波器中显示错误
power_end:  B   power_end
        .end
```

2. 编写链接命令文件 4

对应以上汇编程序的链接命令文件 fft.cmd 源代码如下：

```
/*fft.cmd*/
fft.obj
-m fft.map
-o fft.out
MEMORY
{
  PAGE 0: ROM(RIX)          :origin=5000h,length=1000h
          ROM1              :origin=6000h,length=0200h
  PAGE 1: B2A(RW)           :origin=0060h,length=10h
          B2B(RW)           :origin=0070h,length=10h
          INTRAM1(RW)       :origin=0400h,length=0200h
          INTRAM2(RW)       :origin=0800h,length=0200h
          INTRAM3(RW)       :origin=1400h,length=0800h
          OTHER             :origin=2000h,length=800h

}
SECTIONS
{
    .text     :   {}>ROM        PAGE 0
    INPUT     :   {}>ROM1       PAGE 0
    .data     :   {}>INTRAM3    PAGE 1
    twiddle1  :   {}>INTRAM1    PAGE 1
    twiddle2  :   {}>INTRAM2    PAGE 1
    tempv     :   {}>B2A        PAGE 1
    stack     :   {}>B2B        PAGE 1
    OUTPUT    :   {}>OTHER      PAGE 1
    .stack    :   {}>OTHER      PAGE 1
}
```

3．FFT 变换用到的数据文件

FFT 变换用到的数据文件有 mdata.inc、twiddle1.inc、twiddle1.inc，下面对它们分别进行说明。

1）mdata.inc：保存了模拟输入信号数据。模拟信号为方波信号，连续 10 个 8000，其后连续 10 个−8000，然后重复，共 256 个数据。

2）twiddle1.inc：正弦表。

3）twiddle1.inc：余弦表。

7.5.3　观察信号时域波形及其频谱

由链接命令文件可知，输入信号放在程序存储区 0x6000 开始的 256 个单元中，经程序计算得到的信号功率谱放在数据存储区 0x2000 开始的 256 个单元中。在 CCS 主界面的菜单栏中选择 View→Graph→Time/Frequency，弹出 Graph Property 对话框。在 Graph Property 对话框中，选择程序区 0x6000 开始的 256 个单元，即 Start Address 项为 0x6000、Page 项为 Program、Acquisition Buffer Size 项为 256，Display Type 分别选择为 Single Time 和 FFT Magnitude，则信号时域波形图和频谱图分别如图 7-25a、b 所示。在 Graph Property 对话框中将 Start Address 项改为 0x2000、Page 项改为 Data，Display Type 改为 Single Time，则可以观察经程序计算得到的信号功率谱，如图 7-25c 所示。

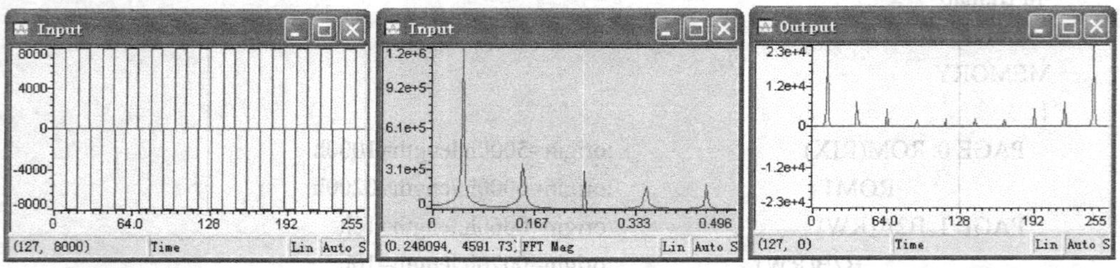

a)　　　　b)　　　　c)

图 7-25　输入信号的时域波形、频谱图及输出信号的功率谱

a) 输入信号的时域波形　b) 输入信号的频谱图　c) 输出信号的功率谱

7.6　本章小结

本章以 TMS320VC5402 为例讲述了 TMS320C54x 系列 DSP 系统的多个应用实例，主要包括 DSP 最小系统的硬件设计实例、利用通用 I/O 口控制 LED 显示的实例、FLASH 在线烧写实例、外扩高速 A/D 采样电路实例、利用 DSP 实现 FFT 算法实例。通过本章的学习，要求读者了解 DSP 实际应用系统的设计开发过程，理解 DSP 系统构成及实例中用到的各个基本概念和工作原理。

对 TMS320C54x 的最小应用系统设计的学习，是一个掌握 TMS320C54x 工作原理及系统设计的捷径，是学习 DSP 应用技术这项技能的一个引路石。本章可作为 DSP 应用技术中的重要实践部分，同时也因为所涉及 TMS320C54x 的各方面比较繁杂，也是一个难点部分。下面对本章的各个知识点进行简要概述：

1）最小应用系统设计实践可作为学习 TMS320C54x 设计的一项基本功。系统选用 TMS320VC5402 作为主控处理器，搭建了它的最小外围设置电路，并扩充了外部程序存储器 FLASH 和 SRAM，使得 TMS320VC5402 最小硬件系统可以脱离计算机开发环境而独立运行。

2）最小系统上用通用 I/O 引脚 XF 连接 LED 指示灯，通过编程控制 TMS320VC5402 处理器的 XF 高/低电平状态，实现对 LED 灯的开关控制。通过这个实例，读者很容易理解通用 I/O 的使用方法及其汇编、C 的编程操作。

3）在线 FLASH 烧写实例，实现了在 FLASH 芯片不脱离电路板的情况下，对 FLASH 在线烧写数据。通过这个实例，读者可以深入理解汇编/C 混合编程的方法，并可进一步在系统设计中实现程序运行中的在线数据（掉电不丢失）存储功能。

4）DSP 高速采样实例相对比较复杂一点，但综合了 DSP、高速 A/D 外设、CPLD 时序驱动三者的配合应用，读者可以仔细体会，相信能有所得。

5）FFT 算法设计实例作为一个利用 DSP 实现常用数字信号处理算法的典型示例在本章最后进行介绍，希望读者在此基础上能够深入研究，掌握数字信号处理算法的设计实现方法。

7.7 习题

1．为什么说 DSP 最小系统的设计是 DSP 硬件设计中最基本，也是最重要的一步？

2．在 TMS320C54x 中，能否从一种分频方式直接切换到另一种分频方式？写出切换步骤。例如希望将 TMS320VC5402 从 2 分频方式切换到 4 分频方式，请编写相应的程序。

3．一个 DSP 系统采用 TMS320VC5402 处理器，而其他外部接口芯片为 5V 器件，试为该系统设计一个合理的电源。

4．试为 DSP 系统设计一个复位电路，要求该电路具有上电复位、手动复位和监视系统运行等功能。

5．在 DSP 最小系统板的基础上，请自行设计外扩一路 A/D 采样电路。

6．在上题的基础上，准备一个正弦信号源，并将其接入 A/D 采样电路，编程实现 A/D 采样，并在 CCS 中观察采样结果值。

7．在 DSP 最小系统板的基础上，请自行编程实现 FLASH 在线擦除操作。

8．设计一个 FIR 低通数字滤波器并在 TMS320C54x 上编程实现，要求采样频率为 8000Hz，输入信号为频率 1000 Hz 和 2500 Hz 的正弦信号的合成信号，通过设计的低通数字滤波器将 2500 Hz 信号滤掉，剩余 1000 Hz 信号。

第 8 章　TMS320C54x 的外设应用编程

为了满足数据处理的需要，TMS320C54x 系列 DSP 处理器片内集成了一些外部设备。这些片内外设是辅助 CPU 完成信号处理的重要部件，它们在 DSP 与外界进行数据交换以及 DSP 与其他器件进行接口和通信等方面发挥了极其重要的作用。TMS320C54x 系列 DSP 的片内外设中，有一些片内外设的使用方法已经在第 3 章介绍过，如通用 I/O 引脚、时钟发生器、软件可编程等待状态发生器、可编程块切换逻辑等。本章主要介绍 TMS320C54x 系列 DSP 片内外设中的定时器、主机接口 HPI、串行口的使用及外部 I/O 扩展的方法。

8.1　定时器的原理与应用

定时器在系统设计中起着重要的作用，可用于定时控制、延时、外部事件的计数等。TMS320C54x 的片内定时器是软件可编程的时间定时器，用于周期性的产生中断和周期输出，其本质上就是对时钟进行减法计数定时。通过编程设置特定的状态可使定时器停止、恢复运行、复位或禁止。定时器的最高分辨率为处理器的 CPU 时钟速度，通过带 4 位预分频器的 16 位减法计数器，可以获得较大范围的定时器频率。

8.1.1　定时器的工作原理

1．定时器的结构组成

定时器主要由定时寄存器 TIM、定时周期寄存器 PRD、定时控制寄存器 TCR（包括预标定分频系数 TDDR、预标定计数器 PSC、控制位 TRB 和 TSS 等）及相应的逻辑控制电路组成。其中寄存器 TIM、PRD 和 TCR 都是存储器映射寄存器，它们在数据存储器中的地址分别为 0024h、0025h 和 0026h。定时寄存器 TIM 是 16 位减 1 计数器；定时周期寄存器 PRD 用来存放定时时间；定时控制寄存器 TCR 用来存放定时器的控制位和状态位。逻辑控制电路主要用来控制定时器协调工作。定时器的结构框图如图 8-1 所示。

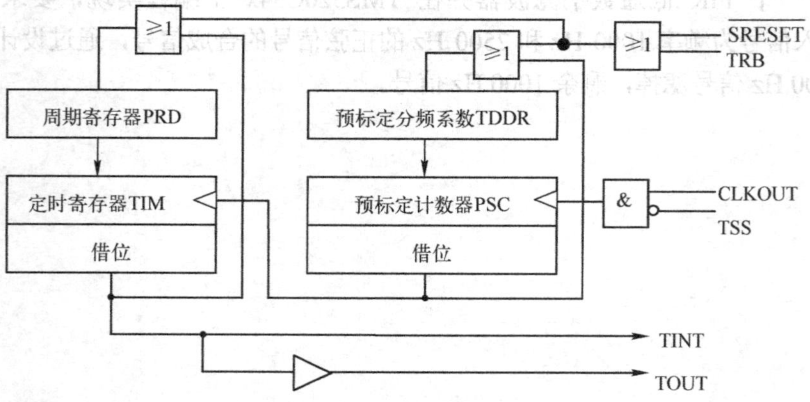

图 8-1　定时器的结构框图

逻辑控制电路由三个或门和一个与门组成，其对外接口信号有：输入信号包括 $\overline{\text{SRESET}}$、TRB、TSS、CLKOUT；输出信号包括 TINT、TOUT。其中，输入信号复位 $\overline{\text{SRESET}}$ 和 TRB 的作用是控制计数器重新加载初始值，具体是指控制 PRD 的加载计数和控制 PSC 的加载计数；停止控制位 TSS 的作用是，利用与门逻辑结构可以选通或屏蔽 CLKOUT 信号，来实现对定时器的启动与停止；TINT 是输出信号，用于外部定时中断触发，定时时间到可以触发 TMS320C54x 中断；TOUT 是输出信号，用于定时输出，可以输出定时波形。

2. 定时器的控制寄存器

定时控制寄存器 TCR 是 16 位存储器映射寄存器，包含定时器的控制位和状态位。定时控制寄存器 TCR 各位的定义如图 8-2 所示。

15～12	11	10	9～6	5	4	3～0
保留	Soft	Free	PSC	TRB	TSS	TDDR

图 8-2　定时控制寄存器 TCR 的位结构定义

各个位功能组合说明如下：

1）TDDR：定时器分频系数，用来对 CLKOUT 进行分频，以改变定时周期。它的最大预定标值为 16，最小预定标值为 1。当 PSC 减到 0 后，以 TDDR 中的数加载 PSC。

2）TSS：定时器停止状态位，用于停止或启动定时器。复位时，TSS 位清 0，定时器立即定时；当 TSS=0 时，定时器启动工作；当 TSS=1 时，定时器停止工作。

3）TRB：定时器重新加载位，用来复位片内定时器。当 TRB 置 1 时，以 PRD 中的数加载 TIM，以及以 TDDR 中的值加载 PSC。TRB 总是读成 0。

4）PSC：定时器预定标计数器，其标定范围为 1～16。当 PSC 减到 0 后，TDDR 位域中的数加载到 PSC，TIM 减 1。

5）Free、Soft：软件调试控制位。Free 和 Soft 位结合使用，用来控制调试程序断点操作情况下的定时器工作状态，功能说明见表 8-1。

表 8-1　软件调试控制位功能说明

Soft	Free	定时器状态
0	0	定时器立即停止工作
1	0	当计数器减至 0 时停止工作
X	1	定时器继续工作

6）保留：保留；读成 0。

3. 定时器的工作原理

主定时器模块由 PRD 和 TIM 组成。在正常工作情况下，当 TIM 减到 0 后，PRD 中的时间常数自动地加载到 TIM。当系统复位（图 8-1 中的 $\overline{\text{SRESET}}$ 置 1）或者定时器单独复位（TRB 置 1）时，PRD 中的时间常数重新加载到 TIM。

复位后，定时控制寄存器 TCR 的停止状态位 TSS=0，定时器启动工作，时钟信号 CLKOUT 加到预定标计数器 PSC。PSC 也是一个减 1 计数器，每当复位或其减到 0 后，自动地将定时器分频系数 TDDR 加载到 PSC。PSC 在 CLKOUT 作用下，作减 1 计数。当 PSC 减到 0 时，产生一个借位信号，令 TIM 作减 1 计数。TIM 减到 0 后，产生定时中断信号 TINT，传送至 CPU 和定时器输出引脚 TOUT。

由上可见，定时器的基本定时周期 T 可由下式计算：

$$T = \text{CLKOUT} \times (\text{TDDR}+1) \times (\text{PRD}+1)$$

式中，CLKOUT 为时钟周期，TDDR 和 PRD 分别为定时器的分频系数和时间常数。

若要关闭定时器，只要将 TCR 的 TSS 位置 1，就能切断时钟输入，定时器停止工作。当不需要定时器时，关闭定时器可以减小器件的功耗。

读 TIM 和 TCR 寄存器，可以知道定时器中的当前值和预定标计数器中的当前值。由于读这两个寄存器要用两条指令，就有可能在两次读之间发生读数变化。因此，如果需要精确的定时测量，就应当在读这两值之前先关闭定时器。

用定时器可以产生外围电路（如模拟接口电路）所需的采样时钟信号。一种方法是直接利用 TOUT 信号；另一种方法是利用中断，周期地读一个寄存器。

4．定时器应用的初始化

（1）定时器模块的初始化步骤如下：

1）TCR 的 TSS 位置 1，关闭定时器，停止定时。

2）装载 PRD 值。

3）重新装入 TCR，初始化 TDDR，设置 TSS=0 和 TRB=1，重装载定时器周期。启动定时器。

（2）设置定时器中断方法（INTM=1）如下：

1）将 IFR 中的 TINT 置 1，以清除尚未处理完的定时器中断。

2）将 IMR 中的 TINT 置 1，启动定时器中断。

3）将 INTM 置 0，启动全部中断。

（3）复位时，TIM 和 PRD 被设置为最大值（0FFFFh），TCR 中的 TDDR 置 0，定时器可以通过启动定时控制寄存器（TCR）完成以下操作：

1）设定定时器的工作方式。

2）设定预定标计数器中的当前数值。

3）启动或停止定时器。

4）重新装载定时器。

5）设置定时器的分频值。

8.1.2 定时器的应用实例

【例 8-1】 PLL 初始化实例。

假设外部晶体振荡器提供 10MHz 的时钟输入，希望设置 TMS320C54x 的工作主频为 100MHz。汇编子函数实现代码如下：

```
_CLKMD:
        STM #0b, 58h            ;切换到 DIV 模式
TstStatu: LDM 58h, A
        AND #01b, A             ;测试 STATUS 位，等待准备好
```

```
BC TstStatu, ANEQ
STM #09007h, 58h        ;切换到 PLL 模式
RET
```

【例 8-2】 定时器自动装载定时。

设置参数：

TSS=0：启动定时器；TRB=1：自动装载；TDDR=Ah：分频系数 10
soft=1，free=0：计数器减至 0 时，停止工作；TCR=0AAAh。
定时周期：0101h；关闭定时器中断：IFR=0008h；
开放定时器中断：IMR=0008h。

代码如下：

```
STM    #0000h，SWWSR        ;不插等待时间
STM    #0010h，TCR          ;TSS=0 关闭定时器
STM    #0101h，PRD          ;加载周期寄存器（PRD）
STM    #0AAAh，TCR          ;装入定时器控制字，启动定时器
STM    #0080h，IFR          ;消除尚未处理完的定时器中断
STM    #0080h，IMR          ;开放定时器中断
RSBX   INTM                 ;开放中断
```

8.2 主机接口应用原理与实例

8.2.1 主机接口应用原理

TMS320C54x 的主机接口（HPI）用于实现与主处理器的通信，外部主机或主处理器可以很方便地通过 HPI 接口读写 TMS320C54x 的片内 RAM，从而大大提高数据交换的能力。主机与 DSP 通过 HPI 的通信，可通过专用地址和数据寄存器、HPI 控制寄存器以及使用外部数据与接口控制信号来实现。

TMS320C54x 的主机接口（HPI）有三种实现模式。在 C542、C545、C548、C549 等处理器芯片上是一个标准主机接口（HPI），它是 8 位并行数据传输接口；在 VC5402、VC5410 等处理器芯片上是一个增强型标准主机接口（EHPI-8），它在标准主机接口（HPI）做了一些功能上的增强；在 VC5409、VC5441 等处理器芯片上是一个增强型标准主机接口（EHPI-16），它是 16 位并行数据传输接口。本章中以标准主机接口（HPI）为例讲解，增强型标准主机接口（EHPI-8）应用非常类似，对于 EHPI-16 请感兴趣的读者自行查阅资料《TMS320C54x DSP Reference Set Volume 5：Enhanced Peripherals》。

HPI 口的作用是把 TMS320C54x 作为从属设备，提供与主机的接口。主机可以通过 HPI 口控制 TMS320C54x 的工作状态、访问 TMS320C54x 的内部资源。标准 HPI 口在硬件上提供的总线信号为：8 根外部数据线 HD（0～7）以及相应的地址、读写控制信号。因为 TMS320C54x 内部处理数据是 16 位的，但硬件接口数据总线宽度是 8 位，所以当 TMS320C54x 与主机交换数据时，标准 HPI 会自动地将外部接口连续传来的 8 位数重组为 16 位数。

标准 HPI 接口具备以下一些特点：

1）接口所需要的外部硬件少。

2）HPI 单元允许处理器直接利用一个或两个数据选通信号。

3）有一个独立或复用的地址总线。

4）一个独立或复用的数据总线与微控制单元 MCU 连接。

5）主机和 DSP 可独立地对 HPI 接口操作。

6）主机和 DSP 握手可通过中断方式来完成。

7）主机可以通过 HPI 直接访问 CPU 的存储空间，包括存储器映射寄存器。

8）主机还可以通过 HPI 接口装载 DSP 的应用程序、接收 DSP 运行结果或诊断 DSP 运行状态。

1. 标准 HPI 接口的工作模式

HPI 接口有两种工作方式：共享寻址模式（SAM 方式）和主机寻址模式（HOM 方式）。

（1）共享寻址模式（SAM 方式）

在这种方式下，主机和 TMS320C54x 都能寻址 HPI 存储器。当 TMS320C54x 与主机的读写访问周期发生冲突时，主机优先寻址，TMS320C54x 则将等待一个周期。HPI 口可以支持主设备与 TMS320C54x 之间的高速数据传送。在该模式下，HPI 支持的最高传输字节速度为 CLKOUT/5，即：若 HPI 达到最高每 5 个 CLKOUT 周期传送一个字节，则主机的读取 TMS320C54x 数据速率可达 CLKOUT/5。

（2）主机寻址模式（HOM 方式）

在 HOM 方式下，HPI 存储器只能让主机寻址，而 TMS320C54x 则处于复位状态或 IDLE2 空转状态。

2. 标准 HPI 接口的内部结构及对外硬件接口信号

标准 HPI 内部结构框图如图 8-3 所示。

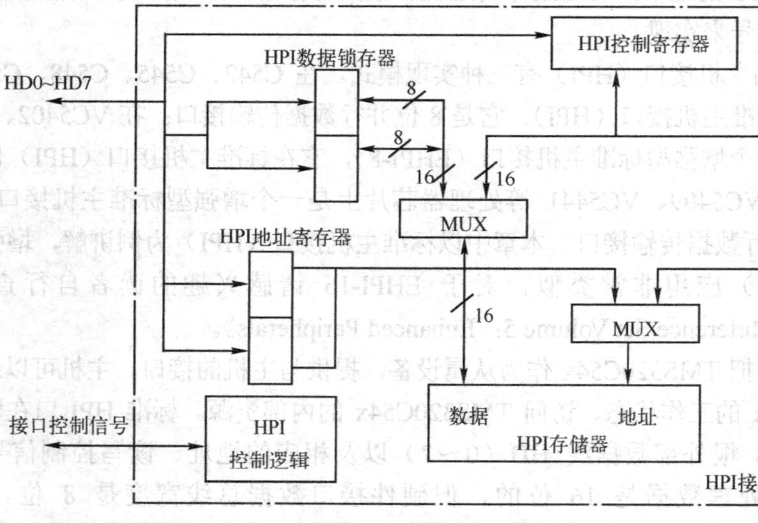

图 8-3 标准 HPI 内部结构框图

接口控制信号、DSP 数据、DSP 地址构成了标准 HPI 对外硬件接口信号线。外部主处理器访问 TMS320C54x 内部资源时，首先通过这组总线，设置地址寄存器 HPIA，将要访问的 TMS320C54x 片内 RAM 的地址写入 HPIA；然后对数据寄存器 HPID 访问，实际就完成了对 TMS320C54x 片内对应地址的 RAM 数据访问。

标准 HPI 对外硬件接口信号线主要由以下信号组成：

HD0～HD7：双向并行三态数据总线，与主机数据总线相连。当不传送数据（HDSx 或 HCS=1）或 EMU1/OFF=0（切断所有输出）时，HD7～HD0 均处于高阻状态。

HCS：片选信号，与主机地址线或控制线相连。作为 HPI 的使能输入端，在每次寻址期间必须为低电平，两次寻址之间也可以连续停留在低电平。

HAS：地址选通信号，与主机地址锁存使能（ALE）或地址选通引脚相连，也可以不使用。若主机的地址和数据是一条复用总线，HAS 则需要与主机的 ALE 引脚相连，以便于在 HAS 的下降沿锁存 HBIL、HCNTL0/1 和 HR/W 信号；若主机的地址和数据线是分开的独立总线，则 HAS 接高电平，此时由 HDS1、HDS2 或 HCS 中最迟的下降沿锁存 HBIL、HCNTL0/1 和 HR/W 信号。

HBIL：字节顺序识别信号，与主机地址线或控制线连接，用于识别主机传送来的一个字（16 位数据）中的是第几字节（8 位数据）。当 HBIL=0 时为第 1 字节；当 HBIL=1 时为第 2 字节。但具体第 1 个字节是高字节还是低字节，则由 HPIC 寄存器中的 BOB 位决定。

HRDY：HPI 准备好端，与主机异步准备好线相连。高电平表示 HPI 已准备好，可执行一次数据传送；低电平表示 HPI 正忙于完成当前事务。

HCNTL0、HCNTL1：主机控制信号，与主机地址线或控制线连接，用来选择主机所要寻址的寄存器，功能说明见表 8-2。

表 8-2　主机控制信号的功能说明

HCNTL0	HCNTL1	功　能　说　明
0	0	主机可以读/写 HPIC 寄存器
0	1	主机可以读/写 HPID 寄存器。每读 1 次，HPIA 事后增 1；每写 1 次，HPIA 事先增 1
1	0	主机可以读/写 HPIA 寄存器。这个寄存器指向 HPI 访问的存储器
1	1	主机可以读/写 HPID 寄存器。HPIA 寄存器不受影响

HDS1、HDS2：数据选通信号，与主机读选通和写选通或数据选通线连接，用于在主机寻址 HPI 周期内控制 HPI 数据的传送。 HDS1 和 HDS2 信号与 HCS 一道产生内部选通信号。

HINT：HPI 中断输出信号，与主机中断输入相连。受 HPIC 寄存器中的 HINT 位控制。当 TMS320C54x 复位时为高电平，EMU1/OFF 低电平时为高阻状态。

HR/W：读/写信号。与主机读/写选通、地址线或多路地址数据线连接，用于控制主机对 HPI 的读写操作。当该信号为高电平时，表示主机要读 HPI；当该信号为低电平时，表示主机要写 HPI。若主机没有独立的读/写信号，可用一根地址线代替，以地址的不同区分读写操作。

3．标准 HPI 接口的接口寄存器

HPI 接口的接口寄存器有 3 个，分别是控制寄存器 HPIC、数据寄存器 HPID 和地址寄存器 HPIA。用于实现外部主处理器通过 HPI 接口访问 TMS320C54x 内部资源。这 3 个寄存器都可以被外部主处理器通过 HPI 硬件连线访问，但 TMS320C54x 只能访问控制寄存器

HPIC。它们的功能说明见表 8-3。

表 8-3　HPI 接口的接口寄存器功能说明

寄存器	TMS320C54x 地址	说　明
HPIA	—	HPI 地址寄存器，只能由主机读写。该寄存器对应主机访问的 TMS320C54x 的片内 RAM 地址
HPIC	002Ch	HPI 控制寄存器。TMS320C54x 和主机都可以读写，后面详细介绍
HPID	—	HPI 数据寄存器。只能由主机读写。主机读写该寄存器将修改 TMS320C54x 的片内 HPI 共享 RAM

数据寄存器 HPID 和地址寄存器 HPIA 的功能很简单，外部主处理器访问 TMS320C54x 内部资源时，地址寄存器 HPIA 保存将要访问的 TMS320C54x 片内 RAM 地址；而数据寄存器 HPID 的访问，实际就完成了外部主处理器对 TMS320C54x 片内对应地址的 RAM 数据访问。但控制寄存器 HPIC 则不然，标准 HPI 工作模式的设定主要由控制寄存器 HPIC 决定。

HPI 的控制寄存器 HPIC 为 16 位寄存器，用来控制 HPI 的操作模式。它的高 8 位与低 8 位完全相同，提供了 4 个控制位，分别为 BOB、SMOD、DSPINT 和 HINT 位。HPIC 各位的定义如图 8-4 所示，其各位的功能描述见表 8-4。

15～12	11	10	9	8	7～4	3	2	1	0
X	HINT	DSPINT	SMOD	BOB	X	HINT	DSIPNT	SMOD	BOB

图 8-4　HPIC 的位结构定义

表 8-4　HPIC 的位功能说明

控制位	主机状态	TMS320C54x 状态	功 能 说 明
HINT	读/写	读/写	TMS320C54x 向主机发出中断位。这一位决定 HINT 输出端的状态，用来对主机发出中断。复位后，HINT=0，外部 HINT 输出端无效（高电平）。该位只能由 TMS320C54x 置位，也只能由主机将其复位。当外部 HINT 引脚无效（高电平）时，TMS320C54x 和主机读 HINT 位为 0；当 HINT 为有效（低电平）时，读为 1
BOB	读/写	—	字节选择位。若 BOB=1，第 1 个字节为低字节，否则，第 1 个字节为高字节。BOB 位影响数据和地址的传送。只有主机可以修改这一位，TMS320C54x 对它既不能读也不能写
DSPINT	写	—	主机向 TMS320C54x 发出中断位，只能由主机写入，且主机和 TMS320C54x 都不能读它。当主机对该位写 1 时，就对 TMS320C54x 产生一次中断。该位总是读成 0。当主机写 HPIC 时，高、低字节必须写入相同的值
SMOD	读	读/写	寻址方式选择位。若 SMOD=0，选择 HOM 方式，TMS320C54x 都不能寻址 HPI 的 RAM 区。TMS320C54x 复位期间，SMOD=0；复位后，SMOD=1。该位只能由 TMS320C54x 修正，TMS320C54x 和主机都可以读它

主机和 TMS320C54x 对 HPIC 寄存器的寻址读写会有 4 种结果（见图 8-5～图 8-8）：

（1）主机读 HPIC 寄存器

15～12	11	10	9	8	7～4	3	2	1	0
X	HINT	0	SMOD	BOB	X	HINT	0	SMOD	BOB

图 8-5　主机读 HPIC 的位结构定义

X 表示无关。

（2）主机写 HPIC 寄存器

15～12	11	10	9	8	7～4	3	2	1	0
X	HINT	DSPINT	X	BOB	X	HINT	DSPINT	X	BOB

图 8-6 主机写 HPIC 的位结构定义

SMOD=X 表示主机不能设定 SMOD 控制位，这一位只能由 TMS320C54x 设定。

（3）TMS320C54x 读 HPIC 寄存器

15～12	11	10	9	8	7～4	3	2	1	0
X	X	X	X	X	X	HINT	0	SMOD	0

图 8-7 TMS320C54x 读 HPIC 的位结构定义

（4）TMS320C54x 写 HPIC 寄存器

15～12	11	10	9	8	7～4	3	2	1	0
X	X	X	X	X	X	HINT	X	SMOD	X

图 8-8 TMS320C54x 写 HPIC 的位结构定义

DSIPNT=X、BOB=X 表示不能由 TMS320C54x 设定，只能由主机设定。

4．标准 HPI 与增强型 EHPI-8 接口区别

标准 HPI 与增强型 EHPI-8 接口非常类似，但在功能上存在 3 点区别，在实际应用中请读者注意：

1）标准 HPI 接口中外部主机只能访问固定位置的 2K 字大小的片内 RAM，而增强型 HPI-8 接口可以访问 TMS320C54x 整个内部 RAM。

2）增强 8 位 HPI 只有同步模式，而标准 8 位 HPI 有异步模式，即外部主处理器可在 DSP 的时钟 CLOCK 不工作时访问 TMS320C54x 内部 RAM。

3）在增强型 HPI-8 中主机和 TMS320C54x 只能共享访问 RAM（SAM 访问模式），而标准模式中，可以实现 SAM 和 HOM 两种方式的访问。

8.2.2 主机接口应用实例

为实现主机与 TMS320C54x 的通信，可通过 HPI 硬件信号接口连接。图 8-9 是 TMS320C54x HPI 与主机的连接框图，可见主机的总线可直接连接到 TMS320C54x 的 HPI 硬件信号引脚上，不需要附加过多复杂的路基电路，非常简单方便。

【例 8-3】 主机与 TMS320C54x 的通信。

图 8-9 所示的这种连接方式实际是把 TMS320C54x 的 HPI 映射为主机的存储空间，通过对其操作访问 TMS320C54x 的片内数据存储空间。主机及 TMS320C54x 可各自编程，把 TMS320C54x 片内 RAM 作为公共数据交换区，实现相互通信。TMS320C54x 可编程读写此块数据；主机也可通过对 HPI 寄存器操作读写实现读写此块数据。另外 TMS320C54x 也可以设置 HPI 控制寄存器 HPIC 触发对主机的中断申请操作。

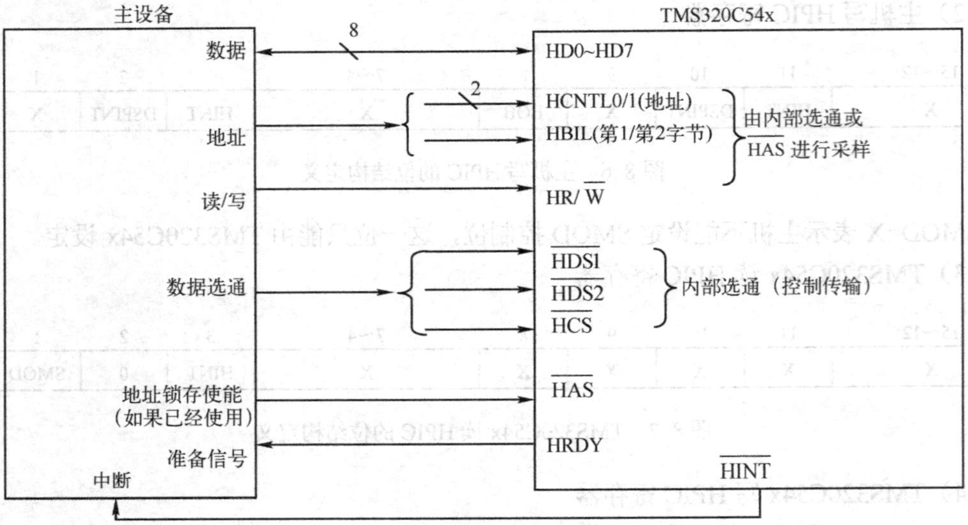

图 8-9　主机与 TMS320C54x HPI 信号连接框图

DSP 初始化 HPI 接口设置为主机/DSP 共用寻址模式（SAM 方式），代码如下：

```
volatile unsigned int    *p;
p=(volatile unsigned int *)0x002c;        //配置 HPIC 寄存器，设置为共用寻址模式（SAM 模式）
*p=0x02;
```

DSP 在 SAM 方式下触发主机中断，代码如下：

```
volatile unsigned int    *p;
p=(volatile unsigned int *)0x002c;
*p=0x0A;
```

8.3　串行通信口原理与应用

TMS320C54x 具有高速、全双工串行口，可以与串行设备（如编解码器和串行 A/D 转换器）直接通信，也可用于多处理器系统中处理器之间的通信。TMS320C54x 系列的串行口有 4 种类型：标准同步串行口（SP）、缓冲同步串行口（BSP）、时分多路串行口（TDM）、多通道缓冲串行口（McBSP）。

8.3.1　标准同步串行口

标准同步串行口（SP）是一个高速全双工、双缓冲的串行接口，可以很方便地提供与编码器、A/D 转换器等串行设备之间的通信，可实现数据的同步发送和接收，能完成 8 位或 16 位的串行通信。每个串行口都含有数据发送寄存器（DXR）、发送移位寄存器（XSR）、数据接收寄存器（DRR）和接收移位寄存器（RSR），并能以 1/4 机器周期频率工作。

在进行数据的接收和发送时，串行口能够产生可屏蔽的中断（RINT 和 XINT）分别用于指示收、发完成，通过软件来处理数据的接收和发送，整个过程由串行口控制寄存器（SPC）控制。

1. 标准同步串行口（SP）结构

标准同步串行口（SP）的结构框图如图 8-10 所示。

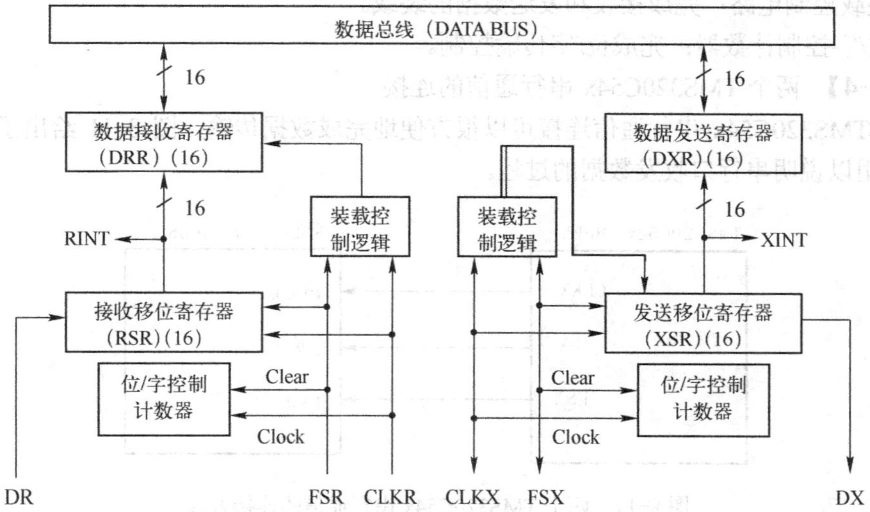

图 8-10　标准同步串行口（SP）的结构框图

SP 由 16 位数据接收寄存器（DRR）、数据发送寄存器（DXR）、接收移位寄存器（RSR）、发送移位寄存器（XSR）、2 个装载控制逻辑电路以及 2 个位/字控制计数器组成。标准同步串行口模块对外引出了外部信号引脚，分为接收和发送两组通道。接收通道用于接收同步串行信息，发送通道用于对外发送同步串行信息。表 8-5 列出了标准同步串行口所用到的引脚。

表 8-5　SP 外部引脚信号

接收通道		发送通道	
引　脚	说　明	引　脚	说　明
CLKR	接收时钟信号	CLKX	发送时钟信号
DR	接收串行数据信号	DX	发送串行数据信号
FSR	接收帧同步信号	FSX	发送帧同步信号

标准同步串行口各部分的功能：

1）数据接收寄存器（DRR）。它是 16 位的存储器映射数据接收寄存器，用来保存来自 RSR 寄存器并将要写到数据总线的输入数据。复位时，DRR 被清除。

2）数据发送寄存器（DXR）。它是 16 位的存储器映射数据发送寄存器，用来保存来自数据总线并将要加载到 XSR 的外部串行数据。复位时，DXR 被清除。

3）数据接收移位寄存器（RSR）。它是 16 位的数据接收移位寄存器，用来保存来自串行数据接收（DR）引脚的输入数据，并控制数据到 DRR 的传输。

4）数据发送移位寄存器（XSR）。它是 16 位数据发送移位寄存器，用来控制来自 DXR 的外部数据的传输，并保存将要发送到串行数据发送引脚的数据。

5）串行口控制寄存器（SPC）。它是 16 位的存储器映射串行接口控制寄存器，用来保存串行接口的模式控制和状态位。

6）控制电路。它用于控制串行口协调工作，有以下两种：

① 装载控制电路：完成接收和发送数据的装载。

② 位/字控制计数器：完成位/字传输控制。

【例 8-4】 两个 TMS320C54x 串行通信的连接。

两个 TMS320C54x 串行通信连接可以很方便地完成数据传输，图 8-11 给出了一种连接方式，并用以说明串行口收发数据的过程。

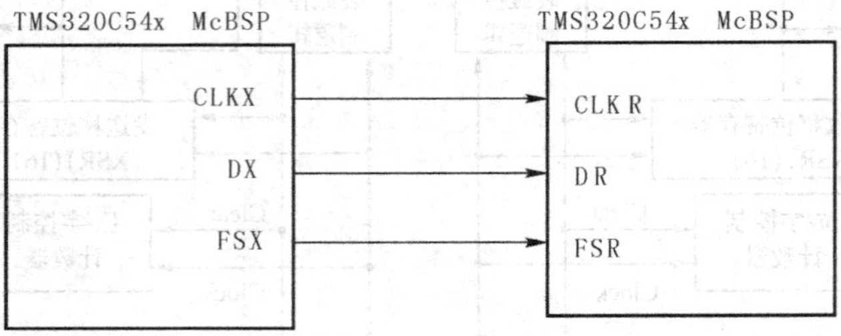

图 8-11 两个 TMS320C54x 串行通信的连接方式

对于左侧 TMS320C54x 设备，发送过程分为以下几步：

1）发送数据装入 DXR。

2）当上一个数据发送完后，DXR 的数据会自动装入 XSR。

3）在发送帧同步信号 FSX 和发送时钟信号 CLKX 的作用下，将 XSR 的数据通过引脚 DX 发送输出。

对于右侧 TMS320C54x 设备，接收过程分为以下几步：

1）在接收帧同步信号 FSR 和接收时钟信号 CLKR 的作用下，接收数据通过 DR 引脚移至 RSR 中。

2）当 RSR 满时，将数据装入 DRR 中。

3）接收端检测到数据到达即可进一步处理。

程序管理访问串行口的缓冲器的方法可选择查询法或中断法。查询法通过程序不断查询串行口控制寄存器（SPC）得到其工作状态，然后进行数据处理；中断法则设置发送、接收串行口中断，通过中断服务程序处理发送、接收数据。

当用中断法进行处理时，串行口初始化的步骤应遵从如下步骤：

1）复位和初始化串行口。给 SPC 寄存器写入 0038h（或 0008h）。具体配置为，CLKX 使用内部时钟（CLKX 信号作为输出），串口通信使用突发模式，使用内部帧同步信号（FSX 信号作为输出）。

2）清除任何正在进行中的中断。给 IFR 置 00C0h（XINT、RINT 置位）。

3）允许串行口中断。给 IMR 置 00C0h。

4）从整体上开放中断。将 ST1 中的 INTM 位置 0。

5）启动串行口。给 SPC 置 00F8h（或 00C8h）。

6）写第一个数据值给 DXR。

2. 串行口控制寄存器（SPC）

TMS320C54x 标准同步串行口的操作是由串行口控制寄存器（SPC）决定的。SPC 各位的定义如图 8-12 所示。

15	14	13	12	11	10	9	8	7	6	5	4	3	2	1	0
Free	Soft	RSRFULL	$\overline{\text{XSREMPTY}}$	XRDY	RRDY	IN1	IN0	$\overline{\text{RRST}}$	$\overline{\text{XRST}}$	TXM	MCM	FSM	FO	DLB	Res

图 8-12　串行口控制寄存器（SPC）的位结构定义

SPC 有 16 个控制位，其中 7 位只能读，其余 9 位可以读/写。下面对 SPC 的各控制位的功能进行说明。

1）Res（第 0 位）：保留位，用于 TMS320C54x 测试串行口代码。在串行接口总读为 0。

2）DLB（第 1 位）：数字回送模式位，用于设置串行接口为数据回送模式。

① 当 DLB=0 时，为禁止数据回送模式。DR、FSR 和 CLKR 信号来自它们各自的器件引脚。

② 当 DLB=1 时，为使能数据回送模式。通过图 8-13a 和图 8-13b 所示的多路复用器，将 DR 和 FSR 信号分别连接到 DX 和 FSX。另外，如果 MCM=1，则输出时钟 CLKR 由片内时钟 CLKX 驱动；如果 MCM=0，则输出时钟 CLKR 来自器件的 CLKR 引脚。该配置允许 CLKX 和 CLKR 在外部连接在一起，并且由同一个时钟源提供时钟。图 8-13c 所示为 CLKR 的逻辑结构。

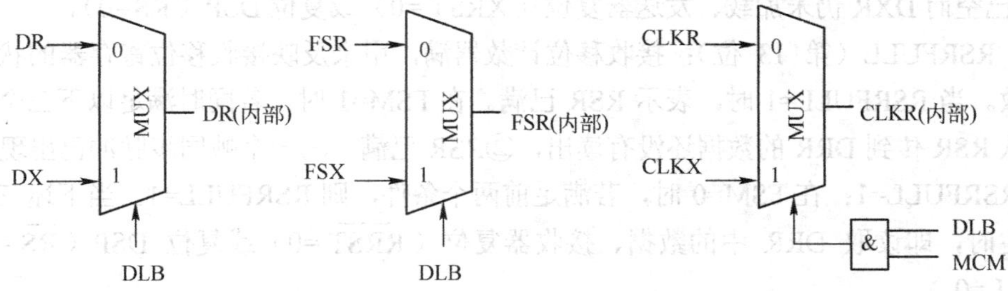

a)　　b)　　c)

图 8-13　串行口接收器多路开关

3）FO（第 2 位）：数据格式位，该位用于定义串行口发送/接收数据的字长。当 FO=0 时，发送/接收数据按 16 位传输。当 FO=1 时，发送/接收数据按 8 位传输，先送高 8 位。

4）FSM（第 3 位）：帧同步模式位，该位规定串行口工作时，在初始帧同步脉冲之后是否还要求 FSX 和 FSR 帧同步脉冲。当 FSM=0 时，串行口工作在连续方式，在初始帧同步脉冲之后不需要帧同步脉冲，但是如果出现定时错误的帧同步，将会造成串行传送出错。当 FSM=1 时，串行口工作在字符组方式，即每发送/接收一个字都要求一个帧同步脉冲 FSX/FSR。

5）MCM（第 4 位）：时钟模式位，用来设定 CLKX 的时钟源。当 MCM=0 时，CLKX 配置成输入，采用外部时钟源。当 MCM=1 时，CLKX 配置成输出，采用内部时钟源。片内时钟频率是 CLKOUT 频率的 1/4。

6）TXM（第 5 位）：发送模式位，用于设定帧同步脉冲 FSX 的来源。当 TXM=0 时，FSX 设置成输入，由外部提供帧同步脉冲。发送时，发送器处于空转状态，直到 FSX 引脚上提供帧同步脉冲。当 TXM=1 时，FSX 设置成输出，由片内产生帧同步脉冲。每次发送数据的开头由片内产生一个帧同步脉冲。

7）$\overline{XRST}$（第 6 位）：发送复位位，用来对串行口发送器进行复位。当 $\overline{XRST}$=0 时，串行口处于复位状态，停止操作。当 $\overline{XRST}$=1 时，串行口处于工作状态。

8）$\overline{RRST}$（第 7 位）：接收复位位，用来对串行口接收器进行复位。当 $\overline{RRST}$=0 时，串行口处于复位状态，停止操作。当 $\overline{RRST}$=1 时，串行口处于工作状态。

9）IN0（第 8 位）：接收时钟状态位，用于显示接收时钟 CLKR 的当前状态。

10）IN1（第 9 位）：发送时钟状态位，用于显示发送时钟 CLKX 的当前状态。

11）RRDY（第 10 位）：接收准备好位，用于检测接收移位寄存器（RSR）接收数据的状态。RRDY 由 0 变 1，表示 RSR 中的内容已复制到接收数据寄存器（DRR）中，同时串行口产生接收中断 RINT。

12）XRDY（第 11 位）：发送准备好位，用于检测发送寄存器（DXR）发送数据的状态。XRDY 由 0 变 1，表示 DXR 中的内容已复制到发送移位寄存器（XSR）中，同时串行口产生发送中断 XINT。

13）$\overline{XSREMPTY}$（第 12 位）：发送移位寄存器空位，用于反映发送移位寄存器的状态。当发生以下三种情况之一时，$\overline{XSREMPTY}$=0，暂停发送数据，即发送移位寄存器（XSR）已空而 DXR 仍未加载、发送器复位（$\overline{XRST}$=0）或复位 DSP（$\overline{RS}$=0）。

14）RSRFULL（第 13 位）：接收移位计数器满，用来反映接收移位寄存器的状态，高电平有效。当 RSRFULL=1 时，表示 RSR 已满。在 FSM=1 时，若同时满足以下三个条件：①上次从 RSR 传到 DRR 的数据还没有读出，②RSR 已满，③一个帧同步脉冲已出现在 FSR 端，则 RSRFULL=1；在 FSM=0 时，若满足前两个条件，则 RSRFULL=1。当下述三种情况之一发生时，即读取 DRR 中的数据、接收器复位（$\overline{RRST}$=0）或复位 DSP（$\overline{RS}$=0），则 RSRFULL=0。

15）Free（第 15 位）、Soft（第 14 位）：仿真控制位，用于调试程序遇到断点时决定串行口的时钟状态。Free 和 Soft 的组合功能见表 8-6。

表 8-6 Free、Soft 组合功能

Free	Soft	串行时钟状态
0	0	立即停止串行口时钟，结束传送数据
0	1	接收数据不受影响。若正在发送数据，则等到当前数据发送后停止
1	x	不管 Soft 位为何值，一旦出现断点，时钟继续运行，数据照常移位

3. 标准同步串行口（SP）的使用操作

下面以实例说明标准同步串行口操作的步骤，以 TMS320VC5402 为例，要用标准同步串行口（SP）实现数据通信，处理时使用中断方式。那么程序需要做两项工作：串口初始化、串行中断服务程序处理。

（1）串口初始化

1）复位，并且把 0038h（或 0008h）写到 SPC，初始化串行接口。

2）把 00C0h 写到 IFR，清除任何挂起的串行接口中断。

3）把 00C0h 和 IMR 进行求或逻辑运算，使能串行接口中断。

4）清除 ST1 的 INTM 位，使能全局中断。

5）把 00F8h（或 00C8h）写入 SPC，启动串行接口。

6）把第一个数据写到 DXR。如果这个串行接口与另一个处理器的串行接口连接，而且这个处理器产生一个帧同步信号 SFX，则在写这个数据之前必须有握手信号。

（2）串口中断服务程序处理

1）保存上下文到堆栈中。

2）读 DRR 或写 DXR，或者同时进行两种操作。从 DRR 读出的数据写到存储器的预定单元，写到 DXR 的数据从存储器的指定单元取出。

3）恢复现场。

4）用 RETE 从中断子程序返回，并重新使能中断。

8.3.2 缓冲同步串行口

缓冲同步串行口（BSP）是一种增强型同步串行口，它是在同步串行口的基础上增加了一个自动缓冲单元（ABU）。ABU 是一个附加的逻辑功能，它利用专用总线，控制串行口直接与 TMS320C54x 的内部存储器进行数据交换，这就使得串口传送的开销最小，且具有更快的数据传输速率。它提供与其他串口工作器件的接口，如编码器、串行 A/D 转换器等；允许以 8、10、12、16 位的数据包进行连续的数据传输。

缓冲同步串行口（BSP）可设定工作于非缓冲模式、自动缓冲模式两种工作模式之一。非缓冲模式，即标准模式，与 SP 模式相同；自动缓冲模式，则是在 ABU 的控制下，串行口直接与 TMS320C54x 的内部存储器进行数据块传输。

1．缓冲同步串行口（BSP）结构

缓冲同步串行口（BSP）由一个复用的双缓冲串行接口组成，它类似于标准串口，只是多了一个自动缓冲单元（ABU）。BSP 中的串口是 TMS320C54x 标准同步串口的增强版本。BSP 的结构框图如图 8-14 所示。ABU 是一个附加逻辑电路，允许串口直接对内存读写，不需要 CPU 参与，可以节省时间，实现串口与 CPU 的并行操作。当工作在自动缓冲模式下时，BSPC 和 BSPCE 的串口控制和状态控制位与标准串口是一致的。

缓冲同步串行口共有 6 个寄存器：数据接收寄存器（BDRR）、数据发送寄存器（BDXR）、控制寄存器（BSPC）、控制扩展寄存器（BSPCE）、接收移位寄存器（BRSR）、发送移位寄存器（BXSR）。

2．缓冲同步串行口的控制扩展寄存器

缓冲同步串行口在标志串行后的基础上新增了许多功能，如可编程串行口时钟、选择时钟和帧同步信号的正负极性，除了执行 8 位或 16 位串行数据通信外，还可以传送 10 位或 12 位字，允许设置忽略或不忽略帧同步信号，并且可以使用 PMC 接口提供一个专用的操作模式。这些特殊功能受控制扩展寄存器（BSPCE）控制。

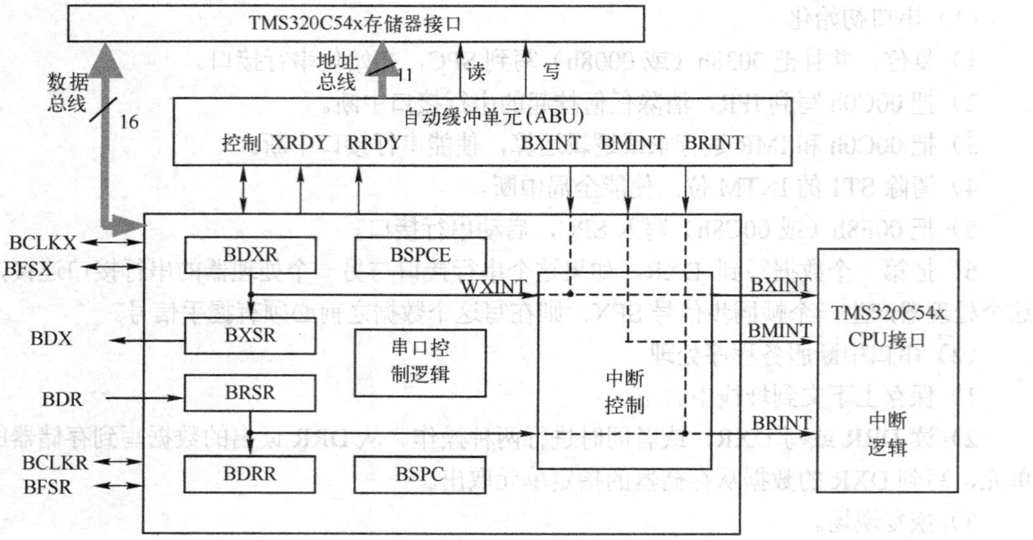

图 8-14　缓冲同步串行口（BSP）结构框图

BSPCE 寄存器包含控制位和状态位，用于控制 BSP 和 ABU 的增强功能。寄存器的低 10 位用于增强特性控制，高 6 位用于 ABU 控制。BSPCE 寄存器各位定义如图 8-15 所示。

15~10	9	8	7	6	5	4~0
ABUC	PCM	FIG	FE	CLKP	FSP	CLKDV

图 8-15　控制扩展寄存器（BSPCE）的位结构定义

BSPCE 寄存器各位功能说明如下。

1）ABUC（第 15~10 位）：ABU 控制寄存器，用于自动缓冲单元的控制。

2）PCM（第 9 位）：PCM 脉冲编码模式位，用于设置串口工作于编码模式。这种 PCM 模式只影响发送器。BDXR 到 BXSR 转换不受 PCM 编码位的影响。当 PCM=0 时，清除脉冲编码模式。当 PCM=1 时，设置脉冲编码模式。

3）FIG（第 8 位）：帧同步信号忽略，该位仅在连续发送模式下且具有外部帧同步信号以及连续接收模式下工作。当 FIG=0 时，第一个帧脉冲之后的帧同步脉冲重新启动发送。当 FIG=1 时，忽略帧同步信号。

4）FE（第 7 位）：格式扩展位，用于和 SPC 中的 FO 位一起指定字长。当 FO=0，FE=0 时，传输的数据格式为 16 位字长。当 FO=0，FE=1 时，传输的数据格式为 10 位字长。当 FO=1，FE=0 时，传输的数据格式为 8 位字长。当 FO=1，FE=1 时，传输的数据格式为 12 字长。

注意，对于 8、10 和 12 位字长，接收字是右对齐的，并且由符号扩展组成 16 位字长。发送的字必须是右对齐的。

5）CLKP（第 6 位）：时钟极性设置位，用于设定接收和发送时，何时采样数据。当 CLKP=0 时，接收器在 BCLKR 的下降沿采样数据，发送器在 BCLKX 的上升沿发送数据。当 CLKP=1 时，接收器在 BCLKR 的上升沿采样数据，发送器在 BCLKX 的下降沿发送数据。

6）FSP（第 5 位）：帧同步极性设置位，用于设定帧同步脉冲触发电平高低。当 FSP=0 时，帧同步脉冲（BFSX 和 BFSR）高电平激活。当 FSP=1 时，帧同步脉冲（BFSX 和 BFSR）低电平激活。

7）CLKDV（第 4～0 位）：CLKDV 内部发送时钟分频因数。当 BSPC 的 MCM=1 时，CLKX 由片上的时钟源驱动，其频率为 CLKOUT /(CLKDV + 1)，CLKDV 的取值范围是 0～31。当 CLKDV 为奇数或 0 时，CLKX 的占空比为 50%。当 CLKDV 为偶数时，其占空比依赖于 CLKP：CLKP=0，占空比为(P+1)/P；CLKP=1，占空比为 P/(P+1)。

3. ABU 自动缓冲单元

ABU 的功能是自动控制串口与内部 TMS320C54x 存储器之间的数据传输，且不需要 CPU 干预，它实际是利用专用总线，控制串行口直接与 TMS320C54x 的内部存储器进行数据交换。ABU 在功能上可以对发送和接收部分分别使能，并且当传输的数据长度是数据块长度的一半或整个长度时，ABU 也可以编程设置产生中断。ABU 单元含有 5 个寄存器，分别是 11 位的地址发送寄存器（AXR）；11 位的块长度发送寄存器（BKX）；11 位的地址接收寄存器（ARR）；11 位的块长度接收寄存器（BKR）；16 位的串口控制寄存器（BSPCE）。本小节则主要讨论 BSPCE 中包含的 ABU 操作的位。

BSPCE 的最高 6 位组成了 ABU 的控制寄存器（ABUC），用于自动缓冲单元的控制。ABUC 配置的位结构定义如图 8-16 所示。

15	14	13	12	11	10	9～0
HALTR	RH	BRE	HALTX	XH	BXE	串行口控制

图 8-16　ABUC 配置的位结构定义

1）HALTR（第 15 位）：自动缓冲接收停止位，用于决定当缓冲区已接收到一半时，自动缓冲是否暂停。HALTR=0，当缓冲区接收到一半时，继续操作。HALTR=1，当缓冲区接收到一半时，自动缓冲停止。此时，BRE 清 0，串行口继续按标准模式工作。

2）RH（第 14 位）：接收缓冲区半满，用来指明接收缓冲区哪一半已经填满。RH=0，表示缓冲区的前半部分被填满，当前接收的数据正存入后半部分缓冲区。RH=1，表示后半部分缓冲区被填满，当前接收的数据正存入前半部分缓冲区。

3）BRE（第 13 位）：自动接收使能控制位，用于控制自动缓冲接收。BRE=0，自动接收禁止，串口工作于标准模式。BRE=1。接收器自动接收允许。

4）HALTX（第 12 位）：自动缓冲发送禁止，用于控制自动缓冲发送是否暂停。HALTX=0，当一半缓冲区发送完成后，自动缓冲继续工作。HALTX=1，当一半缓冲区发送完成后，自动缓冲停止。此时，BRE 清 0，串行口继续工作于标准模式。

5）XH（第 11 位）：发送缓冲区半满。用来表示发送缓冲区哪一半已经发送。XH=0，缓冲区前半部分发送完成，当前发送数据取自缓冲区的后半部分。XH=1，缓冲区后半部分发送完成，当前发送数据取自缓冲区的前半部分。

6）BXE（第 10 位）：自动缓冲发送使能位，用来控制自动缓冲发送。BXE=0，禁止自动缓冲发送，串行接口工作于标准模式。BXE=1，允许自动缓冲发送功能。

自动缓冲过程归纳如下：

1）ABU 完成对缓冲存储器的存取。

2）工作过程中地址寄存器自动增加，直到缓冲区的底部（到底部后，地址寄存器内容恢复到缓冲存储区顶部）。

3）如果数据到了缓冲区的一半或底部，就会产生中断，并且刷新 XH/XL。

4）如果选择禁止自动缓冲功能，当数据过半或到达缓冲区底部时，ABU 自动停止自动缓冲功能。

4．BSP 的使用初始化操作

BSP 在使用前必须进行初始化操作，才能正常工作，系统需要考虑初始化的时序操作。

（1）BSP 发送初始化步骤

1）把 0008h 写到 BSPCE 寄存器，复位和初始化串口。

2）把 0020h 写到 IFR，清除挂起的串口中断。

3）把 0020h 与 IMR 进行或操作，使能串口中断。

4）清除 ST1 的 INTM 位，使能全局中断。

5）把 1400h 写到 BSPCE 寄存器，初始化 ABU 的发送器。

6）把缓冲区开始地址写到 AXR。

7）把缓冲长度写到 BKX。

8）把 0048h 写到 BSPCE，开始串口操作。

（2）BSP 接收初始化步骤

1）把 0000h 写到 BSPCE 寄存器，复位和初始化串口。

2）把 0010h 写到 IFR，清除挂起的串口中断。

3）把 0010h 与 IMR 进行或操作，使能串口中断。

4）清除 ST1 的 INTM 位，使能全局中断。

5）把 2160h 写到 BSPCE 寄存器，初始化 ABU 的发送器。

6）把缓冲开始地址写到 ARR。

7）把缓冲长度写到 BKR。

8）把 0080h 写到 BSPCE 寄存器，开始串口操作。

5．BSP 省电工作模式

TMS320C54x 提供几种省电工作模式，允许部分或整个器件进入休眠或低功耗状态。省电状态可在如下几种方式下调用：执行 IDEL 指令，或将 HM 状态位设置为低，令 HOLD 引脚为低电平。BSP 可以像其他片上外设一样（定时器、标准串口），利用发送或接收中断唤醒处于睡眠状态的 CPU。

当处于 IDEL 或 HOLD 模式时，BSP 继续工作。当工作于 IDEL2/3 时，不同于串口和片上其他外设被停止的情形，BSP 仍然可以工作。标准模式下，当器件工作于 IDEL2/3 模式时，若 BSP 利用外部时钟及外部帧同步信号，则这个端口将继续工作。若在执行 IDEL2/3 指令之前，INTM=0，发送或接收中断将唤醒省电模式工作的 CPU。如果使用内部时钟和帧同步信号，BSP 会保持 IDEL2/3 状态直到 CPU 重新工作。

自动缓冲模式下，当器件工作于 IDEL2/3 模式时，如果 BSP 利用外部时钟和帧同步信号，一个发送和接收事件将接通内部时钟信号以便完成 DXR（DRR）内存转换。一旦转换完成，BSP 内部时钟自动关断，芯片保持 IDEL2/3 工作状态。当器件执行 IDEL2/3 之前，如果 INTM=0，且发送或接收缓冲区半空、全空或全满时，ABU 的发送或接收中断可以唤醒器件的 CPU。

6. SP 与 BSP 的差别

标准同步串行口（SP）与缓冲同步串行口（BSP）的差别见表 8-7。

表 8-7　标准同步串行口（SP）与缓冲同步串行口（BSP）的差别

控制寄存器 SPC 状态	标准同步串行口（SP）	缓冲同步串行口（BSP）
RSRFULL=1	要求 RSR 满，且 FSR 出现。连续模式下，只需 RSR 满	只需 BRSR 满
溢出时 RSR 数据保留	溢出时 RSR 数据保留	溢出时 BRSR 内容丢失
溢出后连续模式接收重新开始	只要 DRR 被读，接收重新开始	只有 BDRR 被读且 BFSR 到来，接收才重新开始
DRR 中进行 8、10、12 位转换时扩展符号	否	是
XSR 装载，XSREMPTY 清空，XRDY/XINT 中断触发	装载 DXR 时出现这种状况	装载 BDXR 且 BFSK 发生，出现这种状况
对 DXR 和 DRR 的程序存取	任何情况下都可以在程序控制下对 DRR 和 DXR 进行读写	不启动 ABU 功能时，BDRR 只读，BDXR 只写。只有复位时 BDRR 可写。BDRR 任何情况下只能读
最大串口时钟速率	CLKOUT/4	CLKOUT
初始化时钟要求	只有帧同步信号出现，初始化过程才能完成。如果在帧同步信号发生期间或之后 XRST/RRST 变为高电平，则帧同步信号丢失	标准 BSP 情况下，帧同步信号 FSX 出现后，需要一个时钟周期 CLKOUT 的延时，才能完成初始化过程。自动缓冲模式下，FSX 出现之后，需要 6 个时钟周期的延时，才能完成初始化过程
省电操作模式 IDLE2/3	无	有

8.3.3　时分多路串行口

时分多路串行口（TDM）是一个允许数据时分多路的同步串行接口。TDM 允许 TMS320C54x 器件可以与最多 7 个其他器件进行时分串行通信。为多处理器应用提供了一种简单有效的接口，这种接口在多处理器应用中得到了广泛的使用。

1. TDM 的时分复用工作方式

TDM 可工作于两种方式：非 TDM 模式和 TDM 模式。非 TDM 模式也称为标准方式，与 SP 相同；TDM 模式是将时间分为时间段，周期性地分别按时间顺序与不同的器件通信的工作方式。此时每一个器件占用各自的通信时段（信道），循环往复地传送数据，如图 8-17 所示。

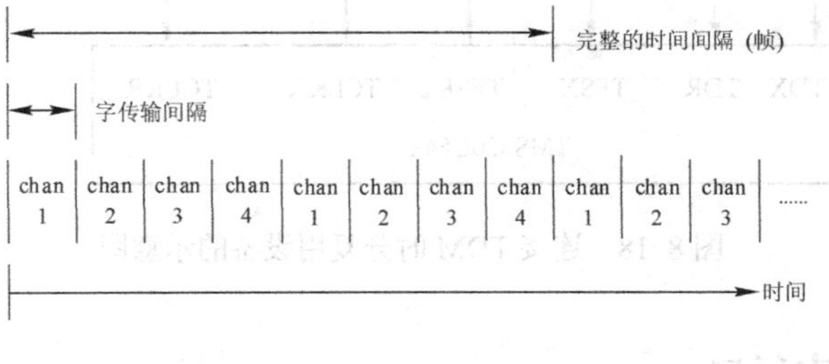

图 8-17　TDM 时分复用

2. TDM 的寄存器

TDM 串口操作通过 6 个存储器映射寄存器和 2 个其他专用寄存器来实现。这些寄存器分别为 TRCV、TDXR、TSPC、TCSR、TRTA、TRAD、TRSR 和 TXSR。各寄存器功能说明如下：

1）TDM 数据接收寄存器（TRCV）：16 位存储器映射寄存器，用来保存接收的串行数据，功能与 DRR 相同。

2）TDM 数据发送寄存器（TDXR）：16 位存储器映射寄存器，用来保存发送的串行数据，功能与 DXR 相同。

3）TDM 串口控制寄存器（TSPC）：16 位存储器映射寄存器，包含 TDM 的模式控制或状态控制位。第 0 位是 TDM 模式控制位，用来配置串行接口。TDM=1，多路复用通信方式；TDM=0，标准串口接口工作方式。其他各位的定义与 SPC 相同。

4）TDM 接收地址寄存器（TRAD）：16 位存储器映射寄存器，存留 TDM 地址线的各种状态信息。

5）TDM 通道选择寄存器（TCSR）：16 位存储器映射寄存器，指定每个通信器件发送操作时间段。

6）TDM 发送/接收地址寄存器（TRTA）：16 位存储器映射寄存器，低 8 位（RA0～RA7）为接收地址，高 8 位（TA0～TA7）为发送地址。

7）TDM 数据接收移位寄存器（TRSR）：16 位专用寄存器，控制从输入引脚到 TRCV 数据的接收保存过程，与 RSR 功能类似。

8）TDM 数据发送移位寄存器（TXSR）：16 位专用寄存器，控制从 TDXR 来的输出数据的传送，并保存从 TDM 引脚发送出去的数据，与 XSR 功能相同。

3. DM 的应用连接

TMS320C54x 的 TDM 串行口连接的结构框图如图 8-18 所示。8 个器件可以连接到 4 条串行总线上，连接的各器件可以进行分时通信。TDM 端口的 4 条总线分别是：时钟总线 TCLK、帧同步信号线 TFAM、数据线 TDAT、附加地址线 TADD。TDAT 和 TADD 信号是双向信号，它们在不同时间段被总线上不同器件用帧同步信号驱动。

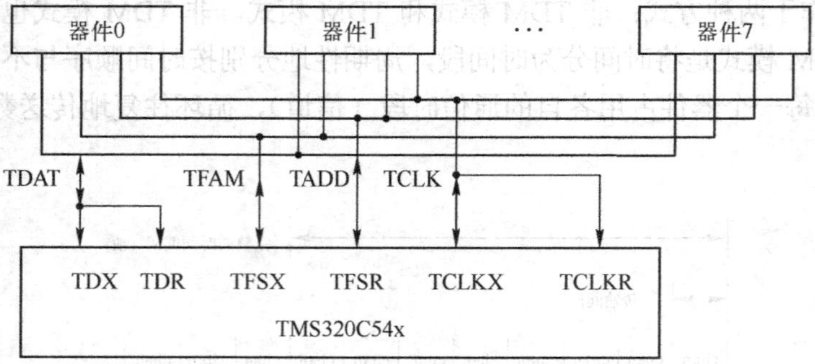

图 8-18　连接 TDM 时分复用设备的示意图

8.3.4　多通道缓冲串行口

多通道缓冲串行口（McBSP）是一个高速、全双工、多通道缓冲串行接口，可直接与其他 TMS320C54x、编码器以及系统中的其他串口器件通信。TMS320C54x 的多通道缓冲串行口（McBSP）是在缓冲串行口的基础上发展起来的。在外部通道选择电路的控制下，采用分时方式实现多路缓冲串行通信，与以前的串行口相比，具有很大的灵活性。McBSP 提供了全双工通信、连续数据流的双缓冲数据寄存器、接收和发送独立的帧和时钟信号，可以直接与 T1/E1 帧接口。

McBSP 的主要特点：

1）串行口的接收、发送时钟既可由外部设备提供，又可由内部时钟提供。

2）帧同步信号和时钟信号的极性可编程。

3）信号的发送和接收既可单独运行，也可结合在一起配合工作。

4）McBSP 的串行口可由 CPU 控制运行，也可以脱离 CPU 通过直接内存的读取操作来单独运行。

5）具有多通道通信能力，可达 128 个通道。

6）数据的宽度可在 8、12、16、20、24 和 32 位中选择，并可对数据进行 A 律和 μ 律压缩和扩展。

1. 多通道缓冲串行口（McBSP）结构

McBSP 的支持功能有全双工通信；双缓冲发送和三缓冲接收数据存储器；支持连续的数据流传送；能独立的接收、发送帧和时钟信号；可直接与工业标准的编码器、模拟界面芯片（AICs）、其他串行 A/D 或 D/A 器件连接并通信；具有外部变速时钟发生器及内部频率可编程时钟发生器；可以直接利用多种串行协议接口通信；多达 128 路发送和接收通道；数据的字长可选择，包括 8、12、16、20、24 和 32 位；可进行 μ 律或 A 律的压缩扩展通信；帧同步和时钟信号的极性可编程；可编程内部时钟和帧发生器。

McBSP 串行口是由外部通信引脚、接收发送通道、时钟及帧同步信号发生器、多通道选择以及 CPU 中断信号和 DMA 同步信号等组成，可分为数据通道和控制通道两部分。数据通道主要完成数据的接收和发送；控制通道可编程完成内部时钟和帧同步信号的产生与控制、多通道的选择、产生中断信号送往 CPU 和产生同步事件通知 DMA 控制器等。

McBSP 的内部结构如图 8-19 所示。从图中可以看出，McBSP 串口对外引出了硬件连线引脚，它们是串行数据发送引脚 DX，串行数据接收引脚 DR，发送时钟引脚 CLKX，接收时钟引脚 CLKR，发送帧同步引脚 FSX，接收帧同步引脚 FSR，外部提供的采样时钟引脚 CLKS。

McBSP 通过 DX 和 DR 引脚与外部设备进行数据通信，时钟和帧同步等控制信息的传输通过 CLKX、CLKR、FSX 和 FSR 引脚来实现。

在 McBSP 中可以内部连接 TMS320C54x 中断信号或 DMA 同步事件等信号。例如，RINT，可用于触发 TMS320C54x 的发送中断信号；XINT，可用于触发 TMS320C54x 的接收中断信号；REVT，可用于触发 DMA 接收同步事件信号；XEVT，可用于触发 DMA 发送同步事件信号；REVTA，可用于触发 DMA 接收同步事件信号；XEVTA，可用于触发 DMA 发送同步事件信号。

2. 多通道缓冲串行口（McBSP）的控制寄存器

TMS320C54x 可以通过内部总线访问 McBSP 的控制寄存器。McBSP 寄存器列表见表 8-8。

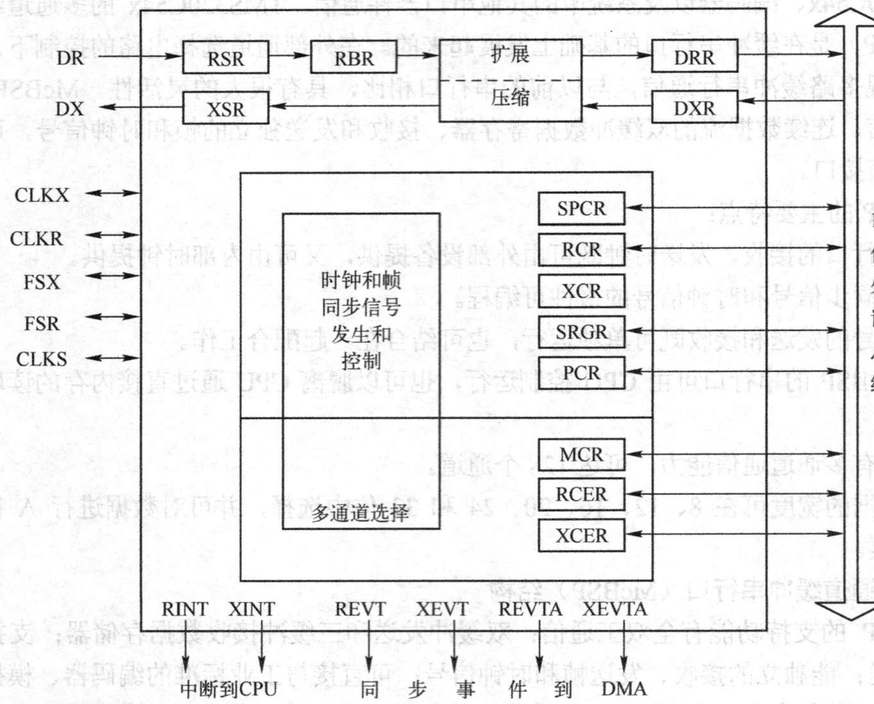

图 8-19　多通道缓冲串行口（McBSP）的内部结构

表 8-8　McBSP 寄存器列表

地址			子地址	名称缩写	寄存器名称
McBSP0	McBSP1	McBSP2			
—	—	—	—	RBR[1,2]	接收移位寄存器 1, 2
—	—	—	—	RSR[1,2]	接收缓冲寄存器 1, 2
—	—	—	—	XSR[1,2]	发送移位寄存器 1, 2
0020h	0040h	0030h	—	DRR2x	数据接收寄存器 2
0021h	0041h	0031h	—	DRR1x	数据接收寄存器 1
0022h	0042h	0032h	—	DXR2x	数据发送寄存器 2
0023h	0043h	0033h	—	DXR1x	数据发送寄存器 1
0038h	0048h	0034h	—	SPSAx	子地址寄存器
0039h	0049h	0035h	0000h	SPCR1x	串口控制寄存器 1
0039h	0049h	0035h	0001h	SPCB2x	串口控制寄存器 2
0039h	0049h	0035h	0002h	RCR1x	接收控制寄存器 1
0039h	0049h	0035h	0003h	RCR2x	接收控制寄存器 2
0039h	0049h	0035h	0004h	XCR1x	发送控制寄存器 1
0039h	0049h	0035h	0005h	XCR2x	发送控制寄存器 2
0039h	0049h	0035h	0006h	SRGR1x	采样率发生寄存器 1
0039h	0049h	0035h	0007h	SRGR2x	采样率发生寄存器 2
0039h	0049h	0035h	0008h	MCR1x	多通道寄存器 1

（续）

地　址			子 地 址	名 称 缩 写	寄存器名称
McBSP0	McBSP1	McBSP2			
0039h	0049h	0035h	0009h	MCR2x	多通道寄存器 2
0039h	0049h	0035h	000Ah	RCERAx	接收通道使能寄存器 A
0039h	0049h	0035h	000Bh	RCERBx	接收通道使能寄存器 B
0039h	0049h	0035h	000Ch	XCERAx	发送通道使能寄存器 A
0039h	0049h	0035h	000Dh	XCERBx	发送通道使能寄存器 B
0039h	0049h	0035h	000Eh	PCRx	引脚控制寄存器

用于 McBSP 串口配置的寄存器共有 7 个，分别为串口控制寄存器 SPCR1 和 SPCR2、引脚控制寄存器 PCR、接收控制寄存器 RCR1 和 RCR2，以及发送控制寄存器 XCR1 和 XCR2。3 个 16 位寄存器 SPCR1、SPCR2 和 PCR 可进行串口配置。这 3 个寄存器包含了 McBSP 的状态信息和当前操作的配置。接收和发送寄存器 RCR[1,2]和 XCR[1,2]用于配置收发操作的不同参数。

（1）McBSP 的控制寄存器 SPCR1

SPCR1 设置 McBSP 串口的数字环回模式、接收符号扩展和校验模式、Clock Stop 模式、DX 是否允许、A-bis 模式、接收中断模式等，并给出接收同步错误、接收移位寄存器（RSR[1,2]）空、接收准备好等状态。此外可以进行接收复位。SPCR1 各位的定义如图 8-20 所示，其各位的功能描述见表 8-9。

15	14～13	12～11	10～8	7	6	5～4	3	2	1	0
DLB	RJUST	CLKSTP	保留	DXENA	ABIS	RINTM	RSYNCERR	RFULL	RRDY	$\overline{RRST}$
RW,+0	RW,+0	RW,+0	R,+0	RW,+0	RW,+0	RW,+0	RW,+0	R,+0	R,+0	RW,+0

图 8-20　SPCR1 的位结构定义

表 8-9　SPCR1 的位功能说明

位	名　称	功　能
15	DLB	数字循环返回（回送）模式 DLB=0，废除数字循环返回（回送）模式 DLB=1，使能数字循环返回（回送）模式
14～13	RJUST	接收数据符号扩展和对齐模式 RJUST=00，右对齐，DRR[1,2]最高位为 0 RJUST=01，右对齐，DRR[1,2]最高位为符号扩展位 RJUST=10，左对齐，DRR[1,2]最低位为 0 RJUST=11，保留
12～11	CLKSTP	时钟停止模式 CLKSTP=0X，废除时钟停止模式，非 SPI 模式的正常时钟 SPI 模式包括如下几种情况： CLKSTP=10，且 CLKXP=0，时钟开始于上升沿，无延时 CLKSTP=10，且 CLKXP=1，时钟开始于下降沿，无延时 CLKSTP=11，且 CLKXP=0，时钟开始于上升沿，有延时 CLKSTP=11，且 CLKXP=1，时钟开始于下降沿，有延时
10～8	保留	保留

（续）

位	名 称	功 能
7	DXENA	DX 使能位　DXENA=0，DX 使能关断；DXENA=1，DX 使能打开
6	ABIS	A-bis 模式　ABIS=0，废除 A-bis 模式；ABIS=1，使能 A-bis 模式
5～4	RINTM	接收中断模式 RINTM=00，由 RRDY（字结束）产生或在 A-bis 模式帧结束产生接收中断 RINT RINTM=01，多通道操作中，由块结束或帧结束产生接收中断 RINT RINTM=10，一个新的帧同步产生接收中断 RINT RINTM=11，由接收同步错误 RSYNCERR 产生接收中断 RINT
3	RSYNCERR	接收同步错误 RSYNCERR=0，无接收同步错误；RSYNCERR=1，探测到接收同步错误
2	RFULL	接收移位寄存器 RSR[1,2]满 RFULL=0，接收缓冲寄存器 RBR[1,2]未超载 RFULL=1，RSR[1,2]移入新字已满，RBR[1,2]满，DRR[1,2]未被读取
1	RRDY	接收准备位 RRDY=0，接收器为准备好；RRDY=1，接收器准备好从 DDR[1,2]读数据
0	RRST	接收器复位，可以复位和使能接收器 RRST=0，使串口接收器处于复位状态；RRST=1，串口接收器使能

（2）McBSP 的控制寄存器 SPCR2

SPCR2 设置 McBSP 自由运行模式、SOFT 模式、发送中断模式，并给出发送同步错误、发送移位寄存器（XSR[1,2]）空、发送准备好等状态。此外可以进行发送复位、采样率发生器复位、帧同步发生电路复位。SPCR2 的位结构定义如图 8-21 所示，其各位的功能描述见表 8-10。

15～10	9	8	7	6	5～4	3	2	1	0
保留	Free	Soft	$\overline{FRST}$	$\overline{GRST}$	XINTM	XSYNCERR	$\overline{XEMPTY}$	XRDY	$\overline{XRST}$
R,+0	RW,+0	RW,+0	RW,+0	RW,+0	RW,+0	RW,+0	R,+0	R,+0	RW,+0

图 8-21　SPCR2 的位结构定义

表 8-10　SPCR2 的位功能说明

位	名 称	功 能
15～10	保留	保留
9	Free	自由运行模式 Free=0，废除自由运行模式；Free=1，使能自由运行模式
8	Soft	软件模式 Soft=0，废除软件模式；Soft=1，使能软件模式
7	$\overline{FRST}$	帧同步发送器复位 $\overline{FRST}$ =0，帧同步逻辑电路复位，采样率发生器不会产生帧同步信号 FGS $\overline{FRST}$ =1，在时钟发生器 CLKG 产生了（FPER+1）个脉冲后，发生帧同步信号 FSG
6	$\overline{GRST}$	采样率发生器复位 $\overline{GRST}$ =0，采样率发生器复位 $\overline{GRST}$ =1，采样率发生器启动。CLKG 按照采样率发生器中的编程值产生时钟信号
5～4	XINTM	发送中断模式 XINTM=00，由 XRDY 产生或 A-bis 模式的帧结束产生发送中断请求 XINT XINTM=01，块结束或多通道操作时的帧同步结束产生发送中断请求 XINT XINTM=10，由新的帧同步信号产生发送中断请求 XINT XINTM=11，由发送同步错误位 XSYNCERR 产生中断
3	XSYNCERR	发送同步错误位 XSYNCERR=0，无同步错误；XSYNCERR=1，检测到同步错误

（续）

位	名 称	功 能
2	$\overline{\text{XEMPTY}}$	发送移位寄存器 XSR[1,2]空 $\overline{\text{XEMPTY}}$ =0，发送移位寄存器 XSR 空；$\overline{\text{XEMPTY}}$ =1，发送移位寄存器 XSR 不空
1	XRDY	发送器准备 XRDY=0，发送器未准备好；XRDY=1，发送器准备好发送 DXR[1,2]中的数据
0	$\overline{\text{XRST}}$	发送器复位和使能位 $\overline{\text{XRST}}$ =0，串口发送器废除，且处于复位状态；$\overline{\text{XRST}}$ =1，串口发送器使能

（3）McBSP 的引脚控制寄存器 PCR

PCR 设置 McBSP 传输帧同步模式、接收帧同步模式、发送时钟模式、接收时钟模式、发送帧同步信号的极性、接收帧同步信号的极性、发送时钟极性、接收时钟极性，并给出 CLKS、DX、DR 脚的状态。此外 PCR 还定义发送和接收部分在复位时相应引脚是否配置为通用 I/O。PCR 各位的定义如图 8-22 所示，其各位的功能描述见表 8-11。

15～14	13	12	11	10	9	8
保 留	XIOEN	RIOEN	FSXM	FSRM	CLKXM	CLKRM
R,+0	RW,+0	RW,+0	RW,+0	RW,+0	RW,+0	RW,+0

7	6	5	4	3	2	1	0
保留	CLK_STAT	DX_STAT	DR_STAT	FSXP	FSRP	CLKXP	CLKRP
R,+0	R,+0	R,+0	R,+0	RW,+0	RW,+0	RW,+0	RW,+0

图 8-22 PCR 的位结构定义

表 8-11 PCR 的位功能说明

位	名 称	功 能
15～14	保留	保留
13	XIOEN	发送通用 I/O 模式位，只有 SPCR[1,2]中的 XRST=0 时才有效 XIOEN=0，DX、FSX、CLKX 配置为串口引脚，不作通用 I/O 引脚 XIOEN=1，DX 配置为通用输出引脚，FSX，CLKX 引脚配置为通用 I/O。此时，这些引脚不能用于串口操作
12	RIOEN	接收通用 I/O 模式位，只有 SPCR[1,2]中的 RRST=0 时才有效 RIOEN=0，DR，FSR，CLKR，CLKS 配置为串口引脚，非通用 I/O RIOEN=1，DR 和 CLKS 配置为通用输入引脚。FSR 和 CLKR 用做通用 I/O 引脚。这些引脚不能用于串口操作
11	FSXM	帧同步模式位 FSXM=0，帧同步信号由外部器件产生 FSXM=1，帧同步信号由采样率发生器中的帧同步位 FSGM 决定
10	FSRM	接收帧同步模式位 FSRM=0，帧同步信号由外部器件产生，FSR 为输入引脚 FSRM=1，帧同步由片内采样率发生器产生，除 GSYNC=1 的情况外，FSR 为输出引脚
9	CLKXM	发送器时钟模式位 CLKXM=0，发送时钟由外部时钟产生，CLKX 作为输入引脚 CLKXM=1，发送时钟由片上采样率发生器提供，CLKX 为输出引脚 在 SPI 模式下（CLKSTP 为非 0 值）： CLKXM=0，McBSP 为从器件，时钟信号由系统中的 SPI 主器件驱动，CLKR 由内部 CLKX 驱动 CLKXM=1，McBSP 为主器件，产生时钟 CLKX 驱动它的接收时钟 CLKR，并取代系统中 SPI 从器件的时钟

（续）

位	名　称	功　能
8	CLKRM	接收时钟模式位 情况 1：SPCR1 中的 DLB=0 时，数字循环返回模式不设置 CLKRM=0，接收时钟由外部时钟驱动，CLKR 为输入引脚 CLKRM=1，接收时钟由内部采样发生器驱动，CLKR 为输出 情况 2：SPCR1 中的 DLB=1 时，数字循环返回模式设置 CLKRM=0，接收时钟由 PCR 中 CLKXM 确定的发送时钟驱动（不是 CLKR），CLKR 处于高阻状态 CLKRM=1，CLKR 设定为输出引脚，由发送时钟驱动，发送时钟由 PCR 中的 CLKM 位定义驱动
7	保留	保留
6	CLK_STAT	CLKS 引脚状态位，当 CLKS 被选作通用输入时，用来反映该引脚的电平值
5	DX_STAT	DX 引脚状态位，当 DX 作为通用输出时，用来反映 DX 的值
4	DR_STAT	DR 引脚状态位，当 DR 作为通用输入时，用来反映 DR 的值
3	FSXP	发送帧同步信号极性位 FSXP=0，发送帧同步脉冲 FSX 高电平有效；FSXP=1，发送帧同步脉冲 FSX 低电平有效
2	FSRP	接收帧同步信号极性位 FSRP=0，接收帧同步脉冲 FSR 高电平有效；FSRP=1，接收帧同步脉冲 FSR 低电平有效
1	CLKXP	发送时钟极性位 CLKXP=0，在 CLKX 的上升沿对发送数据进行采样 CLKXP=1，在 CLKX 的下降沿对发送数据进行采样
0	CLKRP	接收时钟极性位 CLKRP=0，在 CLKR 的下降沿对接收数据进行采样 CLKRP=1，在 CLKR 的上升沿对接收数据进行采样

（4）McBSP 的接收控制寄存器 RCR1

RCR1 设置 McBSP 接收时第一相（FIRST PHASE）的接收帧长度可选择 1～128 个字，接收字长度可选择 8 位、12 位、16 位、20 位、24 位、32 位。RCR1 各位的定义如图 8-23 所示，其各位的功能描述见表 8-12。

15	14～8	7～4	3～0
保留	RFRLEN1	RWDLEN1	保留
R,+0	RW,+0	RW,+0	R,+0

图 8-23　RCR1 的位结构定义

表 8-12　RCR1 的位功能说明

位	名　称	功　能
15	保留	保留
14～8	RFRLEN1	接收帧长度 1 RFRLEN1=0000000，每帧 1 个字 RFRLEN1=0000001，每帧 2 个字 …… RFRLEN1=1111111，每帧 128 个字
7～5	RWDLEN1	接收字长 1 RWDLEN1=000，字长 8 位 RWDLEN1=001，字长 12 位 RWDLEN1=010，字长 16 位 RWDLEN1=011，字长 20 位 RWDLEN1=100，字长 24 位 RWDLEN1=101，字长 32 位 RWDLEN1=11x，保留
4～0	保留	保留

（5）McBSP 的接收控制寄存器 RCR2

RCR2 设置 McBSP 接收时是否允许第二相（RPHASE=1）。如果允许，设置 McBSP 接收时第二相的接收帧长度可选择 1～128 个字，接收字长度可选择 8 位、12 位、16 位、20 位、24 位、32 位。此外，RCR2 设置 McBSP 接收时的接收压缩模式、接收同步帧忽略模式、接收数据延迟。RCR2 各位的定义如图 8-24 所示，其各位的功能描述见表 8-13。

15	14～8	7～5	4～3	2	1～0
RPHASE	RFRLEN2	RWDLEN2	RCOMPAND	RFIG	RDATDLY
RW,+0	RW,+0	RW,+0	RW,+0	RW,+0	RW,+0

图 8-24　RCR2 的位结构定义

表 8-13　RCR2 的位功能说明

位	名　称	功　能
15	RPHASE	接收相位 RPHASE=0，单相帧 RPHASE=1，双相帧
14～8	RFRLEN2	接收帧长度 2 RFRLEN1=0000000，每帧 1 个字 RFRLEN1=0000001，每帧 2 个字 …… RFRLEN1=1111111，每帧 128 个字
7～5	RWDLEN2	接收字长 2 RWDLEN1=000，字长 8 位 RWDLEN1=001，字长 12 位 RWDLEN1=010，字长 16 位 RWDLEN1=011，字长 20 位 RWDLEN1=100，字长 24 位 RWDLEN1=101，字长 32 位 RWDLEN1=11x，保留
4～3	RCOMPAND	接收压缩模式位。除了 00 模式外，其他的要求 8 位字长 RCOMPAND=00，无压缩，数据传送时，最高位先传送和接收 RCOMPAND=01，无压缩，数据传送时，最低位先传送和接收 RCOMPAND=10，接收数据进行 μ 律压缩 RCOMPAND=11，接收数据进行 A 律压缩
2	RFIG	接收帧忽略 RFIG=0，第一个接收帧同步脉冲之后，重新开始数据传输 RFIG=1，第一个接收帧同步脉冲之后，忽略帧同步信号
1～0	RDATDLY	接收数据延迟 RDATDLY=00，0 位数据延时 RDATDLY=01，1 位数据延时 RDATDLY=10，2 位数据延时 RDATDLY=11，保留

（6）McBSP 的发送控制寄存器 XCR1

XCR1 设置 McBSP 发送时第一相（FIRST PHASE）的发送帧长度可选择 1～128 个字，发送字长度可选择 8 位、12 位、16 位、20 位、24 位、32 位。XCR1 各位的定义如图 8-25 所示，其各位的功能描述见表 8-14。

15	14～8	7～4	3～0
保留	XFRLEN1	XWDLEN1	保留
R,+0	RW,+0	RW,+0	R,+0

图 8-25 XCR1 的位结构定义

表 8-14 XCR1 的位功能说明

位	名 称	功 能
15	保留	保留
14～8	XFRLEN1	发送帧长度 1 XFRLEN1=0000000，每帧 1 个字 XFRLEN1=0000001，每帧 2 个字 …… XFRLEN1=1111111，每帧 128 个字
7～5	XWDLEN1	发送字长 1 XWDLEN1=000，字长 8 位 XWDLEN1=001，字长 12 位 XWDLEN1=010，字长 16 位 XWDLEN1=011，字长 20 位 XWDLEN1=100，字长 24 位 XWDLEN1=101，字长 32 位 XWDLEN1=11x，保留
4～0	保留	保留

（7）McBSP 的发送控制寄存器 XCR2

XCR2 设置 McBSP 发送时是否允许第二相（XPHASE=1）。如果允许，设置 McBSP 时第二相的发送帧长度可选择 1～128 个字，发送字长度可选择 8 位、12 位、16 位、20 位、24 位、32 位。此外，XCR2 设置 McBSP 发送时的发送压缩模式、发送同步帧忽略模式、发送数据延迟。XCR2 各位的定义如图 8-26 所示，其各位的功能描述见表 8-15。

15	14～8	7～5	4～3	2	1～0
XPHASE	XFRLEN2	XWDLEN2	XCOMPAND	XFIG	XDATDLY
RW,+0	RW,+0	RW,+0	RW,+0	RW,+0	RW,+0

图 8-26 XCR2 的位结构定义

表 8-15 XCR2 的位功能说明

位	名 称	功 能
15	XPHASE	发送相位 XPHASE=0，单相帧 XPHASE=1，双相帧
14～8	XFRLEN2	发送帧长度 2 XFRLEN1=0000000，每帧 1 个字 XFRLEN1=0000001，每帧 2 个字 …… XFRLEN1=1111111，每帧 128 个字

（续）

位	名　称	功　能
7～5	XWDLEN2	发送字长 2 XWDLEN1=000，字长 8 位 XWDLEN1=001，字长 12 位 XWDLEN1=010，字长 16 位 XWDLEN1=011，字长 20 位 XWDLEN1=100，字长 24 位 XWDLEN1=101，字长 32 位 XWDLEN1=11x，保留
4～3	XCOMPAND	发送压缩模式位。除了 00 模式外，其他的要求 8 位字长 XCOMPAND=00，无压缩，数据传送时，最高位先发送 XCOMPAND=01，无压缩，数据传送时，最低位先发送 XCOMPAND=10，发送数据进行 μ 律压缩 XCOMPAND=11，发送数据进行 A 律压缩
2	XFIG	发送帧忽略 XFIG=0，第一个发送帧同步脉冲之后，重新开始数据传输 XFIG=1，第一个发送帧同步脉冲之后，忽略帧同步信号
1～0	XDATDLY	发送数据延迟 XDATDLY=00，0 位数据延时 XDATDLY=01，1 位数据延时 XDATDLY=10，2 位数据延时 XDATDLY=11，保留

3. McBSP 串口的控制操作

（1）McBSP 串行口的复位

McBSP 串行口的复位有两种方式，分别是系统复位和 McBSP 复位方式。

1）系统复位，是指通过 DSP 复位端 $\overline{RS}$ 复位。当 $\overline{RS}$=0 时，使串口发送器、接收器、采样率发生器复位；$\overline{RS}$ 复位完成后，串口仍然处于复位状态，此时 $\overline{GRST}$、$\overline{FRST}$、$\overline{RRST}$、$\overline{XRST}$ 均为 0。

2）McBSP 复位方式，是指利用 McBSP 控制寄存器的控制位复位。

通过对控制寄存器中的 $\overline{RRST}$、$\overline{XRST}$ 和 $\overline{GRST}$ 位清 0，可分别对发送器、接收器和采样率发生器进行复位。

表 8-16 列出了两种复位情况下串口各引脚的状态。

表 8-16　McBSP 复位状态

McBSP 引脚	引脚状态	DSP 复位	McBSP 复位	
			接收复位 $\overline{RRST}$=0，$\overline{GRST}$=0	发送复位 $\overline{XRST}$=0，$\overline{GRST}$=0
DR	输入	输入	输入	
CLKR	输入/输出/高阻	输入	如果为输入，则状态已知 如果为输出，则 CLKR 运行	
FSR	输入/输出/高阻	输入	如果为输入，则状态已知 如果为输出，则 FSRP 未激活	
CLKS	输入/输出/高阻	输入	输入	
DX	输出	输入	高阻	高阻
CLKX	输入/输出/高阻	输入		如果为输入，则状态已知 如果为输出，则 CLKX 运行

（续）

McBSP 引脚	引脚状态	DSP 复位	McBSP 复位	
			接收复位 $\overline{RRST}$=0，$\overline{GRST}$=0	发送复位 $\overline{XRST}$=0，$\overline{GRST}$=0
FSX	输入/输出/高阻	输入		如果为输入，则状态已知 如果为输出，则 FSRP 未激活
CLKS	输入	输入		输入

（2）McBSP 串行口的初始化

McBSP 复位后，可进行初始化，其步骤如下：

1）对控制寄存器的复位位（接收/发送复位）置 0，即使 RRST、XRST 和 GRST 位为 0。

2）根据串口复位的要求，对 McBSP 的寄存器进行编程配置。

3）等待 2 个时钟周期，以保证内部时钟同步。

4）对 DXD 写信息，设置数据通道。

5）将 XRST 和 RRST 置 1，使串口处于使能状态。

6）如果需要内部帧同步信号，则设定 FRST=1。

7）等待 2 个时钟周期后，接收器和发送器被激活。

（3）McBSP 串口的多通道选择配置

使用单相帧同步设置 McBSP，可为发送器、接收器选择独立的多通道工作模式。每一帧代表一个时分复用（TDM）数据流。用（R/X）FRLEN1 位设定的每帧字数来表示所选的有效通道数。当采用时分复用数据流时，TMS320C54x 仅需要处理少数通道。为了节省存储空间和总线带宽，多通道选择允许对发送和接收的多通道进行单独配置。McBSP 的多通道选择配置可以通过设定多通道控制寄存器来进行。下面介绍各组寄存器的功能使用。

1）多通道控制寄存器 MCR1

MCR1 设置 McBSP 在多通道工作模式时的接收 PART-B 的块结构、接收 PART-A 的块结构、当前可接收块、接收多通道选择。MCR1 各位的定义如图 8-27 所示，其各位的功能描述见表 8-17。

15~9	8~7	6~5	4~2	1	0
保留	RPBBLK	RPABLK	RCBLK	保留	RMCM
R,+0	RW,+0	RW,+0	R,+0	R,+0	RW,+0

图 8-27 MCR1 的位结构定义

表 8-17 MCR1 的位功能说明

位	名 称	功 能
15~9	保留	保留
8~7	RPBBLK	接收区 B 块的划分： RPBBLK=00，块 1，对应通道 16~31 RPBBLK=01，块 3，对应通道 48~63 RPBBLK=10，块 5，对应通道 80~95 RPBBLK=11，块 7，对应通道 112~127

（续）

位	名　称	功　能
6～5	RPABLK	接收区 A 块的划分： RPABLK=00，块 0，对应通道 0～15 RPBBLK=01，块 2，对应通道 32～47 RPBBLK=10，块 4，对应通道 64～79 RPBBLK=11，块 6，对应通道 96～111
4～2	RCBLK	当前接收块划分： RCBLK=000，块 0，对应通道 0～15 RCBLK=001，块 1，对应通道 16～31 RCBLK=010，块 2，对应通道 32～47 RCBLK=011，块 3，对应通道 48～63 RCBLK=100，块 4，对应通道 64～79 RCBLK=101，块 5，对应通道 80～95 RCBLK=110，块 6，对应通道 96～111 RCBLK=111，块 7，对应通道 112～127
1	保留	保留
0	RMCM	接收多通道选择使能 RMCM=0，所有 128 个通道使能 RMCM=1，所有通道默认为不使能 要使用的通道，由使能 RP(A/B)BLK 块和相应的 RCER(A/B)来选择

2）多通道控制寄存器 MCR2

MCR2 设置 McBSP 在多通道工作模式时的发送 PART-A 块结构、发送 PART-B 块结构、当前发送块、发送多通道选择。MCR2 各位的定义如图 8-28 所示，其各位的功能描述见表 8-18。

15～9	8～7	6～5	4～2	1～0
保留	XPBBLK	XPABLK	XCBLK	XMCM
R,+0	RW,+0	RW,+0	R,+0	RW,+0

图 8-28　MCR2 的位结构定义

表 8-18　MCR2 的位功能说明

位	名　称	功　能
15～9	保留	保留
8～7	XPBBLK	发送区 B 块的划分： XPBBLK=00，块 1，对应通道 16～31 XPBBLK=01，块 3，对应通道 48～63 XPBBLK=10，块 5，对应通道 80～95 XPBBLK=11，块 7，对应通道 112～127
6～5	XPABLK	发送区 A 块的划分： XPABLK=00，块 0，对应通道 0～15 XPBBLK=01，块 2，对应通道 32～47 XPBBLK=10，块 4，对应通道 64～79 XPBBLK=11，块 6，对应通道 96～111
4～2	XCBLK	当前发送块划分： XCBLK=000，块 0，对应通道 0～15 XCBLK=001，块 1，对应通道 16～31 XCBLK=010，块 2，对应通道 32～47 XCBLK=011，块 3，对应通道 48～63 XCBLK=100，块 4，对应通道 64～79 XCBLK=101，块 5，对应通道 80～95 XCBLK=110，块 6，对应通道 96～111 XCBLK=111，块 7，对应通道 112～127

（续）

位	名 称	功 能
0~1	XMCM	发送多通道选择使能： XMCM=00，所有通道使能，且无屏蔽（数据发送时，DX 总是驱动） XMCM=01，所有通道不使能，默认屏蔽。所需的通道由使能 XP(A/B)BLK 块和相应的 XCEX(A/B)相应位选择。另外，这些选定的通道不能被屏蔽，因此，DX 总是被驱动 XMCM=10，所有的通道使能，但被屏蔽。由 XP(A/B)BLK 和 XCEX(A/B)所选择的通道不可屏蔽 XMCM=11，所有通道不使能，默认为屏蔽状态。利用置位 XP(A/B)和 XCEX(A/B)选择所需通道。利用置位 XP(A/B)BLK 和 XCEX(A/B)选择不可屏蔽通道。这个模式用于对称发送和接收操作

3）接收通道使能寄存器 RCERx

接收通道使能寄存器 RCERx，用于使能 32 个通道的接收，其中 A 区和 B 区各有 16 个通道，对应的通道使能寄存器分别为 RCERA 和 RCERB。RCERA 和 RCERB 各位的定义分别如图 8-29 和图 8-30 所示。RCERA 和 RCERB 各位的功能描述分别见表 8-19 和表 8-20。

15	14	13	12	11	10	9	8
RCEA15	RCEA14	RCEA13	RCEA12	RCEA11	RCEA10	RCEA9	RCEA8
RW,+0	RW,+0	Rw,+0	RW,+0	RW,+0	RW,+0	Rw,+0	RW,+0

7	6	5	4	3	2	1	0
RCEA7	RCEA6	RCEA5	RCEA4	RCEA3	RCEA2	RCEA1	RCEA0
RW,+0	RW,+0	Rw,+0	RW,+0	RW,+0	RW,+0	RW,+0	RW,+0

图 8-29　RCERA 的位结构定义

15	14	13	12	11	10	9	8
RCEB15	RCEB14	RCEB13	RCEB12	RCEB11	RCEB10	RCEB9	RCEB8
RW,+0	RW,+0	Rw,+0	RW,+0	RW,+0	RW,+0	Rw,+0	RW,+0

7	6	5	4	3	2	1	0
RCEB7	RCEB6	RCEB5	RCEB4	RCEB3	RCEB2	RCEB1	RCEB0
RW,+0	RW,+0	Rw,+0	RW,+0	RW,+0	RW,+0	Rw,+0	RW,+0

图 8-30　RCERB 的位结构定义

表 8-19　RCERA 的位功能说明

位	名 称	功 能
15~0	RCEA15~RCEA0	接收通道使能 RCEA*n*=0，禁止 A 区（偶数块）的第 *n* 通道的接收 RCEA*n*=1，使能 A 区（偶数块）的第 *n* 通道的接收

表 8-20　RCERB 的位功能说明

位	名 称	功 能
15~0	RCEB15~RCEB0	接收通道使能 RCEB*n*=0，禁止 B 区（偶数块）的第 *n* 通道的接收 RCEB*n*=1，使能 B 区（偶数块）的第 *n* 通道的接收

4）发送通道使能寄存器 XCERx

发送通道使能寄存器 XCERx，用于使能 32 个通道的发送，其中 A 区和 B 区各有 16 个通道，对应的通道使能寄存器分别为 XCERA 和 XCERB。XCERA 和 XCERB 各位的定义分别如图 8-31 和图 8-32 所示。XCERA 和 XCERB 各位的功能描述分别见表 8-21 和表 8-22。

15	14	13	12	11	10	9	8
XCEA15	XCEA14	XCEA13	XCEA12	XCEA11	XCEA10	XCEA9	XCEA8
RW,+0	RW,+0	Rw,+0	RW,+0	RW,+0	RW,+0	Rw,+0	RW,+0

7	6	5	4	3	2	1	0
XCEA7	XCEA6	XCEA5	XCEA4	XCEA3	XCEA2	XCEA1	XCEA0
RW,+0	RW,+0	Rw,+0	RW,+0	RW,+0	RW,+0	Rw,+0	RW,+0

图 8-31 XCERA 的位结构定义

15	14	13	12	11	10	9	8
XCEB15	XCEB14	XCEB13	XCEB12	XCEB11	XCEB10	XCEB9	XCEB8
RW,+0	RW,+0	Rw,+0	RW,+0	RW,+0	RW,+0	Rw,+0	RW,+0

7	6	5	4	3	2	1	0
XCEB7	XCEB6	XCEB5	XCEB4	XCEB3	XCEB2	XCEB1	XCEB0
RW,+0	RW,+0	Rw,+0	RW,+0	RW,+0	RW,+0	Rw,+0	RW,+0

图 8-32 XCERB 的位结构定义

表 8-21 XCERA 的位功能说明

位	名　称	功　能
15～0	XCEA15～XCEA0	发送通道使能 XCEA*n*=0，禁止 A 区（偶数块）的第 *n* 通道的发送 XCEA*n*=1，使能 A 区（偶数块）的第 *n* 通道的发送

表 8-22 XCERB 的位功能说明

位	名　称	功　能
15～0	XCEB15～XCEB0	发送通道使能 XCEB*n*=0，禁止 B 区（偶数块）的第 *n* 通道的发送 XCEB*n*=1，使能 B 区（偶数块）的第 *n* 通道的发送

4. McBSP 的通信应用

在时钟信号和帧同步信号控制下，接收和发送通过 DR 和 DX 引脚与外部器件直接通信。如图 8-11 所示的连接方式，TMS320C54x 对 McBSP 的操作是利用 16 位控制寄存器，通过片内外设总线进行存取控制。

（1）数据发送过程

1）TMS320C54x 通过外设总线，将数据写入数据发送寄存器 DXR[1,2]。

2）McBSP 串口将 DXR[1,2]中的发送数据传送到发送移位寄存器 XSR[1,2]中。

3）通过发送移位寄存器 XSR[1,2]，将数据经 DX 引脚移出发送。

（2）数据接收过程

1）McBSP 串口通过 DR 引脚，将接收数据移入接收移位数据寄存器 RSR[1,2]中。

2）将 RSR[1,2]中的接收数据复制到接收缓冲寄存器 RBR[1,2]。

3）将 RBR[1,2]中的接收数据复制到数据接收寄存器 DRR[1,2]。

4）TMS320C54x 或 DMA 控制器从 DRR[1,2]中读出数据。

McBSP 的工作模式有多种：多通道缓冲模式、SPI 模式、A-bis 模式、数据回路模式、GPIO 模式、省电模式。

8.3.5 McBSP 串行口应用实例

McBSP 的功能丰富，可以通过编程设置实现各种非常灵活的通信模式，下面以在 McBSP 接口上扩展一个串行 A/D 转换的应用示例，使读者熟悉 McBSP 的应用编程。

TMS320C54x 处理器的 BSP 具有 SPI 工作方式，能方便地与满足 SPI™ 协议的串行设备连接。A/D 转换器采用的是串行接口芯片 MAX1247，可与 TMS320C54x 处理器的串行口实现无缝连接。TMS320C54x 处理器作为 SPI 主设备，向 MAX1247 提供串行时钟、命令和片选信号，与 MAX1247 的连接不需要附加外部逻辑电路，硬件实现电路如图 8-33 所示。

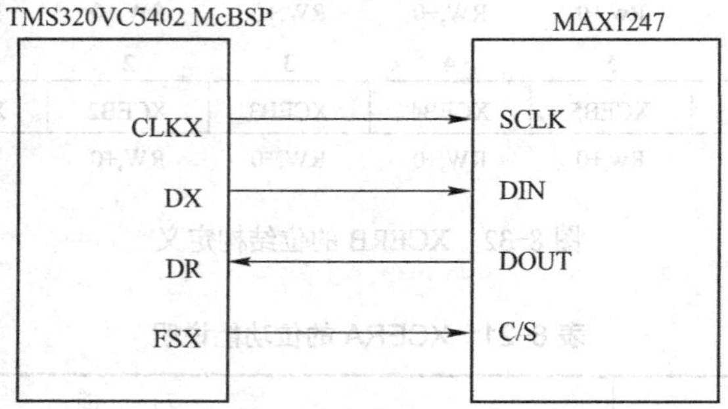

图 8-33 McBSP 扩展串行 A/D 芯片 MAX1247 的连接示意图

TMS320C54x 在驱动 MAX1247 正常工作之前，必须先初始化 McBPS0 为 SPI 工作模式，配置双向读写模式，将控制寄存器 FRST 和 GRST 位设置为 1，其他位设置为 0。初始化程序代码如下：

```
;  初始化 McBPS0 为 SPI
LD    #00H，DP
STM   #SPCR10，SPSA0
STM   #0000H，BSP0              ; RRST=0
STM   #SPCR20，SPSA0
STM   #0000H，BSP0  ; XRST=0
RPT   #100
NOP
STM   #SPCR10，SPSA0
STM   #K_SPCR10，BSP0
STM   #RCR10，SPSA0
STM   #K_RCR10，BSP0
STM   #XCR10，SPSA0
STM   #K_XCR10，BSP0
STM   #PCR10，SPSA0
STM   #K_PCR10，BSP0
```

```
STM  #SRGR10, SPSA0
STM  #K_SRGR10, BSP0
STM  #SRGR20, SPSA0
STM  #K_SRGR20, BSP0
STM  #XCR20, SPSA0
STM  #K_XCR20, BSP0
STM  #RCR20, SPSA0
STM  #K_RCR20, BSP0
STM  #SPCR10, SPSA0
ORM  #0001H, BSP0              ; RRST=1
NOP
STM  #SPCR20, SPSA0
ORM  #11000001B, BSP0          ; FRST=1,GRST=1,XRST=1
RPT  #100
NOP
STM  #0000H, DXR20
STM  #9F00H, DXR10
```

下面是定时中断服务程序，定时周期决定了采样率，中断服务程序完成了 A/D 转换读取结果。

```
;  中断服务程序
STM  #0000H, DXR20
STM  #9F00H, DXR10             ;10011111B, CH0, SIG, UIP, external
                               ;通过串口接收器将转换结果读入，因为 MAX1247 为 12 位
                               ;所以将得到的 12 位结果存在 A 寄存器中
LD   DRR10, 8, A
OR   DRR20, A
```

8.4 外部 I/O 扩展原理与应用

TMS320C54x 除了提供程序存储空间和数据存储空间外，还提供了 I/O 存储空间，I/O 存储空间有 64K 字寻址范围（0000h～FFFFh）且只存于片外。I/O 存储空间访问时序对于等待周期处理更灵活一些，这点略不同于程序存储空间和数据存储空间操作，这使得 I/O 访问外设更方便些。

8.4.1 I/O 空间扩展外设原理

扩充 I/O 空间的外设时，外设的读写操作时序必须满足 TMS320C54x 的读写时序的要求，这样 TMS320C54x 才能完成对外设的正常读写。因此在设计时，一般必须考虑好以下几个方面：

1）外设器件的读写速率要符合 TMS320C54x 的读写时序要求。

2）外设器件的接口信号逻辑时序要匹配 TMS320C54x 的 I/O 总线信号定义。

3）在此基础上，系统设计尽量简单，因为越简单的系统越容易保障稳定性。

1. I/O 空间的外扩总线

I/O 存储空间的外设扩展需要将外设连接到 TMS320C54x 提供的外围总线上，总线信号有数据总线（D0～D15）、地址总线（A0～A15）、控制总线（$\overline{\text{IOSTRB}}$、R/$\overline{\text{W}}$、READY、$\overline{\text{HOLD}}$、$\overline{\text{HOLDA}}$、$\overline{\text{IAQ}}$、$\overline{\text{IACK}}$ 等）。

$\overline{\text{IOSTRB}}$ 信号是 I/O 存储空间的数据有效指示信号，与程序、数据存储空间的数据有效信号 $\overline{\text{MSTRB}}$ 是互斥的。进行程序、数据存储空间的数据读写时，$\overline{\text{MSTRB}}$ 被激活；但当进行 I/O 存储空间的数据读写时，$\overline{\text{IOSTRB}}$ 被激活，并且 R/$\overline{\text{W}}$ 指明数据控制存取的方向。外部就绪信号 READY 和内部软件产生的等待状态信号相配合。

2. I/O 空间的读写时序

对外接口设计还要满足 TMS320VC5402 的读写时序要求。TMS320VC5402 的读时序图和写时序图如图 8-34 和图 8-35 所示。

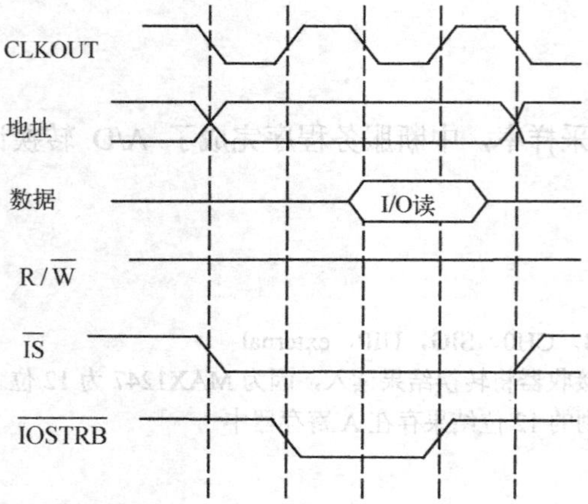

图 8-34　TMS320VC5402 对 I/O 读时序

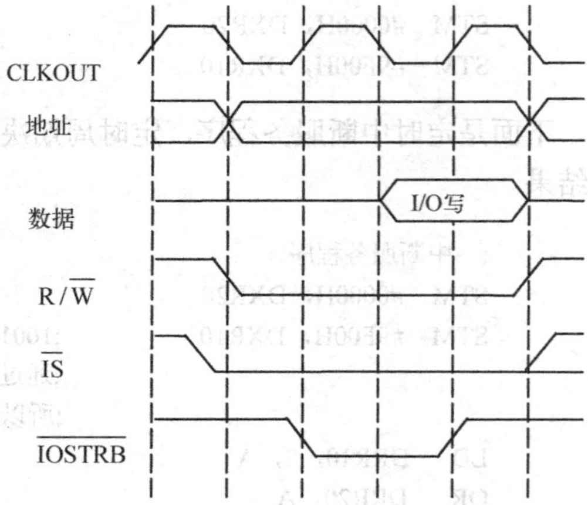

图 8-35　TMS320VC5402 对 I/O 写时序

3. TMS320C54x 系统对 I/O 扩展外设的访问

汇编语言中使用 PORTR、PORTW 命令访问 TMS320C54x 的 I/O 存储空间。在 C 语言中使用 ioport 关键字访问 TMS320C54x 的 I/O 存储空间，使用语法请参看 5.6.1 的相关知识，把 I/O 空间的端口连接外设，可以进行读写操作。

【例 8-5】 汇编程序访问 I/O 扩展外设的示例。

```
;读取 I/O 空间 05h 端口处的数据，存放到数据存储空间 60h 处
PORTR    05, INDAT                ; INDAT .equ 60h
;读取数据存储空间 87h 处的数据，写入到 I/O 空间 05h 端口处
PORTW    OUTDAT, 5h               ; OUTDAT .equ 87h
```

【例 8-6】 C 程序访问 I/O 扩展外设的示例。

```
// 把 I/O 空间 0x8000 地址的端口映射为 C 语言中 unsigned int 变量并命名为 port8000
ioport   unsigned   int   port8000;
port8000=0x10;          //将 0x10 写入 0x8000 地址处的 I/O 端口
a= port100;             //读入 0x100 地址处的 I/O 端口，数据存入 a 变量
```

8.4.2 I/O 空间扩充存储器的设计

了解 TMS320VC5402 的读写时序后，可在 I/O 空间扩充存储器。

【例 8-7】 例如在 I/O 空间扩充 CY7C1021 存储器，它们的信号定义区别关键在于读写控制信号，TMS320VC5402 的读写信号 $R/\overline{W}$ 在整个周期内维持恒定的电平，表示数据的流向，以 $\overline{IOSTRB}$ 表示 I/O 空间数据的有效选通，对外没有提供存储器读信号（$\overline{OE}$）和写信号（$\overline{WR}$）。而存储器则依靠读信号（$\overline{OE}$）的上升沿送出有效数据（用写信号 $\overline{WR}$ 的上升沿所存有效数据）。这就提示我们：可以用 $R/\overline{W}$ 与 $\overline{IOSTRB}$ 的组合去构造出 $\overline{IOOE}$ 与 $\overline{IOWR}$。如图 8-36 所示：

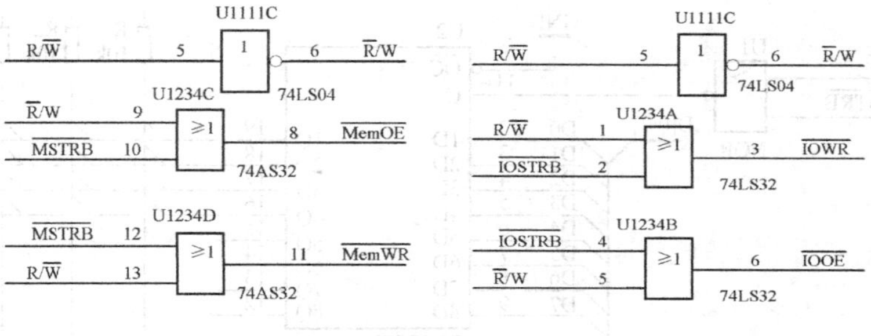

图 8-36 读写信号的构造

实践证明，这种构造方法是正确的。程序、数据存储空间的读写信号的构造也类似（用 $R/\overline{W}$ 与 $\overline{MSTRB}$ 的组合去构造出 $\overline{MemOE}$ 与 $\overline{MemWR}$）。除了片内集成存储器以外，外部程序存储器、外部数据存储器、外部 I/O 空间共用一组地址总线（A0～A15，使用扩充存储空间的话，可以达到 A0～A20）、一组数据总线（D0～D15），那么区分 3 个地址空间就需要靠 3 根硬件线 $\overline{PS}$、$\overline{DS}$、$\overline{IS}$，它们分别指示地址总线、数据总线对程序存储空间、数据存储空间、I/O 空间进行寻址操作，我们把这 3 根线分别作为外部程序存储空间、数据存储空间和 I/O 空间的片选信号，并把 A0～A15 作为共用地址总线、D0～D15 作为共用数据总线。器件都配置为 16bit 字宽的读写操作即可。I/O 空间扩展存储器连接如图 8-37 所示。

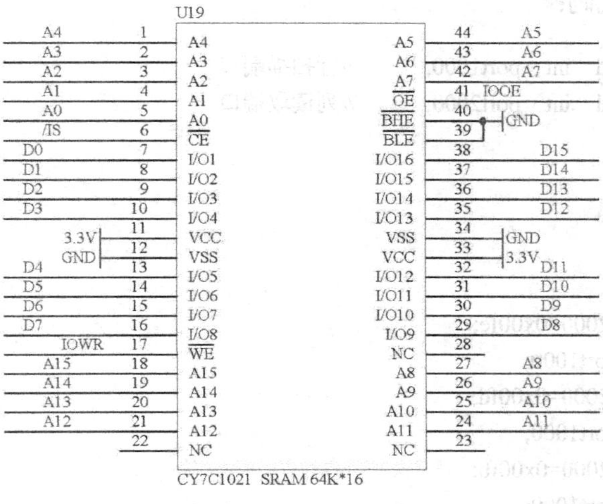

图 8-37 I/O 空间扩展存储器连接

8.4.3 I/O 空间扩展按键设计

在 I/O 空间扩充外设，可以将其映射到 I/O 空间的端口。

【例 8-8】例如希望外扩一个 4×4 的键盘，为查看按键状态，可进行循环往复的行扫描，通过读取列的电平状态得到当前行的按键状态。因此需要将两个寄存器映射到 TMS320C54x 的 I/O 空间，一个用于 TMS320C54x 不断写入更新行扫描信号，另一个用于不断读取按键的列状态，以判定按键是否被按下。扩展按键电路连接图如图 8-38 所示。

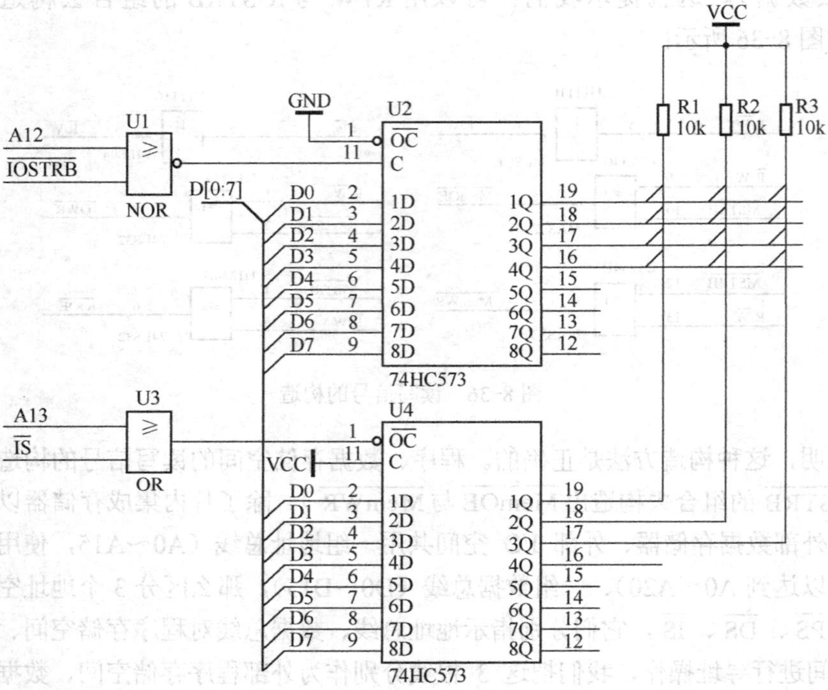

图 8-38 扩展按键电路

扫描按键的程序代码：

```
ioport  unsigned  int  port1000;        //行扫描端口
ioport  unsigned  int  port2000;        //列读取端口
main( )
{
unsigned   int a;
while(1)
    {
            port2000=0x00fe;
            a= port1000;
            port2000=0x00fd;
            a= port1000;
            port2000=0x00fb;
            a= port1000;
            port2000=0x00f7;
```

```
            a= port1000;
        }
    }
```

8.4.4 GPIO 扩展

在一些外设扩展中，通用 I/O（GPIO）使用非常方便。GPIO，即指能为外围设备提供信号输出和从外围设备输入信号到 DSP 的引脚，这些引脚能通过软件提供多用途的输入和输出信号。在 TMS320C54x 系列 DSP 中，通常有两类引脚可以用做 GPIO，可以是 TMS320C54x 的 XF 和 $\overline{\text{BIO}}$，或将 HPI-8 的硬件数据接口引脚配置为 GPIO 端口。

1．使用 TMS320C54x 通用 I/O 口 XF 和 $\overline{\text{BIO}}$

TMS320C54x 系列 DSP 提供的两个可编程控制通用 I/O 引脚 XF 和 $\overline{\text{BIO}}$，可用做普通 I/O 口。

2．HPI-8 配置为 GPIO

TMS320VC54x 系列提供了一个主机接口（HPI）。当 HPI-8 功能被禁止时（在启动复位时让 HPIENA 脚为 0），其 8 位双向数据总线 HD0～HD7 引脚可以配置为 GPIO。

有两个存储器映射寄存器来控制 HPI-8 口的 GPIO 功能，它们是：通用 I/O 控制寄存器（GPIOCR）和通用 I/O 状态寄存器（GPIOSR）。GPIOCR 和 GPIOSR 寄存器的各位功能说明见表 8-23 和表 8-24。

表 8-23　GPIOCR 位结构定义

位	名　　称	功　　能
15	TOUT1	定时器 1 输出允许
14～8	保留	
7～0	HDIR7～HDIR0	硬件引脚 HD7～HD0 当作 GPIO 时，决定每一位 I/O 的输入输出方向 HDIRn=0 表示 HDn 引脚为输入；HDIRn=1 表示 HDn 引脚为输出

表 8-24　GPIOSR 位结构定义

位	名　　称	功　　能
15～8	保留	
7～0	HD7～HD0	硬件引脚 HD7～HD0 当作 GPIO 时，映射每一位 I/O 的电平状态 HDn=0 表示 HDn 引脚为高电平；HDn=1 表示 HDn 引脚为低电平

GPIOCR 寄存器的 TOUT1 位是 Timer1 的输出使能位。当 HPI-8 功能被禁止后，TOUT1 位允许或禁止 Timer1 从 HINT 脚输出。当系统只有一个定时器时，该位被保留。HDIR7～HDIR 0 控制 8 个 I/O 口的方向。当 HDIR7～HDIR0 的某位置为 1 时，GPIOSR 的相应位的值输出到该引脚；同理，当某位为 0 时，相应引脚的逻辑电平被读入到 GPIOSR 的相应位。注意，当某个 HD 引脚用做输入功能时，对 GPIOSR 相应位的写操作将不起作用。GPIOSR 中 HD7～HD0 的某位为 0，表示在相应的 HD 引脚输出低电平，或者相应的 HD 引脚读入的外部信号为低。HD7～HD0 的某位为 1 时，表示在相应的 HD 引脚输出高电平，或者相应的 HD 引脚读入的外部信号为高。

8.5 本章小结

本章讲述了 TMS320C54x 芯片的片上外设、外设的扩展方法及其编程示例。主要介绍了 TMS320C54x 中定时器的原理与应用、主机接口（HPI）应用原理、串行口、I/O 扩展及 GPIO 应用这几个部分。通过本章的学习，要求读者了解 TMS320C54x 处理器外设结构及应用中的各个基本概念，掌握其工作原理，希望读者能够达到对其编程应用的水平。

掌握 TMS320C54x 的外设结构及工作原理，是学习 DSP 应用技术的一项基础技能。本章作为 DSP 应用技术中的重要组成部分，也由于 TMS320C54x 的各个外设硬件结构繁杂，相关组成部分较多，又成为 DSP 应用技术中的难点部分。下面对本章的各个知识点进行简要概述：

1）定时器由定时寄存器 TIM、定时周期寄存器 PRD 和定时控制寄存器 TCR 及相应的逻辑控制电路组成。时钟发生器为 TMS320C54x DSP 提供时钟信号，其内部由振荡器和锁相环 PLL 电路组成。TMS320C54x 的时钟发生器要求硬件有一个参考时钟输入，其实际工作时钟频率可以用软件编程或外部硬件电路在给定外部时钟频率的基础上进行调试控制。

2）主机接口 HPI 是 TMS320C54x 系列定点芯片内部具有的一种接口部件，主要用于 DSP 与其他总线或 CPU 进行通信。HPI 接口通过 HPI 控制寄存器（HPIC）、地址寄存器（HPIA）、数据锁存器（HPID）和 HPI 内存块实现与主机通信。

3）TMS320C54x 的串行口有 4 种类型：标准同步串口 SP、缓冲同步串口 BSP、多路缓冲串口 McBSP 和时分多路同步串口 TDM。标准串行外设接口 SPI 是一个可编程高速同步串行片内接口，为 DSP 提供了一个高速同步串行总线，实现与带有 SPI 接口芯片的连接。

4）针对 TMS320C54x I/O 空间扩展外设的软硬件设计方法。

学好 DSP 的外设应用是掌握 DSP 应用技术的重要环节，可以逐步帮助读者正确使用 DSP 芯片。希望读者通过本章的学习能够对 TS320C54x 的外设及应用模型有一个概括的了解。

8.6 习题

1．简述 TMS320C54x 的定时器的工作原理。

2．如何初始化 TMS320C54x 定时器？

3．编程实现周期为 4ms 的方波发生器（设时钟为 100MHz）。

4．HPI-8 接口有几个寄存器？它们的作用是什么？

5．HPI-8 接口如何控制 16 位数据的传输？

6．TMS320C54x 如何通过 HPI 与主机交换数据？

7．TMS320C54x 串行口有几种工作模式？各有什么特点？

8．多通道缓冲串行口 McBSP 由哪些部分构成?

9．简述 McBSP 的发送和接收过程。试问在串行发送和接收过程中采用多级缓冲的优点是什么？

10．请结合 TMS320C54x 的 I/O 扩充原理，自行查阅资料，设计扩充液晶显示。

参 考 文 献

[1] Texas Instruments Incorporated．TMS320C54x DSP Reference Set，Volume 1：CPU and Peripherals．2001.

[2] Texas Instruments Incorporated．TMS320C54x DSP Reference Set，Volume 2：Mnemonic Instruction Set．2001.

[3] Texas Instruments Incorporated．TMS320C54x DSP Reference Set，Volume 4：Applications Guide．2001.

[4] Texas Instruments Incorporated．TMS320C54x DSP Reference Set，Volume 5：Enhanced Peripherals．2001.

[5] Texas Instruments Incorporated．TMS320C54x Assembly Language Tools User's Guide．2002.

[6] Texas Instruments Incorporated．TMS320C54x Optimizing C/C++ Compiler User's Guide．2002.

[7] Texas Instruments Incorporated．TMS320VC5402 Fixed-Point Digital Signal Processor Data Manual．2008.

[8] Texas Instruments Incorporated．Code Composer Studio Development Tools v3.3 Getting Started Guide．2006.

[9] Texas Instruments Incorporated．What's New in Code Composer Studio Development Tools v 3.3．2006.

[10] 赵红怡．DSP 技术与应用实例[M]．2 版．北京：电子工业出版社，2009.

[11] 张雄伟，曹铁勇，陈亮，杨吉斌，等．DSP 芯片的原理与开发应用[M]．4 版．北京：电子工业出版社，2009.

[12] 俞一彪．DSP 技术与应用基础[M]．北京：北京大学出版社，2009.

[13] 彭启琮，李玉柏，管庆．DSP 技术的发展与应用[M]．2 版．北京：高等教育出版社，2007.

[14] 李利．DSP 原理及应用[M]．北京：中国水利水电出版社，2004.

[15] 戴明帧，周建红．TMS320C54x DSP 结构、原理及应用[M]．2 版．北京：北京航空航天大学出版社，2007.

[16] 吴冬梅，张玉杰．DSP 技术及应用[M]．北京：北京大学出版社，2006.

[17] 邹彦，唐冬，宁志刚．DSP 原理及应用[M]．北京：电子工业出版社，2005.

[18] 陈金鹰．DSP 技术及应用[M]．北京：机械工业出版社，2004.

[19] 姜沫岐，许涵，俞鹏，段国强．DSP 原理与应用从入门到提高[M]．北京：机械工业出版社，2007.

[20] 刘艳萍，贾志成，李志军，王宝珠．DSP 技术原理及应用教程[M]．北京：北京航空航天大学出版社，2005.

[21] 邓琛，陈益平，腾旭东．DSP 芯片技术及工程实例[M]．北京：清华大学出版社，2010.

[22] 汪安民，陈明欣，朱明． TMS320C54x DSP 实用技术[M]．2 版．北京：清华大学出版社，2007.

[23] 高海林，钱满义．DSP 技术及其应用[M]．北京：清华大学出版社，2009.

[24] 张卫宁，栗华，马昕．DSP 原理与应用教程[M]．北京：科学出版社，2008.

[25] Texas Instruments Incorporated．TMS320C54x 系列 DSP 的 CPU 与外设[M]．梁晓雯，裴小平，李玉虎，译．北京：清华大学出版社，2006.

[26] Texas Instruments Incorporated．TMS320C54x 系列 DSP 指令和编程指南[M]．杨占昕，邓纶晖，余心乐，译．北京：清华大学出版社，2010.

[27] 程佩青．数字信号处理教程[M]．3 版．北京：清华大学出版社，2007.

[28] 朱铭锆，赵勇，甘泉．DSP 应用系统设计[M]．北京：电子工业出版社，2002.

[29] 苏涛，等．DSP 实用技术[M]．西安：西安电子科技大学出版社，2002.

[30] 马永军，刘霞．DSP 原理与应用[M]．北京：北京邮电大学出版社，2008.

[31] 刘益成．TMS320C54x DSP 应用程序设计与开发[M]．北京：北京航空航天大学出版社，2002.

[32] http：//www.ti.com.